中国地质调查"全国重要成矿区带矿产区划部署
综合研究"(编号:12120114051401)项目资助

中国重要成矿区带成矿特征、
资源潜力和选区部署

辽东—吉南成矿区

中国地质调查局
中国地质科学院矿产资源研究所
中国地质调查局沈阳地质调查中心

中国原子能出版社

图书在版编目(CIP)数据

辽东—吉南成矿区 / 中国地质调查局，中国地质科学院矿产资源研究所，中国地质调查局沈阳地质调查中心编著. —北京：中国原子能出版社，2016.6
(中国重要成矿区带成矿特征、资源潜力和选区部署)
ISBN 978-7-5022-7345-3

Ⅰ. ①辽… Ⅱ. ①中… ②中… ③中… Ⅲ. ①成矿区-成矿地质-研究-辽宁省 Ⅳ. ①P617.231

中国版本图书馆 CIP 数据核字(2016)第 129671 号

内容简介

本书以全国和区域矿产资源潜力评价为基础，在通过对辽东—吉南成矿区的进一步深化总结和研究的基础上编写而成。全书共分 6 章，应用现代区域成矿学理论，以较丰富的地质矿产、物探、化探、遥感等资料和数据为依据，重点对"辽东—吉南成矿区"的成矿地质背景、成矿条件、成矿规律、资源潜力等方面进行了全面、系统的分析总结和阐述，并提出了下步找矿方向和部署重点，为进一步推进我国重要成矿区带的找矿突破战略行动提供了基础和支撑。

本书适合于地质矿产勘查、矿产资源教学研究、科研及技术业务管理等人员参考。

中国重要成矿区带成矿特征、资源潜力和选区部署·辽东—吉南成矿区

出版发行 中国原子能出版社(北京市海淀区阜成路 43 号 100048)
责任编辑 侯茸方
装帧设计 崔 彤
责任校对 冯莲凤
责任印制 潘玉玲
印 刷 北京画中画印刷有限公司
经 销 全国新华书店
开 本 787mm×1092mm 1/16
印 张 17
字 数 425 千字
版 次 2016 年 8 月第 1 版 2016 年 8 月第 1 次印刷
书 号 ISBN 978-7-5022-7345-3 **定 价** **136.00 元**

网址：http://www.aep.com.cn **E-mail：atomep123@126.com**
发行电话：010-68452845

中国重要成矿区带成矿特征、资源潜力和选区部署

辽东—吉南成矿区

分册编写组

陈　江　孙鹏慧　于　城　马玉波

沙德铭　唐　臣　张　彤　松权衡

张春鹏　寇林林　韩仁萍　李东涛

姚志宏　李德洪　庄毓敏　刘长纯

殷嘉飞　孙中任　尤宏亮　张　森

张　朋　赵　岩　毕中伟　杨宏智

赵东芳

总　序

“重点成矿区带”是具有找矿潜力、部署矿产勘查工作、确定地勘费投向、减低找矿风险、实现地质找矿突破的地质单元。在矿产勘查中依据“重点成矿区带”部署地质找矿工作始于19世纪80年代，全国第一轮区划(1979—1985)完成后，将全国划分成37个成矿区带(其中能源矿产4个带、金属矿产24个带、非金属矿产8个带)，将金属矿产24个带中的秦岭—巴山、长江中下游、中朝准地台北缘、西南三江中段、浙闽粤沿海和新疆准噶尔盆地西北缘6个重点成矿区带由原地质矿产部直接管理，简称“部管重点片”。每片每年开一次由各省(市、自治区)总工程师参加的找矿勘查成果交流会，交流内容包括：找矿成果、找矿技术方法、今后地质找矿部署，现场参观找矿突破的典型矿床，达到拓宽找矿成果、获得更大找矿效益的目的。第二轮区划(1992—1996)从全国5个成矿域、16个成矿省、73个Ⅲ级成矿区带中，标出25个“重点成矿区带”用于指导找矿部署。2003年，由中国地质调查局资源评价部组织，在全国范围内筛选了24个重要成矿远景区带，作为矿产资源调查评价工作部署的初步选区，分别成立了24个课题组，并对各远景区带开展了综合性研究工作，按照统一要求汇总、编制了24个重点成矿远景区带“十五”工作部署研究报告。2006年，由国土资源部组织科学论证，在前期工作基础上，调整并正式颁布了需要突出加强勘查的16个重点矿种、11个主要含油气盆地、13个大型煤炭基地和16个重点金属成矿区带(后又调整为20个)，之后的工作部署基本均是以此为基础在开展，取得了较好的找矿效果。

近年来，矿产勘查取得重大突破，发现和找到一批大型、超大型矿床(含全球性的巨型矿床)，为国民经济的发展提供了一批重要矿产资源基础。利用最新地质找矿成果，总结区域成矿规律，识别和圈定出一批成矿地质条件优越、矿床空间分布集中、探明储量和资源潜力巨大的矿床集中区，可以很好地指导找矿工作部署，缩短勘查周期。为此，中国地质调查局资源评价部委托中国地质科学院矿产资源研究所，依托地质调查项目“全国重要成矿区带矿产区划部署综合研究”，组织开展了新一轮“重点成矿区带”的部署研究工作，沈阳、天津、西安、南京、武汉、成都等6个地调中心和有关省(区、市)地调院参加了此项工作。以最新的全国重要矿产资源潜力评价成果为基础，在系统收集已有地质矿产、物探、化探、遥感资料和总结矿产资源调查评价工作最新进展成果基础上，完成了重点区带的成矿地质条件总结、区域成矿规律分析、主要矿种的资源潜力分析、工作部署研究等工作，研究共划分了25片“重点成矿区带”。编制了25个重点成矿区带的“重点选区与工作部署研究报告”，并以GIS为平台，编制了重点成矿区带的地质矿产分布图、区域成矿规律图、综合预测区分布图及工作部署图等基础图件。项目组出版本套“中国重要成矿区带成矿特征、资源潜力和选区部署”系列丛书，可以为矿产资源找矿勘查部署提供参考和指导。

陈毓川

前　言

辽东—吉南成矿区地处我国东北地区，包括辽宁省的东部、吉林南部地区，2013 年已被列为全国 21 个重要成矿区带之一。该区成矿条件优越、矿产资源丰富，找矿潜力巨大，尤其以铁、金、铜、镍、铅锌、硼、菱镁矿、硅藻土、金刚石等重要矿种最具特色，在全国资源发展战略中占有十分重要的地位。

通过近几年中央、地方及社会地质勘查工作的不断投入，已取得了一系列重要找矿新突破和新进展，有必要进一步设置和确立全国层面的辽东—吉南重要成矿区带，来全面推动地质找矿工作，通过加强统一的地质工作优化部署，不断加大辽东—吉南成矿区地质找矿勘查工作力度，确保辽东—吉南在新一轮（2014—2020 年）找矿突破战略行动中，在基础地质调查研究及铁、金、铜、镍、铅锌、硼、菱镁矿、硅藻土、金刚石等矿产找矿突破等方面取得重大进展和重要成果。

2014 年 11 月 1—3 日，由沈阳地调中心组织并召开“东北地区重要成矿区带区划部署研讨会”，研讨大兴安岭成矿带、吉黑东部成矿区、辽东—吉南成矿区的专题报告编写内容，联合编制大兴安岭成矿带、吉黑东部成矿区、辽东—吉南成矿区成矿规律图、预测成果图及勘查部署图等相关图件。由沈阳地调中心牵头，辽宁省地质矿产调查院、吉林省地质调查院，黑龙江省地质调查研究总院、内蒙古自治区地质调查院共同完成“东北地区重要成矿区带划分研究”项目，其中《辽东—吉南成矿区重点选区与工作部署研究报告》及相关图件，由沈阳地调中心牵头，辽宁省地质矿产调查院、吉林省地质调查院共同编制完成。

进一步开展好辽东—吉南成矿区区划研究工作，是新时期全面落实“全国找矿突破战略行动纲要”和东北地区“358”目标进一步实现的一项重要的综合集成和综合研究性工作，旨在为东北地区新一轮战略性矿产勘查公益性地质工作的科学部署提供重要依据，为振兴东北老工业基地提供矿产资源保证提供重要的规划依据。要求在全面系统收集辽东—吉南成矿区内已有的地质、矿产、物探、化探、遥感和“全国矿产资源潜力评价成果”等资料成果的基础上，对其成矿地质背景、成矿地质条件进一步开展深化研究，全面总结和分析成矿区带内重要矿种的区域成矿规律、资源潜力、找矿方向和工作部署重点。充分应用 GIS 软件平台，重点编制完成辽东—吉南成矿区相关重要图件，为“十三五”地质调查工作部署和研究提供基础和支撑。

本次区划研究工作重点收集和应用了辽宁省（丹东市幅、三堂幅、金县幅、东沟县幅、旅顺幅、大连市幅、四平市幅、长春市幅、铁岭市幅、鞍山市幅、沈阳市幅、营口市幅、宽甸县幅）、吉林省（辽源市幅、靖宇县幅、和龙县幅、延吉市幅、通化市幅、浑江市幅、长白县幅）等 1∶25 万区域地质调查基础资料；区内 1∶20 万区域地质调查基础资料；辽东—吉南成矿区内 1∶5 万区域地质调查资料共涉及有 230 个图幅，其中辽宁省 132 幅；吉林省 98 幅。对区内相关的 1∶20 区重、磁成果资料，1∶20 万区域化探资料等进行了收集、分析和应用。重点系统收集了辽东—吉南成矿带内煤、铁、金、铜、铅锌、镍、菱镁矿、硼、硅藻土等矿种的矿产调查与勘查找矿方面的最新进展资料成果。同时对成矿带内辽宁、吉林二省开展的重要矿产资源潜力评价研究成果资料也进行了充分的吸收和应用。

本次区划研究工作主要取得了以下几个方面的新认识和新进展：

1. 在全国成矿区带划分和研究的基础上，按照区域成矿的地质构造环境及区域成矿作用的性质、产物(矿种)、强度及其他有关的矿化信息，进一步对"辽东—吉南"成矿带进行了科学意义上的划分和修订，对"十三五"期间科学统筹部署地质调查工作，科学地引导勘查资源合理配置，实现找矿突破奠定了基础。

2. 首次开展了辽东—吉南地区重要成矿区带系列编图研究工作。组织编制完成了《辽东—吉南成矿区地质矿产图》(比例尺：1∶50万)、《辽东—吉南成矿区成矿规律图》(比例尺：1∶50万)、《辽东—吉南成矿区重要矿产综合预测区分布图》(比例尺：1∶50万)、《辽东—吉南成矿区找矿远景区及工作部署建议图》(比例尺：1∶50万)。

3. 全面总结和分析了辽东—吉南成矿区内的煤、铁、金、铜、铅锌、镍、菱镁矿、硼、硅藻土等矿产的最新找矿突破和重要进展情况。2008—2013年以来，区内通过整装勘查和商业性勘查等地质找矿工作，新发现一批大中型矿产地，新增重要矿产资源储量：金62.840吨、铁矿石量9亿吨、菱镁矿4.65亿吨，并展示了区内较好的找矿潜力。

4. 进一步对成矿区带内典型矿床成矿地质条件进行了总结和研究工作，初步建立了区内重要矿产地质找矿勘查模型，对今后区内重要找矿靶区深部找矿勘查示范工作将发挥重要的指导作用。

5. 全面总结了辽东—吉南成矿区基础地质研究、重要矿产勘查工作现状，进一步分析了区内存在的主要基础地质找矿问题。按照成矿区带划分原则进一步划分和圈定了3个Ⅳ级成矿亚带，55个重要矿产找矿靶区。为下一步地质找矿部署奠定了工作基础。

6. 以全面推进"公益先行，商业跟进，基金衔接，整装勘查，快速突破"地质找矿新机制为主线，进一步对"辽东—吉南"成矿区带进行了科学部署研究工作，坚持调查研究与科技攻关相结合；突出公益性地质工作的基本原则，对14个重点勘查区和18个一般勘查区提出了勘查工作部署建议。对55个重要矿产找矿靶区提出了部署建议。

本次重点成矿区带区划研究工作由中国地质调查局资源评价部领导，沈阳地质调查中心负责组织协调和技术指导，辽宁省地质矿产调查院、吉林省地质调查院等单位积极参与，并由地质、矿产、物探、化探等方面的技术专家和技术骨干组成编写组，分工协作和集体完成的成果结晶。辽宁省地质矿产调查院具体负责了此项工作的资料综合和汇总编图等工作。

参加本次区划研究工作人员有：中国地质调查局沈阳地质调查中心(沈阳地质矿产研究所)陈江、寇林林等；辽宁省地质矿产调查院孙鹏慧、姚志宏等；吉林省地质调查院于城、李德洪等。

因时间关系，不当之处在所难免，敬请使用者批评指正并及时反馈有关意见，以便我们进一步修改完善。

目　　录

第一章　概况 ……………………………………………… (1)

　第一节　成矿区带的分布范围 …………………………… (1)

　第二节　自然地理与社会经济发展现状 ………………… (2)

　第三节　矿产资源分布与开发利用现状 ………………… (3)

　　一、矿产资源分布情况 ………………………………… (3)

　　二、矿产资源开发利用现状 …………………………… (9)

第二章　地质工作程度 ……………………………………… (12)

　第一节　基础地质调查工作程度 ………………………… (12)

　　一、区域地质调查 ……………………………………… (12)

　　二、区域物化探 ………………………………………… (18)

　　三、矿产资源远景调查与评价 ………………………… (20)

　第二节　矿产勘查工作程度 ……………………………… (21)

　　一、能源矿产勘查 ……………………………………… (21)

　　二、金属矿产勘查 ……………………………………… (21)

　　三、非金属矿产勘查 …………………………………… (29)

　第三节　成矿区划与地质科研工作 ……………………… (35)

　　一、成矿区划研究工作 ………………………………… (35)

　　二、地质科研工作 ……………………………………… (37)

第二章　区域地质背景及成矿地质条件分析 ……………… (38)

　第一节　成矿区带地质构造概况 ………………………… (38)

　　一、区域地层单元 ……………………………………… (38)

　　二、区域构造特征 ……………………………………… (43)

　　三、岩浆岩 ……………………………………………… (45)

　　四、变质岩 ……………………………………………… (46)

　第二节　区域沉积作用与成矿 …………………………… (51)

　　一、区域沉积演化阶段与成矿作用 …………………… (51)

　　二、区域沉积建造的成矿控制 ………………………… (52)

　　三、典型沉积矿产的建造类型 ………………………… (56)

　第三节　区域岩浆活动与成矿 …………………………… (58)

　　一、区域岩浆系列的分布特征 ………………………… (58)

　　二、区域岩浆活动的成矿控制 ………………………… (59)

　　三、区域构造岩浆带的划分与成矿特征 ……………… (60)

　第四节　区域变质作用与成矿 …………………………… (62)

　　一、变质作用的主要类型和特征 ……………………… (62)

二、变质作用矿床形成的主要控制条件 …………………………………………………… (63)
三、变质作用矿床的基本类型 ……………………………………………………………… (67)
第五节 区域构造与成矿 ……………………………………………………………………… (67)
一、区域构造的控矿作用 …………………………………………………………………… (67)
二、区域主要构造类型与成矿 ……………………………………………………………… (68)
第六节 区域地球物理特征 …………………………………………………………………… (72)
一、重力场特征 ……………………………………………………………………………… (72)
二、磁场特征 ………………………………………………………………………………… (75)
三、区域重力、磁力异常与成矿的关系 ……………………………………………………… (81)
第七节 区域地球化学特征 …………………………………………………………………… (82)
一、区域地球化学景观区的划分及特征 …………………………………………………… (82)
二、区域地球化学异常分布特点 …………………………………………………………… (83)
三、区域地球化学异常分析与评价 ………………………………………………………… (88)
第八节 区域遥感地质特征 …………………………………………………………………… (91)
第九节 深部构造及隐伏地质建造控矿特征 ………………………………………………… (92)
一、华北陆块北缘断裂 ……………………………………………………………………… (92)
二、敦化—密山断裂 ………………………………………………………………………… (92)
第四章 区域成矿规律 ………………………………………………………………………… (93)
第一节 主要矿床类型及典型矿床特征 ……………………………………………………… (93)
一、主要矿床类型 …………………………………………………………………………… (93)
二、典型矿床特征与成矿模型 ……………………………………………………………… (97)
第二节 成矿系列划分与区域成矿模式……………………………………………………… (169)
一、成矿系列划分…………………………………………………………………………… (169)
二、区域成矿模式…………………………………………………………………………… (178)
第三节 成矿区带的划分及其特征…………………………………………………………… (181)
一、成矿区带的划分原则…………………………………………………………………… (181)
二、成矿区带特征…………………………………………………………………………… (181)
第五章 资源潜力与找矿方向………………………………………………………………… (193)
第一节 成矿区带重要找矿新进展及新发现………………………………………………… (193)
第二节 重要典型矿床找矿模型……………………………………………………………… (194)
一、西鞍山铁矿找矿模型…………………………………………………………………… (194)
二、歪头山铁矿找矿模型…………………………………………………………………… (195)
三、红透山铜矿找矿模型…………………………………………………………………… (197)
四、二棚甸子铜铅锌矿找矿模型…………………………………………………………… (198)
五、关门山铅锌(银)矿找矿模型…………………………………………………………… (199)
六、青城子铅锌(银)矿找矿模型…………………………………………………………… (201)
七、万宝铜锌钼矿找矿模型………………………………………………………………… (202)
八、猫岭金(伴生银)矿找矿模型…………………………………………………………… (203)
九、五龙金(伴生银)矿找矿模型…………………………………………………………… (204)

十、白云金矿找矿模型 …………………………………………………………………… (205)
十一、高家堡子银矿找矿模型 ………………………………………………………… (207)
十二、翁泉沟铁硼矿找矿模型 ………………………………………………………… (208)
十三、铧子峪菱镁矿找矿模型 ………………………………………………………… (210)
十四、云盘硫矿找矿模型 ……………………………………………………………… (211)
十五、吉林夹皮沟式金矿找矿模型 …………………………………………………… (212)
十六、吉林金英式金矿找矿模型 ……………………………………………………… (212)
十七、吉林板石沟式铁矿找矿模型 …………………………………………………… (213)
十八、吉林二密式铜矿找矿模型 ……………………………………………………… (213)
十九、吉林赤柏松式铜镍矿找矿模型 ………………………………………………… (214)
二十、吉林大横路式铜钴矿找矿模型 ………………………………………………… (214)
二十一、吉林高台沟式硼矿找矿模型 ………………………………………………… (214)
第三节　重要矿产找矿远景区及靶区……………………………………………………… (215)
一、重要找矿远景区 ………………………………………………………………… (215)
二、找矿靶区 ………………………………………………………………………… (224)
第四节　重要矿产资源潜力分析……………………………………………………………… (226)
一、找矿远景区成矿特征 …………………………………………………………… (226)
二、找矿靶区特征 …………………………………………………………………… (238)
三、重要矿产资源远景预测 ………………………………………………………… (241)
第六章　重点选区与部署建议……………………………………………………………… (246)
第一节　选区原则……………………………………………………………………………… (246)
一、指导思想及选区原则 …………………………………………………………… (246)
二、总体工作目标 …………………………………………………………………… (246)
三、主攻矿种及主攻矿床类型 ……………………………………………………… (247)
第二节　选区部署建议………………………………………………………………………… (247)
一、重要找矿远景区工作部署建议 ………………………………………………… (247)
二、勘查区工作部署建议 …………………………………………………………… (253)
三、重要矿产勘查找矿靶区工作部署建议 ………………………………………… (253)

附图一　《辽东—吉南成矿区地质矿产图》
附图二　《辽东—吉南成矿区成矿规律图》
附图三　《辽东—吉南成矿区重要矿产综合预测区分布图》
附图四　《辽东—吉南成矿区找矿远景区及工作部署建议图》

第一章 概 况

第一节 成矿区带的分布范围

辽东—吉南成矿区地处胶辽古陆块的北部，主体处于郯庐断裂以东，其北缘以辽阳—通化断裂为界，与龙岗地块（太古宇克拉通基底）相接；南部在庄河附近向南经石城岛、长山岛与胶东古元古界地层相连或与狼林地块（太古宇克拉通基底）相接；空间上西起郯庐断裂，向东经盖州、宽甸、桓仁进入吉林南部集安、临江、长白，延续至安图两江。地理位置上位于松辽平原东缘大连—沈阳—开原以东、长春—图们以南、中朝边界以西。

行政上隶属于辽宁、吉林两省，12 个地区，区内交通比较方便，水资源丰富。地理拐点坐标：124°02′54″，42°31′28″；127°33′20″，43°34′20″；129°50′08″，42°57′20″，面积约 8 万 km^2（见图 1-1 和表 1-1）。

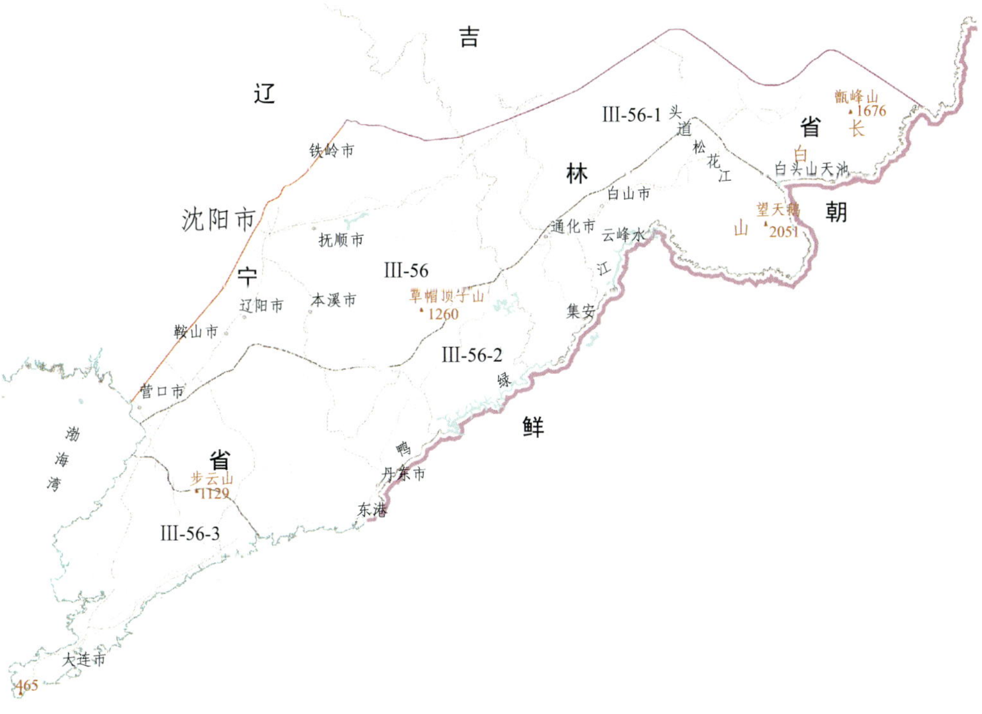

图 1-1 辽东—吉南成矿区分布位置图

表 1-1 辽东—吉南成矿区涉及行政区分布情况一览表

省	市(州)	县(市、区)
辽宁	沈阳	苏家屯区
	大连	中山区、西岗区、沙河口区、甘井子区、旅顺口区、金州区、长海县、瓦房店市、普兰店市、庄河市
	鞍山	铁东区、铁西区、立山区、千山区、台安县、岫岩满族自治县、海城市
	抚顺	新抚区、东洲区、望花区、顺城区、抚顺县、新宾满族自治县、清原满族自治县
	本溪	平山区、溪湖区、明山区、南芬区、本溪满族自治县、桓仁满族自治县
	丹东	元宝区、振兴区、振安区、宽甸满族自治县、东港市、凤城市
	营口	站前区、西市区、鲅鱼圈区、老边区、盖州市、大石桥市
	辽阳	白塔区、文圣区、宏伟区、弓长岭区、太子河区、辽阳县、灯塔市
	铁岭	银州区、清河区、铁岭县、西丰县、开原市
吉林	四平	辽源市、东丰县
	通化	通化市东昌区、二道江区、通化县、辉南县、柳河县、梅河口市、集安市
	吉林	吉林市辖区、磐石市、桦甸
	延边	延边朝鲜族自治州辖区、安图县、和龙县
	白山	白山市浑江区、江源区、抚松县、靖宇县、长白朝鲜族自治县、临江市

辽东—吉南成矿区按照全国成矿单元划分，主要位于华北成矿省，辽东(吉南)Fe-Cu-Pb-Zn-Au-U-硼-菱-镁-矿-滑石-石墨-金刚石成矿带(Ⅲ-56)，包括了 3 个Ⅳ级成矿亚带，有Ⅲ-56-1 铁岭—靖宇(次级隆起)Fe-Au-Ag-Cu-Pb-Zn 成矿带，Ⅲ-56-2 营口—长白(次级隆起、Pt1 裂谷)Pb-Zn-Fe-Au-Ag-U-B-菱镁矿-滑石成矿带，Ⅲ-56-3 瓦房店(次级拗陷)Cu-Pb-Zn-Fe-金刚石成矿亚带(Z;Pz;Y)。

第二节 自然地理与社会经济发展现状

辽东—吉南成矿区地处长白山脉，带内山峰林立，绵亘起伏，沟谷交错，河流纵横，属长白中山—低山—丘陵区，地貌复杂多样，地势北东高南西低，长白山下的河流水系主要为纵顺向河，北和西北部属松花江水系，有松花江、牡丹江、穆棱河、倭肯河和挠力河等；东为图们江水系，有嘎呀河和布尔哈通河、海兰江等大支流；西南属鸭绿江和辽河水系，其支流有浑江和浑河、太子河等。水系呈放射状。

区内交通条件优越，村村通公路，省县级柏油路，城市间通高速公路、铁路。交通网四通八达，交通便利。

辽东属温带季风气候。辽东受海洋影响，气候温和湿润。年平均温 8～10 ℃，1 月平均气温 −12～6 ℃，7 月平均气温 24 ℃左右，但最热月往往出现于 8 月。年降水量 600～1 000 mm。降水分配也以夏季为多，7—8 月雨量占全年降水量的 50%以上，但春秋降水仍占一定比例，干燥度 0.5～1.0，无霜期 150～200 天，作物一年一熟到两年三熟，极端最低气温 −30～−11 ℃，冬小麦和果树一般都可安全越冬。农作物有玉米、冬小麦、大豆、高粱等，因耕地少，农业在当地经济中所占比例不大。

吉南属北温带大陆性季风气候，四季气候变化分明，冬季漫长寒冷而干燥，夏季短促温热多雨，春秋季风较大，作物生长期短，年平均气温－3～7 ℃，年平均降水量 350～1 000 mm。带内有丰富的生物资源、水能资源、矿产资源和旅游资源，素有“立体资源宝库”之称。

区内主要有朝鲜族、满族、回族、蒙古族、壮族、锡伯族等 37 个少数民族，有全国唯一的朝鲜族自治县——长白朝鲜族自治县。

矿产资源、生物资源和旅游资源都十分丰富。目前已探明的有铁矿、煤炭、锰矿、铝矿、镁矿、金刚石、硼矿、玉石、滑石、金矿、铜矿、铅锌矿、镍矿、硅藻土、火山渣、大理石、地开石等，其中铁矿、硼矿、镁矿、滑石、玉石、金刚石的储量都居全国首位，有鞍山和本溪钢铁、大石桥镁矿、辽南建材等企业。沿海出产的海带、贻贝、裙带菜和海胆产量均居全国第一或前列。

此外，经济区内地热资源、旅游资源、森林资源和动植物资源等也相当丰富。森林覆盖面积较大，为野生动植物提供了优越的繁衍生息的条件，动植物资源丰富，经济作物繁多，素有“长白林海”、“人参之乡”之美称，是东北“三宝”——人参、貂皮、鹿茸角的故乡。

区内大小河流繁多，可供开发的水资源丰富，是世界天然矿泉水资源富集区之一。旅游文化资源独特，拥有底蕴丰厚的历史文化、绚丽多姿的民族风情和神奇壮观的自然风光。

辽东—吉南成矿区具有丰富的森林、矿产、山珍土特产和旅游资源，发展前景十分广阔。尤其是近年来，随着东北老工业基地振兴战略的深入实施，改革开放不断向纵深推进，经济社会总体保持平稳持续发展，地区生产总值稳步增长。

第三节 矿产资源分布与开发利用现状

一、矿产资源分布情况

（一）矿产资源种类及产地

1. 能源矿产

区内能源矿产主要有煤炭、地下热水等。主要分布于辽宁的沈阳、抚顺、本溪、辽阳等地，吉林通化—白山—江源一带。吉林省三棵榆树—白山杉松岗、鸭园—江源—湾沟—抚松—靖宇、临江—漫江—长白一线。

辽东含煤地层主要有石炭系本溪组，下二叠统太原组、山西组，中上二叠统下石盒子组、上石盒子组，侏罗系长梁子组、大堡组、三个岭组、法库秀水河子北票组、皆古台组、瓦房店组，下白垩统沙海组、阜新组、梨树沟组、聂尔库组，新生界含煤地层杨连屯组、老虎台组、栗子沟组、古城子组、计军屯组、西露天组和耿家街组。煤类以长焰煤和气煤为主，其次为无烟煤，焦煤、贫瘦煤再次之。

吉南含煤地层主要以古生界上石炭统太原组、下二叠统山西组，中生界下侏罗统杉松岗组、下白垩统石人组为主，其次为中生界上三叠统北山组、下侏罗统冷家沟组、下白垩统亨通山组、三源浦组、烟筒沟组，煤种以无烟煤为主，贫煤和烟煤次之。

地热水资源主要分布在辽宁沈阳、辽阳、鞍山、营口、丹东；吉林安图二道白河、长白、抚松、临江等地。

2. 金属矿产

区内金属矿产主要有铁矿、金矿、铅锌矿、铜矿、镍矿等。铁矿主要分布于辽宁的鞍山、本溪、凤城、抚顺，吉林境内的桦甸老牛沟—和龙官地、通化四方山—白山板石沟—靖宇那尔轰、临江大栗子—上乱泥塘一带，以沉积变质型铁矿为主。金矿主要分布于辽东的抚顺、凤城、丹东五龙、盖州猫岭、吉林的桦甸夹皮沟—和龙金城洞、白山江源—荒沟山—通化西岔—集安古马岭一带，以绿岩型、热液型、构造蚀变岩型为主。铅锌矿主要分布于辽东的凤城、岫岩、铁岭关门山、本溪桓仁，以层控内生型为主。铜矿主要分布在辽东的抚顺清原、本溪桓仁等地，以海相火山沉积变质铜矿为主，其次为接触交代型铜矿。吉林的铜矿、铅锌矿主要分布在通化二密—集安正岔—郭家岭及白山荒沟山等地，以斑岩型、矽卡岩型、岩浆热液改造型为主。镍矿主要分布在吉林的通化赤柏松一带，为基性—超基性岩浆熔离—贯入型。

3. 非金属矿产

辽东境内非金属矿产主要有菱镁矿、硼矿、岫玉、硫铁矿、萤石矿、重晶石矿等。菱镁矿主要分布于辽宁的海城地区，其次为岫岩县、抚顺等地，以沉积变质型为主。硼矿主要分布于辽宁的凤城、大石桥、宽甸，吉林的集安，以沉积变质型为主。岫玉（蛇纹石软玉）主要分布于岫岩县北瓦沟，以热液蚀变型为主。硫铁矿主要分布于辽宁的营口六块地、本溪云盘、抚顺大荒沟等地，以沉积变质型为主。萤石矿主要分布于辽宁营口盖州。重晶石矿主要分布于辽宁的凤城，以沉积变质型为主。

吉南境内非金属矿产主要有硼矿、石墨矿、石膏矿、硅藻土矿、高岭石矿、火山渣等。硼矿和石墨矿主要分布在吉林省境内的通化—集安一带，主要为沉积变质型。石膏矿主要分布在柳河—通化—白山江源一带，为湖相沉积型。硅藻土矿主要分布在白山地区，抚松榆树乡—靖宇半砬山、临江六道沟—长白马鞍山—八道沟一带，为湖相沉积型，其资源储量在全国居首位，硅藻土产品远销亚太地区。高岭石矿主要分布在长白朝鲜族自治县，为火山热液型。火山渣主要分布在通化、白山地区，为火山沉积型。

（二）矿产资源的主要分布特点

辽东—吉南成矿区矿产资源的主要分布特点是各主要矿产具有不同的成矿地质条件和特定的地质控制作用。

1. 沉积变质型铁矿

该类型铁矿受地层、岩性、构造控制明显，辽东境内的主要分布于鞍山—辽阳—本溪、抚顺地区的鞍山式铁矿，控制地层主要有新太古界鞍山群樱桃园组、茨沟组、清原群红透山组地层，产于绢云千枚片岩、变粒岩、斜长角闪岩、条带状磁铁石英岩中。分布于营口—宽甸地区的翁泉沟式硼铁矿、杨林式铁矿，产于古元古界辽吉裂谷内，受辽河群里尔峪组地层控制。

分布在吉南桦甸老牛沟、和龙官地、通化四方山—白山板石一带的鞍山式铁矿，几乎全部地沿龙岗复合陆块的边缘分布，集中分布在板石新太古界地块、夹皮沟新太古界地块、和龙新太古界残块内，表明其完全受基底构造的控制，即完全受新太古界边缘裂陷控制；完全受新太古界绿岩地体的控制，不同构造部位、不同时段的绿岩建造控制的矿床规模亦不相同；区域变质变形作用控制矿体的空间产出部位和矿体形态。分布在通化七道沟—临江大栗子—乱泥塘一带的大栗子式铁矿，主要分布在辽吉裂谷的中段的中部，全部受古元古界老岭群大栗子组地层控制,基底构造—老岭拗陷盆地控制该类型铁矿的空间分布,后期变质变形形成的褶皱构造控制矿体的形态。

2. 绿岩型金矿

该类型金矿主要受地层时代、岩性、构造控制,地表浅部有以金、银、铅、锌、铜、铋等元素为主的化探异常。含矿建造出露于大陆边缘裂谷之内,控矿地层主要为新太古界夹皮沟群,主要形成于绿岩带中含铁层偏下部,金矿床赋存于镁铁质火山岩之中,容矿岩性主要为斜长角闪岩夹少量超镁铁质变质岩;控矿构造主要以阜平期的褶皱构造和韧性剪切带为基础构造,在韧性剪切带中有多次脆性构造叠加,这些脆性构造是容矿构造,金矿床位于褶皱构造轴部、陡翼或倾没端,并与韧性剪切带空间呈现协调性。

3. 热液型(含沉积变质热液改造型)金矿

主要分布于抚顺、丹东、鞍山、营口等地,产于新太古界表壳岩中、古元古界辽河群火山沉积变质地层中,多数与中生界花岗岩有关。

4. 火山沉积变质铜矿(块状硫化物型)

主要分布于辽宁东北部的抚顺地区,铜矿主要为产于新太古界清原群红透山组火山沉积变质的斜长角闪岩中。

5. 铅锌矿

分布于辽东营口—宽甸地区,产于古元古界辽吉裂谷内辽河群高家峪组碳酸盐岩中的青城子式层控型铅锌矿,并受后期热液叠加作用形成的,是区内主要类型;其次是分布于铁岭,产于中元古界关门山组大理岩中的铅锌矿;再其次为分布于本溪桓仁地区与中生界花岗岩有关的接触交代型铅锌矿床。分布在吉南抚松大营子、集安正岔—郭家岭及白山荒沟山等地,受地层、岩性、构造控制明显,普遍受岩浆叠加改造,多数铅锌矿床与前中生界地层及燕山期岩浆热液活动有成因联系。如分布在抚松大营子的矽卡岩型铅锌矿,分布于华北陆缘拗陷区或地堑盆地内,与显生宙盖层寒武—奥陶纪浅海相碳酸盐岩建造有成因联系,时空上与中酸性侵入杂岩的交代及热液作用所形成的矽卡岩带有关。分布在集安正岔—郭家岭一带的沉积—热液叠加型铅锌矿,分布于辽吉裂谷的中段,该类型矿床是与元古代火山活动有成因联系的铅锌矿,与古元古代早期荒岔沟期基性—中酸性火山作用及碳酸盐岩沉积有关,它的构造环境处于大陆裂谷早期阶段,即先形成断裂,接踵发生岩浆活动时期,形成于裂谷扩张初期沉积非补偿阶段,地幔热点对上覆陆壳的冲击形成海底火山喷气成因的铅锌矿。分布在白山荒沟山地区的沉积变质—岩浆热液改造型铅锌矿,分布于辽吉裂谷的中段,该类矿床形成于大陆裂谷型海盆地内,沉积非补偿阶段转化为沉积补偿阶段,岩浆活动已停止,矿化与浅海—潮间带沉积物有密切的成因联系。这类矿床的矿石矿物与其围岩的沉积物是同时沉积,或在沉积、成岩、变质作用阶段成矿物质进入含矿岩层中富集成矿;含矿层位主要有古元古界老岭群珍珠门组和大栗子组,矿床受褶皱及断裂构造控制较为明显。

6. 镍矿

主要分布在吉南龙岗复合地块区辽吉裂谷的北缘赤柏松—金斗、正岔—复兴一带。矿床为基性—超基性岩浆熔离—贯入型,主要为产于中条期(古元古界)基性—超基性侵入岩内的镍矿,与区域深大断裂有成因联系的次一级的断裂控制了基性—超基性岩体的产出,是主要的控岩控矿构造,基性程度偏高的复合岩体是成矿的有利岩体。

7. 沉积变质型菱镁矿滑石矿

主要分布于海城、营口一带，产于辽东古元古界辽河群大石桥组大理岩中，严格受地层层位控制。

8. 沉积变质型硼矿

主要分布于营口—宽甸一带，产于辽吉裂谷内古元古界里尔峪组变粒岩中，著名的有翁泉沟硼镁铁矿、后仙峪硼矿等。

9. 岫岩玉

主要分布于辽东岫岩，称“岫岩玉”，为蛇纹石软玉，产于古元古界辽吉裂谷内辽河群大石桥组大理岩中。

10. 煤炭

含煤地层主要有石炭系本溪组，下二叠统太原组、山西组，中上二叠统下石盒子组、上石盒子组，侏罗系长梁子组、大堡组、三个岭组、法库秀水河子北票组、皆古台组、瓦房店组，下白垩统沙海组、阜新组、梨树沟组、聂尔库组，新生界含煤地层杨连屯组、老虎台组、栗子沟组、古城子组、计军屯组、西露天组和耿家街组。

（三）优势矿产资源概况

辽东—吉南成矿区主要矿产有铁矿、金银矿、铜矿、铅锌矿、菱镁矿、硼矿、煤炭等。其主要矿产分布见图 1-2。

1. 铁矿

辽东境内主要为沉积变质型铁矿，其次为接触交代型、沉积型铁矿。含矿层众多。

超大型铁矿 6 个，有本溪南芬(庙儿沟)、本溪思山岭、鞍山市千山区西鞍山、鞍山市千山区东鞍山、鞍山市齐大山、鞍山市胡家庙子、本溪大台沟铁矿；大型 23 个，有鞍山市眼前山、鞍山市祁家沟、本溪北台、本溪贾家堡子、本溪孟家堡子、鞍山市眼前山铁矿砬子山区、鞍山市千山区张家湾、鞍山市西大背、鞍山市小岭子、鞍山市大孤山、鞍山市千山区王家堡子、鞍山市千山区齐大山镇樱桃园、鞍山市眼前山铁矿关门山区、鞍山市黑石砬子、本溪市歪头山、灯塔市大汪沟、灯塔市大河沿、本溪市徐家堡、辽阳县弓长岭铁矿老矿区、辽阳市弓长岭区一矿区、辽阳县弓长岭铁矿二矿区、凤城县翁泉沟、鞍山市东鞍山乡前峪。中型 30 个，小型 64 个。全区查明储量 227.56 亿吨。保有储量 204 亿吨。主要分布于鞍山—本溪地区、抚顺地区、本溪桓仁地区、丹东凤城及大连地区。2008—2013 年新发现铁矿产地大型 2 处，中型 7 处，小型 5 处；新增查明资源量 9 亿吨。

吉南境内铁矿的矿床类型以沉积变质型最为重要，次为海相沉积型，含矿层位众多。沉积变质型铁矿主要有鞍山式、集安式、大栗子式，含矿层位为新太古界夹皮沟群绿岩建造；海相沉积型铁矿主要有临江式、浑江式，含矿层位为新元古界青白口系白房子组、钓鱼台组一套海相碎屑岩—泥灰岩建造。

吉林省境内铁矿的产出范围主要受辉发河—古洞河断裂带、鸭绿江断裂带所围限，至目前已发现铁矿床数十处，其中大—中型矿床 6 处，分别为桦甸市老牛沟铁矿床、白山市板石沟铁矿床、通化县四方山铁矿床、临江市大栗子铁矿床、浑江市乱泥塘铁矿床、和龙市官地铁矿床。目前探明的资源储量约 5.21 亿吨，并且该成矿带内已显示较大的资源潜力，根据吉林省矿产资源潜力评价结果，预测铁矿资源潜力 40.80 亿吨。

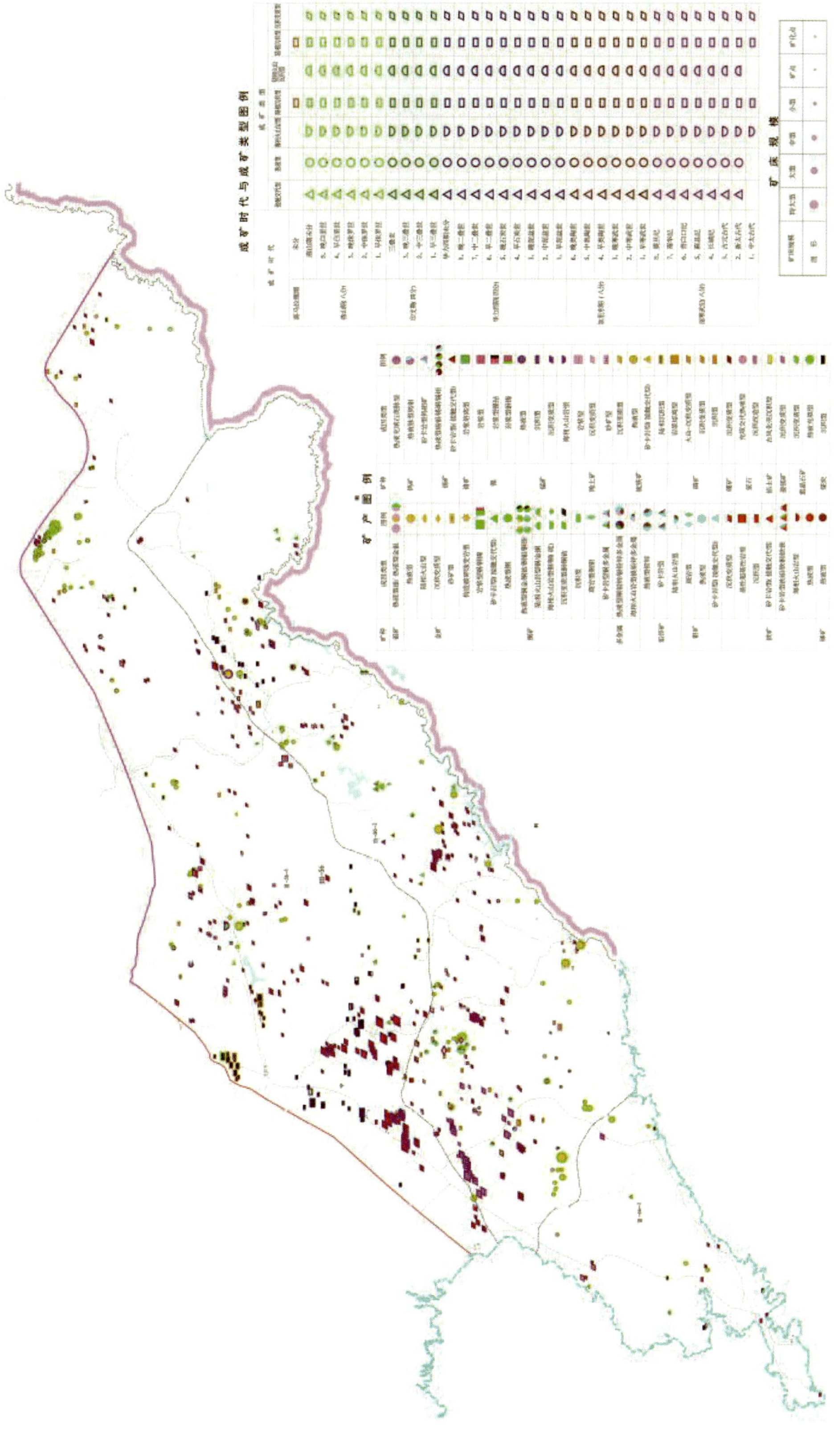

图1-2 辽东—吉南成矿带重要矿产地分布略图

2. 金矿

辽东境内的金矿主要为热液型(含沉积变质热液改造型),主要产于新太古界表壳岩中、古元古界辽河群火山沉积变质地层中,如高家峪组、盖州地层;多数与中生界花岗岩有关。代表性矿床有五龙金矿、小佟家堡子金矿、白云金矿、猫岭金矿等。新发现金矿产地中型 4 处,新增查明金资源量 37.58 吨。

吉林境内金矿的矿床类型以绿岩型最为重要,其次为热液型、构造蚀变岩型,含矿层位众多。绿岩型金矿主要为夹皮沟式,含矿层位为新太古界夹皮沟群绿岩建造;热液型金矿主要有金英式、荒沟山式、香炉碗子式,含矿层位主要有新元古界青白口系钓鱼台组;古元古界老岭群珍珠门组、花山组,集安群荒岔沟组、蚂蚁河组、大东岔组。

吉林省境内金矿的产出范围主要受辉发河—古洞河断裂带、鸭绿江断裂带所围限,至目前已发现金矿床数十处,其中大—中型矿床 12 处,代表性的矿床为桦甸市夹皮沟金矿床、白山市金英金矿床、白山市荒沟山金矿床、梅河口市香炉碗子金矿床、集安市西岔金银矿床、集安市下活龙金矿床等。目前探明的资源储量约 196.61 吨,并且该成矿带内已显示较大的资源潜力,根据吉林省矿产资源潜力评价结果,预测金矿资源潜力 484.03 吨。

3. 铜矿

辽东铜矿主要类型有火山沉积变质铜矿(块状硫化物型),主要分布于辽宁东北部的抚顺地区,铜矿主要为产于新太古界清原群红透山组火山沉积变质的斜长角闪岩中,主要有红透山大型铜锌矿;其次为与中生界花岗岩有关的接触交代型矿床,如万宝小型铜矿。

4. 铅锌矿

辽东铅锌矿主要为青城子式层控型铅锌矿,产于古元古界辽河群高家峪组碳酸盐岩中,并受后期热液叠加作用形成的,如青城子大型铅锌矿;其次是产于中元古界关门山组大理岩中的关门山中型铅锌矿;再其次为与中生界花岗岩有关的接触交代型矿床,如桓仁铅锌矿等。

5. 菱镁矿

区内主要为沉积变质型菱镁矿,主要产于辽东古元古界辽河群大石桥组大理岩中,分布于海城—营口一带。已知有特大型矿床 4 处、大型矿床 4 处、中型矿床 2 处、小型矿床 1 处,如小圣水寺、铧子峪、海城(包括下房身、金家堡子、王家堡子矿段)特大型矿床、腰岭子大型矿床、梨树沟小型矿床等,保有总储量达 25.30 亿吨,占全国保有总储量的 85.38%。新发现 2 处大型菱镁矿床,新增查明资源量 4.65 亿吨。

6. 硼矿

辽东—吉南成矿区内硼矿矿床类型为沉积变质型,主要产于辽东古元古界里尔峪组变粒岩中,著名的有翁泉沟硼镁铁矿、后仙峪硼矿等。共发现硼矿产地 84 处,其中超大型 1 处,大型 3 处,中型 6 处,小型 6 处;如翁泉沟超大型硼镁铁矿、后仙峪硼矿、二台子硼矿目前查明资源储量(B_2O_3 储量)2 666.2 万吨,保有储量 2 560 万吨。

7. 镍矿

辽东—吉南成矿区内镍矿的矿床类型主要为基性—超基性岩浆熔离—贯入型,含矿基性—超基性岩体主要为中条期(古元古界),分布于辽吉裂谷的北缘,本溪—浑江深大断裂的内侧(古陆核一侧),常见于背斜构造内。至目前已发现中型铜镍矿床 1 处,小型铜镍矿床 2 处,代表性的矿床为通化县赤柏松铜镍矿床。目前探明的资源储量约 15 万吨,该成矿带内基性—超基性岩体成群、成带分布，显示出较大的资源潜力，根据吉林省矿产资源潜力评价结果，预测镍资源潜力 37.75 万吨。

8. 硅藻土

辽东—吉南成矿区内硅藻土矿的矿床类型为湖相沉积型，含矿地层为新近系土门子组，其沉积类型属陆相淡水湖的生物化学沉积型，硅藻种属为淡水型。吉林省境内的硅藻土矿主要分布在白山地区，集中分布在靖宇—临江—长白一带。至目前已发现硅藻土矿床数十处，其中大—中型矿床 20 处，代表性的矿床为靖宇县珠子河硅藻土矿、长白县马鞍山硅藻土矿、长白县西大坡硅藻土矿。目前探明的资源储量约 295 603.70 万吨，并且该成矿带内长白山玄武岩覆盖区显示出较大的资源潜力。

（四）资源保证程度分析

辽东—吉南成矿区成矿地质条件较好，资源潜力较大，但以往勘查程度不高，查明的资源储量多位于地表浅部或埋深 500 m 以浅的地段。按现有开采规模和相关研究数据综合分析各优势矿种查明的资源储量保证程度：铁矿资源保证程度不足，金矿资源可保证近中期发展的需求，镍矿资源可保证近期发展的需求，菱镁矿、硼矿、硅藻土资源充足，可保证长期发展的需求，并可外供。

二、矿产资源开发利用现状

辽东—吉南成矿区内已开发利用的矿种主要有煤炭、铁矿、金矿、铜矿、铅锌矿、镍矿、菱镁矿、硼矿、硅藻土、石膏、石墨、大理石、地开石、火山渣等。

（一）铁矿资源开发利用现状

辽东—吉南成矿区内铁矿的矿床类型以沉积变质型最为重要，其次为海相沉积型，含矿层位众多。沉积变质型铁矿主要有鞍山式、集安式、大栗子式，含矿层位为新太古界夹皮沟群绿岩建造；海相沉积型铁矿主要有临江式、浑江式，含矿层位为新元古界青白口系白房子组、钓鱼台组一套海相碎屑岩—泥灰岩建造。

吉林省境内铁矿的产出范围主要受辉发河—古洞河断裂带、鸭绿江断裂带所围限，至目前已发现铁矿床数十处，其中已开采的大—中型矿床 6 处，分别为桦甸市老牛沟铁矿床、白山市板石沟铁矿床、通化县四方山铁矿床、临江市大栗子铁矿床、浑江市乱泥塘铁矿床、和龙市官地铁矿床。目前探明的资源储量约 5.21 亿吨，并且该成矿带内显示出较大的资源潜力，根据吉林省矿产资源潜力评价结果，预测铁矿资源潜力 40.80 亿吨。

辽东境内铁矿的主要为沉积变质型铁矿，分布于鞍山—本溪地区，其中开发利用的有辽阳弓长岭铁矿、歪头山铁矿、齐大山铁矿、樱桃园铁矿、东鞍山铁矿、本溪南芬铁矿等大型超大型铁矿，还有正在建设的超大型大台沟铁矿和思山岭铁矿。目前探明的资源储量 250 亿吨，资源潜力巨大。

（二）金矿资源开发利用现状

辽东—吉南成矿区内金矿的矿床类型以绿岩型最为重要，其次为热液型、构造蚀变岩型，含矿层位众多。绿岩型金矿主要为夹皮沟式，含矿层位为新太古界夹皮沟群绿岩建造；

热液型金矿主要有金英式、荒沟山式、香炉碗子式，含矿层位主要有新元古界青白口系钓鱼台组；古元古界老岭群珍珠门组、花山组，集安群荒岔沟组、蚂蚁河组、大东岔组。

吉林省境内金矿的产出范围主要受辉发河—古洞河断裂带、鸭绿江断裂带所围限，至目前已发现金矿床数十处，其中已开采的大—中型矿床 12 处，代表性的矿床为桦甸市夹皮沟金矿床、白山市金英金矿床、白山市荒沟山金矿床、梅河口市香炉碗子金矿床、集安市西岔金银矿床、集安市下活龙金矿床等。目前探明的资源储量约 196.61 吨，并且该成矿带内已显示较大的资源潜力，根据吉林省矿产资源潜力评价结果，预测金矿资源潜力 484.03 吨。

辽东境内已发现的小型以上金矿床 56 处，其中超大型 1 处，大型 7 处，中型 12 处，小型 36 处，有盖州市平庄猫岭超大型金矿、丹东市四道沟、丹东市五龙、清原县下大堡、凤城市青城子镇小佟家堡子、凤城市白云金矿等大型金矿，累计查明资源量 9 426.34 千克。

（三）镍矿资源开发利用现状

辽东—吉南成矿区内镍矿的矿床类型主要为基性—超基性岩浆熔离—贯入型，含矿基性—超基性岩体主要为中条期(古元古界)，分布于辽吉裂谷的北缘，本溪—浑江深大断裂的内侧(古陆核一侧)，常见于背斜构造内。至目前已发现中型铜镍矿床 1 处，小型铜镍矿床 2 处，代表性的矿床为通化县赤柏松铜镍矿床。目前探明的资源储量约 15 万吨，该成矿带内基性—超基性岩体成群、成带分布，显示出较大的资源潜力，根据吉林省矿产资源潜力评价结果，预测镍矿资源潜力 37.75 万吨。

（四）菱镁矿资源开发利用现状

辽东—吉南成矿区内菱镁矿主要集中分布在辽东的海城—辽阳一带，资源丰富，储量国内领先；已发现的中型以上菱镁矿矿床 21 处，其中超大型 2 处，大型 10 处，中型 9 处，累计查明资源量 4 453 349.37 千吨，资源潜力较大。有大中小型矿山企业开采及利用，并出口国外。

（五）硼矿资源开发利用现状

辽东—吉南成矿区硼矿勘查工作主要分布在辽吉裂谷的营口—宽甸；吉林的集安市财源镇—台上镇一带，目前发现的主要矿床类型为沉积变质型硼矿。辽东境内已发现的中型以上硼矿床 19 处，其中超大型 1 处，大型 6 处，中型 12 处，累计查明资源量(B_2O_3) 39 766.33 千吨。翁泉沟超大型硼铁矿有首钢公司正在兴建并已投入生产。

（六）硅藻土矿资源开发利用现状

辽东—吉南成矿区内硅藻土矿的开发利用主要集中在白山地区，矿床类型为湖相沉积型，含矿地层为新近系土门子组，其沉积类型属陆相淡水湖的生物化学沉积型，硅藻种属为淡水型。吉林省境内的硅藻土矿主要分布在白山地区，集中分布在靖宇—临江—长白一带。至目前已发现硅藻土矿床数十处，其中已开采的大—中型矿床 20 处，代表性的矿床为靖宇县珠子河硅藻土矿、长白县马鞍山硅藻土矿、长白县西大坡硅藻土矿。目前探明的资源储量约 295 603.70 万吨，并且该成矿带内长白山玄武岩覆盖区显示出较大的资源潜力。

（七）煤炭资源开发利用现状

辽东—吉南成矿区内吉南共有6个煤田，现有生产矿井103处，占有资源储量4.35亿吨，保有资源储量2.87亿吨，核定生产能力717.3万吨/年，按现有生产规模，该成矿带内的煤炭资源仅能维持30～40年，随着国民经济的快速发展，供需缺口逐渐加大，供需矛盾势必更加突出，煤炭资源的有效供给能力将成为制约经济发展的瓶颈。该成矿带内含煤系地层广泛分布，根据吉林省矿产资源潜力评价结果，预测煤炭资源潜力24.54亿吨，并且该成矿带内长白山玄武岩覆盖区显示出较大的资源潜力。

辽东有省内主要两大矿区，分别为本溪矿区（含田师付）、抚顺矿区；规模较小的矿区有复洲湾矿区、大甸子矿区、西丰矿区、凤城矿区等。由于经济的发展，对煤炭的采掘强度不断增大，目前省内的大部分矿区已处于萎缩残采阶段，面临着资源枯竭的危机现状。本溪矿区最为严重，其次为抚顺矿区。这些矿区剩余的资源储量主要是煤柱量和边角地段的残余量，大部分不能进行大规模开采，储量平衡表也未进行核销。

第二章　地质工作程度

第一节　基础地质调查工作程度

一、区域地质调查

（一）1∶25 万、1∶20 万区域地质调查

辽东—吉南成矿区 1∶20 万区域地质调查工作始于 20 世纪 60 年代，并在 20 世纪 80 年代已达到全面覆盖。每个 1∶20 万图幅均提交了地质图和矿产图，地质、矿产调查报告及有关的成果资料。

21 世纪初，辽东—吉南成矿区内相继开展了 1∶25 万区域地质调查（修编、修测）工作，共完成 20 幅。其中辽宁省完成 1∶25 万图幅有：丹东市幅、三堂幅、金县幅、东沟县幅、旅顺幅、大连市幅、四平市幅、长春市幅、铁岭市幅、鞍山市幅、沈阳市幅、营口市幅、宽甸县幅；吉林省完成的 1∶25 万图幅有：辽源市幅、靖宇县幅、和龙县幅、延吉市幅、通化市幅、浑江市幅、长白县幅（见表 2-1）。

表 2-1　辽东—吉南成矿区 1∶25 万区域地质调查图幅完成情况一览表

序号	图幅名称	比例尺	完成时间	完成单位	完成省（区）
1	辽源市幅	1∶25 万	2000—2004	吉林省区域地质矿产调查所	吉林省
2	靖宇县幅	1∶25 万	2004—2006	吉林省区域地质矿产调查所	吉林省
3	和龙县幅	1∶25 万	2000—2004	吉林省区域地质矿产调查所	吉林省
4	延吉市幅	1∶25 万	2004—2006	吉林省区域地质矿产调查所	吉林省
5	通化市幅	1∶25 万	2000—2004	吉林省区域地质矿产调查所	吉林省
6	浑江市幅	1∶25 万	2004—2006	吉林省区域地质矿产调查所	吉林省
7	长白县幅	1∶25 万	2004—2006	吉林省区域地质矿产调查所	吉林省
8	丹东市幅	1∶25 万	2000—2003	辽宁省地质矿产调查院	辽宁省
9	三堂幅	1∶25 万	2000	辽宁省地质矿产调查院	辽宁省
10	金县幅	1∶25 万	2000	辽宁省地质矿产调查院	辽宁省
11	东沟县幅	1∶25 万	2000—2002	辽宁省地质矿产调查院	辽宁省
12	旅顺幅	1∶25 万	2000	辽宁省地质矿产调查院	辽宁省
13	大连市幅	1∶25 万	2000—2001	辽宁省地质矿产调查院	辽宁省

续表

序号	图幅名称	比例尺	完成时间	完成单位	完成省(区)
14	四平市幅	1∶25 万	2003—2005	辽宁省地质矿产调查院	辽宁省
15	长春市幅	1∶25 万	2000	吉林地质调查院	辽宁省
16	铁岭市幅	1∶25 万	2003—2005	沈阳地质矿产研究所	辽宁省
17	鞍山市幅	1∶25 万	2010—2012	辽宁省地质矿产调查院	辽宁省
18	沈阳市幅	1∶25 万	2000	辽宁省地质矿产调查院	辽宁省
19	营口市幅	1∶25 万	2000—2001	辽宁省地质矿产调查院	辽宁省
20	宽甸县幅	1∶25 万	2010—2012	辽宁省地质矿产调查院	辽宁省

(二)1∶5 万区域地质(矿产)调查

辽东—吉南成矿区 1∶5 万区域地质(矿产)调查工作始于 20 世纪 80 年代,至 90 年代前多以单幅区域地质调查带地质矿产调查为主,联测图幅较少,提交有单幅地质图、矿产图及说明书。1991—2013 年完成的图幅仅以区域地质调查为主,多以联测区调为主,并提交联测区调报告。截至 2013 年,辽东—吉南成矿区内辽宁东部部署完成 1∶5 万区域地质 132 幅。吉林省已部署开展和完成 1∶5 万区域地质(矿产)调查工作标准图幅共 98 幅,其中,已完成 1∶5 万区域地质调查 69 个标准图幅,目前正在实施 1∶5 万区域地质调查的共 5 个图幅(见表 2-2);已完成 1∶5 万矿产远景调查 19 个标准图幅,目前正在实施 1∶5 万矿产远景调查的共 5 个图幅(见表 2-3)。

辽东—吉南成矿区共涉及 1∶5 万标准图幅 380 幅,1∶5 万区域地质(矿产)调查覆盖率为 60%,整体覆盖情况见图 2-1。

表 2-2 辽东—吉南成矿区已部署和完成 1∶5 万区域地质调查图幅情况一览表

序号	图幅名称	完成时间	完成单位
(一) 已完成 1∶5 万区域地质调查图幅			
1	1∶5 万小四平、大阳、石阳屯、山城镇幅区调	1995	吉林省区调所
2	1∶5 万小杨树河、柳河县、柳树河子、安口镇、五道沟幅区调	1995	吉林省区调所
3	1∶5 万辉南县、驮佛鳖幅区调	1994	吉林省区调所
4	1∶5 万楼街幅、辉南镇、样子哨镇幅区调	1994	吉林省区调所
5	1∶5 万孤山子、大坦平、平岗幅区调	1995	吉林省三所
6	1∶5 万大荒沟、板石沟铁矿幅区调	1998	长春科技大学
7	1∶5 小荒沟、四方山、浑江市、通化市幅区调	1994	吉林省区调所
8	1∶5 二道江、红土崖幅区调	1994	吉林省区调所
9	1∶5 万三岔子、湾沟镇幅区调	1994	吉林省四所
10	1∶5 万石人镇、花山、苇沙河、临江镇幅区调	1993	吉林省四所
11	1∶5 万大泉眼、头道崴子、霸王朝、清河幅区调	1989	吉林省四所
12	1∶5 万二棚甸子、花甸子幅区调	1990	吉林省四所
13	1∶5 万复兴村、集安县、榆树林子、江口村幅区调	1988	吉林省区调所

续表

序号	图幅名称	完成时间	完成单位
14	1∶5万七道沟镇、三道沟、老岭、青石镇幅区调	1989	吉林省区调所
15	1∶5万桦甸县幅区调	1998	吉林省区调所
16	1∶5万中心街幅区调	1985	吉林省区调所
17	1∶5万杨家店、那尔轰幅区调	1989	吉林省区调所
18	1∶5万二道甸子、东兴屯、大红石砬子、夹皮沟镇幅区调	1998	吉林省区调所
19	1∶5万白山镇、会全栈、金银别、杨树河子幅区调	1991	吉林省区调所
20	1∶5万白水滩林场、两江、大沙河幅区调	1999	吉林省区调所
21	1∶5万老跃进林场、白头山、维东、天池幅区调	1999	吉林省区调所
22	1∶5万古洞河、卧龙湖幅区调	1988	吉林省六所
23	1∶5万三道林场、和龙煤矿、和龙荒沟林场幅区调	1995	吉林省二所
24	威远堡幅	2000	辽宁第九地质队
25	开源县幅	1996	辽宁第九地质队
26	貂皮屯幅	1992	辽宁第九地质队
27	山头堡幅	1996	辽宁第九地质队
28	孟家寨幅	1996	辽宁第九地质队
29	聂家沟幅	1992	辽宁第九地质队
30	石阳屯幅	1995	吉林区调队
31	铁岭幅	1988	辽宁第九地质队
32	大甸子幅	1986	辽宁第九地质队
33	下肥地幅	1986	辽宁第九地质队
34	小杨树河幅	1995	吉林第三地调所
35	夏家堡幅	2015	辽宁省地质矿产调查院
36	猴石幅	2015	辽宁省地质矿产调查院
37	三岔子幅	1988	辽宁第九地质队
38	上年马洲幅	1986	辽宁第九地质队
39	南口前幅	1986	辽宁第四地质队
40	湾甸子幅	1996	辽宁第十地质队
41	大苏河幅	1996	辽宁第十地质队
42	张甸子幅	1989	长春地质学院
43	郑家堡子幅	1989	长春地质学院
44	木奇幅	1986	辽宁第十地质队
45	新宾幅	1996	辽宁第十地质队
46	永陵幅	1996	辽宁第十地质队
47	英守堡子幅	1998	沈阳地矿所
48	红庙子幅	1996	辽宁第十地质队
49	下牛心台幅	1998	沈阳地矿所

续表

序号	图幅名称	完成时间	完成单位
50	霸王朝幅	1988	吉林通勘院
51	大泉源幅	1988	吉林通勘院
52	小屯幅	2003	辽宁省地质矿产调查院
53	本溪县幅		沈阳地质矿产研究所
54	田师付幅		沈阳地质矿产研究所
55	二棚甸子幅	1988	吉林通勘院
56	花甸子幅	1988	吉林通勘院
57	鞍山幅	1990	辽宁区调队
58	大孤山幅	1990	辽宁区调队
59	弓长岭镇幅	2003	辽宁省地质矿产调查院
60	花甸子幅	1988	吉林通勘院
61	草河掌幅		沈阳地质矿产研究所
62	复兴村幅	1988	吉林区调队
63	南孤山子幅		沈阳地质矿产研究所
64	沙尖子幅	1994	辽宁区调队
65	铁路子幅	1993	辽宁第十地质队
66	八河川幅	1993	辽宁第八地质队
67	南台幅	1996	长春地质学院
68	隆昌洲幅	1988	辽宁区调队
69	上麻屯幅	1988	辽宁区调队
70	甜水幅	2001	辽宁区调队
71	草河口幅	2001	辽宁区调队
72	双岭子幅	2012	沈阳地质矿产研究所
73	宫家堡子幅	2012	沈阳地质矿产研究所
74	步达远幅	1995	辽宁第七地质队
75	太平哨幅	1995	辽宁第七地质队
76	大耳岔子幅	1993	辽宁第八地质队
77	虎庄屯幅	1996	长春地质学院
78	析木公社幅	1996	长春地质学院
79	吉洞峪幅	1996	长春地质学院
80	三家子幅	1977	辽宁区调队
81	青城子幅	2001	辽宁区调队
82	通远堡幅	2001	辽宁区调队
83	陈家堡子幅	2012	沈阳地质矿产研究所
84	边沟幅	2012	沈阳地质矿产研究所
85	杨林幅	1995	辽宁第七地质队

续表

序号	图幅名称	完成时间	完成单位
86	泡子沿幅	1984	辽宁第七地质队
87	营口县幅	1996	长春地质学院
88	板子屯幅	1981	辽宁省地质局第五地质大队
89	小偏岭幅	1978	辽宁第五地质队
90	黄花甸幅	1980	辽宁区调队
91	毛甸子幅	1999	辽宁区调队
92	腰岭子幅	1995	辽宁第七地质队
93	红石砬子幅	1984	辽宁第七地质队
94	永甸城幅	1988	辽宁第七地质队
95	盖县幅	1995	辽宁第十地质队
96	榜式堡幅	1992	辽宁区调队
97	接官厅幅	1992	辽宁区调队
98	王家堡子幅	1978	辽宁第五地质队
99	苏子河幅	1980	辽宁区调队
100	桦树甸子幅	1999	辽宁区调队
101	长甸公社幅	1988	辽宁第七地质队
102	大望海赛幅	1995	辽宁第十地质队
103	熊岳城幅	1995	辽宁第十地质队
104	双台幅	1995	辽宁第十地质队
105	卧龙泉幅	1992	辽宁区调队
106	李家堡子幅	1992	辽宁区调队
107	大营子幅	1996	辽宁区调队
108	白旗幅	2012	辽宁省地质矿产调查院
109	汤山城幅	2012	辽宁地勘局第七地质大队
110	五龙背幅	1999	辽宁第七地质队
111	古楼子公社幅	1999	辽宁第七地质队
112	黄旗堡幅	2012	辽宁省地质矿产调查院
113	大楼房幅	2012	辽宁地勘局第七地质大队
114	丹东市幅	1999	辽宁第七地质队
115	万家岭幅	1999	辽宁区调队
116	安波幅	1999	辽宁区调队
117	桂云花幅	2001	辽宁区调队
118	德兴街幅	2001	辽宁区调队
119	孙家营子幅	1996	辽宁区调队
120	栗子房幅	1996	辽宁区调队
121	松树镇幅	1999	辽宁区调队

续表

序号	图幅名称	完成时间	完成单位
121	双塔幅	1999	辽宁区调队
122	芙蓉铜矿幅	2001	辽宁区调队
123	庄河县幅	2001	辽宁区调队
124	小孤山幅	1996	辽宁区调队
125	青堆子幅	1996	辽宁区调队
126	西三台子幅	1997	辽宁区调队
127	复县幅	1978	辽宁区调队
128	前元台子幅	1998	辽宁区调队
129	城子坦幅	1998	辽宁区调队
130	复洲湾幅	1997	辽宁区调队
131	山西屯幅	1997	辽宁区调队
132	新金县幅	1978	辽宁区调队
133	大谭屯幅	1998	辽宁区调队
134	皮口公社幅	1998	辽宁区调队
135	三十里堡公社幅	1994	辽宁区调队
136	大魏家公社幅	1988	辽宁区调队
137	登沙河幅	1994	辽宁区调队
138	大魏家公社幅	1988	辽宁区调队
139	金县幅	1988	辽宁区调队
140	董家沟幅	1994	辽宁区调队
141	曹家屯幅	1994	辽宁区调队
142	夏家河子幅	2000	地科院地质所
143	土城子幅	2000	地科院地质所
144	旅大市幅	2000	地科院地质所
145	大孤山幅	1994	辽宁区调队
146	水师营幅	2000	地科院地质所
147	旅顺新市街幅	2000	地科院地质所
148	旅顺市旧市街幅	2000	地科院地质所
149	和隆幅	2015	辽宁省地质矿产调查院
150	大孤家幅	2015	辽宁省地质矿产调查院
151	八棵树幅	2015	辽宁省地质矿产调查院
152	房木镇幅	2015	辽宁省地质矿产调查院
153	清源县幅	2015	辽宁省地质矿产调查院

续表

序号	图幅名称	完成时间	完成单位
（二）正在实施 1∶5 万区域地质调查图幅			
1	1∶5 万和龙县、朝阳村、青山里、高岭村、白金公社幅区调	2012—2014	吉林省地调院

表 2-3　辽东—吉南成矿区已部署和完成 1∶5 万矿产远景调查图幅情况一览表

序号	图幅名称	完成时间	完成单位
（一）已完成 1∶5 万矿产远景调查图幅			
1	1∶5 万抽水洞、万良、仙人桥、抚松县幅矿调	2011	吉林省地调院
2	1∶5 万松树镇、东岗、桦树、魏家、蚂蚁河、东北岔幅矿调	2008	吉林省地调院
3	1∶5 万六道沟公社、林江铜矿、五盘道、桃泉里、二道岗、大蛤蟆川公社、十二道沟公社、十四道沟公社、长白县幅矿调	2006	吉林省地调院
4	辽宁清原红旗寨地区矿产远景调查	2010	辽宁省有色地质局勘查总院
5	辽宁凤城双岭子地区矿产远景调查	2013	沈阳地调中心
6	辽宁鸭绿江成矿带矿产远景调查	2014	辽宁省地调院
7	辽宁东部桓仁中生代盆地及其周边有色金属矿远景调查	2014	辽宁省有色地质局
8	辽宁省岫岩大营子—凤城宝山地区铜钴铅锌矿远景调查	2014	辽宁省有色地质局
（二）正在实施 1∶5 万矿产远景调查图幅			
1	1∶5 万英戈布、响水河子、大泉眼、霸王朝、清河幅矿调	2013—2015	吉林省地调院
2	辽宁省盖州—大石桥地区矿产远景调查（1∶5 万）	2013—2015	辽宁省地质矿产调查院

二、区域物化探

（一）区域重力调查

辽东—吉南成矿区 1∶100 万区域重力调查于 20 世纪 80 年代已达到全面覆盖，1982 年首次按国际分幅开展的 1∶20 万区域重力调查工作已全面覆盖，该成矿带尚未开展大面积 1∶5 万重力调查工作。

（二）航磁

吉南航磁调查工作程度差异较大，从 1956—1990 年间，进行了不同地质找矿目的、不同比例尺、不同精度的航空磁测，完成了 1∶20 万～1∶10 万航磁及部分 1∶5 万航磁测量工作。通化西部地区航磁测量结果发现航磁异常 142 个，推断与寻找磁铁矿有关的异常 20 个；基性—超基性岩体引起的异常 14 个；接触蚀变带引起，具有寻找铁铜矿及多属矿有望的异常 10 个。鸭绿江沿岸地区航磁测量结果，发现 288 个异常，其中 75 个异常为间接、直接找矿指示了信息，确定了全区地质构造的基本轮廓。

图2-1　辽东—吉南成矿带1:5万工作程度图

辽东从1958—1990年初辽宁省地质局物探大队在辽宁省范围内开展的1∶20万航磁工作已基本覆盖全区，至1990年先后完成辽东、辽南及辽宁省北部地区1∶5万比例尺航磁测量工作。

1959年由906队对辽东半岛进行了航磁测量，飞行高度100 m，航线间距1 000 m，测量面积15 340 km^2。比例尺为1∶10万，仪器型号是ACTM-25，编写了《辽东半岛地区航空物探报告》。

（三）区域化探

辽东—吉南成矿区1∶20万区域化探工作于20世纪80年代已达到全面覆盖。

1∶5万区域化探工作始于20世纪80年代中后期，吉林完成1∶5万标准图幅（包括不完整图幅）共63幅，辽东完成30幅。

吉林省内图幅有：山城镇、柳河县、柳树河子、安口镇、五道沟、通化市、大泉眼、头道崴子、霸王朝、清河、二棚甸子、花甸子、大二道阳岔村、辉南县、楼街、辉南镇、杨家店、那尔轰、景山镇、榆树河子、抽水洞、万良、仙人桥、扶松县、湾沟镇、松树镇、东岗、石人镇、花山、桦树、魏家、红土崖、东北岔、七道沟镇、阳岔村、老岭、六道沟公社、林江铜矿、五盘道、桃泉里、二道岗、金银别、白水滩林场、古洞河、卧龙湖、三道林场、和龙煤矿、和龙县、和龙荒沟林场、青山里、长山岭、百里坪等52幅。

辽东完成1∶5万标准图幅共30幅，有：铁岭幅、大甸子幅、下肥地幅、三岔子幅、上年马洲幅、南口前幅、张甸子幅、郑家堡子幅、木奇幅、大泉源幅、二棚甸子幅、花甸子幅、鞍山幅、大孤山幅、花甸子幅、草河掌幅、复兴村幅、南孤山子幅、隆昌洲幅、上麻屯幅、小偏岭幅、黄花甸幅、红石砬子幅、永甸城幅、王家堡子幅、苏子河幅、复县幅、大魏家公社幅、大魏家公社幅、金县幅。

吉林省内不完整图幅有：马架子、榆树林子、苇沙河、临江镇、蚂蚁河、黄柏村、集安县、大蛤蟆川公社、十二道沟公社、十四道沟公社、长白朝鲜族自治县等11幅。

（四）自然重砂

辽东—吉南成矿区1∶20万自然重砂测量工作已达到全面覆盖。1∶5万及大比例尺重砂测量工作基本未开展。2001—2003年对1∶20万数据进行了数据库建设；1993年完成的吉林省东部山区贵金属及有色金属矿产成预测报告中，对吉林省重砂资料进行了全面系统的研究工作。

辽宁省境内在完成1∶5万区域地质调查同时，完成30幅自然重砂工作，完成的图幅有：铁岭幅、大甸子幅、下肥地幅、三岔子幅、上年马洲幅、南口前幅、张甸子幅、郑家堡子幅、木奇幅、大泉源幅、二棚甸子幅、花甸子幅、鞍山幅、大孤山幅、花甸子幅、草河掌幅、复兴村幅、南孤山子幅、隆昌洲幅、上麻屯幅、小偏岭幅、黄花甸幅、红石砬子幅、永甸城幅、王家堡子幅、苏子河幅、复县幅、大魏家公社幅、大魏家公社幅、金县幅。

三、矿产资源远景调查与评价

辽东—吉南成矿区矿产地质调查覆盖率较低，除个别成矿区外，大部分地区均未开展矿产资源远景调查评价工作。

（一）矿产远景调查

2010年完成辽宁清原红旗寨地区矿产远景调查，2013年完成辽宁凤城双岭子地区矿产远景调查，2014年完成了辽宁鸭绿江成矿带矿产远景调查、辽宁东部桓仁中生代盆地及其周边有色金属矿远景调查、辽宁省岫岩大营子—凤城宝山地区铜钴铅锌矿远景调查。

自2000年以来，吉南先后开展过1∶5万吉林临江—长白地区矿产远景调查；1∶5万吉林抚松地区矿产远景调查；1∶5万吉林通化大泉眼地区矿产远景调查（2013年新开）。

正在开展辽宁省盖州—大石桥地区矿产远景调查（1∶5万）、吉林省1∶5万英戈布、响水河子、大泉眼、霸王朝、清河幅矿产远景调查评价。

（二）矿产资源评价

自2000年以来，吉南先后开展过吉林临江—长白地区铜铅锌评价、吉林珍珠门地区铅锌矿评价、吉林集安地区铅锌银矿评价、吉林通化大川地区稀有稀土矿产调查评价等项目。

辽宁本溪—营口—瓦房店地区金多金属矿评价、辽宁宽甸—桓仁地区金多金属矿评价、辽宁浑南地区铜金矿评价、辽宁宽甸地区硼矿资源评价、辽宁清原大荒沟地区铜矿评价、辽宁鞍山吴家台—辽阳孙家营一带铁矿普查等。

第二节 矿产勘查工作程度

一、能源矿产勘查

辽东—吉南成矿区内能源矿产勘查吉林省境内以煤炭资源勘查工作程度较高，大致在含煤岩系埋深500 m以浅的范围内均设有煤炭矿业权，各矿业权工作程度均达到普查以上。近年来为实施工业化，吉林省利用省地勘基金进一步加大煤炭勘查力度，并在有利区块设置省级整装勘查，完成勘查的详查区4个，获得新增资源储量3 373.4万吨。地热水资源勘查主要在个别点上开展商业性勘查工作。

历年来，在辽东先后开展了煤矿地质研究、地质勘探、地面物探等各项煤田地质工作，为抚顺、本溪、老矿区的恢复和改扩建提供了新的资源，同时新发现并勘探出铁法、沈北、红阳等大煤田。这些煤田已建成具有相当规模的矿区，成为我国一个重要的煤炭生产基地，为国民经济的发展做出了积极的贡献。

二、金属矿产勘查

国家“358”找矿行动计划在辽东—吉南成矿区内掀起新一轮的找矿勘查热潮，随着面上找矿工作的扩展和部分点上勘查与研究的深入，进一步深化了区内重点矿产的成矿认识，新发现一批矿产地，新增一批资源储量。吉林省矿产资源潜力评价成果展示了本区铁、金等重要金属矿产巨大的找矿潜力，有较多的空白区未开展工作。

（一）铁矿勘查

辽东—吉南成矿区铁矿勘查工作分布范围广泛，目前发现的主要矿床类型及规模、勘查程度统计见表2-4和表2-5。

表2-4　辽东铁矿主要矿床类型及规模、勘查程度统计表

省份	矿产地名称	成因类型	规模	储量/千吨	工作程度
辽宁	鞍山市眼前山	沉积变质型	大型矿床	500 277	勘探
辽宁	鞍山市祁家沟	沉积变质型	大型矿床	120 830	勘探
辽宁	海城市驼龙寨	沉积变质型	中型矿床	19 715	勘探
辽宁	本溪市北台	沉积变质型	大型矿床	176 446.94	勘探
辽宁	本溪市贾家堡子	沉积变质型	大型矿床	146 392.3	勘探
辽宁	本溪市孟家堡子	沉积变质型	大型矿床	105 775.47	勘探
辽宁	本溪市南芬（庙儿沟）	沉积变质型	特大型矿床	1 283 123.17	勘探
辽宁	本溪市思山岭	沉积变质型	特大型矿床	2 487 170	详查
辽宁	本溪市连家沟	沉积变质型	中型矿床	37 770	勘探
辽宁	营口市老边	沉积变质型	中型矿床	53 950	勘探
辽宁	大石桥市锅底山	沉积变质型	中型矿床	11 435.39	勘探
辽宁	灯塔市盘道沟	沉积变质型	中型矿床	13 587.17	勘探
辽宁	灯塔市马耳岭	沉积变质型	中型矿床	17 512	勘探
辽宁	鞍山市千山区西鞍山	沉积变质型	特大型矿床	1 744 125	勘探
辽宁	鞍山市千山区东鞍山	沉积变质型	特大型矿床	1 484 959	勘探
辽宁	鞍山市眼前山铁矿砬子山区	沉积变质型	大型矿床	176 457.2	勘探
辽宁	鞍山市千山区张家湾	沉积变质型	大型矿床	148 216	勘探
辽宁	鞍山市西大背	沉积变质型	大型矿床	172 054	勘探
辽宁	鞍山市小岭子西段	沉积变质型	中型矿床	24 983.83	勘探
辽宁	鞍山市小岭子	沉积变质型	大型矿床	107 371.27	勘探
辽宁	鞍山市大孤山	沉积变质型	大型矿床	521 209	勘探
辽宁	鞍山市齐大山	沉积变质型	特大型矿床	1 496 628.7	勘探
辽宁	鞍山市千山区王家堡子	沉积变质型	大型矿床	243 596	勘探
辽宁	鞍山市千山区齐大山镇樱桃园	沉积变质型	大型矿床	197 054	勘探
辽宁	鞍山市胡家庙子	沉积变质型	特大型矿床	1 124 188	勘探
辽宁	鞍山市眼前山铁矿关门山区	沉积变质型	大型矿床	572 523	勘探
辽宁	鞍山市东鞍山乡前峪	沉积变质型	大型矿床	180 000	勘探
辽宁	鞍山市黑石砬子	沉积变质型	大型矿床	615 782	勘探
辽宁	本溪市梨树沟	沉积变质型	中型矿床	54 752.29	勘探
辽宁	本溪市歪头山	沉积变质型	大型矿床	256 860.27	勘探
辽宁	本溪市花岭沟	沉积变质型	中型矿床	82 887.44	勘探
辽宁	本溪市欢喜岭	沉积变质型	中型矿床	37 569	勘探

续表

省份	矿产地名称	成因类型	规模	储量/千吨	工作程度
辽宁	本溪县连山关—草河口	沉积变质型	中型矿床	12 392.7	勘探
辽宁	灯塔市大汪沟	沉积变质型	大型矿床	141 335.66	勘探
辽宁	灯塔市柳河乡棉花堡子	沉积变质型	中型矿床	30 985.66	勘探
辽宁	灯塔市烟龙山(瓜沟)铁矿	沉积变质型	中型矿床	17 240.39	勘探
辽宁	灯塔市大河沿	沉积变质型	大型矿床	180 006.16	勘探
辽宁	本溪市徐家堡	沉积变质型	大型矿床	157 208	勘探
辽宁	灯塔市红旗堡子	沉积变质型	中型矿床	12 724.94	勘探
辽宁	辽阳县弓长岭铁矿老矿区	沉积变质型	大型矿床	543 287	勘探
辽宁	辽阳市弓长岭区一矿区	沉积变质型	大型矿床	272 000	勘探
辽宁	辽阳市弓长岭区三矿区(黄泥岗)	沉积变质型	中型矿床	53 349.88	勘探
辽宁	辽阳县弓长岭铁矿二矿区	沉积变质型	大型矿床	822 549.82	勘探
辽宁	辽阳市大安口	沉积变质型	中型矿床	30 599	勘探
辽宁	抚顺市傲牛	沉积变质型	中型矿床	201 454.76	勘探
辽宁	抚顺市罗卜坎	沉积变质型	中型矿床	27 380	勘探
辽宁	新宾县玄羊砬子	沉积变质型	中型矿床	26 400	勘探
辽宁	清原县下甸子	沉积变质型	中型矿床	10 876.48	勘探
辽宁	清原县长山堡	沉积变质型	中型矿床	45 800	勘探
辽宁	清原县小莱河	沉积变质型	中型矿床	51 371.25	勘探
辽宁	清原县于家堡子	沉积变质型	中型矿床	89 435	勘探
辽宁	铁岭市台子沟	沉积变质型	中型矿床	28 232	勘探
辽宁	凤城县袁家沟	沉积变质型	中型矿床	10 450.57	勘探
辽宁	凤城县暖和堡	沉积变质型	中型矿床	24 165	勘探
辽宁	凤城县翁泉沟	沉积变质型	大型矿床	283 075	勘探
辽宁	营口县于家堡子	沉积变质型	中型矿床	10 230	勘探
辽宁	清原县二道沟	沉积变质型	大型矿床	125 051.56	勘探
辽宁	新宾县平顶山镇琵琶村	沉积变质型	中型矿床	31 792	勘探
辽宁	本溪市融基矿业有限公司	沉积变质型	中型矿床	11 190.63	勘探
辽宁	辽阳县平顶山铁矿	沉积变质型	中型矿床	27 099	勘探
辽宁	本溪市大台沟(含花红沟)	沉积变质型	特大型矿床	7 088 102.97	详查
辽宁	鞍山市眼前山铁矿谷首峪区	沉积变质型	中型矿床	53 463.52	勘探
辽宁	营口市赵平房陈家店铁矿	沉积变质型	中型矿床	42 093.9	勘探
辽宁	营口市赵平房王家堡子铁矿	沉积变质型	中型矿床	18 009.9	勘探
辽宁	岫岩县哈达碑镇五道岭	沉积变质型	中型矿床	16 502	勘探
辽宁	辽阳县隆昌镇张家沟		中型矿床	14 961.2	勘探
辽宁	桓仁县桓仁铜锌矿	矽卡岩型	中型矿床	25 815.93	勘探
辽宁	鞍山市陈台沟铁矿普查	沉积变质型	大型矿床	150 000	普查

续表

省份	矿产地名称	成因类型	规模	储量/千吨	工作程度
辽宁	灯塔市大达连沟铁矿普查	沉积变质型	大型矿床	150 000	普查
辽宁	本溪市歪头山镇小柳峪铁矿	沉积变质型	中型矿床	15 000	普查
辽宁	海城市三道岗子铁矿普查	沉积变质型	中型矿床	12 000	普查
辽宁	桓仁县木盂子区铁矿详查	沉积变质型	中型矿床	15 000	普查

辽东境内截至2013年底，已发现小型以上铁矿床158处，其中超大型7处，大型26处，中型39处，小型86处。特别是大台沟超大型铁矿的发现，震惊国内外。全省目前累计查明资源储量264亿吨。

表 2-5　吉南铁矿主要矿床类型及规模、勘查程度统计表

省份	矿产地名称	矿床成因类型	矿床规模	探明储量/万吨	勘查程度
吉林	桦甸市老牛沟铁矿	沉积变质型	大型	25 699.3	勘探
吉林	东丰县和平铁矿	沉积变质型	小型	632.9	详查
吉林	柳河县柳河铁矿	沉积变质型	小型	104.3	详查
吉林	辉南县太平沟铁矿	沉积变质型	小型	206.0	详查
吉林	辉南县五分所铁矿	沉积变质型	小型	173.4	详查
吉林	白山市五道羊岔铁矿	沉积变质型	小型	974.79	勘探
吉林	浑江市板石沟铁矿	沉积变质型	大型	11 651.1	勘探
吉林	浑江市爱林铁矿	沉积变质型	小型	140.32	详查
吉林	浑江市老岭铁矿	海相沉积型	小型	593.1	详查
吉林	浑江市大栗子铁矿	沉积变质型	中型	2 877.5	勘探
吉林	浑江市夹皮沟铁矿	沉积变质型	小型	79.6	详查
吉林	浑江市乱泥塘铁矿	沉积变质型	小型	727.99	详查
吉林	抚松县大方铁矿	沉积变质型	小型	740.63	详查
吉林	抚松县松山铁矿	沉积变质型	小型	152.0	详查
吉林	安图县小黄泥屯铁矿	沉积变质型	小型	21.48	普查
吉林	安图县腰团铁矿	沉积变质型	小型	112.0	普查
吉林	和龙市鸡南铁矿	沉积变质型	小型	568.7	详查
吉林	和龙市官地铁矿	沉积变质型	中型	2 826.4	详查
吉林	通化市四方山铁矿	沉积变质型	中型	2 032.8	勘探
吉林	通化市二道江铁矿	沉积变质型	小型	76.2	详查
吉林	通化市七道沟铁矿	沉积变质型	中型	1 329	详查
吉林	通化市二道河子铁矿	沉积变质型	小型	80.6	普查
吉林	通化市南岔铁矿	沉积变质型	小型	12.9	普查
吉林	通化市长春沟铁矿	沉积变质型	小型	152.9	详查
吉林	集安市砬子沟铁矿	沉积变质型	小型	153.2	详查
吉林	集安市清河铁矿	沉积变质型	小型	10.8	普查

吉林省近年来不断加大勘查工作力度，以老矿区深部及外围为重点，开展以商业性勘查为主的深部勘查，不断取得新成果，扩大了老矿山及外围各矿点的储量规模，发现并勘探了白山市五道阳岔大型铁矿床，同时发现了一批小型铁矿床、矿点及矿化点，展示了较大的找矿前景。截至 2013 年底，已发现的铁矿床 26 处，其中大型 2 处，中型 4 处，小型 20 处，累计查明资源量 52 129.91 万吨。

（二）金矿勘查

辽东—吉南成矿区金矿勘查工作分布范围较广，目前发现的主要矿床类型及规模、勘查程度统计见表 2-6 和表 2-7。

表 2-6　辽东金矿主要矿床类型及规模、勘查程度统计表

省份	矿产地名称	成矿类型	规模	储量/千克	工作程度
辽宁	新宾县东韩家村	热液型	小型矿床	1 512	勘探
辽宁	清原县海阳村	热液型	小型矿床	500	勘探
辽宁	丹东市四道沟	岩浆热液型	大型矿床	17 470.51	勘探
辽宁	盖州市卧龙泉镇王家崴子	热液型	中型矿床	3 043.73	勘探
辽宁	普兰店市孙家沟	热液型	小型矿床	427	勘探
辽宁	庄河市冠半沟	热液型	中型矿床	2 918	勘探
辽宁	岫岩县石庙子	砂矿型	小型矿床	580	勘探
辽宁	清原县下大堡	热液型	大型矿床	8 517	勘探
辽宁	清原县南口前暖泉	热液型	小型矿床	1 890	勘探
辽宁	清原县线金厂	热液型	小型矿床	1 751	勘探
辽宁	丹东市五龙	岩浆热液型	大型矿床	50 547.12	勘探
辽宁	盖州市平庄猫岭	热液型	特大型矿	214 763	勘探
辽宁	大石桥市分水	热液型	中型矿床	3 335.28	勘探
辽宁	清原县井家沟	热液型	小型矿床	488	勘探
辽宁	宽甸县振江乡沙窝沟	热液型	中型矿床	2 343	勘探
辽宁	宽甸县太平哨镇钓鱼台村	热液型	大型矿床	9 149.9	勘探
辽宁	辽阳县大安口（金矿）	沉积变质—热液交代型	中型矿床	2 243.94	勘探
辽宁	凤城市青城子镇小佟家堡子	沉积变质—热液交代型	大型矿床	8 265	勘探
辽宁	岫岩县石灰窑子	砂矿型	小型矿床	1 686.00	勘探
辽宁	岫岩县三家子	砂矿型	小型矿床	1 379.00	勘探
辽宁	本溪县石河子	砂矿型	小型矿床	1 833.00	勘探
辽宁	辽阳县兰河	砂矿型	小型矿床	926.00	勘探
辽宁	凤城市青城子乡白云村	砂矿型	小型矿床	648	勘探
辽宁	辽阳县汤河砂金矿	砂矿型	小型矿床	521.41	勘探
辽宁	辽阳县水泉兰河砂金	砂矿型	小型矿床	2 231.5	勘探

续表

省份	矿产地名称	成矿类型	规模	储量/千克	工作程度
辽宁	辽阳县中汤河砂金矿	砂矿型	小型矿床	3 724.2	勘探
辽宁	开原市柴河砂金矿	砂矿型	小型矿床	2 271	勘探
辽宁	宽甸县庙台子岩金矿	岩浆热液型	小型矿床	253.71	勘探
辽宁	北票市赵户沟岩金	热液型	小型矿床	1 544	勘探
辽宁	清原县构奶甸景家沟	热液型	中型矿床	2 020	勘探
辽宁	开原市牧羊政砂金矿	砂矿型	小型矿床	1 084.00	勘探
辽宁	开原市柴河砂金矿	砂矿型	小型矿床	2 448.00	勘探
辽宁	清原县王家大沟金矿	热液型	小型矿床	642.59	勘探
辽宁	抚顺县二伙洛金矿	热液型	小型矿床	1 901.34	勘探
辽宁	清原县十八道岭	热液型	小型矿床	536.34	勘探
辽宁	清原县构奶甸子龙王庙	热液型	小型矿床	1 307	勘探
辽宁	本溪县小套峪金矿	沉积变质型	小型矿床	500.55	勘探
辽宁	宽甸县碑沟	岩浆热液型	中型矿床	2 500	勘探
辽宁	普兰店市金厂沟金矿	热液型	小型矿床	632.48	勘探
辽宁	庄河市新房金矿	热液型	小型矿床	474	勘探
辽宁	岫岩县塔岭	热液型	中型矿床	3 400	勘探
辽宁	岫岩县新甸金矿	热液型	中型矿床	4 633.07	勘探
辽宁	盖州市赵家堡子金矿	热液型	小型矿床	359.16	勘探
辽宁	盖州市新宁金矿	热液型	小型矿床	1 103.1	勘探
辽宁	盖州市矿洞沟福田金矿	热液型	小型矿床	287.86	勘探
辽宁	盖州市矿洞沟金矿	热液型	小型矿床	507.72	勘探
辽宁	岫岩县洋河偏岭砂金矿	砂矿型	中型矿床	2 197.00	勘探
辽宁	凤城市林家金矿	沉积变质—热液交代型	小型矿床	700	勘探
辽宁	凤城市桃源金矿	沉积变质—热液交代型	小型矿床	1 710	勘探
辽宁	凤城市林家三道沟	沉积变质型	中型矿床	2 862	勘探
辽宁	凤城市杨树金矿床	沉积变质—热液交代型	大型矿床	14 593	勘探
辽宁	凤城市白云金矿	沉积变质型	大型矿床	33 487.46	勘探
辽宁	宽甸县古楼子乡大古岭金矿	岩浆热液型	小型矿床	201.95	勘探
辽宁	岫岩县石灰窑镇坎子小羊金矿	岩浆热液型	小型矿床	327.62	勘探
辽宁	凤城市红旗镇东岔沟金矿	岩浆热液型	小型矿床	499.9	勘探
辽宁	凤城市白云金矿接替资源勘查	沉积变质型	中型矿床	11 580	勘查

续表

省份	矿产地名称	成矿类型	规模	储量/千克	工作程度
辽宁	凤城市林家三道沟金矿详查补勘探	沉积变质型	中型矿床	5 000	详查
辽宁	宽甸县小韭菜沟金矿	沉积变质型	大型矿床	22 260	普查
辽宁	辽阳县塔子岭区金银多金属矿普查	沉积变质型	中型矿床	10 000	普查
辽宁	凤城市白云荒甸子金矿普查	沉积变质型	中型矿床	11 000	普查
辽宁	东港市钟家沟金矿	沉积变质型	中型矿床	2 000	普查
辽宁	宽甸县大立志沟金矿	沉积变质型	小型矿床	1 000	普查

表 2-7 吉南金矿主要矿床类型及规模、勘查程度统计表

省份	矿产地名称	矿床成因类型	矿床规模	探明储量/千克	勘查程度
吉林	白山市大青沟金矿	岩浆热液型	小型	225	普查
吉林	白山市江源区大阳岔金矿	岩浆热液型	小型	375.30	详查
吉林	白山市刘家堡子—狼洞沟金银矿	岩浆热液型	中型	5 754	普查
吉林	江源区大阳岔(Ⅳ矿段)金矿	岩浆热液型	小型	617	详查
吉林	江源区小四平金矿	岩浆热液型	小型	641	普查
吉林	白山市五道阳岔金矿	岩浆热液型	小型	1 273	详查
吉林	江源区天桥金矿	岩浆热液型	小型	271	普查
吉林	靖宇县东大沟金矿	绿岩型	小型	598	详查
吉林	靖宇县那尔轰镇大岭金矿	绿岩型	小型	61	详查
吉林	浑江区乱泥塘金矿	变质热液型	小型	347	普查
吉林	临江市八里沟金矿	岩浆热液型	小型	146	详查
吉林	临江市错草金矿	岩浆热液型	小型	613	勘探
吉林	临江市高丽沟金矿	岩浆热液型	小型	155.47	普查
吉林	临江市花山镇老三队金矿	岩浆热液型	小型	1 276.26	普查
吉林	临江市花山镇淘金沟金矿	岩浆热液型	小型	187.96	普查
吉林	临江市前八里沟金矿	岩浆热液型	小型	101	普查
吉林	临江市石灰沟金矿	岩浆热液型	小型	35.2	勘探
吉林	临江市(三道沟门)金矿	岩浆热液型	小型	725	勘探
吉林	临江市荒沟山金矿	岩浆热液型	中型	7 080	勘探
吉林	白山市金英金矿	热液型	大型	27 812.28	勘探
吉林	桦甸市大架(六匹叶)金矿	岩浆热液型	中型	5 031.70	详查
吉林	桦甸市二道岔 332 矿区金矿	绿岩型	小型	888	勘探
吉林	桦甸市夹皮沟镇八家子区金矿	绿岩型	小型	4 899.92	勘探
吉林	桦甸市东驼腰子坑金矿	绿岩型	小型	181	详查
吉林	桦甸市夹皮沟镇板庙子金矿(本坑)	岩浆热液型	小型	4 255	勘探

续表

省份	矿产地名称	矿床成因类型	矿床规模	探明储量/千克	勘查程度
吉林	桦甸市板庙子锦山金矿	岩浆热液型	中型	5 255.84	勘探
吉林	桦甸市板庙子 816 区金矿	岩浆热液型	小型	4 458.49	勘探
吉林	桦甸市二道岔金矿	绿岩型	小型	1 138	详查
吉林	桦甸市红旗沟金矿	绿岩型	小型	13	详查
吉林	桦甸市桦南金矿	绿岩型	小型	1 205.94	详查
吉林	桦甸市五垧地金矿	绿岩型	小型	616.01	详查
吉林	桦甸市夹皮沟(本区坑)金矿	绿岩型	小型	2 234.2	勘探
吉林	桦甸市夹皮沟北大顶子金矿	绿岩型	小型	53	普查
吉林	桦甸市夹皮沟北沟金矿	绿岩型	中型	10 160.32	勘探
吉林	桦甸市夹皮沟马家店金矿	绿岩型	小型	103	详查
吉林	桦甸市夹皮沟三道岔金矿	绿岩型	中型	17 272	勘探
吉林	桦甸市夹皮沟镇大线沟金矿	绿岩型	小型	2 387.97	勘探
吉林	桦甸市夹皮沟镇奶子山金矿	绿岩型	小型	14	普查
吉林	桦甸市奶子沟金矿	绿岩型	小型	63	详查
吉林	桦甸市老岭金矿	绿岩型	小型	118	详查
吉林	桦甸市老牛沟村金矿	绿岩型	小型	179	普查
吉林	桦甸市三道沟援朝沟、菜戗子金矿	绿岩型	小型	2 956.92	勘探
吉林	桦甸市夹皮沟二道沟金矿	绿岩型	中型	14 500.27	勘探
吉林	桦甸市兴隆金矿	海相火山岩型	小型	894	详查
吉林	桦甸市于家屯金矿	岩浆热液型	小型	23	详查
吉林	桦甸市金峰金矿云峰矿	绿岩型	小型	345	勘探
吉林	桦甸市蜇麻沟金矿	绿岩型	小型	478.42	详查
吉林	桦甸市老金厂金矿	绿岩型	大型	44 293.69	详查
吉林	集安市古马岭金矿	岩浆热液型	中型	8 321	勘探
吉林	集安市活龙金矿	岩浆热液型	小型	3 481	详查
吉林	集安市金厂沟金矿	岩浆热液型	小型	2 739.16	详查
吉林	集安市西岔金银矿	岩浆热液型	小型	2 097.14	详查
吉林	柳河县回头沟金矿	岩浆热液型	小型	237.10	普查
吉林	柳河县金厂沟金矿	岩浆热液型	小型	2 053.47	勘探
吉林	梅河口市香炉碗子金矿	陆相火山岩型	中型	6 045.75	勘探
吉林	梅河口市烟囱桥子金矿	陆相火山岩型	小型	497.5	详查
吉林	通化县南金矿龙胜矿段	岩浆热液型	小型	840	详查
吉林	通化县河口金矿	岩浆热液型	小型	213.59	普查
吉林	通化县马当沟金矿	岩浆热液型	小型	170.09	普查
吉林	通化县南岔金矿	岩浆热液型	小型	536	详查
吉林	通化县西北天金矿	岩浆热液型	小型	328.61	详查

续表

省份	矿产地名称	矿床成因类型	矿床规模	探明储量/千克	勘查程度
吉林	通化市金厂江沿金矿	岩浆热液型	小型	189.41	普查
吉林	通化市南二亩地金矿	岩浆热液型	小型	160	普查
吉林	通化市跃进金矿	岩浆热液型	小型	834.96	详查
吉林	和龙市城子沟地区金矿	岩浆热液型	小型	340	普查
吉林	和龙市金城洞金矿	绿岩型	小型	12.5	详查

近年来不断加大勘查工作力度，以老矿区深部及外围为重点，开展危机矿山深及外围深部勘查，不断取得新成果，扩大了老矿山及外围各矿点的储量规模，对区内勘查资料作了系统总结，合理部署勘查工作，取得显著的找矿成果。发现并勘探了一批金矿床，展示了较大的找矿前景。

截至 2013 年底，辽东境内已发现的小型以上金矿床 62 处，其中超大型 1 处，大型 8 处，中型 17 处，小型 36 处，累计查明资源量 490 518 千克。

截至 2013 年底，吉南已发现的金矿床 66 处，其中大型 2 处，中型 9 处，小型 55 处，累计查明资源量 201 410.44 千克。特别是白山市金英大型金矿床的发现，同时发现了一批小型金矿床、矿点及矿化点，展示了较大的找矿前景。

三、非金属矿产勘查

成矿带内非金属矿产勘查程度较低，目前主要是开展零星的商业性勘查工作。工作程度较高主要是硼矿、菱镁矿、硅藻土矿。

（一）硼矿勘查

辽东—吉南成矿区硼矿勘查工作主要分布在辽吉裂谷的营口—宽甸；吉林的集安市财源镇—台上镇一带，目前发现的主要矿床类型及规模、勘查程度统计见表 2-8 和表 2-9。

表 2-8 辽东硼矿主要矿床类型及规模、勘查程度统计表

省份	矿产地名	成矿类型	规模	储量 B_2O_3/千吨	工作程度
辽宁	凤城市翁泉沟硼镁铁矿	沉积变质型	特大型矿床	29 417.83	勘探
辽宁	凤城市二台子硼矿	沉积变质型	中型矿床	363.31	勘探
辽宁	宽甸县杨木杆硼矿	沉积变质型	中型矿床	293.56	勘探
辽宁	宽甸县五道岭硼矿	沉积变质型	大型矿床	1 368.51	勘探
辽宁	宽甸县砖庙沟硼矿	沉积变质型	小型矿床	82.31	勘探
辽宁	宽甸县砖庙二人沟硼矿	沉积变质型	中型矿床	391.53	勘探
辽宁	宽甸县砖庙花园沟硼矿	沉积变质型	大型矿床	922.53	勘探
辽宁	宽甸县砖庙硼矿栾家沟矿段	沉积变质型	大型矿床	710.62	勘探
辽宁	宽甸县阳沟硼矿（宽甸夹皮沟乡阳沟）	沉积变质型	小型矿床	24.23	勘探
辽宁	宽甸县红石砬子乡老红顶子硼矿	沉积变质型	小型矿床	60.40	勘探
辽宁	宽甸县于二瘸子硼矿	沉积变质型	小型矿床	59.21	勘探

续表

省份	矿产地名	成矿类型	规模	储量 B_2O_3/千吨	工作程度
辽宁	宽甸县永甸镇硼矿(宽甸县牛皮闸)	沉积变质型	小型矿床	32.17	勘探
辽宁	宽甸县大西岔硼矿	沉积变质型	中型矿床	169.17	勘探
辽宁	宽甸县毛甸子硼矿(宽甸毛甸子夹皮沟)	沉积变质型	小型矿床	81.17	勘探
辽宁	宽甸县砖花硼矿	沉积变质型	小型矿床	54.18	勘探
辽宁	宽甸县大西岔镇临江村大砬子沟硼矿	沉积变质型	小型矿床	22.03	勘探
辽宁	宽甸县吉安硼矿	沉积变质型	小型矿床	18.37	勘探
辽宁	宽甸县大西岔镇北江村硼矿	沉积变质型	小型矿床	18.98	勘探
辽宁	宽甸县大西岔镇聚源硼矿	沉积变质型	小型矿床	23.08	勘探
辽宁	宽甸天合矿业有限公司泡子沿硼矿	沉积变质型	小型矿床	22.80	勘探
辽宁	宽甸县太平哨镇宗奇硼矿	沉积变质型	小型矿床	54.92	勘探
辽宁	宽甸县大西岔镇白菜地政为硼铁矿	沉积变质型	小型矿床	91.53	勘探
辽宁	宽甸县宝隆矿业有限公司	沉积变质型	小型矿床	16.01	勘探
辽宁	宽甸县寒葱崴子硼矿(宽甸县白石)	沉积变质型	中型矿床	264.64	勘探
辽宁	宽甸县硼海镇小汤石村山下硼矿	沉积变质型	中型矿床	102.94	勘探
辽宁	宽甸县三鼎硼业有限公司	沉积变质型	小型矿床	18.27	勘探
辽宁	宽甸县硼海镇团结硼矿	沉积变质型	中型矿床	124.36	勘探
辽宁	宽甸县鑫泰硼矿	沉积变质型	中型矿床	249.06	勘探
辽宁	宽甸县铭镇硼矿	沉积变质型	小型矿床	50.90	勘探
辽宁	宽甸县大西岔镇国安硼矿	沉积变质型	小型矿床	32.90	勘探
辽宁	宽甸县下岭道硼矿	沉积变质型	小型矿床	22.57	勘探
辽宁	宽甸县嘉隆硼矿	沉积变质型	小型矿床	28.37	勘探
辽宁	宽甸县恒茂润硼矿	沉积变质型	小型矿床	51.72	勘探
辽宁	宽甸县红石镇吴家沟硼矿	沉积变质型	小型矿床	47.28	勘探
辽宁	丹东市东方矿山有限公司硼铁矿	沉积变质型	小型矿床	48.74	勘探
辽宁	宽甸县小夹皮沟硼矿	沉积变质型	小型矿床	11.57	勘探
辽宁	凤城市鸡冠山暖河硼矿	沉积变质型	中型矿床	244.29	勘探
辽宁	凤城市四门子镇蔡家沟铁矿	沉积变质型	大型矿床	1 203.52	勘探
辽宁	凤城市大兴镇第四硼矿	沉积变质型	小型矿床	30.59	勘探
辽宁	凤城市大兴镇三道沟硼矿(凤城县三道沟)	沉积变质型	小型矿床	43.07	勘探
辽宁	大石桥市岔沟硼矿	沉积变质型	大型矿床	672.29	勘探
辽宁	大石桥市冯家堡子硼矿	沉积变质型	中型矿床	105.53	勘探
辽宁	大石桥市岔北硼矿	沉积变质型	小型矿床	94.04	勘探

续表

省份	矿产地名	成矿类型	规模	储量 B_2O_3/千吨	工作程度
辽宁	大石桥市后仙峪硼矿	沉积变质型	大型矿床	1 646.84	勘探
辽宁	大石桥市后仙峪硼矿带东岔沟矿段	沉积变质型	小型矿床	71.39	勘探
辽宁	宽甸县毛甸子乡裕泰	沉积变质型	小型矿床	1.55	勘探
辽宁	宽甸县毛甸子杀驴沟	沉积变质型	中型矿床	14.57	勘探
辽宁	海城市乡朱葛岭	沉积变质型	小型矿床	23.76	勘探
辽宁	大石桥市黄土岭后仙峪鲁家沟	沉积变质型	中型矿床	182.60	勘探
辽宁	宽甸县三道沟-头道沟	沉积变质型	小型矿床	17.10	勘探
辽宁	大石桥市后仙峪鲁家沟南	沉积变质型	小型矿床	63.41	勘探

截至 2013 年底，辽东境内已发现的小型以上硼矿床 51 处，其中超大型 1 处，大型 6 处，中型 12 处，小型 32 处，累计查明资源量(B_2O_3)39 766.33 千吨。

吉林省硼矿的勘查工作始于 20 世纪 50 年代，通过矿点检查发现两个硼矿体，初步肯定有进一步工作价值。60 年代开始对硼矿进行了较系统的评价工作，并不断总结硼矿床的地质规律，明确提出了矿床成因应属于沉积变质类型，正确地指导硼矿评价勘探与研究工作的思路，取得了明显的地质效果。主要分布在集安市财源镇一台上镇一带。但已发现的大多数矿床(点)勘探深度浅，小型矿床(点)多停留在地表评价阶段，找矿活动也仅局限于矿产集中地区，对于具有找矿前景的新区缺乏新的认识，多数没有系统开展评价工作。截至 2013 年底，已发现的硼矿床(点)24 处，其中，中型 1 处，小型 5 处，矿点 18 处，累计查明资源量 445.20 千吨。

表 2-9 吉林硼矿主要矿床类型及规模、勘查程度统计表

省份	矿产地名称	矿床成因类型	矿床规模	探明储量/千吨	勘查程度
吉林	集安市谭家沟硼矿	沉积变质型	矿点	3.537 0	普查
吉林	集安—参场庙后沟硼矿	沉积变质型	矿点	4.065	普查
吉林	集安市四道沟硼矿	沉积变质型	矿点	0.70	详查
吉林	集安市土窑子硼矿	沉积变质型	矿点		
吉林	集安市靳家炉沟硼矿	沉积变质型	矿点	0.093 6	
吉林	集安市东岔硼矿	沉积变质型	小型	23.63	详查
吉林	集安市二驴子沟硼矿	沉积变质型	矿点	4.148 7	
吉林	集安市梨树沟硼矿	沉积变质型	矿点	0.013 4	
吉林	集安市头道阳岔硼矿	海相沉积型	矿点	0.022 5	
吉林	集安市五一四硼矿	沉积变质型	矿点	1.092 3	
吉林	集安市二道阳岔硼矿	沉积变质型	小型	99.0	详查
吉林	集安市高台沟硼矿	沉积变质型	中型	232.79	详查
吉林	集安市小西岔硼矿	沉积变质型	矿点		
吉林	集安市小爷岭硼矿	沉积变质型	矿点	1.864	
吉林	集安市文字沟岭硼矿	沉积变质型	矿点	5.00	普查

续表

省份	矿产地名称	矿床成因类型	矿床规模	探明储量/千吨	勘查程度
吉林	集安市丘家沟硼矿	沉积变质型	矿点	6.00	普查
吉林	集安市小东沟硼矿	沉积变质型	矿点	5.00	普查
吉林	集安市宝堂沟—东葫芦	沉积变质型	小型	14.28	详查
吉林	集安市乡镇硼矿	沉积变质型	小型	16.0	普查
吉林	集安市台上大利硼矿	沉积变质型	矿点	2.51	详查
吉林	集安市广钰硼矿	沉积变质型	矿点	2.0	详查
吉林	集安市四道河子硼矿	沉积变质型	矿点	2.0	详查
吉林	集安市獾子窑硼矿	沉积变质型	小型	21.455	详查
吉林	集安市小阳岔—小朝阳沟	沉积变质型	矿点		

（二）菱镁矿勘查

成矿带内菱镁矿主要集中分布在海城—辽阳一带，矿床类型为沉积变质型。目前发现的主要矿产地及规模、勘查程度统计见表 2-10。

表 2-10　辽东菱镁矿主要矿床类型及规模、勘查程度统计表

省份	矿产地名	成矿类型	规模	储量/千吨	工作程度
辽宁	岫岩县偏岭乡王家堡子	沉积变质型	大型矿床	91 219.52	勘探
辽宁	岫岩县偏岭乡细玉沟	沉积变质型	小型矿床	117.9	普查
辽宁	海城市下房身	沉积变质型	特大型矿床	875 730	勘探
辽宁	海城市孤山镇黑沟	沉积变质型	大型矿床	124 056	普查
辽宁	大石桥市高庄—平二房	沉积变质型	大型矿床	98 328.61	普查
辽宁	辽阳县吉洞峪乡西崴子	沉积变质型	中型矿床	10 325	普查
辽宁	海城市祝家村	沉积变质型	大型矿床	354 166.62	勘探
辽宁	海城市铧子峪	沉积变质型	特大型矿床	1 246 326.2	勘探
辽宁	大石桥市青山怀	沉积变质型	大型矿床	380 224.25	勘探
辽宁	大石桥市小圣水寺	沉积变质型	大型矿床	293 550	勘探
辽宁	海城市后英经贸集团有限公司菱镁矿	沉积变质型	中型矿床	19 104.72	普查
辽宁	庄河市仙人洞	沉积变质型	中型矿床	13 933.5	普查
辽宁	抚顺县哈达乡上年马洲	沉积变质型	小型矿床	2 445	勘探
辽宁	抚顺县哈达乡佟家街	沉积变质型	中型矿床	17 446.4	勘探
辽宁	铁岭县四冲沟	沉积变质型	小型矿床	5 156	普查
辽宁	盖州市青石岭	沉积变质型	中型矿床	15 000	踏勘
辽宁	海城市后英经贸集团有限公司何大洼镁矿	沉积变质型	小型矿床	3 678.22	勘探
辽宁	海城市后印菱镁矿	沉积变质型	中型矿床	14 809.97	勘探
辽宁	海城市牌楼镇发达菱镁矿	沉积变质型	小型矿床	7 045.38	勘探
辽宁	海城市牌楼镇宋堡村镁石二矿	沉积变质型	小型矿床	3 207.1	勘探

续表

省份	矿产地名	成矿类型	规模	储量/千吨	工作程度
辽宁	海城市牌楼镇庙沟村镁石矿	沉积变质型	小型矿床	2 191	勘探
辽宁	海城市镁矿王家堡子矿段	沉积变质型	大型矿床	230 668	勘探
辽宁	海城市镁矿金家堡子矿段	沉积变质型	大型矿床	355 845	勘探
辽宁	海城市杨家甸—麻尔峪菱镁矿区	沉积变质型	大型矿床	51 561.43	普查
辽宁	海城市马风镇石安菱镁矿	沉积变质型	小型矿床	1 761.18	勘探
辽宁	海城市腰岭	沉积变质型	大型矿床	141 331	普查
辽宁	海城市马风镇益祥镁石矿	沉积变质型	小型矿床	8 606.19	勘探
辽宁	辽阳县吉洞峪乡高家北沟皂石菱镁矿	沉积变质型	小型矿床	1 210.93	普查
辽宁	海城市瓦子沟镁矿	沉积变质型	小型矿床	3 573.15	勘探
辽宁	鞍山市三江产业总公司偏岭镁砂矿厂一镁矿	沉积变质型	中型矿床	32 854.94	普查
辽宁	岫岩县兴合镁矿	沉积变质型	小型矿床	2 483	普查
辽宁	岫岩县香山	沉积变质型	中型矿床	17 231.8	普查
辽宁	岫岩县三家子泰兴镁石矿	沉积变质型	小型矿床	1 499.81	普查
辽宁	岫岩县三家子镇第一镁砂矿	沉积变质型	中型矿床	15 055.85	普查
辽宁	凤城市青城子镇双兴耐火材料厂	沉积变质型	小型矿床	1 069.19	普查
辽宁	岫岩县民政菱镁白云石矿	沉积变质型	小型矿床	2 985.57	普查
辽宁	凤城市鸡冠山镇二矿	沉积变质型	小型矿床	1 440	普查
辽宁	宽甸县窑场菱镁矿核查区	沉积变质型	小型矿床	3 758.26	普查
辽宁	辽阳县礼备第二镁矿	沉积变质型	小型矿床	2 352.68	普查
辽宁	岫岩县三家子镇东广峪菱镁矿	沉积变质型	大型矿床	197 000	普查
辽宁	辽阳县宏盛镁制品有限公司菱镁矿储量核实	沉积变质型	大型矿床	268 000	普查

辽东—吉南成矿区内菱镁矿主要集中分布在海城—辽阳一带，资源丰富，储量国内领先；截至2013年底，发现的小型以上菱镁矿矿床41处，其中超大型2处，大型12处，中型9处，小型18处，累计查明资源量4 918 349千吨。

（三）硅藻土矿勘查

成矿带内硅藻土矿主要集中分布在靖宇、临江—长白一带，矿床类型为湖相沉积型。目前发现的主要矿产地及规模、勘查程度统计见表2-11。

表2-11　吉南硅藻土矿主要矿床类型及规模、勘查程度统计表

省份	矿产地名称	矿床成因类型	矿床规模	探明储量/万吨	勘查程度
吉林	靖宇县半砬山硅藻土矿区	湖相沉积型	小型	80.35	详查
吉林	靖宇县嘉鹏硅藻土研发有限责任公司半砬山子硅藻土矿	湖相沉积型	大型	6 432.0	详查

续表

省份	矿产地名称	矿床成因类型	矿床规模	探明储量/万吨	勘查程度
吉林	靖宇县小沙河硅藻土矿	湖相沉积型	中型	296.53	详查
吉林	靖宇县珠子河矿区硅藻土矿	湖相沉积型	大型	1 169.20	详查
吉林	长白县马鞍山硅藻土矿Ⅰ号矿段	湖相沉积型	大型	1 023.13	勘探
吉林	长白县马鞍山硅藻土矿Ⅱ号矿段	湖相沉积型	大型	16 832.00	勘探
吉林	长白县马鞍山硅藻土矿Ⅲ号矿段	湖相沉积型	大型	1 964.00	勘探
吉林	长白县马鞍山硅藻土矿西大坡矿段	湖相沉积型	大型	21 812.00	勘探
吉林	长白县西大坡硅藻土矿详查区	湖相沉积型	小型	177.60	勘探
吉林	长白县赛力特硅藻土有限公司西大坡硅藻土矿	湖相沉积型	大型	6 653.80	勘探
吉林	长白县新北岗北坡硅藻土矿	湖相沉积型	中型	337.40	详查
吉林	长白县新北岗南坡硅藻土矿详查	湖相沉积型	中型	310.10	详查
吉林	长白县虎洞沟硅藻土矿	湖相沉积型	中型	745.10	详查
吉林	长白县老人沟北坡硅藻土矿	湖相沉积型	中型	606.00	详查
吉林	长白县马鞍山东岗硅藻土矿	湖相沉积型	大型	2 392.00	详查
吉林	长白县新房子镇大金厂硅藻土矿	湖相沉积型	大型	1 089.10	详查
吉林	临江市六道沟硅藻土矿(西矿段)	湖相沉积型	中型	514.90	勘探
吉林	临江市西小山硅藻土矿(详查区)	湖相沉积型	大型	12 016.00	勘探
吉林	临江市六道沟硅藻土矿(东矿段)	湖相沉积型	大型	32 792.00	详查
吉林	临江市错草顶子南岗硅藻土矿	湖相沉积型	大型	59 238.00	详查
吉林	临江市铜矿硅藻土矿南北岗段	湖相沉积型	大型	3 848.00	详查
吉林	临江市铜矿硅藻土矿白灰窑段	湖相沉积型	大型	5 096.00	详查
吉林	临江市铜矿硅藻土矿农场段	湖相沉积型	大型	1 412.00	详查
吉林	临江市六道沟镇胜利永红硅藻土矿	湖相沉积型	大型	3 212.00	勘探
吉林	临江市宝山硅藻土矿	湖相沉积型	小型	34.94	勘探
吉林	临江市铜矿白灰窑西段硅藻土矿	湖相沉积型	小型	11.00	勘探
吉林	临江市曲柳树硅藻土矿	湖相沉积型	大型	78 024.00	详查
吉林	临江市长虫沟硅藻土矿床	湖相沉积型	中型	340.00	勘探
吉林	临江市夹心岗硅藻土矿床	湖相沉积型	中型	708.98	详查
吉林	临江市双山子硅藻土矿	湖相沉积型	小型	108.20	勘探
吉林	临江市东双山子硅藻土矿	湖相沉积型	中型	638.60	详查
吉林	临江市西大顶子硅藻土矿	湖相沉积型	中型	414.27	详查
吉林	临江市石门子硅藻土矿	湖相沉积型	中型	716.01	详查
吉林	临江市长虫沟子岗硅藻土矿	湖相沉积型	中型	203.00	勘探
吉林	临江市高丽堡子硅藻土矿	湖相沉积型	中型	593.50	勘探

续表

省份	矿产地名称	矿床成因类型	矿床规模	探明储量/万吨	勘查程度
吉林	临江市大洋岔西山硅藻土矿	湖相沉积型	大型	13 440.00	勘探
吉林	临江市东双山子—双山子矿区硅藻土矿	湖相沉积型	大型	3 339.00	勘探
吉林	临江市五道沟硅藻土矿	湖相沉积型	大型	16 983.00	勘探

辽东—吉南成矿区内硅藻土矿的勘查工作主要分布在白山地区靖宇、临江—长白一带，勘查工作程度多在普查以上。吉林省近年来不断加大勘查工作力度，以老矿区深部及外围为重点开展商业性勘查工作，不断取得新成果，扩大了老矿山及外围各矿点的储量规模，发现并评价了一批硅藻土矿床、矿点，展示了较大的找矿前景。截至2013年底，已发现的硅藻土矿床38处，其中大型20处，中型13处，小型5处，累计查明资源量295 603.70万吨。

第三节　成矿区划与地质科研工作

一、成矿区划研究工作

成矿远景区划工作（以下简称“区划”）概括为研究成矿规律、进行矿产预测、提出选区和地质工作部署建议三项工作。自1979年在全国开展第一轮成矿远景区划工作以来，我国进行的区划工作已有30多年的历史。全国性的区划工作大体进行了二次，即1979—1985年的第一次全国区划（又称第一轮），1992—1995年的第二次全国区划（又称第二轮）。1998—1999年在第二轮区划基础上编制了“矿产勘查跨世纪工程”和地质大调查中的“矿产勘查工程”。在1986—1990年间，开展过全国性的“中大比例尺成矿预测”，1988年编制了1989—2000年的地质行业找矿工作规划纲要。此两项工作虽然不属于全国性的区划工作，但属区划工作的组成部分。

（一）固体矿产一轮成矿区划（1979—1985）

辽宁省较系统的成矿区划和成矿预测工作始于20世纪80年代初，截至1992年底，全省已完成了重点矿种金、铜、铅锌、硼、硫铁矿等16个矿种的一轮Ⅲ级成矿区划工作；并系统地开展了1∶20万综合综合信息解译；金、铜、铅锌、银等矿产的资源总量预测工作；重点矿区还进行了大比例尺成矿预测工作。经过上述工作，获得了大量的实际资料和研究成果，对于总结全省成矿规律，部署地质找矿工作起到了积极作用。

（二）固体矿产二轮成矿区划（1992—1995）

辽宁省地勘局从1992年8月起部署凌源—北票、虹螺山—五指山、锦州—哈尔套、盖州—庄河、丹东—桓仁及抚顺地区金及铜铅锌二轮区划工作，1993年于西峰寺地矿部地质找矿综合规划汇报会议决定对营口—宽甸硼成矿带也单独立项，列为重点区划项目之一。

二轮成矿区划汇总工作自1994年初即着手进行，系统地搜集、整理了全省范围内的重要地质勘查、区调、物化探、科研、三级区划及成矿预测的成果。在此基础上，根据辽宁省地质成矿条件的客观情况，确定了汇总的矿种为金、铜、铅锌、硼等。分析研究了辽宁省的成矿规律，进一步总结了主要矿种的控矿因素，编制出全省金、铜、铅锌成矿规律图，并对成矿区带进行了划分；同时结合物化探、遥感、重砂等资料，在充分考虑各片区划成果的前提下对省内金、铜、铅锌成矿远景区进行筛选和排序，并对地质找矿工作提出总体部署设想。

（三）全省成矿系列研究成果(1999—2002)

2001—2002 年，根据“中国成矿体系与区域成矿评价(K1.4)”项目的专题“中国主要成矿区(带)研究(K1.4—2—1)”的要求：辽宁省研究的区(带)名称及编号分别为：Ⅲ-9-长白山—辽河太古宙、元古宙、燕山期铁铜铅锌银镍钴硫铁矿成矿带；Ⅲ-10-阜新—集宁太古宙、元古宙、燕山期金铜锌铅银钨铂硫铁矿成矿带：Ⅲ-13-胶辽台隆太古宙、元古宙、燕山期金铜铁铅锌银菱镁矿石墨滑石硫铁矿成矿带：Ⅲ-14-郯庐断裂两侧加里东期金刚石成矿带。研究的任务是：① 辽宁省成矿区(带)、矿床成矿系列、成矿规律、成矿模式、成矿预测研究；② 编制辽宁省矿床成矿系列、成矿规律图(1∶50 万)。

在充分收集系统整理以往资料的基础上，结合辽宁省的成矿地质特征，开展了专题性的研究和编图，经过近 1 年的工作，圆满地完成了任务书的各项任务，将辽宁省矿床成矿系列划分为 4 个系列组合和 17 个成矿系列。

根据区域成矿作用与构造旋回，特别是主构造事件的基本认识，以地质历史和构造旋回为主线(反映成矿时间规律)，以不同地区具有不同成矿环境和成矿作用为基础(反映成矿空间规律)，探讨了辽宁省成矿系列的时空分布规律。

辽宁省政府于 2005—2006 年开展了辽宁省菱镁矿的成矿预测工作，在三级成矿带内应用矿床预测评价理论和方法研究了省内菱镁矿的区域成矿规律、成矿模式，运用了地学统计理论和 GIS 技术进行了成矿预测工作、预测了资源量，编制了成矿规律和成矿预测图。

辽东 1959 年进行了全国第一次煤田预测。1973 年 9 月—1976 年历时 3 年，进行了第二次煤田预测。提交了报告，为本溪—桓仁、抚顺—清原、复州—丹东、铁岭等地预测了资源量，并按可靠程度、赋存深度、煤类、地质时代及地区分别进行了汇总。

1990—1993 年进行了第三次煤田预测，将近 20 年积累的煤田地质勘探资料、有关研究新成果进行综合分析，总结聚煤规律、煤田构造特征和煤层发育规律。进而在总结规律的基础上，对第二次煤田预测进行了修编，并预测新的不同程度、不同深度的含煤地区，编制相应的煤田预测图。

1993—1996 年，开展了辽宁省煤田资源评价，全面系统收集、整理自第三次煤田预测以来各类煤田地质报告、科研报告和其他地质资料，以勘探区地质报告为基本单元，综合评价已发现的煤炭资源，提交了报告。

吉林省成矿区划研究工作及成果主要有：吉林省一轮、二轮区划成果，同时对吉林省主要矿种也作了一些规划和预测，主要成果有《吉林省通化县赤柏松硫化铜镍矿床成矿区划说明书》(1978—1980)、《吉林省重要矿产总结报告》(1979)、《吉林省鞍山式铁矿成矿区划报告》、《吉林省及西部邻区铁矿成矿规律和成矿远景预测报告》、《吉林省及西部邻区构造体系与铁矿分布规律图说明书》、《吉林省铁矿资源总量预测报告》、《华北地台北部鞍山式铁矿成矿区成矿远景区划报告》(1980—1985)、《华北板块北缘东段金、多金属矿远景区—划成矿规律及找矿方向研究》(1983)、《吉林省区域矿产总结》(1986)、《吉林省煤炭资源远景调查汇总报告》(1988)、《吉林省吉林地区金、银、铜、铅、锌、锑、锡中比例尺成矿预测报告》(1990)、《吉林省通化、浑江地区金、银、铜、铅、锌、锑、锡中比例尺成矿预测报告》(1990)、《吉林省延边地区金、银、铜、铅、锌、锑、锡中比例尺成矿预测报告》(1990)、《吉林省四平、梅河地区金、银、铜、铅、锌、锑、锡中比例尺成矿预测报告》(1990)、《吉林省东部山区贵金属及有色金属矿产成矿预测报告》(1992)、《中国主要成矿区(带)研究(吉林省部分)》(2001)、《吉林东部地区金及有色金属成矿作用与勘查选区研究》(2012)、《吉林省矿产资源潜力评价》(2013)。

二、地质科研工作

吉林省涉及的地质科研工作主要有:《吉林省地质图(1∶500 000)说明书》(1980)、《吉林省区域地质志》(1988)、《1∶50万数字地质图空间数据库》(1999)、《1∶20万数字地质图空间数据库》(2002)、《吉林省通化县赤柏松硫化铜镍矿床研究报告》(1982)、《华北板块北缘东段金、多金属矿远景区划—成矿规律及找矿方向研究》(1983)、《吉林省深部构造研究报告》(1984)、《吉林省东南部地区玄武岩盖层下寻找可采煤层的研究》(1985)、《吉林省硫化铜镍矿床成矿地质规律》(1988)、《吉林省东南部地区老岭群铅锌及金矿找矿方向研究》(1989)、《华北地台北缘区域重磁场综合解释报告》(1990)、《吉林省中生代火山岩型金矿成矿地质特征及区域成矿规律研究》(1991)、《吉林省中生代火山岩型铅锌矿地质特征及区域成矿规律研究》(1991)、《吉林省南部早太古宙地质特征及找矿方向研究》(1990)、《辽吉太古宙地质及成矿》(1991)、《吉林省花岗岩类及成矿作用》(1992)、《吉林省金矿类型及找矿方向》(1992)、《长白山火山地质研究报告》(1993)、《吉林省岩石地层》(1997)、《吉黑东部构造格架及构造演化》(1997)、《吉林老岭成矿带铅锌金矿调查评价选区研究成果报告》(2006)、《中国东北部陆缘有色、贵金属矿床的地质、地球化学》(2006)。

1980年以来先后完成了辽宁省地质矿产总结,编制了《辽宁省区域矿产总结》及1∶50万辽宁省地质矿产图和黑色金属、有色金属、非金属矿产图、辽宁省1∶50万构造体系图、辽宁省1∶50万侵入岩地质图、辽宁省西部变质岩图、辽东古元古界岩相古地理图等。同时还开展了辽宁省西部火山岩与矿产研究、辽宁省侵入岩与矿产研究、辽宁省区域地质志、辽宁省岩石地球化学研究、鸭绿江断裂与矿产研究、辽宁省岩石地层、辽宁省1∶50万地质图数据库、辽宁省变质岩与矿产以及金、铅锌典型矿床等专题研究工作,并出版了专题报告。

1979—1990年,完成全省重点矿种(金、铜、铅锌、硫铁矿、硼、金刚石等14个矿种)第一轮成矿远景区划工作。

1994年针对辽宁省重点矿种开展了第二轮成矿远景区划工作,并完成全省金、铜、铅锌、银等矿产的资源总量预测工作。

1993—1995年开展煤炭专题研究工作,如抚顺—清原找煤研究(东北煤田地质局地质处(1995年));辽宁省昌图县古榆树—付家屯找矿总结(东煤地质局101勘探队(1993年));沈北煤田外围平罗堡—新台子堡找煤总结(东煤地质局155勘探队(1994年))。

2003年,开展了辽宁省矿产资源勘查规划研究。

2007—2013年开展大规模的辽宁省矿产资源潜力评价工作。

第三章 区域地质背景及成矿地质条件分析

第一节 成矿区带地质构造概况

一、区域地层单元

1. 太古宇地层和含矿建造

太古宇在辽东地区称为鞍山岩群，在吉南地区称为龙岗岩群和夹皮沟岩群，为一套遭受区域变质作用而形成的中深变质岩系，主要分布在铁岭—靖宇陆核、和龙地块内，绝大部分呈残留体分布于大面积 TTG 岩系之中。各区地层单元相互间不连续，但在多数情况下变质岩残留体的片麻理产状仍可大致恢复地层的原始产状，这在磁铁石英岩中保留得尤为明显。在特定层位赋存有铁、铜锌、硫铁和金等“层控型”矿产。

根据地层的含矿性和容、控矿特征，划分为三大含矿建造：中、新太古界火山沉积变质型含金铁铜多金属建造、含铜锌金建造和新太古界火山沉积变质型含铁建造(见表 3-1)。

表 3-1 辽东—吉南地区太古宇主要含矿地层

建造类型	辽东地区			吉南地区	
含铁建造	鞍山岩群	樱桃园岩组	绢云绿泥片岩、白云绿泥片岩、绿泥片岩、千枚岩夹巨厚磁铁石英岩	夹皮沟岩群	主要岩性为黑云变粒岩、斜长角闪岩夹磁铁石英岩
		大峪沟岩组	黑云变粒岩、二云矽线石英片岩、二云变粒岩、黑云斜长角闪岩夹磁铁石英岩		
		茨沟岩组	斜长角闪岩、黑云变粒岩夹磁铁石英岩、滑石片岩、透闪片岩和角闪片岩		
含铜锌金建造		红透山岩组	黑云斜长变粒岩、角闪斜长变粒岩、斜长角闪岩、磁铁石英岩和浅粒岩		
含金铁铜多金属建造		通什村岩组	角闪斜长片麻岩、斜长角闪岩、黑云角闪斜长片麻岩、黑云斜长变粒岩、磁铁石英岩、石榴黑云斜长片麻岩	龙岗岩群	主要岩性为黑云绿泥片岩、斜长角闪片岩和角闪磁铁石英岩
		石棚子岩组	含辉石斜长角闪岩、黑云斜长变粒岩、磁铁石英岩、角闪斜长透辉石岩等		
		小莱河岩组	辉石麻粒岩、角闪辉石变粒岩、辉石磁铁石岩、斜长角闪岩		
		景家沟岩组	(角闪)斜长辉石麻粒岩、辉石斜长角闪岩、黑云辉石斜长片麻岩、石榴黑云斜长片麻岩、紫苏麻粒岩等		

(1) 含铁建造(Ar_3)

也可称为硅铁建造,以鞍本地区的茨沟岩组和樱桃园岩组为代表,主要岩石组合为:辉石片麻岩、角闪辉石变粒岩、辉石磁铁石岩、辉石斜长角闪岩、斜长角闪岩、黑云变粒岩、片麻岩夹磁铁石英岩、绢云绿泥片岩、绿泥片岩、二云片岩夹磁铁石英岩,斜长角闪片岩夹角闪磁铁石英岩。该建造相对集中分布在辽宁鞍山—本溪地区,是我国重要的铁矿集中分布区,称为"鞍山式"铁矿。另外,在辽宁浑南地区、吉林龙岗地区也都有硅铁建造的分布,但规模相对较小。

(2) 含铜锌金建造($Ar_{2\text{-}3}$)

该建造主要岩石类型包括黑云斜长变粒岩、角闪斜长变粒岩、斜长角闪片岩、黑云绿泥片岩、斜长角闪岩、角闪磁铁石英岩、浅粒岩、角闪石岩等,为一套绿岩建造。相对集中分布在辽北抚顺—清原和吉林夹皮沟地区,呈残留体状分布于大面积 TTG 岩石内,产有著名的红透山铜锌金矿、夹皮沟地区金矿等。辽宁省红透山铜锌矿赋存在红透山岩组角闪质岩石与黑云变粒岩互层带中,在区域上吉林省夹皮沟地区从建造类型、金铜组合成矿特征以及所处构造位置与之相似,也应该具有找寻"红透山式"铜矿的良好前景。

(3) 含金铁铜多金属建造($Ar_{2\text{-}3}$)

在抚顺—清原地区主要分布在浑北线金厂地区和浑南救兵—南口前地区,主要岩性为(角闪)斜长辉石麻粒岩、(辉石)斜长角闪岩、黑云辉石斜长片麻岩、石榴黑云斜长片麻岩、黑云斜长变粒岩、磁铁石英岩、角闪斜长透辉石岩等,变质程度达到角闪岩相—麻粒岩相,产有"鞍山式铁矿"和"下达堡式金矿"等矿产,也是斑岩型铜金多金属矿产的有利远景区。

2. 古元古界地层和含矿建造

古元古界地层广泛分布于辽东、吉南地区,构成辽吉古裂谷的主体。在辽东地区划分为下部的辽河岩群和上部的榆树砬子岩群,在吉南地区划分为下部的集安岩群和上部的老岭岩群。两个地区古元古界宏观上可以对比。

辽东吉南地区的古元古界地层分布广泛,成带分布特征明显。按沉积旋回性、建造特点和含矿性特征可以大致三分为:含硼(铜钴铁)建造(岩系),含铅锌、金银多金属建造和含铁(多金属)建造(见表 3-2)。

(1) 含硼(铜钴铁)建造(Pt_1^1)

辽东地区以里尔峪岩组为代表,因其赋存有层控型硼矿床而闻名。辽东地区的里尔峪岩组分布范围较为广泛,在营口、岫岩、宽甸、桓仁地区都有分布。岩石组合为电气变粒岩、钠长浅粒岩、黄铁浅粒岩、黑云变粒岩夹斜长角闪岩、含硼蛇纹石化富镁大理岩。原岩为酸性火山岩夹中基性火山岩、凝灰岩、碎屑岩及碳酸盐。区域上,硼矿赋存于里尔峪岩组下部镁质(蛇纹石化)大理岩内,构成沿层展布的硼矿带和硼矿矿集区。除了硼矿外,含硼岩系内还产有翁泉沟式铁矿、杨林式铁矿等矿产。也是铜钴矿的容矿围岩,已经发现海龙川、周家等铜钴矿产地多处。

吉南地区含硼建造以蚂蚁河岩组为代表,集中分布在集安地区,与辽宁境内的营口—宽甸硼矿带相接。岩石组合包括混合岩化浅粒岩、黑云变粒岩、斜长角闪岩、电气变粒岩、钠长浅粒岩、电气石英岩、蛇纹石化橄榄大理岩等。岩石组合以含硼为特征,在集安地区发现不同规模矿产地十余处。

表 3-2　辽东—吉南地区古元古界地层初步对比和含矿建造类型划分

建造类型	时代	吉南地区			辽东地区			
含金铜建造	AnMz	色洛河岩群		中酸性火山岩、大理岩系构造拼贴带产物	开原岩群			火山岩、碎屑岩
含铁碎屑岩建造	Pt_1^3	老岭岩群	大栗子岩组	棕色千枚岩与大理岩互层；灰色千枚岩，白云石大理岩。以千枚岩、大理岩、铁矿层为特点，产大栗子式铁矿	榆树砬子岩群			石英岩夹千枚岩、绢云母石英片岩、变质砂岩，近底部含 Fe、P 层产有仰山式铁矿
含铅锌金银多金属碎屑岩—碳酸盐岩建造	Pt_1^2	老岭岩群	临江岩组	石英岩夹绢云母石英片岩；十字二云片岩、绢云母石英片岩、二云片岩夹石英岩；石英岩夹炭质板岩、细砂岩和薄层二云片岩	辽河岩群	盖州亚群	江还山岩组	上：硬绿泥石千枚岩、千枚岩、变质砂岩、石英岩；中：十字二云片岩、矽线十字二云片岩夹石英岩；下：矽线二云片岩、夹二云变粒岩、黑云变粒岩
		老岭岩群	花山岩组	十字二云片岩夹大理岩；二云片岩、二云石英片岩、磁铁二云片岩夹大理岩；云母石英片岩、二云石英片岩、十字二云片岩	辽河岩群	盖州亚群	汤家沟岩组	
		老岭岩群	珍珠门岩组	白云石大理岩为主，角砾状、条带状大理岩居次，偶夹绢云母片。赋存矿产主要有 P、U、Fe、PbZn、FeS 等	辽河岩群	大石桥亚群	杨树沟岩组	白云石大理岩夹菱镁矿和片岩
		老岭岩群	板房沟岩组	绢云母大理岩、透闪石大理岩、石墨片岩夹大理岩	辽河岩群	大石桥亚群	华家沟岩组	石榴石二云片岩夹条带状方解石大理岩
		老岭岩群	新农村岩组	石英岩、千枚岩、绢云母片岩	辽河岩群	大石桥亚群	王家沟岩组	方解石大理岩夹透闪石岩和透闪透辉岩赋存有铅锌、金矿
		集安岩群	大东岔岩组	含榴堇青矽线斜长片麻岩、石墨黑云变粒岩、黑云变粒岩、夹薄层石英岩	辽河岩群	钟家台亚群	高家峪岩组	上：黑色炭质泥砂质板岩夹含炭质方解石大理岩；中：炭质方解石大理岩；下：二云片岩、石榴石二云片岩、黑云片岩、千枚岩、炭质板岩。富碳质为特征
		集安岩群	荒岔沟岩组	石墨变粒岩、含墨黑云变粒岩、含墨透辉变粒岩、含墨浅粒岩夹薄层石英岩	辽河岩群	钟家台亚群	高家峪岩组	
含硼（铜钴铁）火山岩建造	Pt_1^1	集安岩群	蚂蚁河岩组	混合岩化浅粒岩、黑云变粒岩、斜长角闪岩、电气变粒岩、钠长浅粒岩，电气石英岩、蛇纹石化橄榄大理岩及混合岩。以含硼为特征	辽河岩群	钟家台亚群	里尔峪岩组	富硼变粒岩、浅粒岩夹斜长角闪岩、富镁大理岩。原岩为酸性火山岩夹中基性火山岩、凝灰岩、碎屑岩及碳酸盐。除硼矿外，含硼岩系内还产有翁泉沟式铁矿、杨林式铁矿

含硼建造厚度变化较大，辽东地区厚度在268～1 981 m，吉南地区更达到5 000余米。含硼建造的存在，直接控制了硼（铜钴铁）矿的产出和规模。硼（铜钴铁）矿成因类型为沉积变质型，属于典型的层控型（沉积—变质）矿产。

（2）含铅锌金银多金属碎屑岩—碳酸盐岩建造

此建造在辽东和吉南地区都广泛分布，包括了辽东地区辽河岩群钟家台亚群的高家峪岩组、大石桥亚群和盖州亚群，吉南地区集安岩群的荒岔沟岩组、大东岔岩组、老岭岩群的新农村岩组、板房沟岩组、珍珠门岩组、花山岩组和临江岩组。岩石组合从下部的含炭（火山）碎屑岩建造过渡为中部的碳酸盐岩夹碎屑岩建造结束于上部的碎屑岩夹碳酸盐岩建造，就其岩石组合和含矿特征可以进一步划分为三个亚建造类型：

① 含炭碎屑岩建造（岩系）（Pt_1^{2-1}）

包括辽东地区辽河岩群高家峪岩组和吉南地区集安岩群荒岔沟岩组和大东岔岩组。岩石组合为富炭质的（火山）碎屑岩、碳酸盐岩建造：黑色炭质泥砂质板岩夹含炭质方解石大理岩；炭质方解石大理岩；二云片岩、石榴石二云片岩、黑云片岩、千枚岩、炭质板岩、斜长角闪岩。原岩为富炭质的碎屑岩—碳酸盐岩，富炭质是其重要特征。

除了赋存有石墨矿外，也发育有铅锌等多金属矿产。

② 含铅锌（金银）碳酸盐岩建造（Pt_1^{2-2}）

以辽东地区辽河岩群大石桥亚群为代表，对应吉南地区老岭岩群的新农村岩组、板房沟岩组和珍珠门岩组。岩石组合为碳酸盐岩夹碎屑岩建造，沉积旋回性好。辽东的大石桥亚群下部为方解石大理岩夹透闪石岩和透闪透辉岩，富含碳质；中部为石榴石二云片岩夹条带状方解石大理岩；上部为白云石大理岩夹菱镁矿和片岩。

吉南地区建造特点基本相当，珍珠门岩组以白云石大理岩为主，角砾状、条带状大理岩居次，偶夹绢云母片。赋存矿产主要有P、U、Fe、PbZn、FeS等；板房沟岩组为绢云母大理岩、透闪石大理岩、石墨片岩夹大理岩；新农村岩组为石英岩、千枚岩、绢云母片岩组合。

此套建造赋存矿产极为丰富，金属矿产有铅、锌、铁、铜、金、银等，非金属矿产有菱镁矿、滑石等；作为辽（辽东）—老（老岭）—摩（摩天岭）裂谷带内重要的含矿建造，可与朝鲜摩天岭地区“检德式”铅锌矿的容矿围岩建造类型和成矿特征直接对比（见表3-3），具有找寻同类铅锌等矿产的广阔前景。

表3-3　辽东吉南地区和朝鲜北部含铅锌建造特征对比

辽吉地区大石桥亚群				朝鲜北部北大川岩组			
岩组	含矿围岩	矿种	代表矿床	层	含矿围岩	矿种	代表矿床
杨树沟岩组	透闪透辉白云石大理岩、杂质条带大理岩夹菱镁矿和片岩	铅锌、菱镁矿、滑石	青城子、翟家沟、荒沟山	上部	杂色白云岩、透闪白云大理岩	铅锌、菱镁矿	检德、天南甲山、仑坪
					透闪透辉白云大理岩、白云岩、大理岩夹云母片岩	菱镁矿、滑石、含碳黄铁矿	旧铜店、大兴
华家沟岩组	石榴石二云片岩夹条带状方解石大理岩	金银	白云、白云三道沟	中部	结晶片岩、大理岩互层		

续表

辽吉地区大石桥亚群				朝鲜北部北大川岩组			
岩组	含矿围岩	矿种	代表矿床	层	含矿围岩	矿种	代表矿床
王家沟岩组	方解石大理岩夹透闪石岩和透闪透辉岩	铅锌	苏家沟、兰花岭	下部	块状白云岩、大理岩	菱镁矿、含铜黄铁矿	龙阳

③ 含金银碎屑岩建造(Pt^{2-3})

包括辽东地区的盖州亚群和吉南地区老岭岩群的花山岩组和临江岩组，主体为一套碎屑岩建造。岩石组合为：硬绿泥石千枚岩、千枚岩、变质砂岩、石英岩；十字二云片岩、矽线十字二云片岩夹石英岩；矽线二云片岩、夹二云变粒岩、黑云变粒岩。

该建造为辽东地区主要的含金银建造，几个重要金银矿集区（青城子外围、卧龙泉、五龙背）金银矿化均与其存在有关，为初始矿源层。

(3) 含铁(铜钴)碎屑岩建造

包括辽东地区的榆树砬子岩群和吉南地区老岭岩群的大栗子岩组，为一套厚度较大的碎屑岩建造。榆树砬子岩群为石英岩夹千枚岩、绢云母石英片岩、变质砂岩组合，近底部含Fe、P层，产有仰山式铁矿；大栗子岩组岩性为棕色千枚岩与大理岩互层、青灰色千枚岩和白云石大理岩。以千枚岩、大理岩、铁矿层为特点，产大栗子式铁矿。同时值得注意的是，大栗子岩组又是大横路等铜钴矿产地的容矿围岩，矿床成因为沉积变质型。

3. 元古宇地层和含矿建造(未分)

包括吉南地区的色洛河岩群和辽北的开原岩群（北辽河岩群）。

吉南地区的色洛河岩群主要分布于龙岗地块东北缘槽台边界台区一侧，呈北西走向，在辽宁接壤部位有零散分布，向西延入辽宁清河流域。该岩群主要是一套优地槽型沉积，下部以中基性—中性火山岩为主，上部以酸性火山岩为主，夹碳酸岩和碎屑岩；辽宁地区开原群（辽北辽河岩群）位于清河流域开原断裂一线，槽台接触部位。该岩群原划里尔峪岩组、高家峪岩组、大石桥亚群为一套中基性火山岩夹钙质大理岩，而盖州亚群为一套英安质凝灰岩、流纹质凝灰岩组成。从岩石组合而言，二者是对应的、可以对比的。

研究表明，此套岩系在构造位置、岩石组合、变质程度、构造线方向乃至含矿特征等方面都有别于鞍山岩群、龙岗岩群和夹皮沟岩群，也有别于辽吉裂谷区元古宇地层建造。其并非一套板内稳定的碳酸盐岩—碎屑岩沉积，而是一套成分复杂，可能包含有太古宇表壳岩和TTG岩系、元古宇沉积变质岩、古生界中酸性火山岩夹碳酸盐岩的一套中浅变质岩系。其岩石化学、稀土元素、微量元素分析表明，原划开原岩群是由蛇绿岩、挤压构造环境拉斑玄武岩、钙碱性火山岩、陆缘碎屑岩等构造组合。

考虑其所处特殊构造位置以及建造内不同岩石组合的构造接触属性，我们认为其系构造拼贴带。此构造体为浑河断裂一分为二，错距在150 km左右。换言之，辽北绿岩与夹皮沟绿岩本为一体，其北部存在统一的构造拼贴带（辽北开原岩群、吉南色洛河岩群）。中元古界色洛河岩群和开原岩群可能是包含了从太古代一直到古生代几个时代不同类型的建造的构造混杂体，故以前中生代(AnMz)表示之。

此套岩系具有独特的含矿特征，在吉南色洛河地区产有金、铀、磁铁矿、铜、铅锌等，包括海沟大型金铀矿床、红旗沟金矿以及清茶馆金铜矿点、王大楞金铅锌矿点等。

4. 中元古界至今盖层地层(建造)

区内盖层主要经历两个阶段:中元古界—三叠纪稳定盖层沉积阶段和上三叠统之后的大陆边缘活动(活动盖层)阶段。

稳定盖层沉积阶段在区内不甚发育,缺失上奥陶统、志留系、泥盆系、下石炭统,相对集中在凡河、太子河、临江流域等地区,多为稳定环境的海相、河湖相沉积建造,除了部分层位赋存有铅锌等金属矿产外,以非金属矿产占主导地位,如石膏、石灰岩、铝土矿、耐火材料等。

上三叠统以来本区进入大陆边缘活动阶段(稳定盖层),各时代岩性、岩相变化较大,分布零散,以陆相碎屑岩、火山碎屑岩夹碳酸盐岩建造为主。三叠系主要为杂色碎屑岩、钙碱性火山岩和含煤碎屑岩;中、下侏罗统主要为火山岩—碎屑岩—含煤碎屑岩沉积;上侏罗统—白垩系为中酸性火山岩及其碎屑岩、含煤(油、油页岩)沉积和杂色碎屑岩沉积;第三系主要为含煤有机岩建造、硅藻岩建造和基性火山岩建造;第四系有砂金、锆英石砂、独居石砂、铸型砂、泥炭等。

实际上,本区中生代火山岩建造可能是另外一个重要的内生金属含矿建造,只是由于其分布有限,发现相关矿产较少而未予注意。作为环太平洋成矿带的一部分,陆相火山建造和相关斑岩体系的存在,是寻找火山热液型(浅成低温)—斑岩型铜金的永恒话题,应该引起今后找矿工作的足够重视。

综合而言,辽东吉南地区是在太古宇—古元古界准地台基础上发展起来的。太古宇、元古宇发育多套含矿建造,其具有矿源层和赋矿围岩的双重作用,是本地区成矿物质基础和主要来源。同时,这些含矿建造又经历了后期复杂的改造过程,特别是中生代构造岩浆活动的叠加和改造,成矿往往具有"既老又新"特点。赋存的矿床除了狭义层控型矿床外,还有沉积变质—热液改造型矿床、重熔岩浆热液型矿床、矽卡岩型矿床等以及可能存在并应予以重视的斑岩型—浅成低温热液型矿床。

二、区域构造特征

1. 基底构造与成矿

太古宙—古元古代阶段是中朝准地台基底形成时期,该阶段构造运动主要表现为麻粒岩相—绿片岩相变质和多期变形作用。可划分为鞍山(阜平)和辽河(五台)两大构造旋回,每一变形旋回经历了三幕变形,形成近东西向展布的北部龙岗地块、中部早元古代裂谷和南部的复州地块。

本区基底构造的主要表现形式为褶皱构造和韧性—韧脆性线性构造。

褶皱构造在不同阶段其变形强度、样式、组合特征等等方面是存在差异的。本区成矿作用的基础是太古宙—古元古代的沉积变质含矿建造,这些含矿建造是后续褶皱变形的组成主体。因此,褶皱构造对于矿床的控制作用是重要的,特别是对于铁、硼、菱镁矿—石棉、石墨、磷乃至铜铅锌等"层控性"矿床,控矿意义尤甚。这些含矿建造(或矿化体)在褶皱过程中的"物理态"富集作用,对于找矿是极有意义的。同时,含矿建造的分布控制了内生金属矿产的展布,表现为铜(钴)、铅锌、金、银等多金属矿床、矿点、矿化点及各种化探异常呈弧形条带状展布,与区域褶皱构造带吻合。大型褶皱或复式褶皱往往控制一个矿田或矿化集中区。单一褶皱往往控制矿床,矿床或矿体多赋存在背斜的核部及倾没端,例如青城子铅锌矿等。

线性构造主要表现为推覆构造、韧性剪切带、不同规模层内、层间滑动(滑脱)构造的普遍存在，变形特征以韧性变形为主，往往在后期同位叠加以脆性变形。这些构造规模较大，以东西走向为主，往往作为构造单元和成矿单元界线和边界；这些线性构造切割深度较大，往往为热液矿床提供有利的传输和就位空间，如浑北地区金矿。由于这些先期构造往往沿层间或层内构造平行或微切地层，甚至“卷入”同期、后期褶皱，其控制矿体往往体现“似层状”特点，即具有所谓“层控性”特征，如高家堡子—小佟家堡子金银矿、榛子沟铅锌矿等等，往往使得找矿标志和规律性趋于明显。

2. 盖层构造

中元古界—中三叠世为稳定盖层发育时期，构造活动不很强烈、控矿特征不明显。

上三叠统—第四纪进入活化阶段，这一时期的构造主要以脆性—脆韧性断裂（剪切带）形式为主。

（1）深大断裂构造

① 开原—清原—辉发河—古洞河地体拼贴带

该拼贴带西起辽宁开原至清原，越过敦化—密山断裂与古洞河—辉发河断裂对应，横再向东进入朝鲜，规模巨大。它是华力西晚期华北地块与吉林—延边古生代增生褶皱带的拼贴带。该带两侧的岩石强烈片理化带，形成剪切带，航磁异常、卫片影像反映都很明显，显示平行、密集的线性构造特征。两侧具有地质发展历史截然不同的两个大地构造单元，也反映出不同的地球物理场，不同的地球化学场。北侧是吉林—延边古生代增生褶皱带，为海相火山—碎屑岩及陆源碎屑岩、碳酸盐岩为主的火山沉积岩系。南侧前寒武系广泛分布，基底为太古宇、古元古界的中深变质岩系，盖层为新元古界—古生界的稳定浅海相沉积岩系。拼贴带由不同时代构造岩片“堆叠”而成，包括原划色洛河岩群和开原岩群。

② 依兰—伊通断裂带

是西部松辽拗陷与长白山—张广才岭隆起的天然界线，呈北东方向延伸，南起渤海湾经沈阳—伊通—依兰—罗北进入俄罗斯境内。由两支相互平行的北东向断裂带组成，断裂中间为大黑山条垒。走向50°～55°，倾向北西，倾角70°，近地表陡，而往深部变缓，局部地段向南东倾，是一条走滑断裂，具左行扭动性质。伊舒断裂带与郯庐断裂连续起来更接近在一条直线上。有人认为伊兰—伊通断裂于古生代就有活动，但主构造活动应为印支燕山早期，先为张性，沿断裂带分布有巨厚型中生代断陷沉积盆地。对中、新生代能源矿产的形成有控制作用。后为压扭性，有多条糜棱岩带和逆冲断裂带。下白垩统断裂带横向拉张，地壳变薄，地幔物质上涌，沿断裂带发生强烈的火山喷发和中酸性偏碱性串珠状岩浆侵入。

③ 敦化—密山断裂带

该断裂带是我国东部一条重要的走滑构造带，它对大地构造单元划分及金、有色金属成矿具有重要的意义。该带西起辽宁沈阳、抚顺一带，向北东延伸经吉林辉南、桦甸、敦化等地进入黑龙江，并一直向北东延伸至密山以远，全长1 000 km，宽10～20 km，走向60°。该断裂带属郯庐断裂分支，活动时间较长，形成于早古生代，中生代、新生代沿该断裂带岩浆活动强烈。自下侏罗统形成以来，其演化具明显的阶段性，可分为中生代早期左旋平移走滑阶段、侏罗纪造山阶段、晚白垩世—新生代裂谷阶段、新近纪—第四纪逆冲推覆阶段。

该断裂控制了海西—燕山期岩浆活动及有关的贵金属和有色金属矿产的形成，是本区重要的控矿断裂。

④ 鸭绿江走滑断裂带

是辽吉东部规模较大的北东向断裂带之一，在长白山区被新生代玄武岩覆盖，在安图两江一带出露，向北经明月镇、天桥岭等地进入黑龙江省，断续延长 800 km，由多条断裂组成，断裂带宽 30～50 km。总体走向 40°～50°，倾向南东，局部倾向北西，倾角 60°～80°，以压剪性为主，沿断面有逆时针滑动，相对位移为 10～20 km。断裂控制侏罗系地层、岩浆岩的分布。带内糜棱岩化、碎裂岩化明显，带内可见北东向叠瓦构造，次级构造发育，晚期活动切割中生代及早期地层、岩体，同时又被较新的东西向断裂切割，是应予重视的控矿断裂带。

(2) 断裂构造控矿作用

① 东西向基底构造控矿特征

中生代以前的东西向构造属于基底构造层，其控矿主要有两类：一是作为地体边界断裂控制含矿岩系的分布及其变质变形作用；二是印支期后形成的沿基底与盖层之间长期活动的界面断裂，输导含矿热液形成矿床。

② 中、新生代断裂活动控岩控矿特征

辽东吉南中生代以后归属环太平洋构造域，断裂活动控制地幔上涌及地壳发展演化，控制各种岩浆活动和有关矿产的形成。北东向断裂为主体构造，宏观上控制巨型构造岩浆活动带，中生代断陷盆地。

对具体的矿田或矿床而言，控矿断裂多为长期活动，性质复杂的断裂、断裂交汇部位、变异部位往往控制着矿体赋存的具体空间。通过全区矿床统计，控矿断裂方向以东西向和北西向为主，其次为北北东、北东向，少数为南北向。

③ 低序次构造控矿作用

主干断裂旁侧"入"字形分支断裂、旋转性断裂控矿作用比较明显，如吉林省荒沟山"S"形构造带控制了老岭金矿带的展布；辽宁苍石地区北西向次级断裂是"下达堡式"金矿容矿构造。

总之，辽东地区不同的矿田或矿床，均受某些特殊类型构造的控制，典型矿床研究资料表明：① 褶皱构造的控矿属性往往体现在狭义的层控型矿床，同时褶皱构造的核部虚脱部位和转折端裂隙系统，也为后成热液矿床（广义层控型矿床）提供了有利的容矿空间和条件。② 控矿的线性构造多为长期多次活动，性质复杂的断裂构造，其早期往往就是韧性断裂[包括推覆构造、层内和层间滑动（剪切、滑脱）构造]。断裂的交汇、变异部位往往控制着矿体赋存的具体空间位置。如下达堡金矿床的矿体多赋存在断裂膨胀部位、转弯处和压碎较强烈部位；二道沟金矿床在东西向与北西向断裂的交汇部位，矿体明显变富、变大。③ 矿床的控矿断裂方向以东西向和北西向为主，其次为北北东、北东向，少数为南北向。

三、岩浆岩

(1) 阜平期侵入岩

阜平期岩浆侵入活动发育在华北古陆的靖宇古陆块、复州地块和和龙陆块区域内。原岩遭受强烈的区域变质作用和区域重熔型岩浆作用，并伴有基性、超基性岩类的似层状侵入活动。本期的花岗质岩石及基性、超基性岩类形成年代＞2 400 Ma。

(2) 五台期岩浆岩

主要岩石类型有花岗岩、片麻状花岗岩、碱长花岗岩等。主要分布在通化南花甸子及桦甸老金厂等地。

(3) 加里东期岩浆岩

加里东期处于相对稳定时期,岩浆活动不发育。

(4) 华力西期侵入岩

华力西期侵入岩主要分布在龙岗地块以北的古生代增生褶皱带内。

(5) 印支期侵入岩

印支期是岩浆活动强烈期,侵入岩分布在太子河—浑江、通化、延边等地。岩体众多,规模大,面积广。除了以岩株形态产出外,尚有较大规模的岩基(如岫岩—双塔镇岩体)产出。岩石类型由基性到酸性,以酸性岩为主。

(6) 燕山期侵入岩

燕山期岩浆侵入活动十分频繁,岩石类型复杂多样,基性—超基性、中性、中酸性、酸性及碱性岩类均有出露,其中以花岗岩类分布最为广泛。

燕山期侵入岩在南部辽吉台块区多以岩株状产出。沿某些断裂带尚见有少量的超基性、基性及碱性岩类的出现。岩浆侵入活动的多期性、多阶段性表现尤为明显,常构成一些较大的复式岩体,对内生金属矿产成矿意义较大。

四、变质岩

一级变质地质单元华北变质域,可划分晋冀辽太古宇—古元古界变质区、胶辽吉太古宇—元宇代变质区2个二级变质地质单元。本区属于胶辽吉太古—元古宇变质区。

主要分布于郯庐断裂以东地区,在辽东—吉南地区的胶辽吉太古宇—元古宇变质区划分了3个三级变质地质单元:陈台沟—沂水太古宇变质地带、南辽河元古宇变质地带和北辽河元古宇变质地带。在吉南划分了3个三级变质地带:龙岗—和龙中—新太古宇变质带、辽吉古元古界变质带、龙岗—和龙地块北缘元古宇—古生宇变质带。

1. 陈台沟—沂水太古代变质地带

(1) 变质表壳岩类

划分7个变质岩岩石构造组合。

① 前台镁铁闪石石英岩—绿泥片岩—片麻状斜长角闪岩组合:分布于鞍山市东南,岩石类型为绿泥片岩、片麻状斜长角闪岩、条纹状镁铁闪石石英岩类,原岩建造为基性火山岩-硅铁建造,构造环境属初始陆核,最新测定了侵入前台岩组的两条花岗岩脉中锆石英的年龄为(3 357±4) Ma。从而判定陈台沟表壳岩的年龄大于3 357 Ma,地层为古太古代前台岩组(Ar1q)。

② 石棚子变粒岩—麻粒岩—斜长角闪岩夹磁铁石英岩组合:分布于抚顺市东部,岩石类型为黑云紫苏角闪斜长麻粒岩、黑云斜长辉石变粒岩、斜长角闪岩夹磁铁石英岩,原岩建造为基性火山岩-硅铁建造,构造环境属初始陆核—初始克拉通火山盆地,地层为新太古界石棚子岩组(Ar3sˆ)。

③ 茨沟变粒岩—斜长角闪岩—片岩夹磁铁石英岩组合:分布于鞍山—抚顺地区,岩石类型为角闪变粒岩夹磁铁石英岩(铁矿体),原岩建造为基性—酸性火山岩—泥岩-硅铁建造,构造环境属初始陆核—初始克拉通火山盆地,地层为新太古界茨沟岩组(Ar3c);

④ 大峪沟片麻岩—变粒岩—斜长角闪岩夹磁铁石英岩组合:分布于鞍山—抚顺地区,

岩石类型为黑云浅粒岩、变粒岩、斜长角闪岩夹磁铁石英岩（铁矿）、片麻岩、片岩，原岩建造为基性火山岩—泥岩—泥质粉砂岩—硅铁建造，构造环境属初始陆核—初始克拉通火山盆地，地层为新太古界大峪沟岩组（Ar3dy）。

⑤ 樱桃园石英岩—绢云绿泥片岩—千枚岩组合：主要分布于鞍山南部地区，岩石类型为绢云绿泥片岩、千枚岩、石英岩、夹磁铁石英岩（铁矿体），原岩建造为黏土岩—石英砂岩—硅铁建造，构造环境属初始陆核—初始克拉通火山盆地，地层为新太古界樱桃园岩组（Ar3y）。

⑥ 金凤岭黑云变粒岩—黑云斜长片麻岩—斜长角闪岩夹磁铁石英岩组合：分布于抚顺东北地区，呈包体形态存在于太古宙变质深成岩中。由变粒岩—片麻岩建造和斜长角闪岩—磁铁石英岩建造组成，岩石类型为黑云变粒岩、黑云斜长片麻岩、斜长角闪岩夹磁铁石英岩（铁矿），原岩建造为基性—酸性火山岩建造、基性火山岩—硅铁建造，构造环境属初始克拉通火山盆地，对应地层为新太古界金凤岭岩组（Ar3j）。

⑦ 红透山黑云变粒岩—斜长角闪岩—磁铁石英岩组合：分布于抚顺—铁岭以东地区，呈包体形态存在于太古代变质深成岩中。由变粒岩—斜长角闪岩—磁铁石英岩建造和黑云变粒岩（含铁）—斜长角闪岩建造组成，岩石类型为黑云变粒岩、斜长角闪岩、磁铁石英岩（铁矿），原岩建造为基性—酸性火山岩建造、泥砂质碎屑岩—硅铁建造，构造环境属初始克拉通火山盆地，对应地层为新太古界红透山岩组（Ar3h）。

（2）变质深成岩类

Ⅰ．清原地区划分 3 个变质岩岩石构造组合。

① 清原紫苏花岗质片麻岩组合：分布于清原县以北，由新太古界紫苏花岗质片麻岩建造（Ar3Tch）组成，岩石类型为紫苏花岗质岩、紫苏花岗闪长岩，原岩建造为花岗闪长岩—石英二长岩建造，构造环境属初始陆核，年龄 2 514 Ma，时代为太古宙。

② 清原 TTG 组合：分布于抚顺—铁岭以东地区，由新太古界英云闪长质片麻岩建造（Ar3gnγδo）、奥长花岗质片麻岩建造（Ar3gnγo）和花岗闪长质片麻岩建造（Ar3gnγδ）组成，岩石类型为黑云斜长片麻岩、奥长花岗质片麻岩、花岗闪长质片麻岩，原岩建造为英云闪长岩建造、奥长花岗岩建造、花岗闪长岩建造，构造环境属初始陆核，年龄 2 497～2 559 Ma，时代为太古宙。

③ 凡河石英闪长质—二长花岗质片麻岩组合：分布于铁岭地区，由新太古界石英闪长质片麻岩建造（Ar3gnδo）和二长花岗质片麻岩建造（Ar3gnηγ）组成，岩石类型为石英闪长质片麻岩、二长花岗质片麻岩，原岩建造为石英闪长岩建造、二长花岗质岩建造，构造环境属初始陆核，年龄 2 506～2 562 Ma，时代为太古宙。

Ⅱ．辽东鞍本地区划分了 5 个变质岩岩石构造组合，时代为古太古代—新太古代。

① 白家坟奥长花岗质片麻岩组合：出露于鞍山市东 8 km 的梨化峪村南白家坟沟，由始太古界奥长花岗质片麻岩建造（Ar0gnγo）单一变质岩建造组成，原岩建造为斜长（奥长）花岗岩建造，构造环境属初始陆核，白家坟奥长花岗质片麻岩的锆石 207Pb/206Pb 年龄值为（3 804±5）Ma，代表形成年龄（刘等，1992；宋等，1996），为中国最古老的陆核。

② 陈台沟蛇纹岩质片麻岩组合：出露于鞍山市东陈台沟附近，由中太古界蛇纹岩质片麻岩建造（Ar2gnψω）组成，原岩建造为基性岩建造，构造环境属初始陆核。

③ 陈台沟辉绿岩质片麻岩组合：出露于鞍山市东陈台沟附近，由中太古界辉绿岩质片麻岩建造（Ar2gnβμ）组成，原岩建造为辉绿岩建造，构造环境属初始陆核。

④ 铁架山 TTG 组合：分布于鞍山市附近，由中太古界英云闪长质片麻岩建造(Ar2gnγδo)组成，原岩建造为英云闪长岩建造，构造环境属初始陆核。

⑤ 祝家屯二长花岗质片麻岩组合：大面积分布于鞍山—本溪以北抚顺以南地区，由二长花岗质片麻岩建造组成，原岩建造为二长花岗岩建造，构造环境属初始陆核。以含有较多变质表壳岩包体为特征。

⑥ 鞍本 TTG 组合：分布于鞍山—本溪以北抚顺以南地区，由新太古界片麻杂岩建造(Ar3gnc)、闪长质片麻岩建造(Ar3gnδ)、英云闪长质片麻岩建造(Ar3gnγδo)、奥长花岗质片麻岩建造(Ar3gnγo)、花岗闪长质片麻岩建造(Ar3gnγδ)组成，原岩建造为 TTG 岩系建造、偏基性闪长岩建造、英云闪长岩建造、斜长(奥长)花岗岩建造、花岗闪长岩建造，构造环境属初始陆核。

⑦ 连山关二长花岗质片麻岩组合：分布于鞍山以东地区，由二长花岗质片麻岩建造组成，原岩建造为二长花岗岩建造，构造环境属初始陆核。以其内部几乎不含或少有表壳岩包体为特征。

Ⅲ. 辽南地区划分 2 个变质深成岩岩石构造组合。

① 得胜 TTG 组合：分布于大连北部金州—城子坦一带，由英云闪长质—石英闪长质片麻杂岩建造(Ar3gnc)、英云闪长质片麻岩建造(Ar3gnγδo)和黑云角闪斜长片麻岩建造(Ar3gnγo)组成，原岩建造为英云闪长岩建造、黑云母二长花岗岩建造，构造环境属初始陆核，年龄值为(2 573±50) Ma。

② 莲山二长花岗质片麻岩组合：分布于金州北部，为二长花岗质片麻岩建造(Ar3gnηγ)，原岩建造为二长花岗岩建造，构造环境属初始陆核。

2. 南辽河元古宇变质地带

划分 6 个变质深成岩岩石构造组合。

① 后仙峪蛇绿岩组合：自盖州—宽甸呈带状分布，由蛇纹石化白云岩、菱镁大理岩建造，蛇纹石化镁橄榄岩、硼镁铁矿、硼镁铁矿遂安石、遂安石板状硼镁石和硼镁铁矿磁铁矿板状硼镁石硼矿建造，滑石片岩建造，电气变粒岩、黑云变粒岩、磁铁变粒岩、浅粒岩建造等与硼矿有的变质建造组成，原岩建造基性岩建造，以富含硼矿为其特征。

② 里尔峪浅粒岩—变粒岩—钙硅酸盐岩组合：由含磁铁电气钠长浅粒岩、钙硅酸盐岩及变质火山角砾岩、二长浅粒岩夹白云石大理岩建造组成，原岩建造为黏土岩—粉砂岩—灰岩—白云岩建造、酸性火山岩—基性火山岩建造、细碧角斑岩—英安质泥灰岩建造，构造环境属活动陆缘岛弧环境，年龄值为(2 040±72) Ma。地层为辽河群里尔峪岩组(Pt1lr)。

③ 高家峪含墨变粒岩—含墨大理岩夹斜长角闪岩、片麻岩组合：由石墨变粒岩、白云石大理岩夹石墨透闪石岩、二云片岩、石墨黑云片岩建造组成，原岩建造为泥质岩—粉砂岩—砂岩—碳酸盐岩建造、镁质碳酸盐岩—酸性火山岩建造，构造环境属浅海陆棚环境，年龄值为(1 897±49) Ma。地层为辽河群高家峪岩组(Pt1g)。

④ 大石桥片岩—变粒岩—大理岩组合：由白云质大理岩、石墨透闪变粒岩、石墨透闪岩、二云片岩、白云母变粒岩建造组成，原岩建造为镁、钙质碳酸盐—砂岩、粉砂岩—泥岩建造，构造环境属浅海陆棚环境，年龄值为(2 111±455) Ma。地层为辽河群大群大石桥岩组(Pt1d)。

⑤ 盖州片岩夹变质砂岩、石英岩组合：由含矽线十字石榴二云片岩、黑云片岩、千枚岩、

变质石英砂岩、石英岩夹变粒岩、浅粒岩及大理岩建造组成，原岩建造为富铝泥质岩—粉砂岩—砂岩夹钙硅岩建造，构造环境属浅海陆棚环境，年龄值为 1 697 Ma。地层为辽河群盖州岩组(Pt1gx)，以富铝为其主要特征。

⑥ 榆树砬子石英岩夹千枚岩、片岩组合：分布在辽南的庄河北部和盖县的东部地区，该岩石构造组合由中厚层—厚层—巨厚层石英岩、赤铁石英岩、绢云石英岩，夹千枚岩、片岩建造组成。原岩建造为砾岩—砂岩—粉砂岩—泥岩建造，构造环境属前陆盆地环境，地层为中元古界榆树砬子岩组(Pt2y)。

3. 北辽河元古代变质地带

① 浪子山变质砾岩—变粒岩—片岩组合：由含石榴十字蓝晶二云石英片岩、含墨二云片岩夹白云石大理岩、透闪大理岩、石英岩建造组成，原岩建造为黏土岩—粉砂岩—灰岩—玄武岩建造，构造环境属初始裂谷，年龄值为 1 998 Ma。地层为辽河群浪子山岩组(Pt1l)。

② 里尔峪浅粒岩—变粒岩夹大理岩组合：由含磁铁电气浅粒岩、二长浅粒岩夹云母片岩、变粒岩、阳起透闪变粒岩、大理岩建造组成，原岩建造为黏土岩—粉砂岩—灰岩—白云岩建造、酸性火山岩—基性火山岩建造、细碧角斑岩—英安质泥灰岩建造，构造环境属初始裂谷，年龄值为(2 040±72) Ma。地层为辽河群里尔峪岩组(Pt1lr)。

③ 高家峪碳质板岩—变粒岩夹斜长角闪岩组合：由碳质板岩、变粒岩、大理岩夹石墨透闪石岩、二云片岩、含墨黑云片岩、斜长角闪岩建造组成，原岩建造为泥质岩—粉砂岩—砂岩—碳酸盐岩建造、镁质碳酸盐岩—酸性火山岩建造，构造环境属初始裂谷，年龄值为(1 897±49) Ma。地层为辽河群高家峪岩组(Pt1g)。

④ 大石桥片岩—变粒岩—大理岩组合：由片大理岩、碳质透闪岩、白云片岩、黑云变粒岩、二云片岩、绿泥片岩、千枚岩等建造组成，原岩建造为镁、钙质碳酸盐—砂岩、粉砂岩—泥岩建造，构造环境属初始裂谷，年龄值为(2 111±455) Ma。地层为辽河群大群大石桥岩组(Pt1d)。

⑤ 盖州片岩夹变质砂岩、石英岩组合：由含矽线十字石榴二云片岩、黑云片岩、千枚岩、变质石英砂岩、石英岩夹变粒岩、浅粒岩及大理岩建造组成，原岩建造为富铝泥质岩—粉砂岩—砂岩夹钙硅岩建造，构造环境属初始裂谷，年龄值为 1 697 Ma。地层为辽河群盖州岩组(Pt1gx)，以富铝为其主要特征。

辽东地区古元古界变质岩，即辽河群层状变质岩系，广泛分布在辽东的鞍山—本溪—桓仁的拐磨子一线以南，即太子河拗陷以及辽东、辽南地区。

辽东地区古元古界变质岩岩石组合，在草河口复向斜的南北有明显的差别，也就是传统的南、北辽河群(以大石桥南—草河口—桓仁一线为界)的差别，其表现在变质程度、变形强度和变质层状岩系的物质组成以及构造环境的属性等。但以往的地质资料表明，尚没有一个可实测的地质界线或区域构造形迹将二者分开。南、北两地盖州片岩夹变质砂岩、石英岩组合和大石桥片岩—变粒岩—大理岩组合基本相同。浪子山变质砾岩—变粒岩—片岩组合仅发育在北部，南部未见。南部高家峪含墨变粒岩—含墨大理岩夹斜长角闪岩、片麻岩组合、里尔峪浅粒岩—变粒岩—钙硅酸盐岩组合虽用的地理名字相同，但其岩石构造组合明显不同，其和后仙峪蛇绿岩组合只发育在南部。

4. 龙岗—和龙中—新太古界变质带

中太古界龙岗岩群四道砬子河岩组为灰—深灰色斜长角闪岩、黑云变粒岩、石榴二云片岩夹磁铁石英岩，原岩为中基性、酸性火山岩及硅铁质沉积岩建造；为杨家店岩组灰—深灰色斜长角闪岩、黑云斜长片麻岩、黑云二长变粒岩夹磁铁石英岩，石榴二辉麻粒岩，紫苏麻粒岩，原岩为酸性火山岩—火山碎屑岩及硅铁质沉积岩建造。中太古界TTG组合为变质英云闪长质—奥长花岗质—花岗闪长质片麻岩组合。新太古界夹皮沟岩群老牛沟岩组灰黑色斜长角闪岩、黑云变粒岩、绢云石英片岩、绢云绿泥片岩夹磁铁石英岩，原岩为中基性、酸性火山岩—火山碎屑岩及硅铁质沉积岩建造；三道沟岩组为灰—深灰色斜长角闪岩、角闪片岩、绢云绿泥片岩夹角闪磁铁石英岩，原岩为中基性、酸性火山岩—火山碎屑岩及硅铁质沉积岩建造。南岗岩群鸡南岩组为灰黑色斜长角闪岩、黑云变粒岩、斜长角闪岩夹磁铁石英岩，原岩为基性火山岩—硅铁质岩建造；官地岩组为黑云变粒岩与浅粒岩互层夹磁铁石英岩，原岩为酸性火山岩—硅铁质岩建造。新太古界变质TTG和变质花岗岩为英云闪长质片麻岩、奥长花岗质片麻岩、石英闪长质片麻、变质二长花岗岩、变质钾长花岗岩和紫苏辉石花岗。

5. 辽吉古元古界变质带

主要为光华岩群、集安岩群和老岭岩群。其中光华岩群双庙岩组为一套变质杏仁状玄武岩、含榴黑云斜长角闪片麻岩、角闪岩、斜长角闪岩、黑云角闪变粒岩，原岩为基性火山岩建造；同心岩组为石榴二云片岩、石榴石变粒岩、含榴角闪片岩，原岩为富铝半黏土质—黏土岩建造。集安岩群蚂蚁河岩组为一套黑云变粒岩、钠长浅粒岩、斜长角闪岩夹白云质大理岩、含硼蛇纹石化大理岩、斜长角闪岩、电气石变粒岩，以含硼为特征，原岩为基性火山岩—蒸发岩建造；荒岔沟岩组为一套石墨变粒岩、含墨透辉变粒岩、含墨大理岩夹斜长角闪岩，以含墨为特征，原岩为基性火山岩—碳酸盐岩—类复理石建造；大东岔岩组为一套含矽线石榴变粒岩、含榴黑云斜长片麻岩，原岩为富铝半黏土质—黏土岩建造。老岭岩群林家沟岩组为一套长石石英砂岩、含砾长石石英砂岩、透闪变粒岩、黑云变粒岩夹硅质条带大理岩，原岩为滨海砂岩—粉砂岩建造；珍珠门岩组为一套白色厚层白云质大理岩，条带状、角砾状大理岩，原岩为台地碳酸盐岩建造；花山岩组为一套二云母片岩、十字石片岩夹大理岩，原岩为泥质岩—碳酸盐岩建造；临江岩组为灰白色中厚层石英岩夹二云片岩、黑云变粒岩，原岩为一套滨海碎屑岩—泥质粉砂岩建造；大栗子岩组为一套灰黑色千枚岩夹大理岩及石英岩，原岩为泥质岩—碳酸盐岩建造。

6. 龙岗—和龙地块北缘元古宇—古生宇变质带

火山碎屑岩—陆源碎屑岩建造，西宝安岩组为斜长角闪岩—变粒岩—磁铁石英岩构造组合，原岩为基性火山岩—碳酸盐岩—类复理石建造；东方红岩组为变质流纹岩—黑云母石英片岩、绿泥角闪片岩岩构造组合，原岩为细碧角斑岩建造；金银别岩组为绿片岩—钠长绢云石英片岩构造组合，原岩为基性火山岩、火山碎屑岩建造；团结岩组为绿片岩—钠长绢云石英片岩构组合，原岩基性火山岩、火山碎屑岩建造；江域岩组为变质砂岩—结晶灰岩夹变质凝灰岩构造组合，原岩为浊积岩—硬砂岩—泥岩建造；新东村岩组为黑云变粒岩—云母片岩构造组合，原岩为钙碱性火山岩建造建造；长仁大理岩为大理岩建造组合，原岩为碳酸盐岩建造；万宝岩组为变质砂岩—结晶灰岩，原岩为陆源碎屑岩—碳酸盐岩建造；红旗沟岩组为变质砂岩—结晶灰岩构造组合，原岩为滨海碎屑岩—泥质粉砂岩—碳酸盐岩建造；达连沟岩组为变质砂岩构造组合，原岩为滨海碎屑岩—泥质粉砂岩—碳酸盐岩建造；黄莺屯岩为斜长角闪岩—含矽线黑云母片麻岩—大理岩构造组合，原岩为基性火山岩—黏土岩—碳酸盐岩建造；小三个顶子岩组为厚层大理岩构造组合，原岩为碳酸盐岩建造；黄顶子岩组为变质砂岩—结晶灰岩构造组合，原岩为滨海碎屑岩—泥质粉砂岩—碳酸盐岩建造；烧锅屯岩组为斜长角闪岩—变粒岩构造组合，原岩为基性火山岩—黏土岩—碎屑岩建造；桃山组为砂质板岩—泥质板岩构造组合，原岩为泥质粉砂岩—泥岩建造；石缝组为变质砂岩—结晶灰岩构造组合，原岩为滨海碎屑岩—泥质粉砂岩—碳酸盐岩建造，原岩为滨海碎屑岩—泥质粉砂岩—碳酸盐岩建造；椅山组变质砂岩—结晶灰岩构造组合，原岩为滨海碎屑岩—泥质粉砂岩—碳酸盐岩建造。

第二节 区域沉积作用与成矿

一、区域沉积演化阶段与成矿作用

辽东—吉南成矿区属华北陆块区，渤海东陆块（Ⅵ-5），包括龙岗古岩浆弧（Ar3）、胶—辽—吉陆缘裂谷盆地（Pt1）、太子河—浑江陆表海盆地（Pt3-Pz2）、大连陆表海盆地（Pt3-Pz2）。

辽东—吉南发育中国最古老的陆块—龙岗古岩浆弧，发育始太古代38亿年白家坟奥长花岗岩、古太古代34亿年陈台沟花岗岩及变质表壳岩、中太古代28亿年铁架山花岗质片麻岩（万渝生、耿元生等，2001、2002、2007）、新太古界钙碱系列和TTG系列变质深成岩、鞍山岩群含铁变质岩系[鞍本新太古界古弧盆系（基底隆起带）]、清原岩群含铜变质岩系（清原太古宇古弧盆系）。鞍山运动，使其北部清原地区发生麻粒岩相和角闪岩相变质作用相伴多期韧性变形作用。由于地幔热点不同，中部和南部鞍本及城子坦地区变质作用主要表现为绿片岩相。相伴多期韧性变形作用，片麻状、条带状、构造发育，常见片内褶皱及变质构造分异长英质脉体贯入。鞍山运动导致胶辽吉古陆块第一次克拉通化，形成早期结晶基底。

古元古代—中元古界早期，吕梁运动，第二次克拉通化，形成上部结晶基底。胶—辽—吉陆缘裂谷盆地（Pt1）形成，是我国古元古界地层发育典型地区之一，在辽东、吉南地区以辽河群、集安群、老岭群为代表的变质岩系。以盛产硼矿，铅锌矿、菱镁矿、滑石矿、金矿、铜矿、铁矿、磷、石墨等矿产为特色，为我国重要的前寒武纪成矿带之一。

出露在海城陈台沟、鞍山、辽阳亮甲、本溪连山关2 563 Ma、下马塘，吉林光华镇、露水河镇太古宇结晶基底之上，在2.05～1.90 Ga，伸展机制的继续发展导致裂谷盆地的发育。盆地中最下部充填以浪子山组为代表的富碎屑物沉积层，碎屑来自太古宇基底片麻岩的风化与剥蚀的被动陆缘亚相。

裂谷盆地持续拉开，导致岩石圈变薄，独具特色的浅粒岩、变粒岩夹变质基性岩、少量碳酸盐开始沉积（俗称含硼岩系及双峰式火山岩）。主要发育在辽宁里尔峪，虎皮峪、宽甸；吉林的蚂蚁河、大西岔、杨木杆等地。同时伴随古元古界TTG条痕状花岗杂岩岩侵入。为增生杂岩亚相。

在辽宁高家峪、草河口、太平哨、宽甸、青城子、通远堡，吉林花山、临江、大东岔、荒岔沟、财源镇、大路镇。该浊积岩沉积是在“含硼岩系”形成之后，随着火山活动趋于平缓，海水逐渐加深，盆地开始接受独具特色的富含炭质的碎屑岩、泥质岩夹富含炭质的碳酸盐建造组合，其中夹有间歇式基性火山岩沉积，晚期则有和基性熔岩喷出。形成深海浊积岩亚相。

在辽宁大石桥、辽阳隆昌、岫岩王家堡子、吉林珍珠门、白山市、二道白河镇、大泉源等地出露面积广大的钙质大理岩和镁质大理岩。大石桥地区的镁质大理岩是古元古界地层中盛产菱镁矿的代表性层位。该套碳酸盐台地亚相是区域构造环境趋于平稳，孤立产于裂谷内碳酸盐台地环境的产物，形成碳酸盐台地亚相。

出露于辽宁盖州、析木城、榜寺堡；吉林大栗子、八道沟镇等地。主要岩石组合是为富铝变质泥砂质碎屑岩建造，变质程度为低绿片岩相，形成残余盆地亚相。

在太子河—浑江地区，中新元古代青白口系、南华系、震旦系，形成下部盖层，寒武系、奥陶系组成中部盖层，受西伯利亚板块向华北板块俯冲远程效应，中奥陶世末期，地壳抬升，此时，形成太子河—浑江陆表海盆地(Pt3-Pz2)，该盆地基底由新太古界变质深成岩和古元古界变质岩系构成，沿陆缘边界零星分布。新元古界青白口系钓鱼台组砂岩建造、南芬组泥质碳酸盐岩和泥砂质碎屑岩建造组成第一构造层；南华系桥头组砂岩建造、康家组粉砂岩建造构成第二构造层；中寒武统碱厂组碳酸盐岩夹碎屑岩建造，中上寒武统馒头组碳酸盐岩及碎屑岩建造，上寒武统张夏组碳酸盐岩夹碎屑岩建造、崮山组碳酸盐岩建造，顶寒武统炒米甸子组碳酸盐岩建造，奥陶系冶里组碳酸盐岩夹泥岩建造、亮甲山组镁质碳酸盐岩、马家沟组碳酸盐岩建造构成第三构造层；石炭系、二叠系海陆交互相沉积，构成第四构造层，主要有：石炭系本溪组含煤碎屑岩建造，太原组碳酸盐岩夹含煤碎屑岩建造，山西组含煤、铝土矿碎屑岩建造；二叠系石盒子组含铝土矿碎屑岩建造、蛤蟆山组紫色碎屑岩建造。

同时，在辽南形成大连陆表海盆地(Pt3-Pz2)，主要由新元古界、古生界盖层组成。历经隆升、拗陷多旋回演化，形成四个盖层结构。底部盖层为新元古界青白口系钓鱼台组砂岩建造，最大厚度达380.1 m；南芬组泥质碎屑岩—泥质碳酸盐岩建造最大厚度达560.1 m；南芬期末期，海退，地壳抬升，本次称为细河上升。第一盖层沉积作用结束。南华纪始，地壳下降，海进，接受为南华纪、震旦纪泥质、砂质、碳酸盐沉积，构成中部盖层。主要有南华系桥头组碎屑岩建造，厚度达561.8 m；长岭组泥质、粉砂质碎屑岩建造；震旦系南关岭组灰岩建造，厚达796.9 m；甘井组白云岩建造，厚度408.9 m；营城子组灰岩建造，厚度220.5 m；十三里台组藻灰岩建造，厚度278.3 m；马家屯组灰岩夹页岩建造，厚度126.1 m；崔家屯组灰岩、泥质粉砂岩建造，厚度91.2 m；兴民村组灰岩、泥质粉砂岩建造，厚度340.9 m。兴民村期末期，地壳抬升，本次称之金州上升。下部盖层沉积作用结束。

寒武纪始地壳下降，海进，接受寒武系、中奥陶统碳酸酸盐岩夹碎屑岩沉积，形成中部盖层。主要有：下寒武统葛屯组碎屑岩建造，厚度38.2 m；大林子组红色碎屑岩夹镁质碳酸盐岩建造，厚度108.7 m；中寒武统碱厂组碳酸盐岩夹碎屑岩建造，厚度119.29 m；中上寒武统馒头组碳酸盐岩及碎屑岩建造，最大厚度225 m；上寒武统张夏组碳酸盐岩夹碎屑岩建造，最大厚度98 m；崮山组碳酸盐岩建造，最大厚度185 m；顶寒武统炒米甸子组碳酸盐岩建造，最大厚度352 m；奥陶系冶里组碳酸盐岩夹泥岩建造，最大厚度206 m；亮甲山组镁质碳酸盐岩，最大厚度250 m；马家沟组碳酸盐岩建造，最大厚度605 m。

石炭系为海陆交互相沉积，构成上部盖层。主要有：本溪组含煤碎屑岩建造，最大厚度82 m；太原组碳酸盐岩夹含煤碎屑岩建造，最大厚度100 m；山西组含煤、铝土矿碎屑岩建造，最大厚度448 m。

二、区域沉积建造的成矿控制

辽东—吉南成矿区属华北陆块区，渤海东陆块(Ⅵ-5)，包括龙岗古岩浆弧(Ar3)、胶—辽—

吉陆缘裂谷盆地(Pt1)、太子河—浑江陆表海盆地(Pt3-Pz2)、大连陆表海盆地(Pt3-Pz2)。

1. 龙岗古岩浆弧

辽宁境内东部,西以郯庐断裂与新生代华北断拗毗邻,北以黑水—开原大型断裂与陆缘活动带分界,向东进入吉林境内。

龙岗古岩浆弧是中国最古老的陆块,发育始太古代 38 亿年白家坟奥长花岗岩、古太古代 34 亿年陈台沟花岗岩及变质表壳岩、中太古代 28 亿年铁架山花岗质片麻岩(万渝生、耿元生等(2001、2002、2007)、新太古代钙碱系列和 TTG 系列变质深成岩、鞍山岩群含铁变质岩系、清原岩群含铜变质岩系。鞍山运动,使其北部清原地区发生麻粒岩相和角闪岩相变质作用相伴多期韧性变形作用,面理置换强烈,区域平行化。由于地幔热点不同,中部和南部鞍本及城子坦地区变质作用主要表现为绿片岩相。相伴多期韧性变形作用,片麻状、条带状、构造发育,常见片内褶皱及变质构造分异长英质脉体贯入。鞍山运动导致胶辽吉古陆块第一次克拉通化,形成早期结晶基底。

古元古代—中元古界早期,吕梁运动,第二次克拉通化,形成上部结晶基底。

中—新元古界青白口系、南华系、震旦系,形成下部盖层,寒武系、奥陶系组成中部盖层,受西伯利亚板块向华北板块俯冲远程效应,中奥陶世末期,地壳抬升,在经历晚奥陶世剥蚀夷平的基础上,地壳下降,接受石炭系、二叠系、中上三叠统海陆交互相—陆相沉积,构成上部构造层。

① 凡河中—新元古界初始裂谷,中元古界长城系三岔子群大迫山组、康庄组、关门山组泥质碎屑岩—镁质碳酸盐岩建造,厚达 1 667 m;产著名和关门山铅锌矿。

② 清原太古宇古弧盆系,主要由红透山岩组、金凤岭岩组变质火山—碎屑岩建造、英云闪长质片麻岩、二长花岗质片麻岩组成。此外零星分布中元古界摩里红前造山斜长花岗岩,新元古界铁镁质超基性岩。其中英云闪长质片麻岩隶属于 TTG 岩系,同位素年龄 2 527 Ma,花岗质片麻岩为钙碱系列。红透山岩组、金凤岭岩组为绿岩带重要组成部分,为辽宁省重要含铜火山岩建造。

③ 鞍本新太古界古弧盆系(基底隆起带),构成了辽宁东部重要的结晶基底,也是含铁重要层位,历经多期韧性变形和麻粒岩相、角闪岩相、绿片岩相区域变质作用。北以浑河断裂与清原太古宇弧盆系相邻,南与太子河陆拗毗邻,西与下辽河断陷盆地相接,向东延入吉林境内。组成单元构造层为石棚子岩组、通什村岩组;樱桃园岩组、大峪沟岩组、茨沟岩组层状变质岩系,同位素年龄 2 535～2 554 Ma。

④ 太子河新元古界—古生界陆表海盆地(拗陷),燕山期板内造山作用在本区主要表现为沿基底断裂,形成侏罗系、白垩系断陷盆地,侏罗系河湖环境,接受巨厚的含煤碎屑岩建造沉积。

⑤ 鞍山古陆核(始太古界—新太古界),主要由 38 亿年白家坟奥长花岗岩、34 亿年花岗质片麻岩、34 亿年陈台沟岩组基性火山岩建造、28 亿年铁架山花岗质片麻岩、25 亿年鞍山群变质含铁泥质碎屑岩建造、25 亿年虎庄斜长花岗质片麻岩、25 亿年连山关片麻状花岗岩及鞍山岩群组成。

2. 太子河—浑江陆表海盆地(Pt3-Pz2)

该盆地基底由新太古界变质深成岩和古元古界变质岩系构成,沿陆缘边界零星分布。新元古界青白口系钓鱼台组砂岩建造、南芬组泥质碳酸盐岩和泥砂质碎屑岩建造组成第一构造层;南华系桥头组砂岩建造、康家组粉砂岩建造构成第二构造层;中寒武统碱厂组碳酸盐岩夹碎屑岩建造,中上寒武统馒头组碳酸盐岩及碎屑岩建造,上寒武统张夏组碳酸盐岩夹碎屑岩建造、崮山组碳酸盐岩建造,顶寒武统炒米甸子组碳酸盐岩建造,奥陶系治里组碳酸盐岩夹泥岩建造、亮甲山组镁质碳酸盐岩、马家沟组碳酸盐岩建造构成第三构造层;石炭系、二叠系海陆交互相沉积,构成第四构造层。主要有:石炭系本溪组含煤碎屑岩建造,太原组碳酸盐岩夹含煤碎屑岩建造,山西组含煤、铝土矿碎屑岩建造;二叠系石盒子组含铝土矿碎屑岩建造、蛤蟆山组紫色碎屑岩建造。

3. 胶—辽—吉陆缘裂谷盆地(Pt1)

该盆地是我国古元古界地层发育典型地区之一,发育华北陆块区郯庐断裂带以东的古元古界构造带。在辽东、吉南地区以辽河群、集安群、老岭群为代表的变质岩系。以盛产硼矿,铅锌矿、菱镁矿、滑石矿、金矿、铜矿、铁矿、磷、石墨等矿产为特色,为我国重要的前寒武纪成矿带之一。

(1) 被动陆缘亚相

主要出露在海城陈台沟、鞍山、辽阳亮甲、本溪连山关 2 563 Ma、下马塘,吉林光华镇、露水河镇太古宇结晶基底之上,在 2.05～1.90 Ga,伸展机制的继续发展导致裂谷盆地的发育。盆地中最下部充填以浪子山组为代表的富碎屑物沉积层,碎屑来自太古宇基底片麻岩的风化与剥蚀。主要特点是在底部见有太古宇的砾岩和变质砂岩,向上泥质成分逐渐增多,并开始出现少量的变质火山岩夹层。总体特点显示靠近古陆边缘的性质,并逐渐向靠近盆地中心过渡的特点。底部砾岩是铀矿的重要产出层位。大面积分布基性岩墙、条痕状花岗岩、二长花岗岩、钾长花岗岩等。高丽墩台岩石类型为奥长花岗岩。地球化学成分以富钠,贫钾,高铝、硅,低铁、钙为特征,属钙碱系列。稀土特征为负铕异常轻稀土富集型。

(2) 增生杂岩亚相

其后裂谷盆地持续拉开,导致岩石圈变薄,独具特色的浅粒岩、变粒岩夹变质基性岩、少量碳酸盐开始沉积(俗称含硼岩系及双峰式火山岩)。SHRIMP 年龄 2175(张艳飞,2010)、2178(李雪梅,2009)。主要发育在辽宁里尔峪,虎皮峪、宽甸;吉林的蚂蚁河、大西岔、杨木杆等地。同时伴随古元古界 TTG 条痕状花岗杂岩岩侵入。

这里需要说明的是,原来盖州—草河口复向斜的概念只是基于所谓的"南北"岩貌差异进行的描述,其实从原岩建造上看"南北"差异不大,只是北侧特点更接近古陆,南侧则更体现盆地中心特点;构造解析特征也指示它们之间并不存在重要的构造不连续性。相反,它们经历了相似的构造历史,从岩貌特点来看,"北侧"含硼岩系岩石由于受后期近东西向韧性变形改造,大量发育有韧性变形特点的杆状构造、旋转构造、S-C 组构等,因此粒度更细,有些甚至达到糜棱岩化、初糜棱岩或糜棱岩,这是照成"含硼岩系"岩貌差异的主要原因。俯冲型花岗岩侵入(TTG)岩浆活动具有大陆地壳和大洋地壳的双重特点。二棚甸子岩石类型为钾长花岗岩、环斑状花岗岩。岩石化学成分以富钾为特点,钙碱系列。在盖州虎皮峪地区侵入有中细粒二长花岗岩、角闪二长花岗岩、黑云母二长花岗岩,局部为、花岗闪长岩、奥长花岗岩。Rb-Sr 年龄(1 953±51) Ma、2 414 Ma。地球化学成分为属钙碱系列,铝过饱和型,负铕异常轻稀土富集型。具由钾质→钠质演化特点,具有 TTG 花岗岩组合特点。

(3) 深海浊积岩亚相:分布地区主要是辽宁高家峪、草河口、太平哨、宽甸、青城子、通远堡,吉林花山、临江、大东岔、荒岔沟、财源镇、大路镇。该浊积岩沉积是在"含硼岩系"形成之后，随着火山活动趋于平缓，海水逐渐加深，盆地开始接受独具特色的富含炭质的碎屑岩、泥质岩夹富含炭质的碳酸盐建造组合，其中夹有间歇式基性火山岩沉积，晚期则有和基性熔岩喷出。深海浊积岩在辽东、吉南分布面积广大，占据了古元古界地层出露区的绝大多数位置。构造性质属于深海—半深海含硅质岩的浊积岩系、具有蛇绿混杂岩特点的超基性岩块，与太古宇变质基底的“前渊盆地(Fordeep basin)”沉积类似。

海城什司县古元古界基性岩墙岩石类型为斜长角闪岩，原岩为辉长岩。空间上与辽河群呈侵喷关系，总体上顺层侵入大石桥(岩)组，局部微切地层，Rb-Sr 年龄(2 122±87) Ma。岩石化学成分属拉斑玄武岩系列，具富镁、富钙演化趋势。属轻稀土中等富集型；中元古界基性岩墙侵入辽河群，Rb-Sr 年龄 1 667 Ma。岩石类型有变质辉长岩和变质辉绿岩。岩石化学成分接近大洋拉斑玄武岩成分，但相对低铝，贫钙、镁，富铁、碱，属拉斑玄武岩系列，具富铁和钙演化趋势。

熊岳庙岭地区，北西向展布。岩石类型为石英闪长岩、闪长岩及石英二长闪长岩，其中以石英闪长岩为主。U-Pb 同位素年龄值为(1 361±12.03) Ma。地球化学成分以低硅高镁、钙为特征，属次铝的钙碱性系列。稀土特征为 Eu 略显负异常的轻稀土富集型。

(4) 碳酸盐台地亚相：是指发育于辽宁大石桥、辽阳隆昌、岫岩王家堡子、吉林珍珠门、白山市、二道白河镇、大泉源等地出露面积广大的钙质大理岩和镁质大理岩。大石桥地区的镁质大理岩是古元古界地层中盛产菱镁矿的代表性层位。该套碳酸盐台地亚相是区域构造环境趋于平稳，孤立产于裂谷内碳酸盐台地环境的产物，因此厚度巨大；并在后期的构造变形过程中，往往与下伏地层之间产生滑脱面(被构造围限)。

(5) 残余盆地亚相：主要出露于辽宁盖州、析木城、榜寺堡；吉林大栗子、八道沟镇等地。主要岩石组合是为富铝变质泥砂质碎屑岩建造，变质程度为低绿片岩相，该亚相是古元古界晚期开始隆升过程中，孤立残余盆地的产物。往往压盖在早期不同层位之上，个别处还可见直接覆于古元古界花岗质岩石之上。

4. 大连陆表海盆地(Pt3-Pz2)

主要由新元古界、古生界盖层组成。历经隆升、拗陷多旋回演化，形成四个盖层结构。底部盖层为新元古界青白口系钓鱼台组砂岩建造，最大厚度达 380.1 m；南芬组泥质碎屑岩—泥质碳酸盐岩建造，最大厚度达 560.1 m；南芬期末期，海退，地壳抬升，本次称之细河上升。第一盖层沉积作用结束。南华纪始，地壳下降，海进，接受为南华纪、震旦纪泥质、砂质、碳酸盐沉积，构成中部盖层。主要有南华系桥头组碎屑岩建造，厚度达 561.8 m；长岭组泥质、粉砂质碎屑岩建造；震旦系南关岭组灰岩建造，厚达 796.9 m；甘井组白云岩建造，厚度 408.9 m；营城子组灰岩建造，厚度 220.5 m；十三里台组藻灰岩建造，厚度 278.3 m；马家屯组灰岩夹页岩建造，厚度 126.1 m；崔家屯组灰岩、泥质粉砂岩建造，厚度 91.2 m；兴民村组灰岩、泥质粉砂岩建造，厚度 340.9 m。兴民村期末期，地壳抬升，本次称之金州上升。下部盖层沉积作用结束。

寒武纪始地壳下降，海进，接受寒武纪、中奥陶世碳酸酸盐岩夹碎屑岩沉积，形成中部盖层。主要有：下寒武世葛屯组碎屑岩建造，厚度 38.2 m；大林子组红色碎屑岩夹镁质碳酸盐岩建造，厚度 108.7 m；中寒武世碱厂组碳酸盐岩夹碎屑岩建造，厚度 119.29 m；中上寒武世馒头组碳酸盐岩及碎屑岩建造，最大厚度 225 m；上寒武世张夏组碳酸盐岩夹碎屑岩建造，最大厚度 98 m；崮山组碳酸盐岩建造，最大厚度 185 m；顶寒武世炒米甸子组碳酸盐岩建造，最大厚度 352 m；奥陶系冶里组碳酸盐岩夹泥岩建造，最大厚度 206 m；亮甲山组镁质碳酸盐岩，最大厚度 250 m；马家沟组碳酸盐岩建造，最大厚度 605 m。

石炭系为海陆交互相沉积，构成上部盖层。主要有：本溪组含煤碎屑岩建造，最大厚度 82 m；太原组碳酸盐岩夹含煤碎屑岩建造，最大厚度 100 m；山西组含煤、铝土矿碎屑岩建造，最大厚度 448 m。

三、典型沉积矿产的建造类型

（一）沉积岩建造组合与金矿的成矿关系

沉积岩建造组合往往作为内生金矿的有利赋矿围岩和初始矿源层存在。

辽宁省冲积型砂金矿可分柴河式砂金矿、三家子式河流相河谷冲积型砂金矿。

主要分布于铁岭夏家堡子、塔子岭—岫岩、草河城—草河掌等地区。沉积岩建造组合类型为河流砂砾—泥质粉砂组合，属第四系砾—砂—粉砂松散堆积。该沉积岩建造组合砂金矿矿源来源于古元古界辽河群变质岩系和太古宇变质岩系。其成因类型为第四纪河流相冲积型砂金矿。按形态分类有河谷型、细谷型和阶地型砂金矿。

吉林省新近纪土门子组砾岩、第四纪河流冲积砾石层局部地区发现有砂金矿床，如珲春金矿。

（二）沉积岩建造组合与铁矿的成矿关系

吉林省沉积岩建造组合是沉积型铁矿的赋矿围岩，也是矿源层。沉积型铁矿均为沉积变质型，与成矿有关的沉积岩建造组合属硅泥质含铁建造，变质后形成层状硅铁建造，主要有兴东群大盘道组羊鼻山铁矿、孟家岗铁矿、大马河铁矿，东风山群亮子河组浩良河铁矿、亮子河铁矿等。

1. 青白口纪滨浅海砂岩—粉砂岩岩石构造组合沉积铁矿

青百口纪白房子组为一套杂色含砾长石石英岩、长石石英砂岩、细砂岩、粉砂岩和页岩为基本层序的岩石组合，局部地区夹鲕绿泥石赤铁矿层，代表了氧化带—还原带界面附近的沉积，个别地段形成工业矿体，称为临江式铁矿，发育在三道沟陆源碎屑陆表海亚相，代表性铁矿床有饴洛幌子铁矿，规模较小，经济意义不大。时代为青白口纪。

2. 南华纪石英砂岩岩石构造组合沉积金、铁矿

南华纪钓鱼台组为一套滨滩相钓鱼台组：以灰白色、浅褐色石英岩为主，下部含常有铁矿层，中部夹有细砂岩，上部有多层海绿石石英砂岩的组合，底部局部见有少量河流相砾岩，其下部河流相砾岩及含铁石英砂岩中发育有沉积型金矿，代表性矿床为板庙子金矿；金矿层位上部夹鲕状、豆状赤铁矿层，形成一系列小型沉积铁矿，因出露在浑江北岸，称之为浑江式铁矿，代表性铁矿床有青沟子铁矿等。两者构成一个南华纪沉积铁—金成矿系列，发育在红土崖陆源碎屑陆表海亚相。

辽宁省沉积铁矿矿产地较多，矿床类型较全。根据沉积铁矿产出层位可划分为类宣龙式、兴民村式两种沉积类型铁矿。

（1）兴民村式铁矿

兴民村式铁矿产于新元古界震旦纪兴民村组、崔家屯组和晚古生代石炭纪本溪组。典

型矿床有金州杨家屯铁矿，矿体见于兴民村组周家崴子砂岩段（含矿层位）。

周家崴子砂岩段：颜色呈绿灰色、黄绿色，主要岩性为含海绿石细粒石英杂砂岩、石英砂岩、铁质石英砂岩夹页岩。金州兴民村地区含贫赤铁矿层，厚度小于 10 m。

该类型铁矿形成于海陆过渡相三角洲平原亚相水下顶积层，沉积岩建造组合为陆表海海陆交互砂泥岩组合，砂岩—页岩组合成矿系列，属赤铁矿床。

(2) 类宣龙式

分布于辽东地区及辽南地区，类宣龙式铁矿产于新元古界细河群钓鱼台组、南芬组、桥头组。典型矿床有辽阳向阳寺铁矿（钓鱼台组）、鞍山小房身铁矿（南芬组）、旅顺大坎子铁矿点（桥头组）。属浅海相沉积，宣龙式铁矿为赤铁矿矿床。

赤铁矿层即赋存于下部紫色页岩层中，主矿体位于南芬组下部紫色页岩层中，层位稳定。

钓鱼台组含矿层下部为紫灰色含铁砾岩，含铁角砾岩及含铁硬砂岩；其上为含铁砂岩，含铁砂质页岩及与少量的含铁砂砾岩互层。含矿层主要由含铁砂岩—砂质页岩、富含铁砂岩—砂页岩，富含铁鲕状砂岩、富含铁砾岩及致密状赤铁矿、鲕状赤铁矿和含砂赤铁矿组成。

桥头组铁矿仅见于旅顺大坎子铁矿点一处。铁矿产于板岩—石英岩层所组成的韵律中，呈薄层状分布于板岩内，由赤铁矿、石英组成。铁矿形成于浅海陆棚相，沉积岩建造组合为陆表海泥岩粉砂岩组合。

（三）沉积岩建造组合与锰矿的关系

辽东锰矿在铁岭地区零星出露，为沉积变质型锰矿。

该类型锰矿分布于铁岭地区，产于中元古界长城纪三岔子群关门山组，原岩属浅海相碳酸盐含锰建造，经历了华力西—印支期区域变质、热液改造成矿。区域变质作用主要表现为上下围岩均为白云石大理岩夹绢云母石英片岩，热液改造作用主要表现为硬锰矿、软锰矿沿褐锰矿晶形边缘交代或呈细脉状沿压碎的褐锰矿裂隙充填。矿石矿物以软锰矿、硬锰矿为主，尚有黑锰矿、碳酸锰矿等。典型矿床：铁岭老官台锰矿。

（四）沉积建造与铝土矿的关系

辽宁省铝土矿分布局限，主要见于本溪、大连瓦房店地区。形成于滨海—潟湖相，赋存于石炭系本溪组、太原组及二叠系石盒子组等层位中，惯称红阳式铝土矿。其中，以本溪组底部紫色页岩和石盒子组底部下部砂页岩中的铝土矿（或黏土矿）工业价值为最大，矿体呈连续层状，矿石为铝土矿硬质耐火黏土和软质耐火黏土，当铝含量高而且其他组分达到铝土矿工业要求时可构成铝土矿体。

辽东地区铝土矿属海陆交互相沉积组合，为陆表海海陆交互沼泽含煤—铝土质泥岩—砂岩常见建造组合；辽西为陆相沉积组合，它们碎屑岩成熟度较高，陆源铝土铁质泥岩夹碳酸盐岩沉积建造组合（石炭纪）和单陆屑式建造（早二叠世）。

石炭系本溪组下部为页岩与砂岩夹铝黏土质页岩、薄煤层，上部为页岩、砂岩、灰岩和铝土质页岩，局部夹薄煤层。铝土矿为 G、F、E 层。太原组主要为砂岩、页岩、碳质页岩夹煤层，局部夹透镜状泥灰岩，铝土矿为 D 层。二叠系山西组岩性为石英砂岩与页岩互层，夹黑色碳质页岩、煤层和铝土质页岩，铝土矿为 C 层。二叠系石盒子组主要岩性为砂岩与页岩粉砂岩互层，含铝土矿和黏土矿。铝土矿为A0、A、B0、B层。其中以B层、G层最具工业意义。

石炭系、二叠系地层中有很多薄层铝黏土矿，反映了陆源物质的供给的不稳定性，同时也反映了地壳升降运动的波动性及湿热的气候环境。

（五）沉积岩建造组合与煤的成矿关系

（1）上石炭统—下二叠统陆表海沼泽含煤碎屑岩组合

吉林省上石炭统—下二叠统山西组岩石组合为一套灰色砂岩、粉砂岩与灰黑色页岩互层，夹有煤层和铝土质页岩，构成煤—铝土矿成矿系列，代表性煤矿床为八道江煤矿、五道江煤矿等，是吉林省最重要的含煤层位。而铝土矿因品位较低，不具有工业价值，个别地段可以作为耐火黏土开发利用。

（2）下白垩统河湖相含煤碎屑岩组合沉积煤矿

下白垩统长财组、石人组、沙河子组、长安组，岩性为砾岩—砂岩—粉砂岩—泥岩夹煤，岩石组合为冲积扇砾岩组合、河流砂砾岩—粉砂岩泥岩组合、河湖相含煤碎屑岩组合。其中河湖相含煤碎屑岩组合中发育有工业煤层，形成矿床。代表性煤矿床为时人煤矿、营城子煤矿、辽源煤矿等。

（3）辽宁省煤矿资源较为丰富，以抚顺露天煤矿而著称，主要分布于抚顺、本溪、大连等地，产于古近纪地层中煤矿，如抚顺煤矿、沈北煤矿等；少量产于石炭—二叠纪的太原组和山西组，如本溪田师付煤矿、大连复州湾煤矿等。石炭纪—二叠纪煤矿为一套海陆交互相的沉积产物，主要发育于陆表海沼泽含煤泥砂岩组合及沼泽含煤黏土岩粉砂岩组合。侏罗纪—白垩纪、古近纪煤矿为一套河沼相、湖沼相形成的产物，沉积岩建造组合为河湖相含煤碎屑岩组合。

第三节 区域岩浆活动与成矿

一、区域岩浆系列的分布特征

（1）五台期岩浆岩岩石化学特征：常量元素含量比较正常，花岗质岩石中Ti、V、Co、Cr、Ni、Zn含量略高于维氏值，其他微量元素均接近于或相当于维氏值。

（2）加里东期岩石化学特征：中基性和超基性岩类数量少，样品零星。花岗岩类岩石具有富硅质、富碱质的特点，其中Na_2O/K_2O比值变化一般在0.73～2.33之间，个别样品比值可达8.00以上，显示富钠质的趋势。基性岩中Co、Ni含量略高于维氏值；酸性岩中Ni、Zr、Pb、Cu含量略高于维氏值，其余含量低于维氏值或微量。

（3）华力西期岩石化学特征：第一侵入期基性、超基性岩岩石化学成分SiO_2含量略高于正常成分，属幔源型铁质成因系列。

第二侵入期酸性岩岩石化学成分总体上在以钾质系列为主，钠质系列为辅的方向上演化，显示出陆壳改造型花岗岩的成因特点。

第三侵入期花岗岩类岩石属于钙碱性系列。

（4）印支期岩石化学特征：印支早期基性岩类M/F值0.4～0.6，为富铁质基性岩，

FeO、TiO_2、V_2O_5含量呈正相关关系。印支早期中性岩类主要氧化物平均含量均接近世界同类岩石标准。酸性岩类岩石化学成分 SiO_2、Al_2O_3、Na_2O、K_2O、CaO 含量较稳定，变化范围较小。

印支晚期酸性岩类岩石化学特征归纳为：岩石中 SiO_2含量大多数大于 70×10^{-2}，为 SiO_2过饱和的弱碱性岩石。岩石中碱总量(K_2O+Na_2O)一般在 8.0×10^{-2}，K_2O 含量大于 Na_2O，碱系数(Na_2O+K_2O)/ Al_2O_3较高，多数在 0.6～0.7 之间，该期花岗岩类为过渡壳同熔型成因系列的岩石。

微量元素特征：印支期侵入岩的微量元素与我国同类基性岩、酸性岩的平均含量基本相等。

(5) 燕山早期岩浆岩岩石化学特征：第一阶段中基性岩类岩石化学特征：SiO_2含量在 43.0×10^{-2}～48.0×10^{-2}之间。CaO 含量偏高，在 19.94×10^{-2}～25.12×10^{-2}之间。$K_2O<Na_2O$。M/F 值在 0.4～0.6 之间，为富碱质的基性岩类。酸性岩类岩石中 SiO_2含量普遍较高，在 69.10%～77.61%之间，为 SiO_2过饱和的岩石，随着 SiO_2含量的增高，(K_2O+Na_2O)含量亦有增加的趋势。一般含量大于 7%，多数在 8%以上，个别达 9%，以富钠为特征。

燕山早期第二阶段，中基性岩石属硅酸饱和钙碱性系列；酸性岩类 SiO_2含量大于 70×10^{-2}，为硅酸过饱和或强过饱和的岩石，岩石中碱组分 K_2O+Na_2O 总量在 7×10^{-2}以上，多数在 $8\sim9\times10^{-2}$之间，K_2O/Na_2O 值大于 1，为强碱质岩石。

燕山早期第三阶段，中—基性岩类岩石化学特征，据松顶山中性岩体的岩石化学数据，SiO_2含量在 $56.91\sim66.04\times10^{-2}$，属于 SiO_2饱和、过饱和岩石；SiO_2含量多数在 $72\sim75\times10^{-2}$左右，只有个别岩体中的某些岩石含量偏低。岩石中碱组分总量一般在 $7\sim8\times10^{-2}$以上，多数在 $8\sim9\times10^{-2}$之间，K_2O/Na_2O 值大于 1。随 SiO_2含量的增加 K_2O+Na_2O 碱质组分也随着增加，而基性组分($Fe_2O_3+FeO+MnO+MgO$)的总量明显减少，呈反消长关系，这与岩石中暗色矿物含量减少是一致的。

二、区域岩浆活动的成矿控制

从太古宇、古元古界构造岩浆旋回到中—新生代构造岩浆旋回，内生金属矿产地的数量、种类、矿床类型不断增多。在每个构造岩浆活动阶段，均以早期或中期阶段成矿作用最好，表明成矿作用与岩浆侵入活动的强度有着正相关关系。

(1) 阜平期基性、超基性岩普遍具有 Cu、Ni 矿化，典型矿床为通化赤柏松 Ni、Cu 矿床，成因类型为岩浆熔离型。花岗质岩石与金矿化的成因密切，以桦甸夹皮沟金矿为代表。成因类型多为绿岩型、蚀变岩型、石英脉型。

(2) 五台期花岗质岩浆活动与区内的 Au、Cu，稀有及放射性矿产的生成具有一定的内在联系。

(3) 加里东期与岩浆活动有关的矿产有镍、铜、硫铁矿等。铜铁矿床(点)多产于花岗岩体与早古生代大理岩接触带的矽卡岩中。铜、镍矿床产于基性超基性岩体中，一般为小型岩浆矿床。

(4) 华力西晚期为东北地区多金属成矿作用的重要时期之一。成矿母岩有基性、超基性岩和花岗岩。基性岩中含有 Cu、Ni 矿化，其中达到工业品位的以红旗岭岩浆熔离型大型的铜镍矿床和茶尖岭地区的岩浆熔离型的铜镍矿床为代表。岩体含矿性取决于岩体所处地质构造部位及岩浆分异程度。含矿岩体主要受辉发河深断裂的次一级断裂控制，愈近深断裂含矿性愈好。岩浆分异愈完全含矿性愈好。但分异差的脉状岩体，也有贯入式工业矿床。含矿岩体 MgO/FeO 值为 3～6，碱金属及钙铝硅酸盐高者，则对成矿有利，成矿规模较大。第二侵入期花岗岩与有色金属成矿作用密切，岩石中 Cu、Pb、Zn 的地球化学丰度值普偏高，人工重砂中也含有相应的独立矿物。Cu、Zn、Au 异常以及矿床(点)“星罗棋布”。第三侵入期的花岗岩中 W、Mo 含量高，有小型矽卡岩型矿床、矿化点。

(5) 印支期岩浆活动伴随有广泛的成矿作用。金矿的类型较多，包括与印支晚期二长花岗岩侵入有关的破碎蚀变岩型，蚀变小侵入体型(斑岩型)、热液石英脉(细脉)型；与中酸性喷出岩建造有关的火山岩型、次火山岩型，蚀变火山岩型及火山爆发角砾岩筒型。

(6) 燕山期岩浆岩活动都有先喷发后侵入的演化特征，显示了火山岩与侵入岩在空间、时间上的密切共生特点。成矿与燕山早期黑云母花岗岩、碱长花岗岩建造有关，有破碎蚀变岩型、石英脉型金矿以及与中酸性火山岩有关的火山岩型、次火山岩型金矿，它们基本上出现在同一区域内，构成独特的与喷发—侵入岩带一致的金成矿带。铅锌矿主要分布在辽东、集安、抚松等地，按其成因可分为火山热液型和次火山热液型和岩浆热液型。

三、区域构造岩浆带的划分与成矿特征

辽东—吉南成矿区区域构造岩浆岩带划分为 1 个华北陆块岩浆岩省(Ⅱ)，1 个胶辽陆块岩浆岩带(Ⅱ-1)，2 个岩浆岩亚带，如陈台沟—沂水陆核亚带(Ⅱ-1-1)和胶辽增生杂岩亚带(Ⅱ-1-2)，11 个岩浆岩段，39 个岩石构造组合，并表述了岩石构造组合与成矿的矿产，见表 3-4。

表 3-4 辽东—吉南成矿区构造岩浆岩带划分表

构造岩浆岩省	构造岩浆岩带	构造岩浆岩亚带	构造岩浆岩段	岩石构造组合	有关矿产
华北陆块岩浆岩省	胶辽陆块岩浆岩带(Ⅱ-1)	胶辽增生杂岩亚带(Ⅱ-1-2)	岫岩下白垩统后碰撞岩浆岩段(Ⅱ-1-2-1)	宽甸下白垩统钾质超钾质侵入岩组合	铜、铁矿点
				唐家房下白垩统钾质超钾质侵入岩组合	铁矿床
				五龙背下白垩统钾质超钾质侵入岩组合	金矿床
			岫岩侏罗纪陆缘弧岩浆岩段(Ⅱ-1-2-2)	长甸下白垩统 G2 组合	
				下露河下白垩统 G1G2 组合	金矿、铜钼矿化
				长岭上侏罗统 T1G1G2 组合	铜矿化、萤石
				连山关中侏罗统陆缘岩浆弧组合	
				大刘家下侏罗统陆缘岩浆弧组合	
				析木下侏罗统陆缘岩浆弧组合	
			岫岩上三叠统后造山岩浆岩段(Ⅱ-1-2-3)	赛马上三叠统过碱性—钙碱性花岗岩组合	
				万福上三叠统过碱性—钙碱性花岗岩组合	
			岫岩上三叠统陆缘弧岩浆岩段(Ⅱ-1-2-4)	安波上三叠统陆缘岩浆弧组合	铜铁矿点
				新甸上三叠统陆缘岩浆弧组合	金、铅锌矿点
				长安上三叠统陆缘岩浆弧组合	

续表

构造岩浆岩省	构造岩浆岩带	构造岩浆岩亚带	构造岩浆岩段	岩石构造组合	有关矿产
华北陆块岩浆岩省	胶辽陆块岩浆岩带（Ⅱ-1）	胶辽增生杂岩亚带（Ⅱ-1-2）	岫岩上三叠统陆缘弧岩浆岩段（Ⅱ-1-2-4）	凤城上三叠统陆缘岩浆弧组合	铅锌矿点
				黄花甸上三叠统陆缘岩浆弧组合	铅、硼、硫铁、铁矿点
				永甸上三叠统基性—超基性岩组合	硼矿床、铁矿点
			岫岩三叠纪大陆伸展岩浆岩段（Ⅱ-1-2-5）	董家沟中三叠统花岗岩组合	
				铁山下三叠统闪长岩组合	
				万家岭下三叠统双峰式侵入岩组合	
			岫岩中元古界大陆伸展岩浆岩段（Ⅱ-1-2-6）	隆昌中元古界基性岩组合	
				许屯中元古界闪长岩组合	
				草河城中元古界双峰式侵入岩组合	
				太平哨中元古界双峰式侵入岩组合	
			岫岩古元古代后碰撞岩浆岩段（Ⅱ-1-2-7）	二棚甸子古元古界钾质超钾质侵入岩组合	铅锌矿床
			岫岩古元古代大洋俯冲岩浆岩段（Ⅱ-1-2-8）	亮甲店古元古界 TTG 组合	
				复州城古元古界 TTG 组合	
				荷花山古元古界 TTG 组合	
				红旗古元古界 TTG 组合	独居石、高岭土矿化
				黄花甸古元古界 TTG 组合	
				永甸古元古界 TTG 组合	
				马凤古元古界基性岩组合	铁
				河栏古元古界基性岩组合	铁
		陈台沟—沂水陆核亚带（Ⅱ-1-1）	陈台沟下白垩统大陆伸展岩浆岩段（Ⅱ-1-1-1）	铧尖子下白垩统钾质超钾质侵入岩组合	铜矿点
				八里甸子下白垩统钾质超钾质侵入岩组合	铜矿点
			陈台沟上三叠统—侏罗纪陆缘弧岩浆岩段（Ⅱ-1-1-2）	桥头上侏罗统花岗岩组合	
				上夹河上三叠统陆缘岩浆弧组合	
			陈台沟早三叠世大陆伸展岩浆岩段（Ⅱ-1-1-3）	大甸子下三叠统双峰式侵入岩组合	

河栏古元古界基性岩组合分布在鞍山东南部，马凤古元古界基性岩组合分布在海城东南部，主要为斜长角闪岩和辉绿岩，与铁矿关系密切。

安波上三叠统陆缘岩浆弧组合，分布于瓦房店北东，主要岩性为花岗闪长岩、二长花岗岩，与铜铁矿化有关。

新甸上三叠统陆缘岩浆弧组合，分布于金岫岩一带，主要岩性为闪长岩、花岗闪长岩、二长花岗岩，与铅锌矿化有关。

凤城上三叠统陆缘岩浆弧组合，分布于凤城一带，主要岩性为闪长岩、石英二长岩、二长花岗岩，侵入于辽河群、早元古代侵入岩中，Rb-Sr 法年龄为 211±15 Ma；与铅锌矿化有关。

黄花甸上三叠统陆缘岩浆弧组合，分布于岫岩北东，主要岩性为闪长岩、石英二长岩、二长花岗岩，K-Ar 法年龄为 212 Ma，与金、铁矿化有关。

下露河下白垩统 G1G2 组合，分布于宽甸东部，主要岩性为二长花岗岩、花岗岩，与金矿、铜钼矿化有关。

长岭上侏罗统 T1G1G2 组合，分布于瓦房店北东，主要岩性为二长花岗岩、花岗闪长岩，侵入辽河群、青白口系和太古宇变质深成岩，U-Pb 法年龄为 137.9 Ma，与铜矿化、萤石有关。

红旗古元古界 TTG 组合，分布于岫岩东部，主要岩性为二长花岗岩、花岗岩，与独居石、高岭土矿化有关。

黄花甸古元古界 TTG 组合，分布于岫岩北部，主要岩性为条痕状花岗岩、二长花岗岩，侵入辽河群，U-Pb 法年龄为(1 896.5±1.6) Ma，与铅、硼、硫铁、铁矿化有关。

永甸古元古界 TTG 组合，分布于宽甸南部，主要岩性为花岗闪长岩、斜长花岗岩、二长花岗岩，侵入辽河群，与硼矿床、铁矿化有关。

宽甸下白垩统钾质超钾质侵入岩组合，分布于宽甸一带，主要岩性为石英二长岩、花岗闪长岩、二长花岗岩、正长花岗岩，侵入侏罗系、早古生界地层，Rb-Sr 法年龄为 117 Ma，与铜、铁矿点有关。

唐家房下白垩统钾质超钾质侵入岩组合，分布于鞍山南部，主要岩性为斜长花岗岩、正长花岗岩、花岗岩，侵入辽河群、太古宇变质深成岩，与铁矿床有关。

五龙背下白垩统钾质超钾质侵入岩组合，分布于丹东北部，主要岩性为石英闪长岩、二长花岗岩、正长岩、正长花岗岩、花岗岩，侵入古元古界二长花岗岩体，U-Pb 法年龄为(117±3) Ma，与金矿床有关。

铧尖子下白垩统钾质超钾质侵入岩组合，分布于新宾南部，主要岩性为正长岩、正长花岗岩、二长花岗岩、花岗岩、花岗斑岩，侵入太古宇变质深成岩与铜矿化有关。

八里甸子下白垩统钾质超钾质侵入岩组合，分布于本溪东南部，主要岩性为石英二长岩、石英正长岩、二长花岗岩、正长花岗岩，侵入辽河群、古生界地层，K-Ar 法年龄为 148.39 Ma，与铜矿化有关。

二棚甸子古元古界钾质超钾质侵入岩组合，分布于桓仁南部，主要岩性为二长花岗岩、正长花岗岩、花岗岩，侵入辽河群，与铅锌矿床有关。

第四节　区域变质作用与成矿

一、变质作用的主要类型和特征

本区的区域变质作用主要发生在辽东陈台沟—沂水太古界变质地带、南辽河元古界变质地带和北辽河元古代变质地带。在吉南划分了3个三级变质地带，龙岗—和龙中—新太古变质带、辽吉古元古变质带、龙岗—和龙地块北缘元古代—古生代变质带。形成区域变质矿床。

二、变质作用矿床形成的主要控制条件

（一）辽东地区

1. 金矿

沉积变质型金矿，代表矿床辽东地区白云式金矿。与之有关的变质岩岩石构造组合有大石桥片岩—变粒岩—大理岩组合、盖县片岩夹变质砂岩、石英岩组合，为成矿提供了物质来源，后经区域变质、变形作用，使得金等成矿元素发生活化、迁移富集而成矿。

热液型金矿，代表矿床下达堡金矿，与矿有关的变质岩岩石构造组合为红透山黑云变粒岩—斜长角闪岩—磁铁石英岩组合；以上岩石组合为成矿提供了物质来源，后多期构造活动为成矿提供了动力，热液、通道和成矿空间，使金富集成矿。

简而言之，以上这些变质岩岩石构造组合为金矿成矿提供物源，多期次构造活动及其伴随的岩浆活动提供成矿所需的动力、矿物质运移通道、贮存空间等，必须具备了上述条件才有可能形成金矿。

2. 磷矿

与磷矿成矿有关的变质岩岩石构造组合有高家峪碳质板岩—变粒岩夹斜长角闪岩组合，甜水典型矿床，为浅海沉积—区域变质作用磷矿，该岩石组合为磷矿直接含矿层位。

3. 菱镁矿

辽宁省是我国重要的菱镁矿产地，与菱镁矿有关的变质岩岩石构造组合为大石桥片岩—变粒岩—大理岩组合，典型矿床海城市铧子峪菱镁矿，该矿为沉积变质型菱镁矿，赋存于古元古界辽河群大石桥组三段白云质大理岩中，成矿前断裂：是成矿条件的最主要因素，形成了与矿化保持密切关系的褶曲与层间剥离构造，在形成这一构造的同时，由于褶曲顶部及附近裂隙异常发育，常形成为矿体富集的有利场所。此外区域变质作用导致沉积菱镁矿发生重结晶、变质结晶，局部产生交代重结晶，造成矿石结构方面的变化，并使局部矿体产生重就位，形态变得不规则。重溶和交代重结晶促使成矿物质进一步富集，矿石质量因而有某种程度的提高。

4. 硫铁矿

与硫铁矿成矿有关的变质岩岩石构造组合有：红透山黑云变粒岩—斜长角闪岩—磁铁石英岩组合，代表性矿床为大荒沟硫铁矿。为火山沉积变质型硫铁矿，硫质来源于古火山基性转为中、酸性喷发物质中。沉积环境，大致为弱酸性还原环境，越向深海，Eh值越低，pH相对增高，当pH达到硫化氢相条件时，发生黄铁矿的沉积。成矿地质作用：为火山沉积作用和后期变质作用。构造主要为多期变质变形作用形成复式紧闭线性倒转褶曲构造。蕴矿层为红透山组薄层互层带中，主要岩石类型为斜长角闪岩、角闪变粒岩、黑云变粒岩、黑云石英变粒岩、二长变粒岩等。

里尔峪浅粒岩—变粒岩夹大理岩组合，代表性矿床为云盘、金家硫铁矿。为变质火山—沉积型硫铁矿。位于辽东裂谷次级隆起三级构造单元内，硫质来源于古陆裂陷槽活动带中

性—弱碱性火山喷发作用晚期，沉积环境为中性—弱碱性强还原环境和碱性强还原高盐度环境。成矿地质作用：为火山沉积作用和后期变质作用。整个矿带褶皱群轴都近东西向展布，矿体受褶皱构造或其转折处控制。矿体呈层状、似层状，共有多个含矿层，有工业意义的是里尔峪组上部海相火山碎屑岩—碳酸盐建造中硫铁矿层。岩石类型为阳起变粒岩、钠长浅粒岩和白云大理岩。

5. *硼矿*

与硼矿有关的变质岩岩石构造组合主要为里尔峪浅粒岩—变粒岩—钙硅酸盐岩组合和里尔峪浅粒岩—变粒岩夹大理岩组合(北辽河群)，为辽宁省硼矿的主要含矿层位。典型矿床有凤城翁泉沟铁硼矿和宽甸杨木杆硼矿。成矿地质作用以沉积—变质作用为主。成矿时代为古元古代，大地构造位置为华北陆块区胶东古陆块胶辽古裂谷，大地构造相为裂谷盆地相，形成于古克拉通裂陷—拼合固结阶段。后期变质作用对原始矿源层的硼元素起到了富集改造作用，主要表现为板硼镁石、硼镁铁矿的形成和原生硼矿的纤维硼镁石化。

6. *铅锌矿*

与铅锌矿有关的变质岩岩石构造组合有：高家峪碳质板岩—变粒岩夹斜长角闪岩组合(北辽河群)、大石桥片岩—变粒岩—大理岩组合、盖县片岩夹变质砂岩、石英岩组合。

沉积—改造型铅锌矿，典型矿床为青城子铅锌矿。形成时代为古元古代，赋存于辽河群高家峪岩组上部与大石桥岩组下部的碳酸盐岩与片岩、变粒岩互层带。大地构造环境属于华北陆块东北缘营口—宽甸古隆起带的北侧，草河口复向斜的南翼。主要受断裂构造控制，部分矿体受褶皱构造控制。成矿地质作用包括沉积作用、变质作用、印支—燕山期岩浆作用。

7. *铁矿*

(1) 鞍山式沉积变质型铁矿

与此类型铁矿有关的变质岩岩石构造组合有：茨沟变粒岩—斜长角闪岩—片岩夹磁铁石英岩组合、大峪沟片麻岩—变粒岩—斜长角闪岩夹磁铁石英岩组合、红透山黑云变粒岩—斜长角闪岩—磁铁石英岩组合、樱桃园石英岩—绢云绿泥片岩—千枚岩组合、金凤岭黑云变粒岩—黑云斜长片麻岩—斜长角闪岩夹磁铁石英岩组合、鞍本 TTG 组合、清原 TTG 组合等。

时间上产于太古宙，空间上受太古宇层状变质岩系控制，含矿层位：鞍山—本溪地区为鞍山群的茨沟岩组、樱桃园岩组；抚顺—清源地区为鞍山群的石棚岩组、红透山岩组。

主要分布于鞍山—本溪、辽阳地区，其资源量占全省 96% 以上，其次为抚顺—清源地区。

(2) 翁泉沟式沉积变质型铁矿

与此类型铁矿有关的变质岩岩石构造组合为里尔峪浅粒岩—变粒岩夹大理岩组合，时间上产于古元古代前早期，空间上赋存于古元古界里尔峪岩组一段黑云变粒岩夹蛇纹石化碳酸岩层中，铁、硼矿共生，具有层状构造控矿。典型矿床有凤城翁泉沟硼铁矿、宽甸五道岭。主要分布于辽东地区。

(3) 杨林式沉积变质型铁矿

与此类型铁矿有关的变质岩岩石构造组合为里尔峪浅粒岩—变粒岩夹大理岩组合，在时间上产于古元古代早期，空间上赋存于下元古界里尔峪组三段浅粒岩、磁铁变粒岩中含硫磁铁矿浅粒岩建造中。

(4) 大安口式沉积变质型铁矿

与此类型铁矿有关的变质岩岩石构造组合为大石桥片岩—变粒岩—大理岩组合，时间上产于古元古代中晚期，空间上产于古元古界辽河群大石桥三段透闪石大理岩中。共生有硫铁矿、菱镁矿。铁帽为找矿标志，主要铁矿物为菱铁镁矿和磁铁矿、褐铁矿。主要分布于辽阳地区。

(5) 仰山式沉积变质型铁矿

与此类型铁矿有关的变质岩岩石构造组合为榆树砬子石英岩夹千枚岩、片岩组合，时间上产于古元古代后晚期，空间上产于古元古界榆树砬子组石英岩、砾岩及千枚岩中。典型矿床有盖州仰山铁矿。

8. 铜矿

(1) 红透山式海相火山岩型铜矿

与此类型铁矿有关的变质岩岩石构造组合有：红透山黑云变粒岩—斜长角闪岩—磁铁石英岩组合、清原 TTG 组合。

成矿时代为新太古代，赋矿层位为新太古界清原岩群绿岩带中，红透山岩组斜长角闪岩、角闪变粒岩、黑云变粒岩、二长变粒岩中。空间上受褶皱、断裂构造控制。矿体产于黑云质与角闪质(片麻岩、变粒岩)岩石组成的互层带。

(2) 大横路式海相火山—沉积变质型铜矿

与此类型铁矿有关的变质岩岩石构造组合为里尔峪浅粒岩—变粒岩夹大理岩组合。

成矿时代为古元古代，赋矿层位为古元古界辽河群里尔峪岩组层状变质岩中。矿体产于里尔峪岩组的凝灰岩、含凝灰质板岩、石英角斑岩中。草河口复向斜南翼。矿体即受控于向形构造倾覆端的形态，又沿向形构造轴面延伸，在平面上构成一音叉状矿体。

9. 银矿

辽宁省已发现的银矿主要是在铅锌矿、金矿和铜矿中伴生的银矿。已知独立银矿体较少。

与此类型铁矿有关的变质岩岩石构造组合有：红透山黑云变粒岩—斜长角闪岩—磁铁石英岩组合、大石桥片岩—变粒岩—大理岩组合、盖县片岩夹变质砂岩、石英岩组合等。

(二) 吉南地区

(1) 龙岗古岩浆弧、和龙古岩浆弧的变质表壳岩龙岗岩群、夹皮沟岩群为一套斜长角闪岩、角闪片岩、绢云绿泥片岩、磁铁石英岩组合，原岩为基性火山岩—酸性火山岩—火山碎屑岩及硅铁质沉积岩建造，所遭受的变质作用为区域中高温变质作用，其构造环境为活动陆缘相+古弧盆系相，该两类表壳岩均形成了铁、金矿床成矿系列。古岛弧火山活动加剧，岛弧区以基性火山—硅铁质建造发育为特点，具有 BIF 型硅铁建造特征，形成多处大中型铁矿。代表性矿床有板石沟铁矿、老牛沟铁矿、鸡南铁矿等。

新太古界弧盆的北缘发育有如著名的夹皮沟金矿田、金城洞金矿等金矿，长期认为属于绿岩型金矿，近年来虽有部分学者提出中生代成矿的观点，但根据王义文(1994)对夹皮沟地区金矿石按三阶段演化模式的研究，其矿源层模式年龄为 2 800～3 100 Ma，显然可以认为部分太古宙表壳岩作为金的矿源层，与晚期构造事件叠加成矿。

此外，夹皮沟还可能存在着与铜、锌成矿作用相关的表壳岩，有待研究确认。

（2）与斜长角闪岩—钠长浅粒岩—微斜浅粒岩组合有关的的 Fe-U-稀土-Cu-P 成矿系列

古元古代早期裂谷开始发育初期，地壳快速沉降，火山物质大量涌出，形成一系列火山岛，涌入的海水被火山岛所限，形成火山潟湖盆地，产清河式铁矿（可与辽宁翁泉沟式或杨林式铁矿床对比），属 Fe-U-稀土-Cu-P 成矿系列，代表性矿床如清河铁矿。

（3）与微斜浅粒岩—电气石变粒岩—蛇纹石化大理岩组合有关的形成硼—石棉—玉石非金属成矿系列

裂谷早期火山潟湖盆地，海水受限，发育红层沉积，经变质微斜浅粒岩—电气石变粒岩—蛇纹石化大理岩组合。红层中的发育有膏盐沉积，产变质蒸发岩型硼矿，代表性矿床有高台沟硼。富镁的碳酸盐岩建造经变质作用形成的蛇纹岩、透闪石岩可以形成玉石矿产，如集安的安绿石矿。

（4）与石墨变粒岩—石墨大理岩组合有关的石墨矿产

裂谷盆地发展中期，随着海平面迅速上升，其堆积物除少量基性火山岩（斜长角闪岩）外，沉积作用进入深水滞留环境，主要为一套欠补偿的硬砂岩及深水碳酸盐岩、碳质页岩等，经变质石墨变粒岩—石墨大理岩组合。其中的碳质页岩经低压高温变质形成石墨矿，代表性矿床有三半江石墨矿等。

（5）与含墨变粒岩—矽线石榴片麻岩组合有关的金、多金属矿（矿源层）

裂谷盆地发展中期，沉积了一套补偿的深水滞留环境硬砂岩及深水碳酸盐岩、碳质页岩基性火欧官山岩（斜长角闪岩）外，火山作用从深部带出多量的 Au、Ag、Cu、Pb、Zn 等成矿元素及 Co、As 等伴生元素，含碳沉积从热（卤）水吸附和提取这些有用元素并使其沉淀，经武殿英等（1992）、刘爱春（2000）对荒岔沟岩组岩石地球化学的研究，上述成矿元素丰度高出同类岩石或辽宁省岩石均值的几倍至几十倍，故成为辽宁省重要的贵金属—多金属成矿系列和矿源层；裂谷晚期期发育有一套海退浊积岩扇的层序，而浊积岩在全球均为重要的金矿矿源层，如著名的穆龙套金矿。而当构造—岩浆—变质热事件出现之际，砷作为有益成矿元素的萃取剂从矿源层萃取有益元素，形成稳定的砷代亚砷酸络合物含矿流体，它与围岩发生相互作用之时，砷又充当了金等成矿元素沉淀的催化剂，加速流体中砷金络合物分解使之沉淀，形成工业矿床。代表性矿床有南岔铅锌矿，下活龙、古马岭等小型金矿床。

（6）与千枚岩—大理岩建造组合有关的沉积（变质）铁矿

古元古代晚期裂谷晚期沉积为一套坝后潟湖相泥页岩夹碳酸盐岩及赤铁矿（磁铁矿）、菱铁矿层()。前者为氧化界面以上沉积（变质）；后者氧化界面以上沉积，二者均可形成工业矿床，如大栗子岩组铁矿。

（7）与千枚岩—大理岩建造组合沉积变质钴铜矿

大栗子岩组为一套坝后潟湖相泥页岩夹碳酸盐岩，原岩属于黑色页岩建造。富含碳质的泥页岩在局限海中吸附和提取有用元素并使其沉淀，构成黑色页岩系的 Cu-Co-Pt 族元素成矿系列。经变质作用改造使之富集形成工业矿床。代表性矿床如大横路钴铜矿。

（8）与千枚岩—大理岩建造有关的金、多金属矿（矿源层）

古元古代晚期裂谷沉积物的原岩自下而上为一套石英岩—白云岩—页岩建造组合，其中产有荒沟山式铅锌硫铁矿、南岔式金矿、青沟子式锑矿等众多贵金属—有色金属矿产，是吉林省重要的矿源层，按李爱军（2000）对岩石地球化学的研究，老岭群 Au、Cu、Pb、Zn、Sb 元素均高于省内岩石的平均丰度，Au 元素高 1.5 倍，Cu 元素高近 1.5 倍，尤以珍珠门岩组为最高，大栗子岩组为次。代表性矿床有荒沟山金矿、青沟子锑矿等。

三、变质作用矿床的基本类型

辽东—吉南成矿区位于主要位于华北陆块区，重点是前寒武纪区域变质成矿，主要是区域变质(后期改造)铁矿、铅锌矿、金矿、铜矿、成因类型主要有鞍山式沉积变质铁矿、翁泉沟式沉积变质硼铁矿、杨林式沉积变质铁矿、大栗子式沉积变质铁矿、板石沟式沉积变质铁矿、大横路式沉积变质钴铜矿、荒沟山式沉积变质金矿、夹皮沟金矿、沉积变质型菱镁矿、青城子式铅锌矿、红透山式海相火山沉积变质铜锌矿等。

第五节 区域构造与成矿

一、区域构造的控矿作用

(1) 深大断裂构造

① 开原—清原—辉发河—古洞河地体拼贴带

该拼贴带西起辽宁开原至清原，越过敦—密断裂与古洞河—挥发河断裂对应，横再向东进入朝鲜，规模巨大。它是华力西晚期华北地块与吉林—延边古生代增生褶皱带的拼贴带。该带两侧的岩石强烈片理化带，形成剪切带，航磁异常、卫片影像反映都很明显，显示平行、密集的线性构造特征。两侧具有地质发展历史截然不同的两个大地构造单元，也反映出不同的地球物理场，不同的地球化学场。北侧是吉林—延边古生代增生褶皱带，为海相火山—碎屑岩及陆源碎屑岩、碳酸盐岩为主的火山沉积岩系。南侧前寒武系广泛分布，基底为太古宇、古元古界的中深变质岩系，盖层为新元古界—古生界的稳定浅海相沉积岩系。拼贴带由不同时代构造岩片"堆叠"而成，包括原划色洛河岩群和开原岩群。

② 依兰—伊通断裂带

是西部松辽拗陷与长白山—张广才岭隆起的天然界线，呈北东方向延伸，南起渤海湾经沈阳—伊通—依兰—罗北进入苏联境内。由两支相互平行的北东向断裂带组成，断裂中间为大黑山条垒。走向50°～55°，倾向北西，倾角70°，近地表陡，而往深部变缓，局部地段向南东倾，是一条走滑断裂，具左行扭动性质。伊舒断裂带与郯庐断裂连续起来更接近在一条直线上。有人认为伊兰—伊通断裂于古生代就有活动，但主构造活动应为印支燕山早期，先为张性，沿断裂带分布有巨厚型中生代断陷沉积盆地。对中、新生代能源矿产的形成有控制作用。后为压扭性，有多条糜棱岩带和逆冲断裂带。下白垩统断裂带横向拉张，地壳变薄，地幔物质上涌，沿断裂带发生强烈的火山喷发和中酸性偏碱性串珠状岩浆侵入。

③ 敦化—密山断裂带

该断裂带是我国东部一条重要的走滑构造带，它对大地构造单元划分及金、有色金属成矿具有重要的意义。该带西起辽宁省沈阳、抚顺一带，向北东延伸经吉林省辉南、桦甸、敦化等地进入黑龙江省，并一直向北东延伸至密山以远，全长1 000 km，宽10～20 km，走向60°。该断裂带属郯庐断裂分支，活动时间较长，形成于早古生代，中、新生代沿该断裂带岩浆活动强烈。自下侏罗统形成以来，其演化具明显的阶段性，可分为中生代早期左旋平移走滑阶段、侏罗纪造山阶段、晚白垩世—新生代裂谷阶段、新近纪—第四纪逆冲推覆阶段。

该断裂控制了海西—燕山期岩浆活动及有关的贵金属和有色金属矿产的形成，是本区重要的控矿断裂。

④ 鸭绿江走滑断裂带

是辽吉东部规模较大的北东向断裂带之一，在长白山区被新生代玄武岩覆盖，在安图两江一带出露，向北经明月镇、天桥岭等地进入黑龙江省，断续延长 800 km，由多条断裂组成，断裂带宽 30～50 km。总体走向 40°～50°，倾向南东，局部倾向北西，倾角 60°～80°，以压剪性为主，沿断面有逆时针滑动，相对位移为 10～20 km。断裂控制侏罗纪地层、岩浆岩的分布。带内糜棱岩化、碎裂岩化明显，带内可见北东向叠瓦构造，次级构造发育，晚期活动切割中生代及早期地层、岩体，同时又被较新的东西向断裂切割，是应予重视的控矿断裂带。

（2）断裂构造控矿作用

① 东西向基底构造控矿特征

中生代以前的东西向构造属于基底构造层，其控矿主要有两类：一是作为地体边界断裂控制含矿岩系的分布及其变质变形作用。二是印支期后形成的沿基底与盖层之间长期活动的界面断裂，输导含矿热液形成矿床。

② 中、新生代断裂活动控岩控矿特征

辽东吉南中生代以后归属环太平洋构造域，断裂活动控制地幔上涌及地壳发展演化，控制各种岩浆活动和有关矿产的形成。北东向断裂为主体构造，宏观上控制巨型构造岩浆活动带，中生代断陷盆地。

对具体的矿田或矿床而言，控矿断裂多为长期活动，性质复杂的断裂、断裂交汇部位、变异部位往往控制着矿体赋存的具体空间。通过全区矿床统计，控矿断裂方向以东西向和北西向为主，其次为北北东、北东向，少数为南北向。

③ 低序次构造控矿作用

主干断裂旁侧“入”字型分支断裂、旋转性断裂控矿作用比较明显，如吉林省荒沟山“S”型构造带控制了老岭金矿带的展布；辽宁苍石地区北西向次级断裂是“下达堡式”金矿容矿构造。

总之，辽东地区不同的矿田或矿床，均受某些特殊类型构造的控制，典型矿床研究资料表明：① 褶皱构造的控矿属性往往体现在狭义的层控型矿床，同时褶皱构造的核部虚脱部位和转折端裂隙系统，也为后成热液矿床（广义层控型矿床）提供了有利的容矿空间和条件。② 控矿的线性构造多为长期多次活动，性质复杂的断裂构造，其早期往往就是韧性断裂（包括推覆构造、层内和层间滑动（剪切、滑脱）构造）。断裂的交汇、变异部位往往控制着矿体赋存的具体空间位置。如下达堡金矿床的矿体多赋存在断裂膨胀部位、转弯处和压碎较强烈部位；二道沟金矿床在东西向与北西向断裂的交汇部位，矿体明显变富、变大。③ 矿床的控矿断裂方向以东西向和北西向为主，其次为北北东、北东向，少数为南北向。

二、区域主要构造类型与成矿

（一）太古宙基底形成演化阶段与矿产关系

华北陆块区新太古界伊始，前中太古代古陆块裂解，基性火山喷发强烈，岩浆侵入频繁，于辽宁—吉林境内形成了建平—龙岗微洋盆(微古陆块)、绥中—鞍本微洋盆(微古陆块)、城子坦微洋盆(微古陆块)。不同盆地堆积了不同建造类型。建平—龙岗微洋盆经建平—阜新—铁岭—清原,向东进入吉林境内,东西向展布。盆地内堆积了清原岩群基性火山岩—硅铝质碎屑岩含铜建造;绥中—鞍本微洋盆经绥中—鞍山—本溪,盆地内堆积了鞍山群基性火山岩—硅铝质碎屑岩含铁建造;城子坦微洋盆经金州—城子坦,从残存的表壳岩组合分析,应为基性火山岩—硅铝质碎屑岩建造。

具有 BIF 型硅铁建造特征,形成多处大中型铁矿。代表性矿床有鞍山式铁矿板石沟铁矿、老牛沟铁矿、鸡南铁矿等。同时发育有著名的夹皮沟金矿、金城洞金矿等金矿,和铜矿。

(二) 辽吉古元古界裂谷演化阶段与矿产关系

胶—辽—吉陆缘裂谷盆地是在太古宇龙岗陆块基底上于古元古界中—晚期形成和演化的"被动大陆边缘",其地层和岩浆活动具有大陆地壳和大洋地壳的双重特点,二者共处同一构造盆地。

胶—辽—吉陆缘裂谷(Pt_1)是我国古元古界地层发育典型地区之一,在辽东、吉南地区以辽河群、集安群、老岭群为代表的变质岩系。以盛产硼矿,铅锌矿、菱镁矿、滑石矿、金矿、铜矿、铁矿、磷、石墨等矿产为特色,为我国重要的前寒武纪成矿带之一。

胶—辽—吉陆缘裂谷盆地(Pt_1)可分为五个构造发展演化阶段:

(1) 被动陆缘阶段

主要出露在海城陈台沟、鞍山、辽阳亮甲、本溪连山关 2 563 Ma、下马塘,吉林光华镇、露水河镇太古宇结晶基底之上,在 2.05~1.90 Ga,伸展机制的继续发展导致裂谷盆地的发育。盆地中最下部充填以浪子山组为代表的富碎屑物沉积层,碎屑来自太古宙基底片麻岩的风化与剥蚀。主要特点是在底部见有太古宙的砾岩和变质砂岩,向上泥质成分逐渐增多,并开始出现少量的变质火山岩夹层。总体特点显示靠近古陆边缘的性质,并逐渐向靠近盆地中心过渡的特点。底部砾岩是铀矿的重要产出层位。

(2) 增生杂岩阶段

其后裂谷盆地持续拉开,导致岩石圈变薄,独具特色的浅粒岩、变粒岩夹变质基性岩、少量碳酸盐开始沉积(俗称含硼岩系及双峰式火山岩)。SHRIMP 年龄 2175(张艳飞,2010)、2178(李雪梅,2009)。主要发育在辽宁里尔峪,虎皮峪、宽甸;吉林的蚂蚁河、大西岔、杨木杆等地。同时伴随古元古界 TTG 条痕状花岗杂岩岩侵入,与之相伴生的有独具特色的硼矿,和硼镁铁矿,黄铁矿等。

(3) 深海浊积岩形成阶段:分布地区主要是辽宁高家峪、草河口、太平哨、宽甸、青城子、通远堡,吉林花山、临江、大东岔、荒岔沟、财源镇、大路镇。该浊积岩沉积是在"含硼岩系"形成之后,随着火山活动趋于平缓,海水逐渐加深,盆地开始接受独具特色的富含炭质的碎屑岩、泥质岩夹富含炭质的碳酸盐建造组合,其中夹有间歇式基性火山岩沉积,晚期则有和基性熔岩喷出。深海浊积岩在辽东、吉南分布面积广大,占据了古元古地层出露区的绝大多数位置。构造性质属于深海—半深海含硅质岩的浊积岩系、具有蛇绿混杂岩特点的超基性岩块,与太古宙变质基底的"前渊盆地(Fordeep basin)"沉积类似。与之相伴生的代表性矿种主要有铅锌矿、石墨矿等。

(4) 碳酸盐台地形成阶段:是指发育于辽宁大石桥、辽阳隆昌、岫岩王家堡子、吉林珍珠门、白山市、二道白河镇、大泉源等地出露面积广大的钙质大理岩和镁质大理岩。该套碳酸盐台地亚相是区域构造环境趋于平稳，孤立产于裂谷内碳酸盐台地环境的产物，因此厚度巨大；并在后期的构造变形过程中，往往与下伏地层之间产生滑脱面（被构造围限）。大石桥地区的镁质大理岩是古元古界地层中盛产菱镁矿的代表性层位。滑石，岫岩玉也是其代表性矿种。

（5）残余盆地阶段：主要出露于辽宁盖县、析木城、榜寺堡；吉林大栗子、八道沟镇等地．主要岩石组合是为富铝变质泥砂质碎屑岩建造，变质程度为低绿片岩相，该亚相是古元古晚期开始隆升过程中，孤立残余盆地的产物。往往压盖在早期不同层位之上，个别处还可见直接覆于古元古花岗质岩石之上。与之相伴生的矿产有金矿。

（三）中元古界—晚古生代克拉通盆地演化阶段

中元古界蓟县系铁岭组中薄层灰岩、灰绿色页岩及中厚层燧石条带白云岩中，生成于海浸期间，还原盆地的边缘，其含矿建造类型属浅海相碳酸盐含锰建造。含矿岩系为杂色粉砂质页岩或粉砂岩，夹灰岩、泥质灰岩，具多旋回沉积层理，矿体多呈透镜状似层状，可有 2～3 个矿层同地产出，矿石矿物主要为菱锰矿、水锰矿、硬锰矿、软锰矿。以瓦房子式沉积型锰矿为代表。野猪沟式菱铁矿、四海式铁矿；凡河裂谷形成发展过程中，形成关门山式铅锌矿。

青白口纪为一套滨浅海砂岩—粉砂岩组合，局部地区夹鲕绿泥石赤铁矿层，代表了氧化带—还原带界面附近的沉积，个别地段形成工业矿体。

南华纪钓鱼台组为一套滨滩相的石英砂岩组合，底部局部见有少量河流相砾岩，其下部河流相砾岩及含铁石英砂岩中发育有沉积型金矿，代表性矿床为板庙子金矿；金矿层位上部夹鲕状、豆状赤铁矿层，形成一系列小型沉积铁矿，因出露在浑江北岸，故称为浑江式铁矿，代表性铁矿床有青沟子铁矿等。两者构成一个南华纪沉积铁—金成矿系列，发育在红土崖陆源碎屑陆表海亚相。

早古生代陆表海盆地和新元古代陆表海盆地演化过程中，伴随同沉积构造作用，钙质富集，形成工业石灰石矿，如马家沟组灰岩、张夏组灰岩、馒头组灰岩、南关岭灰岩、营城子组灰岩常构成工业石灰石矿体；在早古生代末隆升过程中，经风化淋滤，形成山西式铁矿、于海陆交互环境中，形成铝土矿。如红阳煤田铝土矿、牛心台黏土矿、本溪小市铝土矿。矿体赋存于石炭系本溪组、石盒子组等层位中。吉南地区中寒武世末期馒头组和本溪地区的馒头组主要为一套紫红色、紫色、黄色微晶白云岩、白云质灰岩夹粉砂岩及硬石膏层，属于萨伯哈型蒸发岩建造，形成工业矿床。

石炭系本溪组，岩性下部为页岩与砂岩夹铝黏土质页岩、薄煤层，上部为页岩、砂岩、灰岩和铝土质页岩，局部夹薄煤层。铝土矿为 G、F、E 层。

石炭系太原组，岩性主要为砂岩、页岩、碳质页岩夹煤层，局部夹透镜状泥灰岩。铝土矿为 D 层。

二叠系山西组，岩性为石英砂岩与页岩互层，夹黑色碳质页岩、煤层和铝土页岩。铝土矿为 C 层。

在陆壳频繁升降过程中，海陆交互，形成沉积铝土矿，于沼泽环境，形成工业煤矿，如本溪式煤矿、山西式煤矿；燕山运动，形成一系列成煤盆地，如辽西南票压陷盆地亚相、建昌断陷盆地亚相、辽东爱阳压陷盆地亚相等。

古生代—中三叠世构造旋回、重要矿产还有辽宁铧铜矿、瓦房店金钢石。

（四）上三叠统—中侏罗统早期碰撞火山—侵入杂岩演化阶段

随着岩石圈拆沉加剧，地幔物质上涌，下部地壳重熔，岩浆大量上侵，上三叠统—中侏罗统火山侵入杂岩带。上三叠统—中侏罗统早期碰撞火山—侵入杂岩矿产资源丰富，成因类型复杂，主要有火山岩型金矿、隐爆角砾岩型铅锌矿、火山热液型锑矿，特别是斑岩型钼矿是吉林省最具资源潜力的矿产。

辽宁省盖县猫岭式热液型金矿：主矿化期为早元古代，印支期有叠生矿化。大地构造环境为早元古代裂谷中，褶皱回返末期的韧性性剪切带及印支期构造岩浆活动带。成矿构造为早元古代裂谷中富砷泥质岩石内的韧-脆性剪切带（绿片岩相），矿体赋存在各种类型的糜棱岩中。成矿作用：早期的韧性剪切热液成矿作用和晚期的岩浆热液再造成矿作用，而且以前者为主。

小佟家堡子式热液改造型金矿：成矿时代为古元古界到中生代，矿源层形成（或成矿）于早元古代，小佟家堡子式矿床形成于中生代印支—燕山期构造岩浆活动期。大地构造环境属于早元古代裂谷盆地相，大陆边缘裂谷亚相；中生代印支—燕山期重熔型中酸性侵入岩分布区外围。成矿构造为早元古辽吉裂谷构造，中生代（大石桥组与盖县组以及大石桥组三段内）顺层破碎构造及韧性剪切变形变质构造。成矿地质作用：中生代构造岩浆作用及早元古海底喷流—沉积作用、变形变质作用。

（五）中侏罗统晚期—下白垩统盆山构造演化阶段

中侏罗统开始由于太平洋板块俯冲方式的改变，开始出现盆山构造，矿产资源非常丰富，构造活动对内生成矿作用具有如下特点：

（1）构造活动导致断裂、裂隙及褶皱发生，形成区域导矿构造或容矿构造，如：太古代红透山矿，矿体与鞍山运动第四期变形同斜褶皱有关，矿体沿褶皱富集。较大矿体受层间断裂（裂隙）控制，早元古代华岩寺沉积变质铜矿，矿体就位于构造裂隙和褶皱部位，矿体沿褶皱构造核部就位，加厚，并形成富矿。

（2）构造活动形成含矿热液沿裂隙，充填形成热液型（或石英脉型）矿体，如：庄河小干屯石英脉型铜矿，水泉石英脉型金矿，二道沟石英脉型金矿，错草落沟石英脉型钨矿、金厂沟梁式热液型金矿、小佟家堡子式热液改造型金矿、五龙式岩浆热液型金矿、红石砬子式火山—次火山热液型金矿、猫岭式热液型金矿。

金厂沟梁式热液型金矿：有下达堡金矿。成矿时代为距今205～142 Ma年的侏罗纪—白垩纪。大地构造环境为太古宇地体边缘或其内部的韧性断裂带，以中生代断裂、岩浆构造为控矿成矿构造，成矿地质作用为内生地质作用，主要是燕山期中—酸性岩浆作用及其次生热液作用。

五龙式岩浆热液型金矿：属于中高温岩浆热液型金矿床。其成矿时代集中于中生代三迭—白垩纪；大地构造环境属于早元古代裂谷盆地相中的胶辽岩浆弧，成矿构造为北北东向、北西向、近南北向断裂，成矿地质作用：中生代印支—燕山期复式侵入杂岩体构造岩浆作用。

（3）韧性剪切作用，导致基底容矿层成矿元素富集成矿。理论（许志琴等，1997）与实验（孙胜龙，1992；吴厚泽等，1992）表明：韧性剪切带的形成演化过程也是剪切带中金矿的形成过程，高能的韧性剪切使分散的金活化、迁移，并运移到中低温的脆韧性剪切带成矿。如：矿体受韧性剪切控制的排山楼金矿，与盖县岩组下部强韧性变形带有关的猫岭金矿、王家崴子金矿、四道沟金矿、隈子金矿、小佟家堡子式热液改造型金矿。

(4) 构造活动控制岩浆侵入，构造热液沿裂隙入贯入形成岩浆型矿体，如：辽阳二道沟岩浆型铁矿。

辽阳二道沟岩浆型铁矿矿体产于角闪辉长岩与大理岩接触带上及临近接触带层间裂隙，富矿产于构造裂隙中。

(5) 构造活动控制岩浆侵入，岩浆流体热液与碳酸盐岩围岩交代，形成矽卡岩矿体，如：如铧铜矿、万宝铜矿藏、庄河市芙蓉。二棚甸子铅锌矿等矽卡岩型矿产。

(6) 成矿作用与中生代岩浆侵入有关，矿体受燕山期北北东向或北西向断裂控制或就位，如：岫岩铅锌矿、下大堡子金矿。

(7) 顺层滑脱断裂构造作用下，叠加变质热液，形成工作矿体，如：中元古界榆树砬子组层控仰山式铁矿，沿盖县岩组与大石桥岩组二者韧性顺层滑脱界面或韧性附近顺层滑脱界面就位的小佟家堡子金矿、白云金矿、高家堡子银矿、桃源金矿。

第六节　区域地球物理特征

一、重力场特征

Ⅲ-56 辽东—吉南(隆起)Fe-Cu-Pb-Zn-Au-U-硼—菱镁矿—滑石—石墨—金刚石成矿带，自北向南划分为三个级成矿亚带。分别为：Ⅲ-56-①铁岭—靖宇(次级隆起)Fe-Au-Cu-Pb-Zn 煤成矿亚带(Ar2；Ar3；Pt1；Pt2；∈；Y)；Ⅲ-56-②营口—长白(次级隆起，Pt1 裂谷)Pb-Zn-Fe-Au-Ag-U-硼—菱镁矿—滑石矿成矿亚带(Pt1；Pt13；I-Y)；Ⅲ-56-③瓦房店(次级拗陷)Cu-Pb-Zn-Fe-金刚石成矿亚带(Z；Pz；Y)，见图 3-1。

1. Ⅲ-56-1 铁岭—靖宇(次级隆起)Fe-Au-Ag-Cu-Pb-Zn 成矿亚带区域重力异常特征

区内布格重力异常总体呈现出西部高，东部低，北部高，南部低的特征。

西部重力高异常带从水道至老金厂，沿北东向展布，在样子哨附近最宽，异常强度也高，为-15.9×10^{-5} m/s^2，在水道西南的吉林、辽宁省界附近出现最大值，为-14.2×10^{-5} m/s^2；异常边部梯度带陡或较陡，北西边部线性梯度带走向平直，沿北东向贯穿全区，为著名的敦—密断裂的反应，东南边部呈蜿蜒起伏状，与东南侧的重力低异常带交错、相伴分布。重力低异常带沿北东向展布，由一系列明显的局部重力低异常组成，在东北端转为北北东向，被兴参附近的强度不高的近南北向重力高异常带所阻断，最低强度为-52.6×10^{-5} m/s^2，出现在靖宇西南部。综合分析可知，重力高异常带为龙岗陆核的反映，主要出露有中太古代英云闪长质片麻岩，中太古代、新太古界变质表壳岩，在三源浦—样子哨一线出露有震旦系、寒武系、奥陶系地层。重力低异常带主要为三棵榆树—二密中生代火山—沉积盆地、靖宇第四纪玄武岩、古元古界花岗质片麻岩、燕山期中酸性侵入岩体分布区。

兴参—夹皮沟以东区域，重力异常背景值明显低于西部，一般为$-50\sim-60\times10^{-5}$ m/s^2。局部重力低异常多呈等轴状、团块状，强度一般为$-65\sim-75\times10^{-5}$ m/s^2，最低强度为

$-94.8\times10^{-5}\ m/s^2$，出现在长白山天池。在靠近和龙地块北缘断裂古洞河段，分布有一不规则形状的重力高异常带，由一系列椭圆状、条带状、团块状的局部重力高异常组成，走向以北东、北西为主，梯度带较陡，强度一般为$-42\sim-35\times10^{-5}\ m/s^2$，最高强度为$-25.7\times10^{-5}\ m/s^2$，出现在两江东部。综合分析可知，重力高异常带为和龙地块的反映，主要出露有中太古界英云闪长质片麻岩、新太古界英云闪长质片麻岩、新太古界变质表壳岩，古元古界集安群、老岭群变质岩地层，新元古代青白口系轻变质岩及沉积地层。重力低异常带的地表主要出露有五台期花岗闪长岩，燕山期花岗岩，第四纪玄武岩。

敦化—密断裂以西的倒三角形较小区域，重力高、低异常带东西走向，呈现两低夹一高之特征，北部五道岗附近重力低异常带强度为$-33\times10^{-5}\ m/s^2$；南部横道河附近重力低异常带强度为$-39.9\times10^{-5}\ m/s^2$，在山城镇附近被断开；中部梅河口重力高异常带强度为$-14.6\sim-27.1\times10^{-5}\ m/s^2$。综合分析可知，重力高异常带西端四平镇附近有规模较小的三叠系大酱缸组地层出露，北部东丰附近有规模较小的志留系石缝组地层出露，推断重力高异常带为隐伏的古生界地层引起；五道岗附近重力低异常带为早三叠世花岗闪长岩、下侏罗统二长花岗岩引起；横道河附近重力低异常带为寒武纪花岗闪长岩、晚二叠世花岗闪长岩引起。

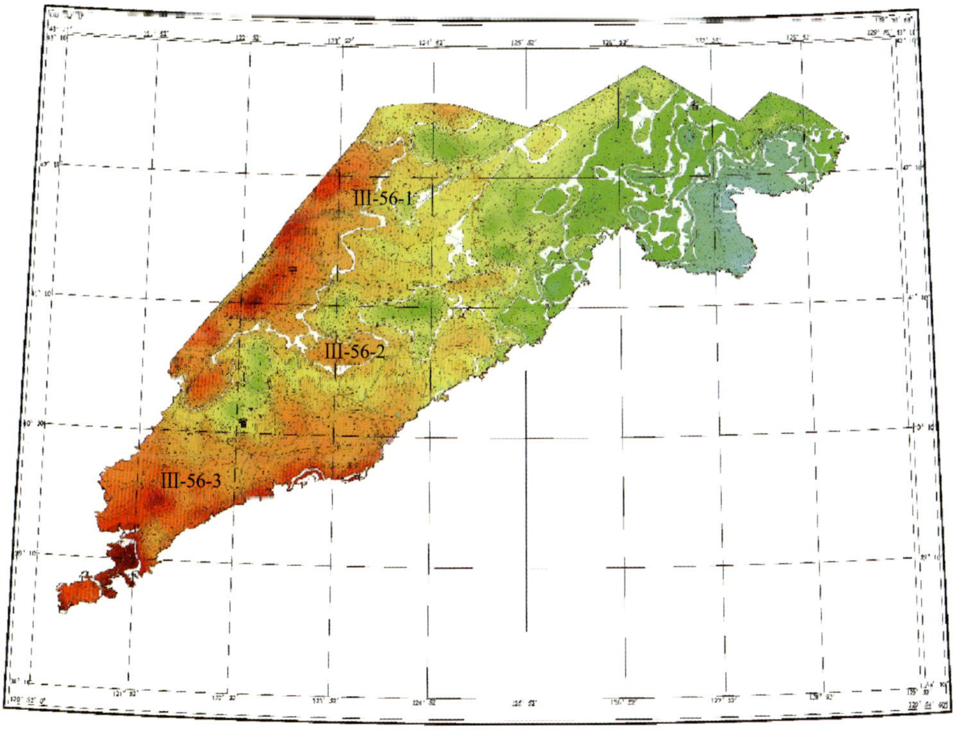

图 3-1　Ⅲ-56 辽东(吉南)Fe-Cu-Pb-Zn-Au-U-硼—菱镁矿—滑石—石墨金刚石成矿带布格重力异常

Ⅲ-56-1 成矿带区域重力呈东低西高特征，营口—铁岭一带区域重力呈带状分布，呈高值特征，为太古代基底隆起引起，受北东向构造影响，该异常带重力沿北东向展布，东西鞍山、弓长岭等大型铁矿分布于该重力异常带上，该异常带上航磁异常较高的地区适合铁矿勘查；本溪—抚顺一线以东区域重力较低，内部呈现多个椭圆状封闭低异常，地表与酸性侵入岩相对应，该区元古界地层多呈重力高异常特征，在辽东地区，重力资料对寻找酸性侵入岩及古老地层具有较强的识别能力，间接为多金属矿产预测提供靶区。

2. Ⅲ-56-2 营口—长白（次级隆起、Pt1 裂谷）Pb-Zn-Fe-Au-Ag-U-B-菱镁矿—滑石成矿亚带区域重力异常特征

区内布格重力异常呈现西部高，东部低的分布特征。在临江以西，局部重力高、低异常交错分布，多呈条带状、椭圆状、团块状，走向以北东为主，其次为北西西向及东西向。

财源附近局部重力高呈团块状，北东走向，向西延入辽宁省，异常强度为 $-10.5\times10^{-5}\ m/s^2$，为区内最高值。通化局部重力高呈团块状，北东走向，中部平缓，边部梯度较陡，异常中心不明显，异常强度在 $-25\times10^{-5}\ m/s^2$ 左右；大路南侧局部重力高呈椭圆状，北西西走向，向外延入辽宁省，异常强度为 $-16.5\times10^{-5}\ m/s^2$；榆林北侧局部重力高呈条带状，近东西走向，边部梯度较陡，异常强度为 $-32.9\times10^{-5}\ m/s^2$；七道沟—临江重力高异常带，北东东走向，西宽东窄，两侧梯度陡，异常强度为 $-35.5\sim-27.5\times10^{-5}\ m/s^2$。综合分析可知，财源附近重力高区地表出露有大面积集安群蚂蚁河岩组、荒岔沟岩组、大东岔岩组，推断为古元古界隆起的引起。英额布—鸭园重力高异常带为中太古代英云闪长质片麻岩、新元古界青白口系、震旦系地层，下古生界寒武系、奥陶系及上古生界石炭系地层的反映。大路—榆林南、北两侧重力高异常为古元古界老岭群临江岩组，震旦系钓鱼台组、南芬组地层，下古生界寒武系、奥陶系地层的反映。七道沟—临江重力高异常带，主要出露有中太古代英云闪长质片麻岩、古元古界老岭群珍珠门岩组、临江岩组、大栗子岩组及新元古界青白口系地层，推断为太古界、元古界基底隆起引起。

榆林局部重力低呈楔状，北西西走向，东宽西窄，异常强度为 $-48.8\times10^{-5}\ m/s^2$；热闹东侧局部重力低呈团块状，北东走向，异常强度为 $-62.7\times10^{-5}\ m/s^2$；重力低异常与地表出露的上侏罗统二长花岗岩、下白垩统正长花岗岩、花岗斑岩分布范围完全吻合。

热闹东侧较大范围的片状重力低异常区，总体呈北东走向，强度最低为 $-62.7\times10^{-5}\ m/s^2$；为侏罗系果松组火山—沉积地层，上侏罗统正长花岗岩，下白垩统花岗斑岩的反映。

石人附近三处局部重力低异常组成倒"V"异常，强度为 $-54.3\sim-63.3\times10^{-5}\ m/s^2$。为上三叠统黑云母花岗岩，侏罗系林子头组火山—沉积地层，白垩系小南沟组沉积地层引起。

临江—湾沟一线以东，局部重力高异常不明显，局部低异常较为突出，重力低异常多呈条带状、椭圆状，走向有北西向，近东西向，主要分布在仙人桥、闹枝、六道沟、宝泉山—十四道沟等地，异常强度一般为 $-65\sim-80\times10^{-5}\ m/s^2$；在长白山天池周围广大地区等值线围绕呈弧形分布，形成以天池为中心的扇形重力低异常区，最低值为 $-94.8\times10^{-5}\ m/s^2$；在长白附近出现规模较小的近圆形重力低异常区，向北与天池重力低异常区以低缓重力高异常带相隔，向东延入朝鲜境内，最低值为 $-97.0\times10^{-5}\ m/s^2$，为全省布格重力最低值。综合分析可知，闹枝重力低异常为上三叠统二长花岗岩及上三叠世统长白组火山岩地层的反映。仙人桥重力低异常为上侏罗统花岗岩及侏罗系果松组、林子头组火山—沉积地层的反映。宝泉山—十四道沟为重力低异常带上侏罗统碱长花岗岩侏罗系果松组火山—沉积地层引起。天池—长白广大区域重力低异常与地幔凹陷及火山机构分布有关。

此成矿带属辽东早元古代裂谷范围。成矿带内辽河群地层发育，其中里尔峪组为（火

山)沉积变质型硼矿、铜钴的主要赋矿层位,高家峪组(下含矿层)和大桥组(上含矿层)碳酸盐岩为变质同生沉积及变质热液再造型铅锌银矿床的主要赋矿层位,同时也是岩浆热液再造型矿床的成矿母岩和有利的容矿围岩。新金—宽甸印支期—燕山期侵入岩带横贯全区,柳家岭—庄河、鞍山—华铜印支期—燕山期侵入岩带也横穿全区,为岩浆热液型矿床提供了热源、部分成矿热液及成矿物质。目前区内已发现大型矿床7处,小型矿床数十处,矿点数百处。成矿带内金属元素化探异常以Pb、Zn、Cu、Ag组合异常为主,伴有Au及其他元素异常,在西部的青城子—岫岩附近地区,形成规模较大呈北东向展布的高强度组合异常带,而东部的宽甸以北地区出现宽缓,规模巨大的近东西向展布的Pb、Zn、Ag、Cu、Au组合异常带。硼元素异常与里尔组地层分布基本吻合。

Ⅲ-56-②成矿带布格重力高低异常特征分明,于丹东—东港—庄河一带、岫岩东侧、盖州—大石桥一带、鞍山—宽甸一带、桓仁北侧均出现不同规模的重力高异常,地表出露多为辽河群地层,密度值平均在$2.70\times10^3\ kg/m^3$以上,表现为高重力异常,为寻找硼、菱镁矿有利靶区;该区重力低异常多表现为椭圆状、带状,多为中生代、古生代酸性侵入岩引起,与金、银、铜、铅、锌等矿产关系密切。

3. Ⅲ-56-3 瓦房店(次级拗陷)Cu-Pb-Zn-Fe-金刚石成矿亚带区域重力异常特征

Ⅲ-56-3成矿带内基底岩石为太古宇—古元古界变质岩系,新元古界—古生界盖层发育,中生代岩浆仅在盖县—皮口、卧龙泉—刘家堡子、接文寨—秦家堡子三个地段发育,其他地段仅有零星出露。金州断裂、碧流河断裂、寒岭—偏岭断裂切入本成矿带,是重要的导岩导矿构造。目前已在瓦房店地区发现金铂利岩体110余个,查明了四处大型金刚石原生矿床和两处砂矿床,发育有大量的孤立磁异常,显示出良好的找矿信息。

地质、地球物理、地球化学资料表明,本成矿带金刚石成矿地质条件优越,有利于发现复县式金刚石原生矿床和二道沟式金刚石砂矿床。

Ⅲ-56-3成矿带区域布格重力异常以庄河—华铜一线两侧呈不同的重力场特征,推断为断裂构造所引起,该线南侧呈北东走向的重力高背景特征,区内普兰店、松树岭东侧出现不同规模的重力低异常,异常形态规则,呈椭圆状,地表为侏罗、三叠二长花岗岩,从该区岩石物性资料知花岗岩密度值约$2.63\times10^3\ kg/m^3$,呈低重力异常特征,尤其普兰店东侧剩余重力低异常,其规模较大,面积大于地表侵入岩出露范围,推断该重力低异常为侏罗二长花岗岩引起,且深部存在隐伏岩体。大连—瓦房店—松树岭一带呈重力高异常特征,该区分布太古代片麻岩、古生界地层,其密度值相对花岗岩高,呈高重力异常特征;庄河—华铜一线北侧布格重力异常呈北西走向的重力低异常,地表侵入岩较为发育,推断重力低异常为其引起。

二、磁场特征

1. Ⅲ-56-1 铁岭—靖宇(次级隆起)Fe-Au-Ag-Cu-Pb-Zn 成矿亚带区域磁异常特征

(1) 西部为龙岗地块分布区,正、负磁异常交错分布。

山城镇—辉南一线以西区域,有三处东西走向的条带状正异常平行分布,异常梯度较陡,由北向南规模逐渐变小,强度为143~244 nT,其中北部两个异常紧密排列。受敦化—密山断裂的影响,异常东部有转为北东走向趋势。三处正异常间有两条东西走向的线状负或低磁异常带分布,与已知陆块北缘断裂带位置吻合;北侧东丰附近有一条明显的东西走向线状负磁异常带分布,走向平直,规模较大,处在晚二叠世花岗闪长岩与早三叠世花岗闪长岩接触带上，推测为与陆块北缘断裂有关的次一级断裂。北部两个异常与晚二叠世花岗闪长岩，早三叠世花岗闪长岩、二长花岗岩，下侏罗统二长花岗岩有关，正异常边缘梯度带上有横道河子金矿点分布。南部山城镇附近正异常，地表分布有寒武纪、晚泥盆世、晚二叠世花岗闪长岩及新元古界金凤岭岩组，异常西端的和平小型沉积变质型铁矿床处于金凤岭岩组内。

敦化—密山断裂南段呈现线性负磁异常带及线性梯度带特征。其东侧安口—石道河子一线，分布有北东走向的宽大负磁异常带，负磁异常带上北段两处片状局部异常规模较大，梯度缓，北东走向，强度为－200～－240 nT，在南西段的几处局部异常变窄，呈条带状、椭圆状，梯度较陡，强度为－226～－418 nT，为弱磁性、无磁性的中太古界英云闪长质片麻岩，元古界、早古生界地层及中生代沉积盆地的反映。中太古界变质表壳岩在辉南镇附近呈狭窄带状分布，在安口镇附近零星分布，数量多，规模小，不能引起航磁异常。矿产以沉积变质型铁矿、金矿及热液型金矿为主，数量较多，多为小型，与中太古界英云闪长质片麻岩、变质表壳岩关系密切。

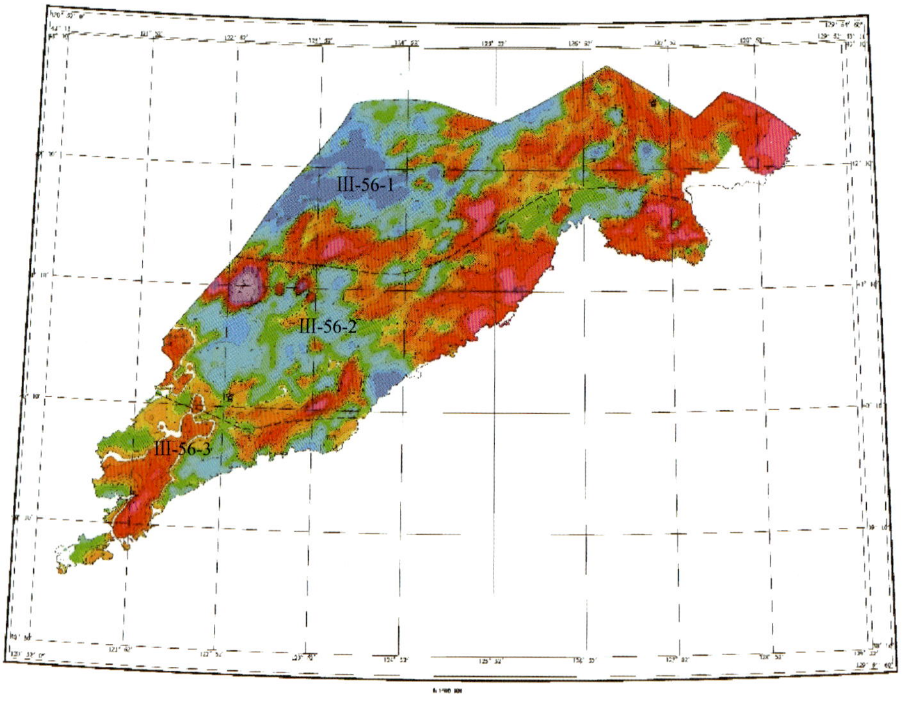

图 3-2　Ⅲ-56 辽东（吉南）Fe-Cu-Pb-Zn-Au-U-硼—菱镁矿—滑石—石墨—金刚石成矿带 ΔT 化极等值线图

在水道附近，有一北东走向的楔形正磁异常，两侧梯度陡，与中太古代英云闪长质片麻岩分布形状接近，但范围略小。异常顶部强度低，强度为 74 nT，分布有香炉碗子中型金矿床 1 处、小型金矿床 2 处、金矿点 1 处，南西部范围大，强度较高，达 350 nT，并延入辽宁省，异常为片麻岩中零星分布的太古代变质表壳岩、变质橄榄岩引起。

英额布—靖宇一带主要为火山岩、辉长岩、酸性岩体引起的强弱不等磁异常及含磁铁矿太古代变质岩引起的不显著磁异常；广泛分布的中太古代英云闪长质片麻岩磁性弱的，仅引起低缓正、负异常，强度一般为－100～100 nT；正、负磁异常以北东走向为主，反映了受龙岗地块北缘及南缘北东向断裂控制。西南部通化县、英额布、二密三处较强局部正磁异常同位于一较大范围的不规则正磁异常区内。通化县西侧局部正磁异常呈北东走向的椭圆状，东南侧梯度陡，强度为 385 nT，为太古代变质辉长岩引起，为赤柏松中型铜镍矿床赋矿岩体。英额布北侧局部正磁异常呈东西走向条带状，西南及西北侧梯度较陡，强度为 435 nT，与东南侧通化县附近局部正磁异常有相连趋势，地表出露的太古代变质辉长岩、下白垩统正长花岗岩、晚白垩世辉长岩均可引起正磁异常。二密西北侧较强局部正磁异常呈北北西走向的椭圆状，东侧梯度陡，强度为 510 nT，为二密中生代火山盆地及次火山岩体引起。二密铜矿床位于岩体与火山岩地层接触带内外两侧。

靖宇西南的条带状局部正磁异常，北东走向，两翼梯度陡，强度较高，为 350～480 nT。金川镇南侧有一近东西走向带状局部正磁异常，西宽东窄，两翼沿走向呈波动起伏，梯度略陡，强度中等，为 210～255 nT，靠近正磁异常的北侧负磁异常区分布有两处沉积变质型小型铁矿床。两处正磁异常皆为第四纪玄武岩引起。

凉水河子—兴林一线有一不明显的线性局部正磁异常带，北东走向，强度不高，为 150～180 nT，经化极处理，异常略为明显，异常范围与地表出露的多条早元古代变质辉长岩及两处小规模太古代变质橄榄岩分布范围基本一致。

板石—光华一带有四处沉积变质型铁矿引起的局部正磁异常，规模不大，处于低缓正、负异常区背景中。其中板石沟大型铁矿引起的局部正磁异常相对规模较大，呈椭圆状，北东走向，梯度较陡，强度较高，为 305 nT。四方山中型铁矿引起的局部正磁异常呈等轴状，强度为 170 nT。兴林南部朝阳小型铁矿引起的局部正磁异常呈等轴状，强度为 245 nT。板石沟铁矿东北部有五道羊岔小型铁矿、爱林铁矿小型铁矿，同处在强度较弱的条带状局部正磁异常上，近东西走向，强度为 100～245 nT。这些铁矿引起的局部正磁异常，地表有太古代变质表壳岩分布，两者结合是寻找沉积变质型铁矿的有效手段。

西南岔 露水河广大区域，处于龙岗地块北东端，同时也是龙岗—和龙太古代地块向北突出的顶部，分布的众多局部正磁异常与地表出露的太古代变质表壳岩关系密切。在松山—西南岔—兴参一带，局部正磁异常以椭圆状为主，走向北东，梯度陡缓不一，强度为 177～295 nT，受龙岗地块北缘及南缘北东向断裂控制。红石—老金厂—北岗西一线分布有一条向北东突出的弧形串珠状异常带，总体走向北北西，强度为 210～460 nT，与太古代短轴背斜位置大体一致；在夹皮沟北东侧有一线状正磁异常带，走向北西，强度为 240 nT；露水河附近异常呈片状，由 4 个北西走向的局部正磁异常组成，强度为 223～300 nT；这些异常主要受龙岗地块北缘北西向超岩石圈断裂控制。

在老金厂—夹皮沟—六批叶的北西向负、低磁异常带上，分布有夹皮沟大型、中型、小型金矿床 48 处，铜金、铅锌小型矿床各 1 处。在老金厂附近有老牛沟大型铁矿床及小型铁矿床 5 处，主要分布在正磁异常边部。太古代变质表壳岩及英云英云闪长质片麻岩为铁矿、金矿赋矿层位。构成夹皮沟北西向铁、金、铜、铅锌成矿带，距离龙岗地块北缘超岩石圈断裂较近。在西南岔附近北东走向椭圆状局部正磁异常上分布有三处沉积变质型小型铁矿，正、低磁异常过渡带上有斑岩型小型铜钼矿床两处。在那尔轰低磁异常及北部负磁异常上分布有近 6 处小型金矿床，2 处金矿点，1 处小型铜矿床。

(2) 二道白河附近有一处不规则正磁异常，形态波动变化，强度一般为 200～315 nT，地表为大面积第四系军舰山组玄武岩分布区。在天池西北部，有3处规整的椭圆状局部正磁异常，毗邻分布，其中两处沿北西走向平行并错动排列，梯度陡或略陡，强度一般为250～680 nT，另一处北东走向，规模较小，梯度略陡，推测3处异常为隐伏中酸性侵入体引起。

(3) 万宝—和龙一线的较强正磁异常带沿北西向展布，北临和龙地块北缘超岩石圈断裂带，异常带上的局部正磁异常以北西向、东西向为主，北侧梯度陡，强度为320～417 nT，异常上分布有官地中型铁矿床及5处小型铁矿床，5处小型金矿床，1处小型银矿床；德化镇西北部正磁异常主要由北东走向的两个局部正磁异常组成，北西侧梯度陡，强度为420～535 nT，分布有百里坪银矿点1处；磁异常为新太古界变质表壳岩引起，具有寻找铁、金、银等矿产潜力。崇善镇西北部石人沟附近的局部正磁异常呈等轴状，北西侧梯度较陡，强度为442 nT，异常边部有石人沟小型钼矿床，推测为上侏罗统花岗岩引起，具有找钼矿意义。

Ⅲ-56-1成矿带区域航磁异常特征明显，规模宏大，见图3-5，区域异常总体上沿北东向或近东西向分布，按磁异常规模大小、磁场值强度将成矿带内磁场划分3个磁场区，铁岭—凌源一带及其以北区域航磁场值整体较高，形成多个北东东走向的条带状封闭异常，异常中心值一般在200 nT左右，梯度变化大，多在其北西侧伴生负异常；沈阳—抚顺—新宾一带航磁异常场值整体较低，异常值平均在－175 nT左右，梯度变化较小，区内呈现多个北东走向的封闭的带状低磁异常，异常带长轴长30 km以上，短轴长6 km左右，异常中心极值达－400 nT左右，梯度变化大，形态规则附近无较强正异常伴生；营口—鞍山—本溪一带航磁异常规则较为强大，呈现多个4 000～5 000 nT左右的高磁异常，异常封闭，形态规则，梯度变化较大，多伴生负磁异常，总体沿北东向分布。

2. Ⅲ-56-2营口—长白(次级隆起、Pt1裂谷)Pb-Zn-Fe-Au-Ag-U-B-菱镁矿—滑石成矿亚带区域磁异常特征

Ⅲ-56-2成矿带区域航磁异常特征明显，总体上沿北东向展布，成矿区带内以长甸镇—草河城镇一线以南至成矿带边界处航磁呈现盆状分布，即该区航磁异常四周为高磁异常，中间区域为低磁异常，大石桥—吉洞峪—草河口一带、盖州—卧龙泉—新甸一带及栗子房镇—黄旗镇—东汤镇一带为高磁异常带，尤其栗子房镇—黄旗镇—东汤镇一带出现一个规模巨大、形态规则、异常值较高的带状异常，该异常带由多个封闭的异常中心组成，走向由北东向于五龙背镇附近转为近南北方向，总长度120 km以上，宽度15 km以上，异常中心处极值为500 nT，异常中心东南侧场值梯度变化小，西北北侧梯度变化大并伴生负磁异常。盆状磁场内部为低磁特征，背景值为－75 nT左右，在负背景场中间夹杂部分孤立的椭圆状及带状高磁异常，异常值梯度变化较大；成矿区带内以长甸镇—草河城镇一线以北至成矿带边界处区域航磁为整体高磁异常，该区异常呈带状及串珠状沿北东向展布，在杨林、下露河镇东及普乐堡镇东出现3个规模及强度均较大的高磁异常，异常长度均大于20 km以上，并与北西侧伴生负磁异常，该区二棚甸子镇—二户来镇—普乐堡镇一带为低磁场区，异常值在－100 nT左右，异常值梯度变化较小。

热闹—榆林一带为大面积波动变化正磁异常分布区；通化—松江河为北东向展布大面积负磁异常背景区，在红土崖东部和仙人桥分别叠加有哑铃状局部正磁异常和不规则状正磁异常；在漫江东南至长白为变化升高正磁异常区。

大路附近局部正磁异常位于吉林与辽宁省界上，省内部分呈北东东走向，边部梯度略陡，中等强度，为330 nT。地表主要出露有古元古界临江岩组，上侏罗统二长花岗岩，中元

古界碱长花岗岩，古马岭小型金矿床产于临江岩组中。

集安附近局部正磁异常北东走向，强度为 386 nT，地表主要出露有下白垩统花岗斑岩，上侏罗统正长花岗岩，异常主要与下白垩统花岗斑岩有关。

集安西部正磁异常由两个局部正磁异常组成，走向分别为北东和东西，强度不等，分别为 378 nT、388 nT，为侏罗系果松组安山岩引起。

青石西侧低缓正磁异常，走向北东，强度为 224 nT，有铁矿点和铅矿点分布。异常为侏罗系果松组、林子头组安山岩、凝灰岩引起。

阳岔东部中朝边界附近的未封闭低磁异常区内，分布有矿洞子和郭家岭两处小型铅锌矿床。

热闹附近团块状正磁异常，梯度缓，强度不高，为 190 nT，异常上分布有清河小型铁矿床，边部有红石砬子小型硫铁矿床，均为沉积变质型。

台上附近局部正磁异常，呈北东东走向楔状，东宽西窄，北侧梯度陡，强度为 321 nT，异常上有 10 余处中、小型硼矿床分布。异常与古元古界集安群蚂蚁河岩组含硼镁(铁)矿变质岩系有关。

财源附近东西向展布的负磁异常区，强度为－135 nT，地表出露有大面积古元古界集安群蚂蚁河岩组、荒岔沟岩组、大东岔岩组。矿产有西岔—金厂沟中型、小型金银矿床、正岔小型铅锌矿床复兴屯小型铜金矿床及多处小型硼矿床。

通化—松江河北东向展布大面积负磁异常背景区的东南部和北西部主要出露有古元古界老岭群珍珠门岩组、花山岩组、临江岩组、大栗子岩组，新元古界青白口系、震旦系，古生界寒武系、奥陶系及石炭系；中部七道沟—石人一带和北部花园口—万良一带为两处北东向分布的中生界火山—正常沉积盆地。负磁异常背景区上有几处醒目的局部正磁异常疏散分布，其中仙人桥一带局部正磁异常规模最大。

通化县附近局部正磁异常东侧边部及东部金厂镇负磁异常区内有 20 余处小型金矿床、金矿点分布，地表主要出露有珍珠门岩组、临江岩组、大栗子岩组，中太古界英云闪长质片麻岩，古元古界花岗质片麻岩。

六道江—鸭园负磁异常区内，分布有金英大型金矿床，刘家堡子—狼洞沟中型金银矿床，六道江小型铜矿床，水洞中型磷矿床，丁沟小型磷矿床，砟窑沟小型磷矿床，国宝顶子小型赤铁矿床，大安西岔小型赤铁矿床，通化二道江小型铁矿床等。

仙人桥一带局部正磁异常规模最大，形状不规则，北东侧梯度较陡，强度一般为 50～200 nT，并在仙人桥附近出现较强的孤立磁异常，强度达 366 nT，异常主要为侏罗系花岗岩、闪长岩引起，异常上有大营小型铅锌矿床 1 处。

万良南侧局部正磁异常，呈北北东走向楔状，北东端宽，南西端窄，两侧梯度较陡，强度为 311 nT，异常以东的低缓异常上有 3 处小型铁矿床分布。

江源西南侧低缓局部正磁异常，呈北东东走向椭圆状，强度为 148 nT，异常为中太古界花岗质片麻岩引起。异常上有小型金矿床、金矿点 5 处，小型铁矿床 1 处。该异常与东部仙人桥一带的局部正磁异常之间的低缓正、负异常过渡带与荒沟山“S”韧性剪切带北东段吻合，有 10 余处小型金矿床、小型金银矿床、金矿点呈带状分布。

红土崖东侧的哑铃状正磁异常，呈北东走向，由两个椭圆状局部正磁异常组成，分别为印支期梨树沟岩体、老秃顶子岩体似斑状黑云母花岗岩引起，强度分别为 261 nT、406 nT，荒沟山"S"韧性剪切带从异常南侧通过。南西端梨树沟岩体异常边部分布有大横路大型铜钴矿床、大青沟小型铁矿床、1处小型硫铁矿床及3处金矿点；北东端老秃顶子岩体异常及其边部矿产密布，分布有荒沟山中型金矿床、6处小型金矿床、6处金矿点、2处小型硫铁矿床、杉松岗小型铜钴矿床及2处小型铅锌矿床。

花山西侧的纺锤形微弱正磁异常，强度为38 nT，为草山岩体与古元古界变质岩接触带异常，异常东侧的负磁异常区内有青沟子中型锑矿床分布。

七道沟附近正磁异常，呈椭圆状，北东走向，梯度略陡，强度为119 nT，地表主要出露有上侏罗统二长花岗岩，下白垩统碱长花岗岩，古元古界大栗子岩组、青白口系钓鱼台组。异常主要为上侏罗统二长花岗岩和含磁铁矿的大栗子岩组引起。正磁异常西侧边部及负磁异常区上分布有南岔中型金矿床，七道沟中型铁床，二道河子小型铁矿床，冰沟小型铁矿床，复兴村金矿点。

在天池西南部椭圆状局部正磁异常，近东西走向，强度为274 nT，地表出露有第四系军舰山组玄武岩及冰场组凝灰角砾岩、凝灰熔岩。漫江与长白之间大面积正磁异常区内各局部正磁异常形态多样，走向多变，梯度陡，强度高，一般为360～670 nT，地表广泛分布第四系军舰山组玄武岩。

七道沟附近椭圆状局部正磁异常，东西走向，强度为339 nT，异常上分布有乱泥塘小型铁矿床、小型金矿床，夹皮沟小型铁矿床，与地表出露的古元古界大栗子岩组含铁变质岩系分布范围相当。

六道沟东北侧低缓局部正磁异常，近椭圆状，东西走向，强度为257 nT，为侏罗系果松组安山岩，上侏罗统闪长岩引起。宝山东北局部正磁异常，呈楔状，北西西走向，强度为451 nT，为第四系军舰山组玄武岩引起。六道沟小型铜钼矿床位于两个局部异常之间过渡部位，六道沟铜山小型铜钼矿床位于东部宝山局部正磁异常北西边部。两个异常北侧边部有近东西走向线性梯度带通过，距离两个铜钼矿床较近，为一条控矿构造。异常边部有古元古界珍珠门岩组、大栗子岩组及上侏罗统碱长花岗岩分布。侵入岩体、火山岩与珍珠门岩组、大栗子岩组接触带一般为正、负磁异常过渡部位，是矽卡岩型铜钼矿产成矿有利地段。

八道沟—宝泉山—十四道沟—长白一线近东西走向的线性低磁异常带，强度一般为－120～60 nT，沿东西方向地表断续出露古元古界大栗子岩组，青白口系钓鱼台组—南芬组石英砂岩、页岩，震旦系桥头组、万隆组、八道江组石英砂岩夹灰岩，下寒武统馒头组白云岩、粉砂岩、页岩，中寒武统张夏组灰岩、页岩，上寒武统固山组、炒米店组灰岩，下奥陶统冶里组、亮甲山组、马家沟组灰岩，石炭系本溪组—太原组砂岩、页岩、灰岩，中上侏罗统果松组砾岩、砂岩、安山岩，上侏罗统林子头组凝灰质砾岩、砂岩及中酸性凝灰岩。其中本溪组、太原组仅在长白西南侧有两处出露。该线性低磁异常带的八道沟—十四道沟一段以南，在中朝国界中太古界钾长花岗质片麻岩，上侏罗统碱长花岗岩、闪长岩沿东西向成带分布，在磁场上表现为略为升高的断续磁异常，强度一般为220～265 nT。

3. Ⅲ-56-3 瓦房店(次级拗陷)Cu-Pb-Zn-Fe-金刚石成矿亚带区域磁异常特征

Ⅲ-56-3成矿带区域航磁表现为北东走向的磁场特征，大连湾镇—莲山镇一带磁场强度较大，异常呈封闭的带状，沿北北东向展布，内部形成多个封闭的异常中心，异常中心极值450 nT以上，异常长轴长70 km以上，短轴长20 km以上，异常带西南侧异常值梯度变化小，东北侧梯度值变化大，有负异常伴生；谢屯镇—瓦房店—桂云花一带磁场为一北东向的高磁异常带，该异常呈条带状，内部由多个异常中心组成，异常长轴长 120 km 以上，宽 20 km 以上，异常强度和极值均低于大连湾镇—莲山镇异常，异常中心极值为 200 nT 左右，梯度变化小；庄河市—大营子镇一带区域航磁呈现高磁异常，异常形态为不规则状，内部出现多个封闭的异常中心，极值 200 nT 左右，走向无规律，梯度变化大；旅顺—炮台镇一带、复州城镇—万家岭镇一带、高阳镇—仙人洞镇一带磁场值呈低值特征，磁场平稳，梯度变化小。

三、区域重力、磁力异常与成矿的关系

1. 区域布格重力梯级带的分布、重磁推断的构造与成矿的关系

(1) Ⅲ-56-1 铁岭—靖宇(次级隆起)Fe-Au-Ag-Cu-Pb-Zn 成矿亚带

Ⅲ-56-1 成矿带区域重力呈东低西高特征，营口—铁岭一带区域重力呈带状分布，呈高值特征，为太古宇基底隆起引起，受北东向构造影响，该异常带重力沿北东向展布，东西鞍山、弓长岭等大型铁矿分布于该重力异常带上，该异常带上航磁异常较高的地区适合铁矿勘查；本溪—抚顺一线以东区域重力较低，内部呈现多个椭圆状封闭低异常，地表与酸性侵入岩相对应，该区元古宇地层多呈重力高异常特征，在辽东地区，重力资料对寻找酸性侵入岩及古老地层具有较强的识别能力，间接为多金属矿产预测提供靶区。

(2) Ⅲ-56-2 营口—长白(次级隆起、Pt1 裂谷)Pb-Zn-Fe-Au-Ag-U-B-菱镁矿—滑石成矿亚带

Ⅲ-56-2 成矿带布格重力高低异常特征分明，于丹东—东港—庄河一带、岫岩东侧、盖州—大石桥一带、鞍山—宽甸一带、桓仁北侧均出现不同规模的重力高异常，地表出露多为辽河群地层，密度值平均在 2.70×10^3 kg/m^3 以上，表现为高重力异常，为寻找硼、菱镁矿有利靶区；该区重力低异常多表现为椭圆状、带状，多为中生代、古生代酸性侵入岩引起，与金、银、铜、铅、锌等矿产关系密切。

(3) Ⅲ-56-3 瓦房店(次级拗陷)Cu-Pb-Zn-Fe-金刚石成矿亚带

Ⅲ-56-3 成矿带内基底岩石为太古宇—古元古界变质岩系，古元古界—古生界盖层发育，中生代岩浆仅在盖县—皮口、卧龙泉—刘家堡子、接文寨—秦家堡子 3 个地段发育，其他地段仅有零星出露。金州断裂、碧流河断裂、寒岭—偏岭断裂切入本成矿带，是重要的导岩导矿构造。目前已在瓦房店地区发现金伯利岩体 110 余个，查明了 4 处大型金刚石原生矿床和 2 处砂矿床，发育有大量的孤立磁异常，显示出良好的找矿信息。

2. 区域航磁异常带与构造环境、火山作用和岩浆作用的成矿关系

(1) Ⅲ-56-1 铁岭—靖宇(次级隆起)Fe-Au-Ag-Cu-Pb-Zn 成矿亚带

Ⅲ-56-1 成矿带区域航磁异常特征明显，规模宏大，区域异常总体上沿北东向或近东西向分布，按磁异常规模大小、磁场值强度将成矿带内磁场划分 3 个磁场区，铁岭—凌源一带及其以北区域航磁场值整体较高，形成多个北东东走向的条带状封闭异常，异常中心值一般在 200 nT 左右，梯度变化大，多在其北西侧伴生负异常；与鞍山式铁矿关系密切。营口—鞍山—本溪一带航磁异常规则较为强大，呈现多个 4 000～5 000 nT 的高磁异常，异常封闭，形态规则，梯度变化较大，多伴生负磁异常，总体沿北东向分布。主要为鞍山式铁矿引起。

(2) Ⅲ-56-2 营口—长白(次级隆起、Pt1 裂谷)Pb-Zn-Fe-Au-Ag-U-B-菱镁矿—滑石成矿亚带

Ⅲ-56-2 成矿带区域航磁异常特征明显，总体上沿北东向展布，成矿区带内以长甸镇—

草河城镇一线以南至成矿带边界处航磁呈现盆状分布，即该区航磁异常四周为高磁异常，中间区域为低磁异常，大石桥—吉洞峪—草河口一带、盖州—卧龙泉—新甸一带及栗子房镇—黄旗镇—东汤镇一带为高磁异常带，尤其栗子房镇—黄旗镇—东汤镇一带出现一个规模巨大、形态规则、异常值较高的带状异常，该异常带由多个封闭的异常中心组成，走向由北东向于五龙背镇附近转为近南北方向，总长度 120 km 以上，宽度 15 km 以上，异常中心处极值为 500 nT，异常中心东南侧场值梯度变化小，西北北侧梯度变化大并伴生负磁异常。盆状磁场内部为低磁特征，背景值为−75 nT 左右，在负背景场中间夹杂部分孤立的椭圆状及带状高磁异常，异常值梯度变化较大；成矿区带内以长甸镇—草河城镇一线以北至成矿带边界处区域航磁为整体高磁异常，该区异常呈带状及串珠状沿北东向展布，在杨林、下露河镇东及普乐堡镇东出现三个规模及强度均较大的高磁异常，异常长度均大于 20 km 以上，并与北西侧伴生负磁异常，该区二棚甸子镇—二户来镇—普乐堡镇一带为低磁场区，异常值在−100 nT 左右，异常值梯度变化较小。主要由磁性铁矿引起。

（3）Ⅲ-56-3 瓦房店（次级拗陷）Cu-Pb-Zn-Fe-金刚石成矿亚带

Ⅲ-56-3 成矿带区域航磁表现为北东走向的磁场特征，大连湾镇—莲山镇一带磁场强度较大，异常呈封闭的带状，沿北北东向展布，内部形成多个封闭的异常中心，异常中心极值 450 nT 以上；谢屯镇—瓦房店—桂云花一带磁场为一北东向的高磁异常带，该异常呈条带状，内部由多个异常中心组成，引类型异常是小规模铁矿引起。

第七节　区域地球化学特征

一、区域地球化学景观区的划分及特征

根据“中国地球化学景观分区图”（谢学锦，1997），在全国Ⅱ级景观分区图基础上，辽东吉南区主要的地球化学景观区分布特征为：中低山丘陵区。其划分及分布特征详见表 3-5。

表 3-5　东北地区地球化学景观区划分表

全国地球化学景观区	辽东—吉南地区地球化学景观亚区	分布特征
中低山丘陵区	吉林中部中低山丘陵区	分布在吉林地区中部辽源市一带
	辽东—吉林通化中低山丘陵区	分布在辽宁地区东部本溪—吉林通化一带

（1）辽东山地丘陵区：大致位于长大线铁路以东，为长白山脉的西南延续部分。浑河以北为吉林哈达岭的南端，山势一般不高，多在海拔 700 m 以下，构成低山地带，浑河以南包括龙岗山脉西南端及千山山脉，为浑河、太子河与鸭绿江的分水岭。山势较高，海拔 1 000 m 以上的山峰较多，如十花顶子（1 091 m），老秃顶子（1 325 m），韭菜顶子（1 254 m），花脖山（1 336 m），四方顶（1 270 m），帽盔山（1 141 m），步云山（1 130 m）等，构成中、低山地带。

（2）辽东半岛丘陵：大致在北纬 40°以南地区，地势较低，海拔高度多在 400～500 m 以下。西南沿海古海蚀台地发育，相对高度在 200 m 左右，起伏和缓，50 m 以下为滨海平原，

岸线曲折，多岩岸和天然良港。东南沿海 50 m 以下为狭窄的冲积平原，岸线较为平直，海滩较宽阔。

(3) 东部长白山区又分为长白中、低山区和长白低山、丘陵区。前者主要分布有长白山、张广才岭及其以东的广东北地区域，总面积 7.1 万 km^2。海拔多在 1 000 m 以上，最高点为长白山上的白云峰，海拔 2 691 m。该区森林茂密，植被发育，有大面积的原始森林分布，著名的长白山天池被授予国家级自然保护区。而低山、丘陵区分布有龙岗和大黑山山脉，多为丘陵盆地占据，总面积 4.1 万 km^2。海拔 400～1 000 m 之间，多在 500 m 以下。

二、区域地球化学异常分布特点

(一) 水系沉积物地球化学异常分布特征

(1) 在东北地区 Cu 元素在辽东成矿带(Ⅲ-56)和完达山成矿带(Ⅲ-54)内呈明显富集状态，其 C3 值分别为 1.24 和 1.36，其变异系数较大，说明铜元素在这两个成矿带富集程度较高并且分异性强，在成矿有利地区易于成矿，在这两个成矿带中也发现大量铜矿床，如红透山。

(2) Cu 元素在吉中—延边成矿带(Ⅲ-55)和华北陆块北缘东段成矿带(Ⅲ-57)中呈较富集状态，其 C3 值大于 1.1，并且其变异系数较大，分别为 1.21 和 0.72，说明铜元素在这两个成矿带富集程度较高并且分异性强，在成矿有利地区易于成矿，在这两个成矿带中也发现大量铜矿床。

在辽东地区 Cu 元素异常主要分布在红透山镇(Cu-32)、后安镇(Cu-35)、青城子(Cu-43)及大魏家至皮口镇(Cu-78)等地，地质背景以分布新太古界绥中片麻杂岩、新宾片麻杂岩、红透山黑云斜长变粒岩组、大石桥二云片岩变粒岩组及新太古界得胜片麻岩为主，与这些异常对应分布的矿产地有红透山铜矿、抚顺营盘火山岩型铜矿、青城子铅锌矿、宽甸万宝铜矿、桓仁铅锌矿、庄河芙蓉铜矿等。可见 Cu 元素异常对矿化具有指示作用，有时是作为主成矿元素、有时作为伴生元素出现。

在辽东地区 Au 元素异常主要分布在南杂木(Au -47)、清原至夏家堡(Au -45)、卧龙泉镇(Au-86)、普兰店(Au -102)、丹东(Au -80)等地，地质背景分别分布下白垩统南口前单元二长花岗岩、新元古界五凤岭单元二长花岗岩、上三叠统圈龙山超单元二道岭单元中细粒二长花岗岩、古元古界白云山单元中细粒二长花岗岩、新太古界得胜片麻岩、古元古界莲花盆花岗杂岩等，与这些异常对应分布的矿产地有清原县下大堡金矿、清原县线金厂金矿、盖州市平庄猫岭金矿、普兰店市孙家沟金矿、丹东市四道沟金矿等。可见 Au 元素异常对矿化具有指示作用，有时是作为主成矿元素，有些是铜铅锌、金等多金属矿伴生元素出现。

在辽东地区 Pb 元素异常主要分布在大甸子—红透山镇(Pb-37)、后安镇(Pb-39)、草河城镇(Pb-44)、青城子(Pb-47)、高屯—孤山满族镇(Pb-58)及长岭镇(Pb-69)等地，地质背景以分布下白垩统南口前单元二长花岗岩、上白垩统四方顶子单元钾长花岗岩、新太古界新宾片麻杂岩、赛马碱性杂岩、红透山黑云斜长变粒岩组、中三叠统五龙背超单元太平沟单元中细粒似斑状(含石榴二云)二长花岗岩组及上三叠统圈龙山超单元桥家店单元中细粒似斑状二长花岗岩为主，与这些异常对应分布的矿产地有红透山铜矿、抚顺县猴石沟铜矿点、本溪县旋岭后铅矿点、青城子铅锌矿、大石桥市周家乡大金寺—海龙铅锌矿、桓仁铅锌矿、庄河县聂家屯铅锌矿点等。可见 Pb 元素异常对矿化具有指示作用，有时是作为主成矿元素，但作为铜、金等多金属矿伴生元素出现情况较多。

在辽东地区 Zn 元素异常主要分布在大甸子(Zn-26)、红透山镇(Zn-28)、偏岭—后安镇(Zn-33)、桓仁二棚甸子(Zn-42)、太平哨—万宝(Zn-51)、青城子(Zn-45)、城山镇—长岭镇(Zn-59)等地，地质背景分别分布关门山组白云岩、红透山黑云斜长变粒岩组、新太古界新宾片麻杂岩、古元古界桓仁花岗杂岩、下白垩统石柱子超单元振江单元花岗闪长岩、盖县岩组板岩片岩千枚岩、大石桥岩组大理岩、二云片岩、变粒岩及上三叠统圈龙山超单元姜白地单元花岗闪长岩等，与这些异常对应分布的矿产地有关门山铅锌矿、红透山铜矿、抚顺县梨树沟金矿点、桓仁二棚甸子铅锌矿、万宝铜矿、青城子铅锌矿、庄河市聂家屯铅锌矿点等。可见 Zn 元素异常对矿化具有指示作用，有时是作为主成矿元素，但作为铜、金等多金属矿伴生元素出现情况较多。

在辽东地区 W 元素异常主要分布在清原大孤家(W-25)、偏岭镇(W-45)、孤山满族镇至万福(W-52)等地，地质背景分别分布下二叠统建平镇超单元杨树岭单元中细粒二长花岗、古元古界辽东花岗杂岩、上三叠统圈龙山超单元二道岭单元中细粒二长花岗岩等，与这些异常对应分布的矿产地有岫岩县牧牛乡南马峪西山钨矿点、盖州市平庄猫岭金矿等。但在钨矿点较集中的岫岩周边，W 元素异常不显著，可见 W 元素异常对矿化指示作用不如铜等金属明显，作指示元素时有时是作为主成矿元素，有些是作为钨钼、铜铅锌金等多金属矿伴生元素出现。

在辽东地区 La 元素异常主要分布在草河掌—赛马(La-29)、凤城县白旗镇(La-37)、万家岭至万福(La-52)等地，地质背景分别分布上三叠统赛马霓霞正长岩、云霞正长岩、白霞正长岩等碱性杂岩、新太古界由英云闪长质、奥长花岗质、花岗闪长质片麻岩组成得胜片麻岩单位、上侏罗统鞍子山超单元迟家沟单元中细粒二长花岗岩等，与这些异常对应分布的矿产地有凤城市骞马铈矿点、凤城县白旗独居石等。La 元素异常作为矿化指示对大部分矿产地有所反映，但对丹东周边较集中的丹东市黑沟劈柴沟铈矿点、丹东市五道沟铈矿点、东港市板石河铈矿点、辽阳县生铁岭铈矿点等指示不明显或无指示。

在辽东地区 Ag 元素异常主要分布在红透山镇周边(Ag-37、38、39)、田师付南(Ag-50)、草河掌以南(Ag-57)及草河口至庙子镇(Ag-56)等地，地质背景以新太古界绥中片麻杂岩之二长花岗质、花岗质片麻岩，下白垩统南口前单元二长花岗岩，白垩纪流纹斑岩，中三叠统五龙背超单元太平沟单元中细粒似斑状(含石榴二云)二长花岗岩为主，分布的银矿产地只有凤城市高家堡子大型银矿，与 Ag-56 号异常对应分布。可见 Ag 元素异常对相应矿种的矿化具有指示作用，有时是作为主成矿元素、但有时是作为其他矿种的伴生元素出现。

在辽东地区 Mo 元素异常主要分布在后安镇—永陵镇(Mo-52)、桥头镇—草河口(Mo-56)、赛马—灌水镇(Mo-62)、宽甸—太平哨镇(Mo-61)、南部万家岭—万福镇(Mo-86、81、85)等地，地质背景分别分布上白垩统四方顶子单元钾长花岗岩、侏罗系花岗闪长斑岩脉花岗闪长斑岩、张夏组鲕粒灰岩夹钙质页岩、上白垩统四方顶子单元钾长花岗岩、下白垩统老黑山超单元大川头单元似斑状中粒二长花岗岩、下白垩统石柱子超单元振江单元花岗闪长岩及盖州岩组板岩、片岩、千枚岩、片麻岩等；在辽东地区异常与矿产地分布的对应性较差，只有 Mo-61 号异常对应分布宽甸县振江镇万宝铜钼矿，而其他异常均无相应钼矿化分布。可见 Mo

元素异常对矿化具有一定指示作用，有时是作为主成矿元素，也有时作为铜、金等多金属矿化的伴生元素出现。

在辽东地区 Ni 元素异常主要分布在抚顺—下营子—新宾县(Ni-34、35)、南台镇至隆昌镇(Ni-44)、长甸镇—灌水镇(Ni-49)等地，地质背景分别分布中太古界平岭后片麻岩单位之暗灰色石英闪长质片麻岩，里尔峪岩组变质火山岩、变粒岩、浅粒岩，古元古界什司县辉长岩岩墙等，与这些异常分布对应分布的镍矿产地主要有新宾县框子哈达镍矿点、新宾县四道堡子镍矿点、海城县高岭小型镍矿和宽甸县杨木川乡朝阳沟村镍矿点，但铁岭县通州伙洛镍矿点、铁岭县小身房镍矿点、新宾县响水沟镍矿点、岫岩县青台峪镍矿点等镍矿化产出处无 Ni 异常出现，可见 Ni 元素异常对相应镍矿化的指示作用较一般，有时是作为主成矿元素出现，也有时作为铬、钴等其他多金属矿的伴生元素。

（二）重砂测量异常分布特征

1. 重砂矿物组成及分布特点

辽东—吉南成矿区分布有以下 3 个区，吉林省铁岭—靖宇金铜铅银异常区带、吉林省集安—长白金铜铅辰砂重晶石钨钼异常区带、辽宁省营口—宽甸成矿区带金铜铅钨硫银磷电气石独居石萤石重晶石异常区带。

2. 重要的重砂异常分布特征

(1) 吉林省铁岭—靖宇金铜铅银异常区带

① 山城镇—安口镇成矿带，辉南—抚民成矿带，王家店—那尔轰成矿带

该区处在中朝准地台(亚Ⅰ级)辽东台隆(Ⅱ级)铁岭—靖宇台拱构造单元内。落位于吉林省主要的金成矿带上。工作区具有铁族元素同生地球化学场特点。主要出露新太古界斜长角闪岩、斜长变粒岩、变质辉长岩及变花岗岩类建造；古元古界变质辉长岩建造；侏罗系果松组的安山岩建造；古生界的灰岩，中生界的砂岩构成的岩沉积建造。侵入体以燕山晚期的碱长花岗岩、花岗闪长岩、花岗斑岩为主；韧性剪切带是该区的主要控矿构造。围岩蚀变有硅化、黄铁矿化、绿泥石化等。矿产有香炉碗子金矿、辉南石朋沟金矿、天合兴铜钼矿、那尔轰铜钼矿等。

重砂矿物主要有自然金、白钨矿、辰砂、黄铁矿，其矿物含量分级较高，异常发育，构成的组合异常规模较大，对那尔轰铜钼矿积极支撑，具有优良的矿致性，找矿作用明显。在香炉碗子金矿以及辉南石朋沟金矿控制的汇水区域内亦有较好自然金重砂异常响应，显示一定指示效应。

70 号综合异常直接反映了那尔轰铜钼矿致系统，是主要预测靶区。

② 夹皮沟成矿带，两江—金城洞成矿带，百里坪成矿带

该区是吉林省寻找夹皮沟式金矿的最重要区域，落位于地台区北缘，近东西向超岩石圈断裂带南侧，主要出露太古界龙岗岩群四道砬子河组(Ar2sd)、杨家店组(Ar2y)、英云闪长质片麻岩(Ar2gnt)；夹皮沟岩群老牛沟组(Ar3ln)、三道沟组(Ar3sd)以及元古界色洛河群红旗沟组(Pt3h)、达连沟组(Pt3d)地层，构成变质岩建造。其中，英云闪长质片麻岩(Ar2gnt)、老牛沟组(Ar3ln)、三道沟组(Ar3sd)地层含有 Au。侵入岩体以阜平期、五台期的变质二长花岗岩以及燕山期的酸性花岗岩类为主。矿产有夹皮沟金矿、板庙子金矿、三道沟金矿、金城洞金矿，木兰屯金矿以及西林河银矿、百里坪银矿。

主要重砂矿自然金异常的落位处是较好的太古界含金层位，表明自然金异常应为矿致异常。此外铜族，白钨矿、独居石、黄铁矿、铅族、泡铋矿、磁铁矿、磷灰石等重砂矿物亦有异常显示。尤其是黄铁矿、白钨矿、独居石，矿物含量分级高，异常规模大，与金矿、银矿关系紧密，对寻找金银矿指示作用明显。铅族、铜族有较好的分级点异常，规模较小，与金矿积极响应，是该区指导找金的标型矿物。

综合异常(65 号、66 号、67 号、68 号、71 号、72 号、73 号、74 号、75 号)主要反映了夹皮沟金矿(田)以及金城洞金矿系统，是指示找矿的重要预测区。

③ 二密—赤柏松成矿带，四方山—板石成矿带

该区位于敦密断裂的南部，属辽东台隆(Ⅱ级)，铁岭—靖宇台拱(Ⅲ级)龙岗断(Ⅳ级)块构造单元。区内分布有新太古界黑云绿泥片岩、斜长角闪岩(Ar3msr)，古元古界钾长花岗质片麻岩(Pt13gna)，构成变质岩建造。其次为一套三叠系、侏罗系和白垩系的中性—偏碱性的火山岩建造。其中，侏罗系林子头组安山岩为含铜地层。沉积岩建造主要由南华系细河群钓鱼台组、南芬组以及桥头组的石英砾岩、砂岩夹泥岩、页岩构成，为区内成矿起到天然屏障作用。与铜镍成矿关系密切的侵入体主要为分布于三棵榆树、赤柏—金斗穹状背形核部的元古代基性岩、超基性岩体，成分为辉绿辉长岩、橄榄苏长辉长岩、二辉橄榄岩细粒苏长岩；燕山晚期的侵入体以花岗斑岩为主，是铜矿的主要控矿岩体；区内次一级断裂构造极其发育。分布有二密斑岩型铜矿、赤柏松铜镍矿、板石沟铁矿等矿产。

主要重砂矿物有铜族、磁铁矿、辉石、白钨矿、自然金。

空间上圈定的综合异常(79 号、80 号)与分布的矿产(二密斑岩型铜矿、赤柏松铜镍矿)存在积极响应关系，具有矿致性质，同时亦反映优良的成矿地质条件，是找矿预测的主要标志和异常区。辰砂、重晶石在空间上与铜矿、镍矿亦存在一定的响应关系。研究表明，辰砂中的 Hg 具有较强的亲硫性，主要来源于深部岩浆，而且在碱性介质中利于铁族矿石及金属硫化物的沉淀。重晶石主要为热液成因，多与硫化物共生。据此认为辰砂和重晶石异常对解译此处的铜矿、镍矿的成矿地质环境有重要指示意义。

(2) 吉林省集安—长白金铜铅辰砂重晶石钨钼异常区带

① 抚松成矿带，金厂—复兴成矿带，大安成矿带

该区处于辽东台隆，区内主要出露太古界变质钾长花岗岩、片麻岩以及斜长角闪岩构成的变质岩建造；中生界长白组、果松组和林子头组的中酸性火山岩构成的火山岩建造，以及古生界、中生界的砂岩、页岩构成的沉积岩建造。发育的东西向和北东向断裂构造对中生界地层的改造作用明显，对区内成矿致关重要，而燕山期的酸性花岗岩体以岩株状侵入到中生界的火山岩建造中，其接触带是成矿的有利部位。产出的矿产有金厂沟金矿、刘家铺子金银矿、大营铅锌矿、正岔铅锌矿、西岔金银矿、复兴屯铜金矿等。

重砂矿物有自然金、铜族、铅族、白钨矿、辰砂、重晶石、磁铁矿、磷灰石、黄铁矿。其中自然金、铜族、铅族、重晶石重砂组合异常级别高、规模大，矿物含量分级 4～5 级。组合异常落位于燕山早期的花岗岩体与老变质岩体的接触部位，对金矿、铅锌矿有指示意义，显示重砂异常优良的矿致性质。同时，辰砂、铜族、铅族作为中、低温热液矿床中主要共生矿物，对金(银)、铅锌的富集起到重要作用，重晶石矿物产于热液矿脉中，与硫化物共生。

圈定的综合异常(92 号)反映了金厂沟金矿以及西岔金银矿、复兴屯铜金矿的矿致岩浆系统，是预测的重要靶区，而 84 号综合异常指示的是抚松大营铅锌矿。

② 古马岭成矿带,南岔—荒沟山成矿带,六道沟成矿带,长白成矿带

该异常区带位于地台区辽东台隆,是本省最南部的金银铅锌硼重要成矿带。分布古元古界集安岩群和老岭岩群地层,变质建造和火山岩建造发育,是金、银、铅、锌、硼的控矿层位;侵入岩体以古生界的巨斑花岗岩以及燕山期的二长花岗岩、碱长花岗岩为主,前者为硼镁矿的富集成矿提供热能,金、银、铅、锌主要富集在燕山期的岩浆活动系统。北东向呈蛇形延伸的韧性剪切带是主要的控矿构造。矿产有矿洞子铅锌矿、荒沟山金矿、铅锌矿、南岔金矿、六道沟铜钼矿、下活龙金矿等。

主要重砂矿物有自然金、自然银、铜族、铅族、白钨矿、辰砂、毒砂、石英、重晶石,有时有辉钼矿,其异常含量水平较低,空间上存在套合现象,并与分布的矿产存在响应关系,具备矿致性质,找矿指示效应明显。

圈定的 93 号、88 号、89 号综合异常分别反映了矿洞子铅锌和六道沟铜钼矿致系统,是主要预测区。94 号综合异常反映矿洞子铅锌矿致系统的外围重砂异常分布模式,是外围铅锌的找矿靶区。此外,87、90 号综合异常对金矿点积极支撑,具有的找矿意义。

12 个重砂异常区带具有不同的重砂矿物组合和异常特征。总体上看,自然金、白钨矿、锡石、黄铁矿、毒砂异常可指示岩浆热液型的金矿、铜矿、白钨矿。对沉积成因和变质成因矿床,重砂矿物组合较复杂,具有明显指示作用的往往是成矿矿物,如风化沉积的砂金矿,只有自然金异常反应;热液变质成因的金矿,一般自然金、黄铁矿异常具有代表性。辰砂异常常呈带状分布,而且集中分布在断裂构造发育处,如夹皮沟金矿田近东西向的韧性剪切带,山门银矿北东向的控矿断裂等。因此,辰砂矿物异常对指示断裂裂隙系统有帮助。反映基性—超基性岩体的橄榄石、辉石、磁铁矿重砂异常,在空间上与实际分布的铁镁质岩体存在叠合现象,表明应用橄榄石—辉石—磁铁矿重砂组合异常,对分析深部幔源成因的镍矿、铬铁矿的成矿地质环境有一定的指示作用。重晶石异常主要分布在吉林省南部的荒沟山一带,规模较大,反映碳酸盐沉积环境,对指示沉积变质成因的金矿、铅锌矿有重要作用。研究表明,南部的古马岭金矿、郭家岭铅锌矿至北侧的南岔金矿、荒沟山铅锌矿、金矿,成矿地质背景均为元古界的火山碎屑岩—碳酸盐岩沉积,岩浆活动频繁,产生了强烈的区域变质作用。因此,该区域的金矿、铅锌矿具有复杂的多成因特征。

(3) 辽宁省营口—宽甸成矿区带金铜铅钨硫银磷电气石独居石萤石重晶石异常区带

此成矿带属辽东早元古代裂谷范围。成矿带内辽河群地层发育,其中里尔峪组为(火山)沉积变质型硼矿、铜钴的主要赋矿层位,高家峪组(下含矿层)和大桥组(上含矿层)碳酸盐岩为变质同生沉积及变质热液再造型铅锌银矿床的主要赋矿层位,同时也是岩浆热液再造型矿床的成矿母岩和有利的容矿围岩。新金—宽甸印支期—燕山期侵入岩带横贯全区,柳家岭—庄河、鞍山—华铜印支期—燕山期侵入岩带也横穿全区,为岩浆热液型矿床提供了热源、部分成矿热液及成矿物质。该区已知矿种有铁、铬、铜、铅、锌、金、银、重晶石、菱镁矿、萤石,目前区内已发现特大型金矿床 1 处,大型金矿床 1 处,中型金矿床 3 处,小型金矿床数十处,金矿点数百处。大型铅矿床 2 处,中型铅矿床 1 处,小型铅矿床数十处,铅矿点几处。小型铜矿床 5 处,铜矿点 3 处。小型钨矿床 2 处,钨矿点 4 处。中型硫矿床 2 处,小型硫矿床 15 处。该成矿带成矿环境较好,是寻找金银铅锌硼矿床的有利区段。

自然重砂矿物:铜矿物、铅矿物、锌矿物、金、银矿物、白钨矿、黄铁矿、磷灰石、电气石、独居石、萤石、重晶石。

① Ⅲ-56-②成矿区带铜矿物—铅矿物—金—银矿物—黄铁矿—白钨矿自然重砂综合异常

共有金重砂异常59处，其中包括Ⅰ级异常9处，Ⅱ级异常8处，Ⅲ级异常42处；铜重砂异常44处，其中包括Ⅰ级异常6处，Ⅱ级异常5处，Ⅲ级异常24处；铅重砂异常34处，其中包括Ⅰ级异常7处，Ⅱ级异常6处，Ⅲ级异常15处；银重砂异常5处，其中包括Ⅱ级异常2处，Ⅲ级异常3处；黄铁矿重砂异常61处，其中包括Ⅰ级异常25处，Ⅱ级异常21处，Ⅲ级异常7处；白钨矿重砂异常63处，其中包括Ⅰ级异常23处，Ⅱ级异常29处，Ⅲ级异常11处。在桓仁二棚甸子铅矿周围有铅矿物、铜矿物、黄铁矿重砂异常响应，在丹东市五龙金矿周围有金、白钨矿、铜矿物、黄铁矿重砂异常响应，在丹东市四道沟金矿周围有金、铜矿物、黄铁矿重砂异常响应，在东港市接梨树铜矿周围有金、铜矿物、黄铁矿重砂异常响应，在凤城县青城子铅矿周围有铅矿物、铜矿物、黄铁矿重砂异常响应，在本溪草河口云盘硫铁矿矿床周围有铅矿物、黄铁矿重砂异常响应，在营口县金山岭铅矿周围有金、白钨矿、铅矿物重砂异常响应，在大石桥市分水金矿周围有金、白钨矿、黄铁矿、铅矿物重砂异常响应。该异常区与金、铅、铜、钨、硫铁矿矿产地空间分布关系。

② 营口—宽甸（Ⅲ-56-②）成矿区带磷灰石—电气石—独居石—萤石—重晶石自然重砂综合异常

共有磷灰石重砂异常22处，其中包括Ⅱ级异常21处，Ⅲ级异常1处；电气石重砂异常32处，其中包括Ⅰ级异常9处，Ⅱ级异常22处，Ⅲ级异常1处；独居石重砂异常51处，其中包括Ⅰ级异常7处，Ⅱ级异常44处；萤石重砂异常38处，其中包括Ⅱ级异常1处，Ⅲ级异常2处；重晶石重砂异常13处，其中包括Ⅰ级异常2处，Ⅱ级异常8处。在凤城市王家大沟重晶石矿周围有重晶石重砂异常响应、凤城市沙里寨乡魏家沟重晶石矿点周围有重晶石重砂异常响应。在砂矿型稀土矿（独居石矿）周围都有独居石重砂异常响应。在凤城县翁泉沟硼矿、宽甸县大西岔乡扬木杆子硼矿、宽甸县夹皮沟乡花园沟硼矿、大石桥市后仙峪硼矿、大石桥市黄土岭后仙峪鲁家沟硼矿、宽甸夹皮沟砖庙二人沟硼矿、宽甸夹皮沟砖庙老人沟—漏河沟硼矿、宽甸红石砬子老红顶硼矿、凤城市弟兄山—四门子乡硼矿、凤城县二台子硼矿点等周围有电气石重砂异常响应。

在桓仁二棚甸子铅矿周围有铅矿物、铜矿物、黄铁矿重砂异常响应，在丹东市五龙金矿周围有金、白钨矿、铜矿物、黄铁矿重砂异常响应，在丹东市四道沟金矿周围有金、铜矿物、黄铁矿重砂异常响应，在东港市接梨树铜矿周围有金、铜矿物、黄铁矿重砂异常响应，在凤城县青城子铅矿周围有铅矿物、铜矿物、黄铁矿重砂异常响应，在本溪草河口云盘硫铁矿矿床周围有铅矿物、黄铁矿重砂异常响应，在营口县金山岭铅矿周围有金、白钨矿、铅矿物重砂异常响应，在大石桥市分水金矿周围有金、白钨矿、黄铁矿、铅矿物重砂异常响应。该异常区与金、铅、铜、钨、硫铁矿矿产地空间分布关系。

三、区域地球化学异常分析与评价

按铁岭—靖宇（次级隆起）Fe-Au-Cu-Pb-Zn成矿亚带、营口—长白（次级隆起，Pt1裂谷）Pb-Zn-Fe-Au-Ag-U-硼—菱镁成矿亚带、瓦房店（次级拗陷）Cu-Pb-Zn-Fe-金刚石成矿亚带进行叙述。

（一）铁岭—靖宇（次级隆起）Fe-Au-Cu-Pb-Zn成矿亚带

整个成矿区带内发育金银、铜铅锌、铁锰及稀土菱镁矿等多种矿化，且发育与之相应的组合异常，构成一个明显的化探异常组成的异常带。区带内有三处较为显著、组合较好的地球化学异常分布区。

1. 大孤家—大甸子—永陵镇—英额门镇地球化学异常区

整个异常区内出现的组合异常元素主要有Au-Ag-Cu-Pb-Zn-Fe-Mn-Cr-Ni等，异常面积大小不一，且各元素规模大小及异常中心吻合程度随不同矿化点分布而有所不同，区内出现的矿床矿点有金铜铅锌铬镍。异常区内红透山铜矿、清原华家沟铜矿等周边异常组合有Au-Ag-Cu-Pb-Zn等元素，异常面积较大，但组合异常中各元素浓集中心吻合度一般；异常区西部的关门山式铅锌矿一带出现的元素组合为Pb-Zn-Ag-Mn，组合元素浓集中心重叠好；夏家堡镇东南的大荒沟硫铁矿床，其异常组合为Au-Ag-Cu-Zn，异常面积不大但浓集中心吻合较好；异常区东南部有大面积Pb-Zn-Fe-Mn等元素组合出现，但浓集中心较分散，且无矿化分布。综合分析该组合异常区后认为，整个异常区地质矿产背景条件好，广泛发育中太古代网户片麻岩、新太古界新宾片麻杂岩、新太古界绥中片麻杂岩等片麻岩岩组，以及红透山岩组之黑云斜长变粒岩、角闪斜长变粒岩及磁铁石英岩等变质岩，与区内典型矿床红透山铜矿成矿条件相近，且Cu、Pb、B、Zn等元素的基岩丰度与地壳丰度比均在1.2以上，故可将该异常区作为进一步寻找金铜铅锌铁锰等多金属矿化的重点工作区域。

2. 前甸镇—石桥子—平顶山—新宾县地球化学异常区

整个异常区内出现的组合异常元素主要有Au-Ag-Cu-Pb-Zn-Fe-Mn-P-Ba-MgO等，异常规模变化较大，各元素规模大小及异常中心吻合程度随不同矿化点分布而有所不同，区内出现的矿床矿点主要有铜金铁及菱镁矿。异常区内新宾东岔铜矿、响水沟镍矿点等矿化周边异常组合为Au-Cu-Pb-Zn-Fe-Cr-Ni等元素，异常面积大小不一，但组合异常中各元素浓集中心较吻合；抚顺下古家子铜矿点、抚顺南部通什金矿点、抚顺土口子铜矿点、抚顺县营盘铜矿点等矿化，Au-Ag-Cu-Pb-Zn-Fe-Mn-Cr-Ni-Mo等元素均有出现，其中铜铁等异常虽然面积大但浓集中心较为分散；东北角分布的青石岭菱镁矿周边出现MgO-Ba异常组合，且两者套合较好；另外异常区东部有一面积较大的Au-Cu-Pb-Zn-Fe-Mn元素组合出现，但无矿化分布。总之整个异常区地质矿产背景条件好，与邻近典型矿床红透山铜矿等矿化相近的地质条件发育，广泛分布中太古代平岭后片麻岩、中太古代网户片麻岩及新太古界新宾片麻杂岩等岩组，且期后构造活动明显，可将该区域作为进一步寻找铜金铁锰铬镍等多金属矿化的工作区域。

3. 下马塘—赛马—八里甸子镇地球化学异常区

整个异常区内出现的组合异常元素主要有Au-Ag-Cu-Pb-Zn-P-Ba-MgO等，异常规模大小不一，区内出现的矿床矿点有铜铅锌和稀土。区内分布的本溪黄柏峪铜矿、本溪套峪峪铜矿、本溪旋岭后铅矿等周边异常组合有Cu-Pb-Zn-Au-Ag-Mn等元素，其中铜锌异常面积较大，且组合异常中各元素浓集中心较为吻合；凤城王家大沟重晶石矿、凤城骞马稀土(铈)矿点一带出现的元素组合为Ba-P-Cu-Pb，单元素异常面积虽不大但组合元素浓集中心重叠较好。总之该成矿带内寒武系、奥陶系地层较发育，且基岩丰度与地壳丰度比值均大于1.15，是铜铅锌成矿的有利围岩；岩浆岩与围岩接触部位矽卡岩化发育，并伴有强烈的铜铅锌矿化；另外赛马附近发育晚三迭世赛马碱性杂岩，是稀土矿化的有利背景区域。

(二) 营口—长白(次级隆起，Pt1裂谷)Pb-Zn-Fe-Au-Ag-U-硼—菱镁成矿亚带

整个成矿区带内发育铜铅锌、金银、硼、菱镁及稀土等多种矿化，且发育与之相应的组合

异常，构成一个明显的化探异常组成的异常带。区带内有若干处较为显著、组合较好的地球化学异常分布区。

1. 二棚甸子—灌水镇—东汤—长甸—五里甸子镇地球化学异常区

异常区内出现的元素异常较丰富，主要有 Au-Ag-Cu-Pb-Zn-Mo-W-Fe-La-P-MgO-Ba-B-F 等，异常规模大小不等，且各元素规模大小及异常中心吻合程度随不同矿化点分布而有所不同。异常区东部二棚甸子矽卡岩型铜铅锌矿床、万宝矽卡岩型铜矿、老营沟铅锌矿等周边出现异常组合为 Cu-Pb-Zn-Au-Ag-Mo-W 等元素，组合异常中各元素浓集中心较吻合；北部分布的张家堡子、铁路子、老营沟铅锌矿一带出现异常元素 Pb-Zn-Cu-Ag-La-B 的组合，异常规模不大但组合元素浓集中心重叠较好；异常区西南部以分布硼和菱镁矿矿床矿点为主，出现的异常元素主要有 B、F、Fe，其中 B 异常分布较广且异常面积较大，但各异常元素浓集中心较分散；穷棒子沟等菱镁矿化分布处出现 MgO 和 B 异常，指示效果较明显。对该区综合分析后认为，利于矿化的地质矿产背景条件较好，广泛发育高家峪、里尔峪岩组等变质岩地层，并发育有系列近东西向排列的燕山期中酸性侵入体，岩浆岩与围岩接触部位矽卡岩化发育，并伴有强烈的铜铅锌矿化，其中 Cu、Pb、Sb、B 等元素的基岩丰度与地壳丰度比均在 1.25 以上，可在该异常区进一步开展寻找铜铅锌及硼菱镁矿矿化的工作。

2. 红旗—前阳镇—长甸—东汤镇地球化学异常区

异常区内矿化主要以金和稀土矿为主，出现的元素异常组合主要有 Au-Ag-Pb-Zn-W-La-Ba 等，异常规模大小不等，且各元素规模大小及异常中心吻合程度随不同矿化点分布而有所不同。异常区丹东五龙金矿、四道沟金矿周边出现异常组合为 Au-Zn-W 元素，组合异常简单、指示效果不显著；丹东黑沟劈柴沟铈矿点、丹东五道沟铈矿点等稀土矿分布区域出现异常元素 La-Cu-Ag-Zn-W-Ba 的组合，异常规模不大但组合元素浓集中心重叠较好。该区域地质矿产背景条件较好，主要分布里尔峪岩组变质岩地层、三叠世五龙背超单元之细粒似斑状二长花岗岩及古元古界辽东花岗杂岩，其中 Au、Rb、Sn、Ba、Pb 等元素的基岩丰度与地壳丰度比均在 1.2 以上，可将该区域作为进一步寻找金铜和稀土矿化的工作区域。

3. 草河口—河栏镇—大石桥—万福—新甸—四门子镇地球化学异常区

该异常区出现的元素异常组合丰富，有 Au-Ag-Cu-Pb-Zn- Mo-W-Fe-La-P-MgO-Ba-B-F 等，异常面积大小不一，且各元素规模大小及异常组合情况随不同矿化点分布而有所不同，区内矿床分布广泛且矿种丰富，有铜铅锌金银钨硼菱镁矿萤石矿等。异常区北部是中大型菱镁矿密集分布区，大石桥青山怀、海城王家堡子—下房身、海城祝家村等大型菱镁矿沿北东向广泛分布，与大石桥岩组之大理岩、二云片岩、变粒岩等地层分布范围一致，异常主要为 MgO，亦有 Au-Cu-Pb-Zn 等异常分布，但主要是零星分布的海城牌楼等金矿化点的反映；东北部分布 Au-Ag-Pb-Zn-Cu -Fe-Mo-Ni 等的异常组合，异常规模不大但组合元素浓集中心重叠较好，与异常对应的矿化有青城子小佟家堡子金矿、青城子铅锌矿、凤城高家堡子银矿等，对矿化具指示意义；区内东南部分布岫岩城东铅锌矿点、岫岩杨家堡子娘娘城钨矿点、岫岩西山区铅锌矿等，出现的异常元素主要有 Cu-Au-Ag-Pb-Zn 等，各异常元素浓集中心重叠程度一般；异常区西南部分布盖州旺兴仁村萤石矿、盖县卧龙泉萤石矿，异常出现的 F-CaO-Ni-B 组合，对萤石矿化有一定指示作用。综合分析该异常区地质成矿背景条件，广泛发育辽宁菱镁矿重要产出背景——大石桥岩组之二云片岩、变粒岩等变质岩系，硼矿化有利背景——里尔峪岩组变质火山岩、变粒岩、浅粒岩地层，以及利于铅锌银等多金属矿化的三叠至侏罗世二长花岗岩系列、古元古界辽东花岗杂岩地层等，基岩背景元素相对富集、期后构造活动明显，是寻找铜铅锌金银硼菱镁矿萤石矿等矿床的有利区段。

（三）瓦房店（次级拗陷）Cu-Pb-Zn-Fe-金刚石成矿亚带

整个成矿区带内分布铜铅锌、重晶石等矿化。区带内有两处较为显著、组合较好的地球化学异常分布区。

1. 华铜—莲山镇—小孤山—万福镇地球化学异常区

区内矿化主要以铜铅锌为主，亦有菱镁、萤石矿分布，出现的元素异常组合主要有 Cu-Pb-Zn-Au-Ag-Fe-Mn-MgO-Ba-F 等，异常规模大小不等，且各元素规模大小及异常中心吻合程度随不同矿化点分布而有所不同。异常区内复县华铜铜矿、盖州仰山铜矿周边出现异常组合为 Cu-Pb-Zn-Au-Ag 元素，组合异常简单但浓集中心较吻合，指示效果较显著；庄河聂家屯铅锌矿分布区域出现异常元素 Pb-Zn-Ag-F 的组合，异常规模不大但组合元素浓集中心重叠较好；异常区东部分布的仙人洞菱镁矿周边无异常指示元素出现；在万家岭至安波一带，有较大面积的 Fe-MgO-La 组合异常区出现，但无矿化点分布，为高背景基岩引起。总体上看该区域地质矿产背景条件较好，三迭至侏罗世石英闪长岩、二长花岗岩广泛分布，并有新太古界得胜片麻岩等变质岩分布，而且 Cu、Pb、Zn 等元素的基岩丰度与地壳丰度比均在 1.2 以上，可将该区域作为进一步寻找铜铅锌多金属矿化的工作区域。

2. 城子坦—复洲湾—大魏家—登沙河镇地球化学异常区

该异常区出现的元素异常有 Ba-MgO-F-Cu-Pb-Zn-Fe 等，各元素规模大小及异常组合情况随不同矿化点分布而有所不同，区内矿化种类以重晶石为主，偶有金矿点分布。普兰店东南约 7 km 处分布孙家沟铁金矿，异常组合为 Au-Ag-Cu-Pb-Zn-Fe 等，异常面积不大但各元素浓集中心吻合较好；区内其余均为重晶石矿化，有瓦房店西林屯、李家岭、大连金州王家庄等重晶石矿点分布，出现 Ba-Cu-Zn 的异常组合，各异常元素套合程度较差，且重晶石矿主成矿元素 Ba 异常与矿化分布对应性较一般，只有大连金州胡米山重晶石矿点周边有 Ba 异常出现，而其他矿化无 Ba 异常分布。

综合分析该异常区地质成矿背景条件，大面积发育新太古界得胜片麻岩组之英云闪长质、花岗闪长质片麻岩，以及侏罗世二长花岗岩等岩石，基岩背景中铜铅锌等元素相对富集，期后构造活动明显，总之该区域可作为寻找铜铅锌金及重晶石矿化的较有利区带。

第八节　区域遥感地质特征

Ⅲ-56 辽东（隆起）Fe-Cu-Pb-Zn-Au-U-硼—菱镁矿—滑石—石墨—金刚石成矿带的遥感特征：华北地台北缘断裂带控制成矿带北侧边缘，沿华北地台北缘断裂发育与其伴生的区域性脆韧性变形构造；西侧边缘为依兰—伊通断裂带，该断裂带由两条近于平行的北东向断裂构成一北东走向的狭长地堑，并在本成矿带内表现为北窄南宽特点，在沈阳附近被敦化—密山岩石圈断裂错断；敦化—密山岩石圈断裂呈北东向通过成矿带西北部，并伴有区域性脆韧性变形构造形成，该带具明显的平移特点，断裂带东侧向北东平移达 120 km 以上；三源浦—样子哨断裂带通过本溪呈北东向分布于成矿带西北部，北东端被敦化—密山岩石圈断裂所截，西南端被依兰—伊通断裂带所截，该断裂带北东段由两条断裂构成的楔型地堑，北端最宽处约翰逊 2 km。富江—景山断裂带、四平街—凤城断裂带、大川—江源断裂带、大路—仙人桥断裂带、集安—松江岩石圈断裂、望天鹅—春阳断裂带、长白—图们断裂带均呈北东向通过成矿带。那尔轰—松江断裂带、柳河—靖宇断裂带、兴华—白头山断裂带、头道—长白山断裂带呈近东西走向通过成矿带；双阳—长白断裂带、四棚—青石断裂呈北西向分布在成矿带内。海城—草河口岩石圈断裂、海城析木城—岫岩断裂、北票—义县断裂呈北西向分布于成矿带中南部。

第九节 深部构造及隐伏地质建造控矿特征

一、华北陆块北缘断裂

位于南部法库—开原—梅河口—桦甸—和龙一线，近东西向展布，向两端延出区外。断裂南侧属华北陆块区，太古宇、古元古界地层广泛发育，北侧属天山—兴蒙造山系，沿断裂带有加里东期、华力西期、燕山期中酸性侵入体大量分布；局部地段形成侏罗、白垩纪盆地；基性—超基性岩体零星分布，一般规模不大。断裂带岩石遭受挤压而形成强烈片理化。在辽宁境内断裂北侧磁场强度高而平静，长轴呈北东向，断裂南侧磁场复杂，幅值高，长轴呈近东西向。重力等值线弯曲。断裂带在法库-开原一段隐伏于第四系及中生代地层下，磁异常反映不明显。法库一带可能遭受北北东向及北西向断裂叠加影响，断裂向南发生弯曲、错位。在吉林境内断裂有明显起伏，显示为重力异常线性梯度带、狭窄重力低异常带及异常错动带。线性负磁异常带巨大的线性梯度带、不同场区分界线为特征。

二、敦化—密山断裂

在吉林、辽宁两省内，断裂在布格重力异常上，显示为线性梯度带、狭窄重力低异常带及异常错动带。航磁异常以线性梯级带、线性负磁异常带、串珠状磁异常带、不同磁场区分界线为标志。与地质上出露位置基本一致。从地质图上看出，该断裂处在狭长的中新生代断陷盆地之上，在敦化一带有大面积玄武岩分布，附近有基性超基性岩体、岩脉分布，反映了断裂深达上地幔，属深源性质。在山城镇一带有燕山晚期多处规模不大的中酸性侵入岩体分布。在吉林省内，铁岭—靖宇隆起主要位于断裂的东南一侧，在辽宁省内，将铁岭—靖宇隆起一分为二。断裂两侧出露有古太古代变质橄榄岩，古太古代变质辉长岩，新元古代橄榄岩，反映了深源断裂性质。

第四章　区域成矿规律

第一节　主要矿床类型及典型矿床特征

一、主要矿床类型

辽东—吉南横跨华北地台北缘成矿带东段，中生代以后又叠加以环(滨)太平洋成矿带，成矿条件有利，矿产资源十分丰富。

区域矿产大致可划分为五大组合：① 太古宙基底隆起区铁、铜锌、金、镍等金属矿床。② 辽吉古元古裂谷区菱镁矿、滑石、硼、铅锌、铁、铀、金、银、铜、钴、硫铁矿等矿床。③ 中晚元古地层分布区铅、锌、锰等金属矿床。④ 中生代岩浆岩金、银、铂、钯、铜、镍、铅锌、钼等矿床。⑤ 中生代沉积岩区煤炭、石油、天然气、黏土以及三叠纪沉积型锰矿等。综上所述，辽东吉南地区内生金属矿床在成矿时间上有两个高峰期，即前寒武纪和中生代。已知的优势矿种有铁、金、银、铜、铅、锌、钴、硼及菱镁矿、滑石等。

辽宁省东部的矿产资源相当丰富，发展国民经济所需的大宗矿产有铁、铜、铅锌、金、银、菱镁矿等矿产。主要矿产类型如下：

1. 沉积变质型铁矿

(1) 鞍山式沉积变质型铁矿：该类型铁矿是一套中—新太古界鞍山群变质含铁碎屑岩建造，U-Pb 年龄 31 Ga，为中国重要的含铁层位。含矿层位为鞍山—本溪地区为鞍山群的茨沟岩组、樱桃园岩组；抚顺—清源地区为清原群的红透山岩组、石棚岩组；辽西地区为太古宇的变质 TTG 杂岩与表壳岩组合。含矿岩系为黑云、角闪斜长片麻岩、黑云角闪变粒岩、斜长角闪岩夹磁铁石英岩和绢云石英片岩、千枚岩夹磁铁石英岩组合；鞍山式铁矿的矿石主要成分是磁铁矿和石英。鞍山式铁矿的分部范围主要是鞍山—辽阳—本溪地区和抚顺—清原地区。

(2) 大安口式沉积变质型铁矿：产于古元古界辽河群大石桥三段透闪石大理岩中。沉积环境为一套碳酸盐台地型海相沉积，共生有硫铁矿、菱镁矿。主要铁矿物为菱铁镁矿和磁铁矿、褐铁矿。分布范围主要为营口—辽阳地区。

(3) 仰山式沉积变质型铁矿：产于古元古界榆树砬子群石英岩、砾岩及千枚岩中。沉积环境为一套浅海碎屑型海相沉积。分布范围为盖州、复县、庄河一带。

(4) 翁泉沟式沉积变质型硼铁矿：赋存于古元古界里尔峪岩组一段黑云变粒岩夹镁质碳酸岩层中。主要矿物硼镁铁，铁、硼矿共生，围岩具有蛇纹石化。分布范围为大石桥—宽甸一带。

(5) 杨林式沉积变质型铁矿：产于古元古界，赋存于里尔峪组三段浅粒岩、磁铁变粒岩中含硫磁铁矿浅粒岩建造中。分布范围为宽甸、岫岩、大石桥三县境内。

2. 岩浆热液改造型金矿(花岗绿岩型金矿)

金厂沟梁式岩浆热液改造型金矿：金矿产于太古宇建平群大营子组中，岩性为角闪斜长片麻岩、黑云斜长片麻岩、斜长角闪岩，夹白云质大理岩和磁铁石英岩扁豆体。矿区基底岩系中发育有东西向韧性剪切带，其形成时间早于华力西期，此外在基底岩系与盖层中尚发育有印支—燕山早期的北东向的韧性剪切带，矿体赋存于两期韧性剪切带交汇部位的粗糜棱岩和超糜棱岩中。分布于抚顺—清原一带太古代地层及后期印支燕山花岗岩分布区。

3. 沉积建造中的变质碎屑岩型金矿

1) 白云式变质碎屑岩中脉型金矿：主要产于古元古界辽河群大石桥组二段地层中。含金碎屑—黏土岩经区域变质、变形作用，使金等成矿元素发生水活化、迁移富集成矿。该类型金矿具有品位低但分布稳定，规模大，易采等特点。典型矿床有凤城市青城子白云金矿。分布范围为辽宁东部地区，营口—长白台拱北侧。

2) 猫岭式变质碎屑岩中热液改造型金矿：主要产于古元古界辽河群盖县组二段和榆树砬子群中。矿体受层位控制，控矿岩层为盖县组二段黑色黑云绢云千枚岩、灰绿色绿泥绢云千枚岩及石英绢云千枚岩等。受太平庄向形构造的层间滑动带控制。金矿体主要变位于滑动带中。与金成矿关系密切的中印支期猫岭似斑状黑云母二长花岗岩体，该岩体呈岩株状产出。典型矿床有盖州市太平庄乡猫岭金矿。

4. 岩浆热液型金矿

五龙式岩浆热液型金矿：产于片麻状黑云母花岗岩中，含金石英脉型金矿，控矿岩体为粉红色二长花岗岩及黑云母花岗岩，具斑状结构，片麻状构造。岩体外表具老岩体的外貌，但时代较新。成岩时代以印支期为主，其次为燕山期。属中深成—超深成浅剥蚀的小岩株。典型矿床有丹东五龙金矿，四道沟金矿。

5. 高家堡子式层控内生型银矿

矿体赋存于辽河群大石桥组三—五段大理岩中。分布于胶辽陆块的辽东裂谷中。

6. 海相火山岩型铜矿

(1) 红透山式海相火山岩型铜矿：成矿时代为新太古界，赋矿层位为新太古界清原岩群红透山岩组斜长角闪岩、角闪变粒岩、黑云变粒岩、二长变粒岩中。矿体产于黑云质与角闪质(片麻岩、变粒岩)岩石组成的互层带中，岩层愈薄，互层频率愈高，矿化愈富集。空间上受褶皱、断裂构造控制。

(2) 大横路式海相火山沉积型铜矿，成矿时代为古元古界，赋矿层位为古元古界辽河群里尔峪岩组的火山—沉积层状变质岩中，矿体产于里尔峪岩组的凝灰岩、含凝灰质板岩、石英角斑岩中。典型矿床有辽阳华岩寺铜矿。

7. 岩浆岩型铜矿

(1) 铧铜式矽卡岩型铜矿：与燕山期花岗闪长岩、闪长岩、花岗岩有关，地层主要有辽河群大石桥组、长城系高于庄组、蓟县系雾迷山组和寒武系、奥陶系灰岩。矿体赋存在岩体与碳酸盐岩接触带。伴生或共生矿产有铁、钼、铅、锌、金、银等。典型矿床有瓦房店市铧铜、桓仁县二棚甸子。

(2) 万宝式热液、充填交代型(矽卡岩)铜矿：与铜矿有关的侵入岩主要为印支期和燕口期花岗岩、二长花岗岩，赋矿地层有辽河群、寒武系碱厂组地层，矿化围岩主要岩性为白云质大理岩，灰岩、泥灰岩、花岗岩、安山岩。矿床常与小的背斜、向斜褶曲构造关系密切。典型矿床有万宝铜铅锌多金属矿。

8. 层控内生型（青城子式）铅锌矿

该类型矿床产于形成时代为早元古代，赋存于辽河群高家峪岩组上部与大石桥岩组下部的碳酸盐岩与片岩、变粒岩互层带。典型矿床有凤城市青城子铅锌矿床。

9. 热液型（矽卡岩型）铅锌矿

（1）有桓仁式矽卡岩型铅锌矿：燕山早期中酸性岩浆岩与寒武、奥陶系灰岩接触形成的矽卡岩型矿床，侵入岩为闪长岩，多与钼矿共生关系密切，其形成时代为上侏罗统—下白垩统。典型矿床有桓仁二棚甸子铅锌矿。燕山晚期中酸性侵入岩与辽河群大石桥组大理岩接触形成的铅锌矿床，中性闪长岩或花岗闪长岩与寒武系灰岩接触生成多金属矿床。

（2）东胜式热液型铅锌矿，区内铅锌矿主要发育于古元古界辽河群上亚群中，高家峪组、大石桥组和盖县组中，在花岗岩体构造裂隙中也有矿体存在。矿体受断裂控制，北北东向压性断裂控制矿体较北东向矿体规模大、品位高，但北东向矿体多，两组断裂复合部位，矿体增大。北西和北北西向断裂控制的矿体窄小，但铅锌品位高。

10. 沉积变质型菱镁矿

矿床主要赋存在古元古界上辽河群大石桥岩组镁质碳酸盐中，矿石矿物以菱镁矿为主，含有少量水镁石，脉石矿物有白云石、镁橄榄石—蛇纹石化镁橄榄石、金云母、滑石等。矿石类型主要为纯镁型、高硅型（硅镁型），少量为高钙型（钙镁型）和高硅高钙型。主要分布于海城—大石桥一带，是辽宁省优势矿产之一。

11. 变质火山—沉积型硫铁矿

矿床赋存层位为辽河群里尔峪组，矿体受地层控制，矿体形态呈层状、似层状，产状与地层一致；矿质来自深源火山喷气作用，被搬运至古陆边缘适宜的古地理环境中沉积并经区域变质作用成矿。分布区范围为辽东海城—杨林里尔峪岩组分布区。

该成矿带吉林省境内主要产出的矿种有煤、铁、金、铜、钴、镍、硅藻土等大中型矿床及共伴生的铂族金属、稀有、稀散元素矿产，次有银、钼、铅锌、硫铁矿、硼、石墨、火山渣等中小型矿床，零星分布有锑、磷、镁、滑石、石膏、膨润土、高岭石、硅石、大理石等小型矿床或矿点。主要的矿床类型如下：

黑色金属主要矿床类型：沉积型、沉积变质型铁矿床。

有色金属主要矿床类型：沉积变质型铜钴矿床、基性—超基性岩浆融离—贯入型铜镍矿床、矽卡岩型铜钼矿床、矽卡岩型铅锌矿床、斑岩型铜矿床、斑岩型铜钼矿床、岩浆热液改造型铅锌矿床、热液改造型铅锌矿床、岩浆热液型锑矿床。

贵金属主要矿床类型：绿岩型金矿床、岩浆热液改造型金银矿床、岩浆热液型银矿床、热液充填型银矿床。

其他重要优势矿产主要矿床类型：湖相沉积型硅藻土矿床、沉积变质型硼矿床、沉积变质型硫铁矿床、沉积变质型石墨矿床、沉积型磷矿床、热液蚀变型高岭石矿床。

各主要矿产具有以下控矿规律：

沉积型、沉积变质型铁矿：沉积型铁矿受辽吉裂谷内浑江凹陷和鸭绿江凹陷控制，赋矿层位主要为晚元古界青白口系白房子组、钓鱼台组一套碎屑岩—泥灰岩—碎屑岩建造，是在浅海—半深海的氧化—还原环境下沉积形成的，成矿物质来源于陆源。沉积变质型铁矿主要分布龙岗—陈台沟—沂水前新太古界陆核地块及残块和辽吉裂谷内，受新太古界绿岩地体和古元古界老岭群变质岩系控制，形成地质环境主要是海相沉积，成矿物质主要来源于海底基性火山喷发和陆源物质，后经多次不同规模和程度的区域的变质变形改造，成矿物质进一步富集成矿；赋矿层位主要有中太古界龙岗群四道砬子河岩组、杨家店岩组，新太古界夹皮沟群老牛沟岩组、三道沟岩组，为基性火山岩—碎屑—火山硅铁质沉积，古元古界老岭群大栗子（岩）组千枚岩夹大理岩。

沉积变质型铜钴矿：主要分布在辽吉裂谷内，形成地质环境主要是海相沉积，太古宇地体经长期风化剥蚀，沉积形成原始矿层或“矿源层”，后经多次不同规模和程度的区域的变质变形改造，成矿物质进一步富集成矿。赋矿层位主要为古元古界老岭群大栗子（岩）组千枚岩夹大理岩。

基性—超基性岩浆融离—贯入型铜镍矿：主要分布在华北陆块区，为产于中条期（古元古界）基性—超基性侵入岩内的铜镍矿，赋矿岩体类型主要有辉绿辉长岩—橄榄苏长辉长岩—二辉橄榄岩细粒苏长岩型、辉长玢岩型等，为多次侵入复合岩体。

斑岩型铜矿床、斑岩型铜钼矿：成矿主要受控于燕山期中酸性岩体，赋矿岩体主要有石英闪长岩、花岗斑岩中、石英斑岩等矽卡岩型铜钼矿床、矽卡岩型铅锌矿：矿体产于地层与中—酸性侵入岩体的接触带中，受地层层控特征明显。赋矿层位主要为寒武—奥陶纪浅海相碳酸盐岩建造，中酸性侵入岩为成矿提供了矿源及热源和热液。

绿岩型金矿床、岩浆热液改造型金银矿床：绿岩型金矿主要分布龙岗—陈台沟—沂水前新太古界陆核地块及残块内，受新太古界绿岩地体控制，赋矿层位主要为新太古界夹皮沟群老牛沟岩组、三道沟岩组，为基性火山岩—碎屑—火山硅铁质沉积，形成地质环境主要是海相沉积，成矿物质主要来源于海底基性火山喷发和陆源物质，后经多次不同规模和程度的区域变质变形改造及多期岩浆热液改造，且受区域韧性剪切带控制的金矿。岩浆热液改造型金银矿主要分布在辽吉裂谷内，受古元古界集安群、老岭群变质岩系及燕山期中酸性花岗岩类控制，赋矿层位主要有集安群荒岔沟组和大东岔组变粒岩、斜长片麻岩、斜长角闪岩，老岭群珍珠门组、花山组和大栗子组片岩、千枚岩、大理岩。

岩浆热液型银矿床、热液充填型银矿：岩浆热液型银矿主要分布在龙岗复合地块内，燕山期中酸性侵入岩体为主要的控矿岩体，断裂构造及韧脆性剪切带为主要控矿构造。热液充填型银矿主要分布在辽吉裂谷内，赋矿层位主要为古生界寒武系灰岩，燕山期中酸性侵入岩及次火山岩为控矿岩体，断裂构造是主要的容矿构造，岩浆晚期中低温富含矿热液，以裂隙充填方式就位到断裂构造中，形成含多金属硫化物金银矿脉。

湖相沉积型硅藻土矿：空间分布受古构造格局控制，主要分布在火山盆地内，属火山物源硅藻土矿床，喜马拉雅期大量火山喷溢后形成的大型火山景观凹地，为硅藻的沉积提供了空间条件，古盆地不同部位及湖水盆地内的水下地形直接控制了矿床的展布。赋矿层位主要为新近系土门子组砾岩、砂岩、黏土岩夹有玄武岩及硅藻土，含矿地层沉积类型属淡水湖的生物化学沉积型，矿床所需 SiO_2 主要来自火山，硅藻形成于玄武质火山喷发间歇期的湖盆中，含矿岩系中以夹有玄武岩层为特征。

沉积变质型硼矿：主要分布于辽吉古元古界裂谷内，赋矿层位主要为古元古界集安群蚂蚁河组含硼岩系，由斜长角闪岩、黑云变粒岩、钠长浅粒岩、电气石变粒岩、蛇纹橄榄大理岩及混合岩组成，以含硼而不含石墨为特征；含硼岩系受两期叠加褶皱构造控制，晚期褶皱一般表现为宽缓向斜及较紧密背斜，硼矿床保留在晚期宽缓向斜构造中。

二、典型矿床特征与成矿模型

（一）西鞍山铁矿典型矿床

1. 矿区成矿地质背景

西鞍山铁矿床位于鞍山市区的南部，成矿构造背景为古华北板块的东北部鞍山—本溪太古宇绿岩盆地，区内出露的地层有新太古界鞍山群樱桃园组，元古代震旦系地层主要出露在矿区的北部，它不整合覆盖在新太古界鞍山群之上，可分为三个组：钓鱼台组、南芬组和桥头组；第四系地层Q广泛分布在矿区北部、西部和南部的平原地带。

西鞍山铁矿的成矿层位为中—新太古界鞍山群樱桃园组，该地层主要由绿泥千枚岩、绢云千枚岩、二云变粒岩、碳质千枚岩、绢云石英片岩及铁矿层所组成，自上而下可分为三层，即下部千枚岩层、铁矿层和上部千枚岩层。鞍山群地层与上覆青白口系地层为不整合接触关系，普遍接受绿片岩相的区域变质作用。下部千枚岩层主要出露在矿区南部和西部，其下部为新太古界二长花岗片麻岩，该千枚岩厚度变化较大，呈现东薄西厚的趋势；上部千枚岩在矿区内零星出露。

2. 矿床特征

西鞍山铁矿床位于鞍山市城南，为辽宁省内特大型矿床之一，规模巨大，矿体为巨厚层状。矿层东部近东西向，西部呈N45°W展布。矿层倾向N10°～45°E，倾角上部矿体15°～25°，下部矿体40°～55°，局部可达60°，断裂构造严重的破坏了本矿床的完整性。本矿床铁矿石主要为假象赤铁石英岩，磁铁石英岩，透闪—阳起磁铁石英岩，碳酸盐磁铁石英岩，绿泥磁铁石英岩。假象赤铁富矿，磁铁富矿，褐铁假象赤铁富矿。铁矿石中全铁(TFe)含量一般在28%～42%，全矿床平均为34.22%。

矿石的自然类型：条带状磁铁石英岩型。

金属矿物：磁铁矿、赤铁矿。

脉石矿物：石英。

矿石结构为半自形—他形晶粒状结构；矿石的构造以条带状构造为主，其次有皱纹构造和少量的浸染状构造。

矿化蚀变以赤铁矿化为主。

西鞍山铁矿赋存于新太古界鞍山群樱桃园组千枚岩、片岩中，磁异常与铁矿关系密切，另外，有铁重砂异常、遥感铁染异常的表现。

3. 矿床成矿模式

西鞍山铁矿床是海相火山沉积变质型矿床，火山喷发为铁矿提供了成矿的物质来源，沉积作用使铁质矿富集。西鞍山铁矿的形成经历了三个阶段：

沉积阶段：中太古代，古陆壳拉张形成海盆，海底基性—超基性火山喷发，西鞍山铁矿地理位置距火山口较远，在西鞍山古老克拉通结晶基底，首先沉积了以陆源粘土质和砂质物质，随后相继出现了硅—铁物质韵律胶体沉积、凝灰质火山沉积，最后以中酸性英安岩、基性玄武岩灰及黏土质沉积物而结束。

区域变质成矿阶段:广泛的区域变质作用使沉积阶段形成的大面积沉积岩发生变质作用,形成太古宇鞍山群樱桃园组变质地层。区域变质作用使鞍山群樱桃园组矿源层中的铁变质重就位富集成矿,同时也发生了相应的变质变形。区域变质作用发展到一定阶段,发生了以形成二长花岗片麻岩为主的深成侵入体的侵入,新太古界二长花岗片麻岩呈岩基状产出,为铁矿的再次富集提供了热源。

后期改造阶段:在中太古界鞍山群樱桃园组地层上部接受了辽河群(矿区外围出露地层)、青白口纪钓鱼台组、南芬组、桥头组地层的沉积,同时后期的辽河期、青白口纪期区域变质作用又一次变质变形,使铁矿进行再次富集。同时,后期的断裂构造的发育改变了矿体的产状及连续性,对矿体起到破坏作用。成矿模式如图 4-1。

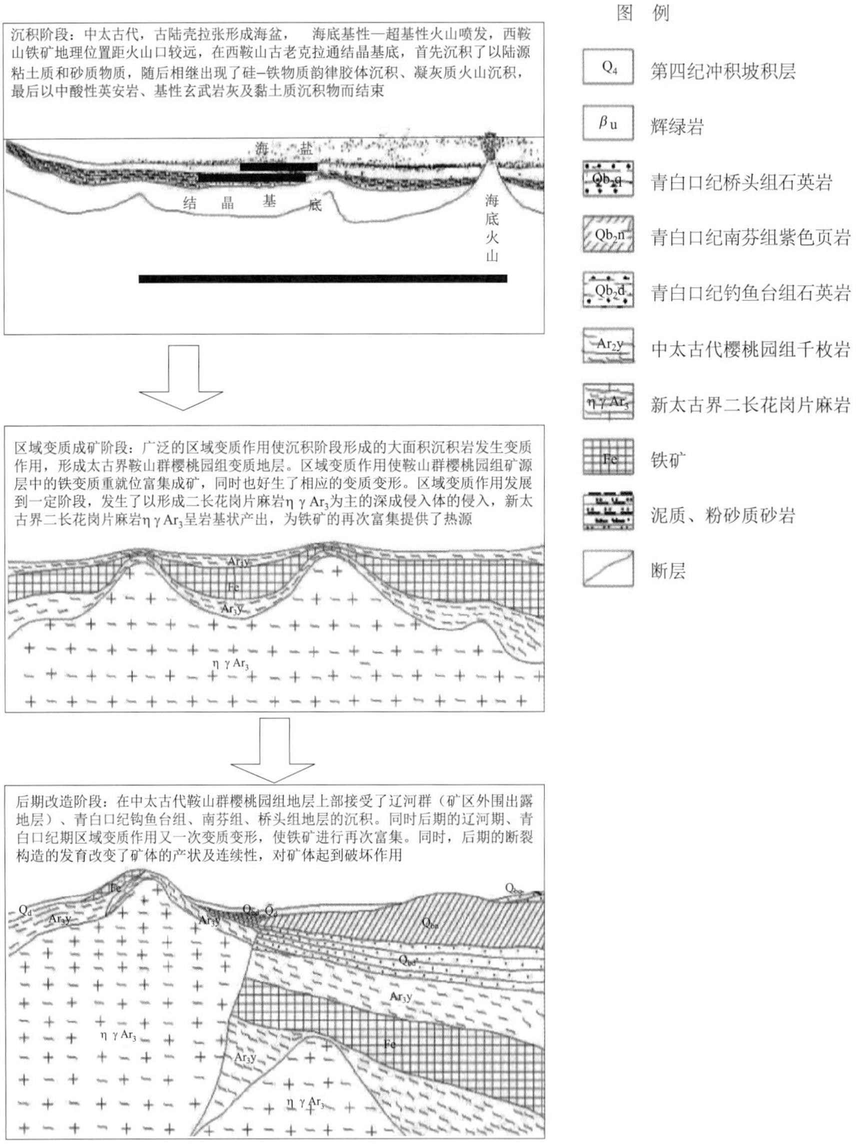

图 4-1 辽宁西鞍山铁矿成矿模式图

（二）歪头山铁矿典型矿床

1. 矿区成矿地质背景

歪头山铁矿床位于华北地台辽东背斜太子河拗陷的北缘，区域出露地层包括太古宇鞍山群、震旦系、寒武系、奥陶系、石炭系、二叠系、侏罗系和第四系，以太古宇鞍山群最为发育。太古宇鞍山群为本区基底，受到了广泛的角闪岩相变质作用。

歪头山矿区内，出露的地层主要是太古代鞍山群茨沟组。这套地层在二长花岗片麻岩中多呈残留体状存在，歪头山铁矿即花岗片麻岩中较大的残留体矿床，显示其曾经遭受了花岗质岩浆强烈的底辟式侵入作用。第四系表土层直接盖在二长花岗片麻岩和变质岩之上。

本区域岩浆岩类型较多，且生成时代有较大差别。最古老的脉岩为斜长角闪岩中的角闪岩脉。安山斑岩与煌斑岩多以岩脉群型式出现。此外本区还有伟晶岩、正长斑岩和燕山期花岗岩。二长花岗片麻岩在矿区中约占矿区总面积的二分之一以上，是矿区内分布最广的岩类。在含矿岩系所见到的二长花岗片麻岩，多以底辟式顺层状分布，但也有斜交者。

2. 矿床特征

歪头山铁矿床成矿层位为中太古界鞍山群茨沟组，矿体呈层状和似层状，主要工业矿体有三层，其中第二层铁矿规模最大。铁矿体底板岩层为厚层斜长角闪岩层，顶板岩层为石榴阳起片岩。第一层铁矿与第二层铁矿间仍为斜长角闪岩层，第二层铁矿与第三层铁矿间为条带状阳起石英岩层。变质岩主要包括：细粒斜长角闪岩（主要分布在顶底板厚层斜长角闪岩层中或呈夹层出现在矿层中）、粗粒斜长角闪片岩、条带状阳起石英岩、阳起岩、石榴阳起岩、磁铁白云岩、变粒岩。上述岩石应属于中级区域变质作用产生的一套角闪岩相岩石。

矿石的自然类型：条带状磁铁石英岩型。

金属矿物：磁铁矿、赤铁矿

脉石矿物：石英

矿石结构为半自形—他形晶粒状结构；矿石的构造以条带状构造为主，其次有皱纹构造和少量的浸染状构造。

矿化蚀变以赤铁矿化为主。

歪头山铁矿为沉积变质矿床，赋存于新太古界鞍山群茨沟组斜长角闪岩中，磁异常与铁矿关系密切，另外，有铁重砂异常、遥感铁染异常的表现。

3. 矿床成矿模式

沉积阶段：中太古代，古陆壳拉张形成海盆，海底基性—超基性火山喷发，歪头山铁矿地理位置距离海底火山口比较近，在歪头山古老克拉通基底，首先沉积了玄武质火山灰物质，继之为酸化的海水解离玄武质火山灰形成的硅物质和铁物质，伴随未解离的玄武质火山灰发生硅铁韵律沉积，最后又以玄武质火山灰物质沉积而结束。

区域变质成矿阶段：广泛的区域变质作用使沉积阶段形成的大面积沉积岩发生变质作用，形成太古界鞍山群茨沟园组地层，区域变质作用使鞍山群茨沟组矿源层中的铁变质重就位富集成矿，同时也发生了相应的变质变形。在区域变质作用发展到一定阶段，发生了以形成二长花岗片麻岩为主的深成侵入体的大面积侵入，新太古界二长花岗片麻岩以底辟式顺层状侵入茨沟组地层，为铁矿沉积富集后的再次变质富集提供了更强的变质热源。

后期改造阶段：辽河期、青白口纪期区域变质作用又一次变质变形，使铁矿进行再次富集并最终形成紧密的同斜向斜。同时,后期的断裂构造的发育改变了矿体的产状及连续性,对矿体起到破坏作用,并伴随有各类脉岩沿裂隙侵入。

辽宁歪头山铁矿床成矿模式见图 4-2 所示。

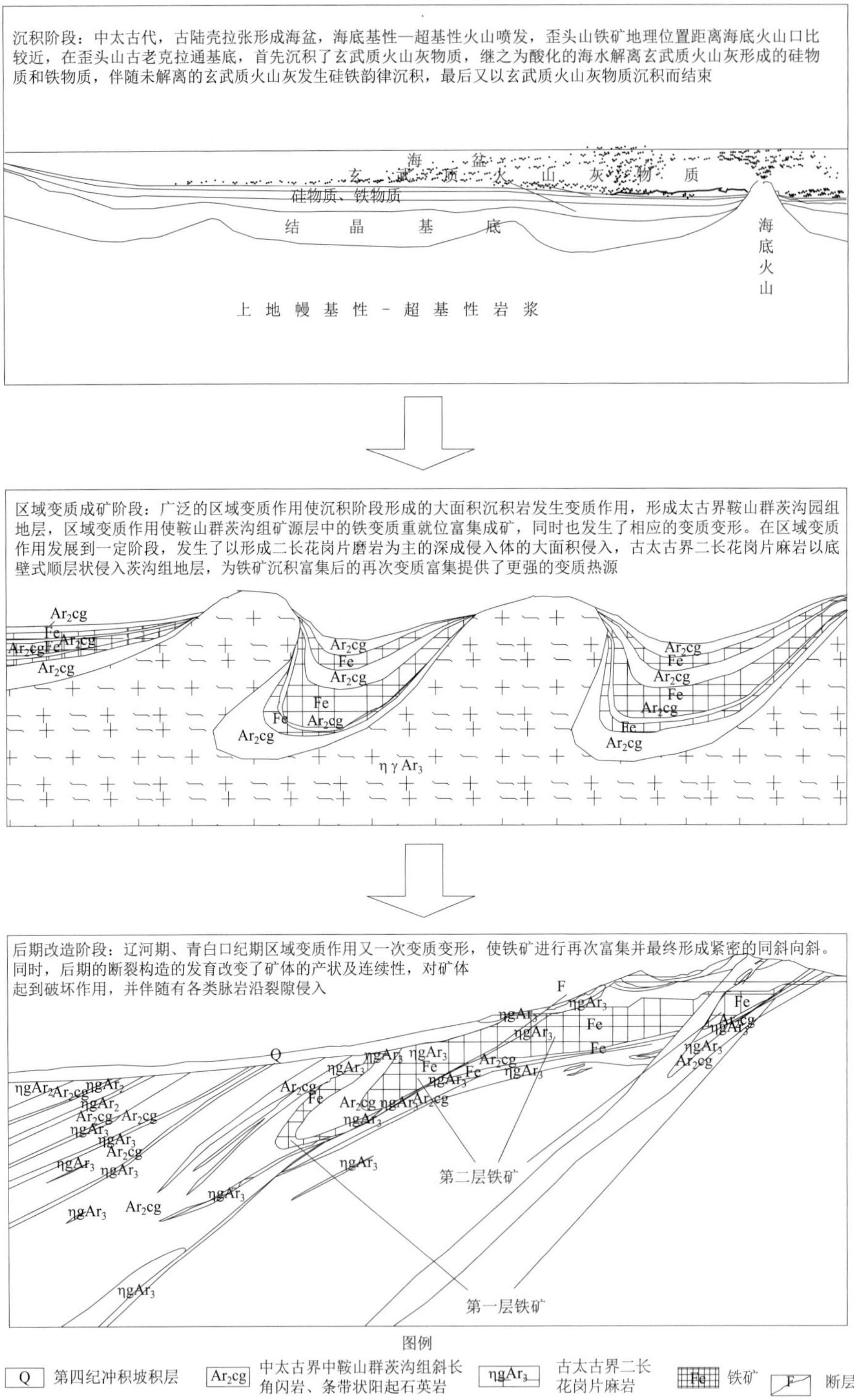

图 4-2 辽宁歪头山铁矿成矿模式图

（三）红透山铜矿典型矿床

1. 矿区成矿地质背景

红透山式变质海相火山岩型铜矿，矿床产出于红透山岩组上部岩段的薄互层岩带中。具有确定的层位，共生的岩石为黑云斜长片麻岩、角闪斜长片麻岩、其次为斜长角闪片麻岩、磁铁石英岩、浅粒岩等。根据岩石的变质组构和岩石化学成分得知红透山矿床的容矿围岩的原岩为一套钙碱性中—酸性火山岩系，岩石成分相当于安山凝灰岩、安山岩和流纹岩。红透山矿床的容矿围岩以黑云斜长片麻岩为主，夹有角闪斜长片麻岩石榴矽线黑云石英片麻岩及极少浅粒岩。

褶皱构造：本区绿岩在太古代发生三幕褶皱变形构造，第一幕剧烈的塑性流动变形在本区产生了同斜、紧闭褶皱。第二幕形变是区内较强的褶皱变形幕，改造了第一幕形变，形成了绿岩带现在的构造骨架。第三幕褶皱变形较弱，对第二幕褶皱构造的改造破坏不大。

断裂构造：伴生区内第一幕、第二幕剧烈变形构造都发生韧性剪切作用。在第一幕变形褶皱中，沿轴面方向滑动形成韧性剪切带，常被伟晶岩和长英质脉充填。第二幕叠加褶皱形成是，也发生韧性剪切作用。主要发育于褶皱核部。韧性剪切作用对区内块状硫化物矿体的形变有重要作用。

2. 矿床特征

红透山矿体是经受多期变形致使矿体形态十分复杂的一个范例。该矿床矿体受倾竖向形构造控制。矿体即受控于向形构造倾覆端的形态，又沿向形构造轴面延伸，在平面上构成一音叉状矿体。

1 号矿体：为红透山矿床规模最大的矿体，占总储量的 90%多，矿体延长 330～455 m，厚度 10～20 m，走向北 75°～80°东，倾向南南东，倾角 70°～80°。

2 号矿体：延长 161～200 m，厚度 1.2 m 左右，走向北 75°～80°东，倾向南南东，倾角 69°～83°。

3 号矿体：走向延长 93～125 m 之间，延深>700 m，走向南 72°～89°东，倾向南南东，倾角 69°～70°。

4 号矿体：延长 136～290 m，厚度 1 m 左右，走向北 70°东～南 85°东，倾向南，倾角 70°～73°。

5 号矿体：延长 136～210 m 之间，厚度 1 m 左右，走向北 80°～85°东，倾向南南东，倾角 72°～73°。

0 号矿体：厚度 1 m 左右，延长很小，30～70 m，走向北 60°～82°东，倾向南，倾角 70°～80°。

矿石的自然类型：铜锌矿石。

矿石矿物：红透山矿床的矿石矿物金属矿物主要有黄铁矿、磁黄铁矿、闪锌矿，其他次要矿物有方黄铜矿、方铅矿、辉钼矿、磁铁矿、金红石、赤铁矿和银金矿。主要硫化物的生成顺序从早到晚大致为黄铁矿—闪锌矿—磁黄铁矿—黄铜矿。

脉石矿物：石英、绿泥石、白云石、方解石、萤石。蚀变矿物有透闪石、黝帘石、白云石、尖晶石、蛇纹石、绿泥石及绢云母。

红透山矿床矿石结构与构造，有前期褶皱期受变质的原生结构与构造及同褶皱期和基性脉岩有关的结构构造。主要有块状构造斑状结构、浸染状构造粒状结构，角砾状构造、细脉状构造等。

红透山 Cu、Zn 块状硫化物矿床从原始沉积形成到变质阶段的变形构造对原生形态的改造可分为 3 个主要的成矿阶段。早期黄铁矿化阶段，矿物组合类型为粗粒黄铁矿、磁黄铁矿—闪锌矿；中期锌铜交代矿化阶段，矿物组合类型包括中粒黄铁矿—闪锌矿，黄铜矿—闪锌矿；晚期锌铜充填矿化阶段，沿裂隙充填交代的细粒黄铜矿，细粒黄铁矿等。

矿体围岩蚀变不发育，最后不超过 25 m，主要有透闪石化、硅化、金云母化、绢云母化、绿泥石化、滑石化和碳酸岩化。矿体的上下盘均有围岩蚀变，但下盘较上盘发育。自矿体至围岩，蚀变分布的趋势为：透闪石化、白云母化、绢云母化带—硅化、绢云母化带。绿泥石化、碳酸岩化分布局限，主要沿断裂分布。矿体的厚度与蚀变强度之间并无相关性。

红透山矿床的成矿作用是从较高的为温度开始，到较低的温度结束，推断成矿温度为 350～250 ℃成矿压力约为 9.4～4 MPa，主成矿期的压力在 5 MPa 附近。氧逸度为 10～30，硫逸度为 $8.01 \sim 2.07\times10^{-14}$ Pa，成矿溶液的 pH 为 4.5～5。

找矿标志：

(1) 含矿建造：新太古界清原岩群红透山岩组含铜建造。

(2) 成矿时代：Ar3。

(3) 岩石组合：斜长角闪岩、角闪变粒岩、黑云变粒岩、二长变粒岩，含铜层位。

(4) 矿产地：Cu 矿床点。

(5) 物探：航磁异常。

(6) 化探：Cu、Zn、Pb、Ag、Au 单元素地球化学异常及其组合异常。

(7) 遥感：羟基异常、铁染异常。

(8) 自然重砂：铜族矿物自然重砂组合异常、金矿物自然重砂异常、黄铁矿自然重砂异常。

3. 矿床成矿模式

红透山铜锌块状硫化物矿床为火山喷气沉积成因，其形成的地质年代为本区第一次强烈褶皱变形之前(29 亿年)。矿化发生于火山作用晚期，与火山岩具同生关系。

锌—铜矿床与太古宇绿岩系列中的安山质到长英质火山岩有关，在多旋回的火山岩序列中，有意义的通常只和一个旋回伴生。有些块状硫化物矿床与长英质斑岩侵入体伴生，在某些地区中，块状硫化物矿床围绕长英质火山中心的周边产出。

红透山铜锌块状硫化物矿床产于绿岩带顶部的长英质火山岩中，是火山作用晚期的酸性火山岩作用阶段的产物。

物质来源：通过分析硫，铅同位素特征表明，本区红透山块状硫化物矿床中的金属元素应与容矿岩系有相同来源，即来自上地幔。稀土元素的特征说明，红透山铜锌块状硫化物矿床系上地幔同源岩浆岩化的产物。成矿模式如图 4-3 所示。

（四）二棚甸子铜铅锌矿典型矿床

1. 矿区成矿地质背景

桓仁二棚甸子铅锌多金属矿床：

矿区位于桓仁县城东南 25 km，地理座标：东经 125°30′20″，北纬 41°10′10″。

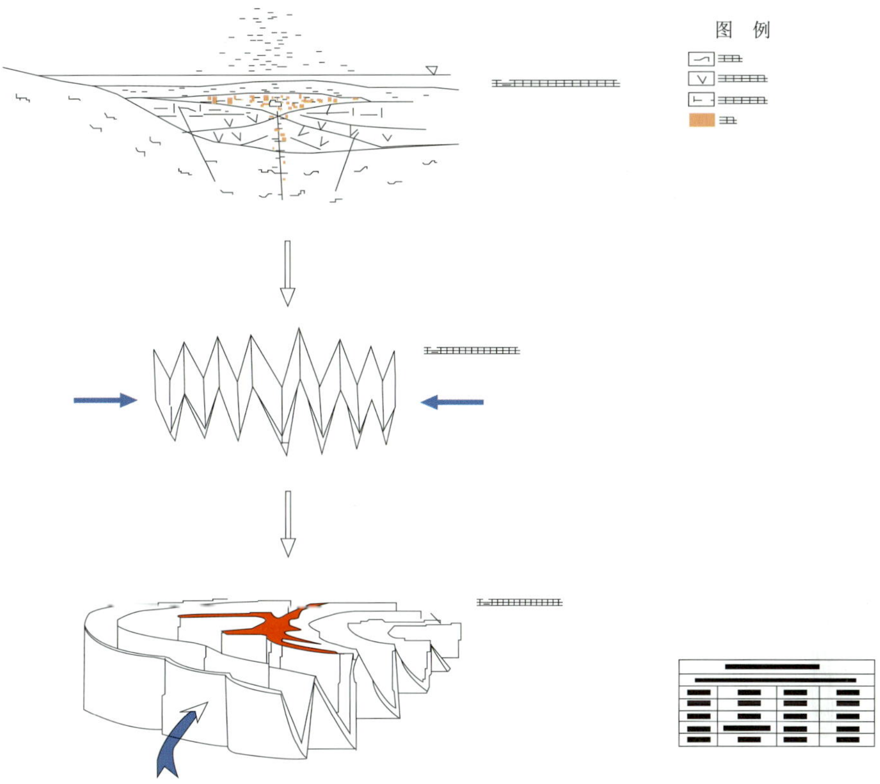

图 4-3 辽宁红透山铜矿典型矿床成矿模式图

大地构造位置属中朝准地台，胶辽台隆太子河—浑江台陷桓仁凸起。

矿区北部出露地层为青白口系钓鱼台组、南芬组，震旦系桥头组和寒武系。

矿区南部为大面积分布的中生界白垩系小岭组火山岩。

矿区构造较复杂由新元古界和寒武系地层构成北西西向复式向斜，向斜轴部位于北岔—松栏—西岔一线。

矿区断裂发育，主要有北西西和北东向两组，矿区处于两组构造交接部位。

矿区主要侵入岩体为二棚甸子闪长岩体呈北西西向侵入寒武系地层中，面积 8.5 km^2，呈哑铃形，由细粒闪长岩、粗斑状闪长岩及中细粒辉石闪长岩，二长闪长岩，石英闪长岩组成，中细粒闪长岩形成较晚，它与中寒武世碳酸盐岩地层形成矽卡岩及接触交代型铜铅锌多金属矿化。

矿区脉岩发育成矿前脉岩计有闪长细晶岩、闪长玢岩、花岗斑岩、石英正长斑岩、正长细晶岩等，成矿后脉岩有辉石闪长细晶岩、辉石闪长玢岩、煌斑岩及安山玢岩等。此外矿区北部尚零星出露早元古代混合花岗岩。

2. 矿床特征

按矿化富集情况分为北岔、松栏、西岔、滚马岭、倒木沟等矿段。

矿体产出的地质构造部位有：

① 闪长岩体与灰岩的接触带，铅锌矿体出现在蚀变灰岩或透辉石榴石矽卡岩带内。下部，呈浸染状，有时见含铜磁铁矿体。一般距岩体界面 5～20 m，少数超过 100 m，个别可超

过 300 m。

② 中、酸性岩脉的旁侧矿体，多为铅-锌矿体，规模较小。

③ 在接触带附近围岩的层间破碎带及裂隙内矿脉充填交代或角岩隔档矿液逸散，形成较富铅锌矿体。

此外碳酸盐捕掳体周围可形成一些矿体。

全区共探明大小矿体 317 个，其中铅锌矿体 197 个，铜矿体 120 个。矿体呈扁豆状，囊状、脉状。铅锌矿体一般长 10～100 m，最长 300 m，厚 0.1～1 m。最厚 20 m，埋深 500～750 m，走向 310°～320°，向北东倾斜，倾角 20°～85°，铜矿体一般长 50 m 左右，最大超过 200 m，厚 0.5～3.0 m，延深 50～300 m，埋深在＋200～－100 m 之间。

岩脉两侧矿体长 30～120 m，厚 1～8 m，走向与岩脉一致，40°～60°。倾向北西，倾角 50°～80°。层间裂隙矿体为似层状或脉状，长 30～80 m，延深 30～60 m，厚 0.5～3.0 m，矿体产状与地层基本一致。

矿石自然类型主要有：方铅矿、闪锌矿、透辉石榴石型；黄铜矿—闪锌矿、透辉石榴石型；含铜磁铁矿石榴石型。其中，以黄铜—闪锌透辉石榴石型规模较大，方铅矿、闪锌矿、透辉石榴石型，在矿床上部分布普遍，中下部是以铜矿为主体。

主要金属矿物除磁铁矿外有闪锌矿、方铅矿、黄铜矿，少量黄铁矿、斑铜矿及赤铁矿等，常见矿物有白铁矿、毒砂、辉钴矿、硫铜钴矿、自然铋，银金矿等。主要非金属矿物为石榴石、透辉石，少量绿帘石、阳起石、方解石、石英、绿泥石等。

围岩蚀变以矽卡岩化为主，矽卡岩矿物主要有石榴石，其次为透辉石、绿帘石，局部有阳起石、透闪石，深部见镁杆栏石、硅镁石、石榴石分四个世代，第二世代棕褐色石榴石常被磁铁矿交代。矽卡岩特点是含水硅酸盐矿物不发育，由岩体到围岩可分为以下几个蚀变带：

① 蚀变闪长岩带，宽 1～10 m，闪长岩强烈绿泥石化，其次钾长石化、钠长石化。

② 绿帘石化闪长岩，与前者过渡不连续。

③ 绿帘石矽卡岩带，主要由绿帘石组成，宽 1～3 m 见少量石榴石、石英、长石及方解石。

④ 石榴石矽卡岩带，主要由石榴石组成，宽 1～30 m，是含铜磁铁矿的赋矿部位。

⑤ 石榴石透辉石矽卡岩带，宽 2～5 m，比较稳定，常为金属硫化物的赋存部位。

⑥ 矽卡岩化大理岩。

矿化与矽卡岩关系密切，大体可分为三期四个阶段。

早期矽卡岩—磁铁矿期：第一阶段生成竭色石榴石矽卡岩，第二阶段磁铁矿矽卡岩。

中期铜锌硫化物期：第三阶段生成浅竭色石榴石及黄铜矿、闪锌矿。

晚期铅锌矿期：第四阶段为成矿尾声，黄褐色肉红色石榴石，生成方铅矿、闪锌矿。

矿化在垂直分布上：上部 350～600 m 标高为铅锌(铜)；中部 100～350 m 为铁(铜)铅锌混合带；下部＜100 m 标高为含铅磁铁矿带。

在水平方向上：接触带以含铜磁铁矿、铜锌矿化为主体，大理岩中常出现铅锌矿体。远离接触带(如滚马岭)大理岩中具有与脉岩有关的矽卡岩及规模很小的铅锌矿体。

3. 矿床成矿模式

区内的基底岩系，属辽吉裂谷中央坳陷区沉积变质产物，由两大岩系所组成，下部为含硼岩系，含铅锌黄铁矿赋存于方解钠长浅粒岩中，属火山岩系喷发期后，在喷发源附近的水下凹地中受氧化界面的影响，在适宜的物理化学条件下沉淀的产物。上部为含铅锌的碳酸盐岩系，受古裂谷边缘活动带控制，属于古裂谷拉张裂陷阶段伴随火山喷漆作用堆积的含铅锌的碳酸盐岩建造，为后期的部分脉状铅锌矿的形成奠定了物质基础。

受太平洋板块俯冲作用的影响，早白垩早期地幔熔融物质沿岩石圈断裂上侵形成广泛的喷发活动，火山热源促使地下水、天水升温成热液淋滤、萃取基底地层中的 Pb、Zn、Cu 沿断裂充填交代形成脉状 Pb、Zn、Cu 矿体。

部分岩浆在中深部位就位于近东西向和南北向剪断裂的交汇部位，与寒武纪灰岩发生强烈的接触交代作用，形成矽卡岩体，同时大量的磁铁矿及部分黄铁矿在具有格挡部位沉淀形成磁铁矿体或铁铅锌矿体，随后高温热液阶段，大量的黄铅锌矿和闪锌矿沉淀于接触部位的矽卡岩中形成 Cu、Zn、Pb 矿体，中低温阶段，Pb、Zn 大量沉淀于外接触带矽卡岩中形成 Pb、Zn 矿体，此即二棚甸子式铅锌矿，部分 Pb、Zn 进入灰岩裂隙形成远离接触带的小规模 Pb、Zn 矿化。成矿模式如图 4-4 所示。

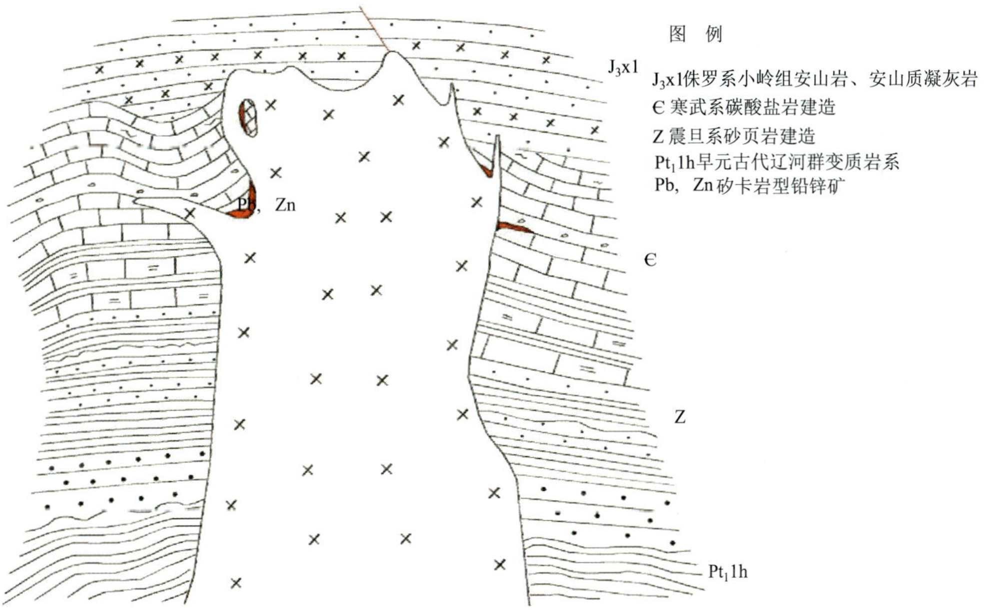

图 4-4 二棚甸子铜铅锌矿成矿模式图

（五）关门山铅锌（银）矿典型矿床

1. 矿区成矿地质背景

关门山矿区位于中朝准地台北缘，汎河拗陷区中，最新认识，汎河拗陷区中、新元古界地层为一套裂谷型沉积岩系。

矿区出露关门山组白云岩，时代相当高于庄组上部，白云岩地表无层面，上、中、下部无明显界限，熔矿岩石关门山组二段条带状泥晶藻白云岩与周围白云岩渐变过渡沿层呈透镜体断续分布。上、下部有零星分布亮晶豆状核形石白云岩，上部豆状核形石常成团存在条纹状白云岩中。条带状藻白云岩较纯，发现兰绿藻残迹。

矿区位于关门山向斜南翼关门山背斜倾没端。断裂构造有北东、东西和北西向三组。与成矿关系密切的主要是北东和北西两组断裂。北东 1 断裂贯通矿区，走向北东 30°～45°，倾向南东，倾角 60°～70°，地表破碎带宽 1～10 m 不等，局部有蚀变微晶闪长岩充填，关门山矿段位于该断裂上部，条带状白云岩张性裂隙中，小西沟位于其下部或断列带中，该断裂即有控矿特点，又有后期活动破坏矿体的现象，东西 3 断列位于小西矿段中部，走向近东西，倾向南，倾角 60°～70°断裂长 600 m，宽 1～5 m，亦有蚀变闪长岩充填，上下盘均有工业矿体，亦即是控矿构造但后期构造活动又破坏矿体。关门山、小西沟两个矿段都有闪长岩脉，与矿体无关。

2. 矿床特征

经矿山开采查明的，可供工业利用的矿体，全区共 25 个，累计探明金属储量铅 147 805 吨，锌 391 537 吨，分布关门山、小西沟两个矿段内，而且分别集中在 21、22 号和 1 及 2 号 4 个主要矿体中，约占全矿区总储量的 90%。

关门山矿段：21 号矿体位于北东 1 号断裂上盘，总的走延向北 45°东，与断层产状一致，致密块状富矿脉，沿次级张性裂隙赋存使矿体形态呈不规则状。矿体近南北延伸，长 250 m，宽 3～50 m 不等，为深部隐伏矿体。22 号矿体位于浅部，矿体顶端露出地表，呈北西西走向，向南倾斜，向深部呈柱状，与 21 号矿体断续相连。

小西沟矿段。2 号矿体靠近地表，靠近北东 1 断层矿体最厚，向下及沿走向变窄，呈蝌蚪形，走向北北西，长 270 m，宽 5～15 m，向北西侧伏，尾部呈似层状，延长稳定，厚度小。1 号矿体在 2 号矿体侧伏方向深部，为隐伏矿体，矿体在 EW3 号断裂上下盘，附近总体呈东西向。长 250 m，宽 5～50 m 不等。

另外 3 号和 7 号矿体，沿北东 1 号断裂赋存破碎带中，呈透镜状，其他矿体形状不规则。

（1）矿物成分

金属硫化物主要为闪锌矿、方铅矿和少量黄铁矿，次要矿物有黄铜矿、车轮矿、脆硫锑铅矿、砷黝铜矿、淡红银矿等。脉石矿物白云石、石英。

矿床氧化带发育，主要为菱锌矿和白铅矿，其他硫酸盐、硅酸盐、碳酸盐矿物和氧化物、氢氧化物种类繁多。

（2）矿石结构、构造

矿石构造：富矿体为致密块状，贫矿以白云石脉中团块状为主，富矿边部围岩中有细脉状、浸染状、星点状、斑点状、角砾状和条带状构造。

矿石结构有自形、半自形—他形晶结构、他形粒状结构，压碎、浸蚀、交代溶蚀，骸晶和揉皱结构。根据矿物结构、构造和生成顺序成矿期只有一个，分四个成矿阶段：

① 黑褐色闪锌黄铁矿阶段；

② 褐色闪锌矿粗粒方铅矿阶段；

③ 黄褐色闪锌矿阶段；

④ 细粒方铅矿含硫酸盐阶段。

（3）围岩蚀变

与成矿关系密切的为白云石化和石英化，在近矿处明显，白云石化有早晚两期，成矿早期白云石结晶粗大，单晶可达 2 cm，呈囊团状和脉状，常有铅锌矿包于脉或囊中；晚期白云石形成于成矿之后，结晶粒度小，沿铅锌矿裂隙呈脉状充填，近期芮宗瑶提出白云石化为近矿重要蚀变特征。

（4）伴生元素

关门山铅锌矿床中伴生较富的元素有镉、汞、银，其次为锗。伴生元素含量随主金属 Pb、Zn 的多少而变化。镉、汞在＋145 m 标高以上明显减少。

3. *矿床成矿模式*

凡河盆地在中元古界沉积了蓟县系地层，由于内蒙古陆的挤压作用，沉积该地层之后区域就发生了第一次构造运动，以形成东西向褶皱及相应断裂构造为特征。其间发生了一次热事件，构造侵入岩—辉绿岩及闪长岩 K-Ar 测年为 1 050～850 Ma。在部分地区沉积新元古界地层之后，区域发生了第二次构造运动，整体开始处于上升阶段。与此同时，之前形成的褶皱、断裂进一步加剧。在第一次构造运动与第二次构造运动形成过程中，形成的东西向断裂及相配套的北东向断裂为关门山矿区主要的控矿断裂，因此有理由相信成矿作用是随着这两次构造运动的发生及发展而形成的。所以关门山铅锌矿主成矿期暂定为中元古界末期—新元古代。凡河盆地在古生代时继续处于上升阶段，没有接受沉积。由于凡河盆地北部与吉黑海西期褶皱带相毗邻，因此受其影响，变形作用加剧，特别是断裂系统，均表现具有多次获得的特点。250 Ma 的异常铅的形成有可能与此次构造运动有关。综上所述，关门山铅锌矿主成矿期暂定为中元古界末期—新元古代，晚古生代作为次要的叠加成矿期。

主成矿期成矿机理为：富含金属贫还原硫的热卤水在盆地早期演化过程中形成，在上覆岩石重负荷下，最初保持某种平衡状态而存在于基底岩石或盆地底部碎屑岩（结晶基底剥蚀沉积形成）中，当盆地地层遭到上述变形作用中的应力作用时，特别是那些经过多次应力作用深切基底岩石的断裂，使赋存在基底或盆地底部富含金属贫还原硫的热卤水失去平衡，便由高压区向低压区运移，在运移过程中遇到硫的氧化物时，便形成了既富含硫的氧化物又有金属的热卤水。当流体遇有还原条件时（藻白云岩中的炭质）时，（SO_4^{2-}）转化为 H_2S，这时金属才能成为金属硫化物在控矿有利空间内沉淀出来形成矿床。

关门山铅锌（银）矿典型矿床成矿模式如图 4-5 所示。

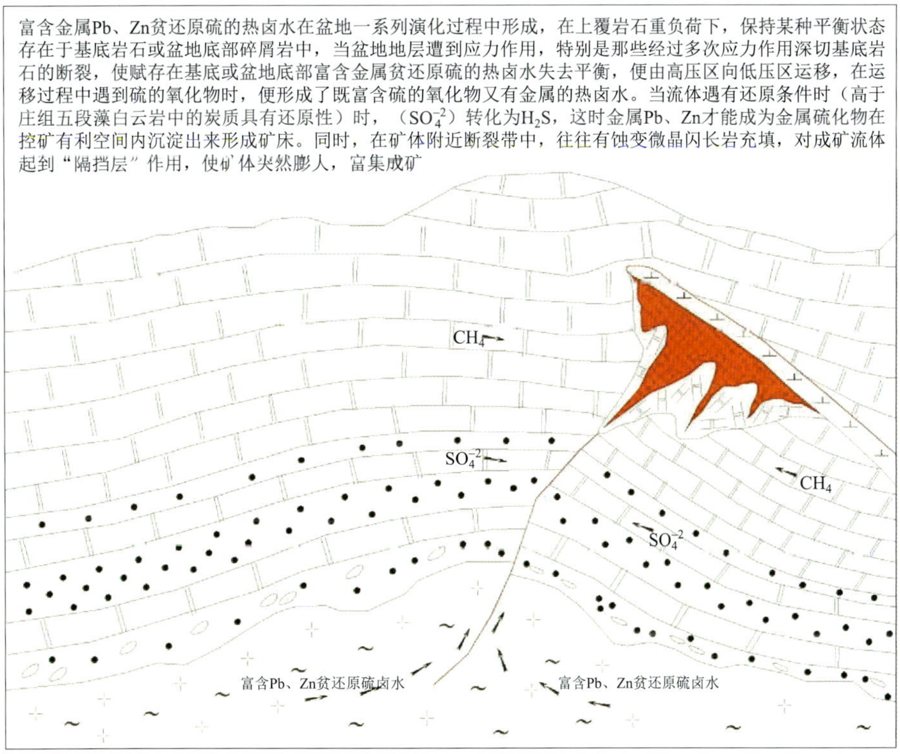

图 4-5 关门山铅锌（银）矿典型矿床成矿模式图

金属沉淀过程方程如下：

$$SO_4 + CH_4 \longrightarrow H_2S + H_2O + CO_2$$
$$PbCl_2 + H_2S \longrightarrow PbS \downarrow + 2HCl$$
$$ZnCl_2 + H_2S \longrightarrow ZnS \downarrow + 2HCl$$

(六) 青城子铅锌矿典型矿床

1. 矿区成矿地质背景

青城子铅锌矿位于风城市青城子地区，该碳酸岩型矿床产于形成时代为古元古代，赋存于辽河群高家峪岩组上部与大石桥岩组下部的碳酸盐岩与片岩、变粒岩互层带。

矿区侵入岩较为发育，南东部靠近大顶子花岗岩体，西北部 3 km 处有印支期新岭斑状黑云母花岗岩出露。区内广泛发育各种脉岩，由老到新分别为：伟晶岩、闪长岩、花岗斑岩、煌斑岩等。其中伟晶岩多发育在盖县片岩和大石桥组三段第二层的云母片岩中，多沿片岩片理或层理产出，少数呈不规则状。闪长岩仅在南部的 408 线出露，走向近东西。花岗斑多发育在大石桥组下部，产状大致和地层相当，有时略陡于地层。分布最广的是煌斑岩，这类脉岩在荒沟东侧走向大致呈北东向，延长较大。荒沟西侧走向北西，延长较小。

矿区位于榛子沟—甸南倾没背斜的倾没部位，从总体来看，背斜轴向近东西。但在矿区范围内轴向，表现为近北西西—南东东向。地层走向由背斜北翼的北西向。倾角平缓，大多数在 15°～30°。断裂构造在地表表现不明显。但经钻孔揭露深部断裂较为发育，成矿前断裂多表现，为层间断裂，产状和地层产状相一致或差别不大。成矿后断裂也较发育。主要表现为北东方向，少数为北西向，多切断矿脉或地层。

2. 矿床特征

矿体主要赋存在一定的含矿层位或含矿建造中（即辽河群高家峪岩组及大石桥岩组地层）。多数矿体呈扁豆状或似层状，少数为切层脉化，似层状者占储量的 75%。明显切层者 37 条，占储量的 24%。矿体赋存标高主要集中±100 m 之间。矿化相对富集的范围大致以 420 线为中心的 300～500 m 区间范围内，少数离散较远。

层状、似层状、扁豆状矿体，为本区最主要的矿体类型，走向延长 150～400 m，倾斜延深 200 m，厚度最大 5 m。矿体总体大都是北西走向，北东倾向，倾角在近轴陡一些，约 30°左右，而远离轴部的地段矿体倾角要平缓的多，约为 10°。局部近水平或反倾。

切层矿体，大部分矿体呈北或北西走向，多数北西或南西倾，偶尔可见南东或北东倾，矿体倾角较陡，大部分在 40°以上。少数在 10°左右。走向延长 200～400 m，倾斜延深 60～100 m。其余多为走向 100°左右。矿体多呈扁豆状或脉状。含矿断裂一侧之分枝羽毛状矿体侧呈楔状。

平均品位为 Pb 2.89%、Zn 2.81%、S 4.45%；储量计算级别为 C2 级，矿石总量为 1 439 263 吨，Pb、Zn、S 金属量分别为 34 535 吨、40 517 吨、64 048 吨。

矿石的自然类型：以方铅矿为主的方铅矿闪锌矿矿石；以闪锌矿为主的闪锌矿方铅矿矿石；含方铅矿闪锌矿的黄铁矿矿石。

矿石矿物：黄铁矿、磁黄铁矿、方铅矿、闪锌矿。

矿石的结构：自形粒状结构，为毒砂及方铅矿常表现的一种结构类型。半自形粒状结构主要见于闪锌矿及少量早期黄铁矿。他形粒状结构，主要见于黄铁矿，呈条板状集合体，此外为少量白铁矿。其他结构还有交代结构、交代残留结构、固溶体分离结构、揉皱结构。

矿石的构造：致密块状构造、浸染及网脉状构造、条带状构造、角砾状构、压碎构造。

矿化蚀变以赤铁矿化为主。

3. 矿床成矿模式

沉积阶段：古—中元古界辽东裂谷段发展中期，快速沉降转为慢速沉降的拗陷阶段，海水变浅，沉积由非补偿沉积转为补偿沉积，沉积物以碳酸盐岩为主，伴有碎屑岩及火山碎屑岩；海底火山活动减弱，由喷溢转为喷气为主，在裂谷断坳与断隆的边缘，出现海湾盆地，含矿气水热液沿盆地边缘的同生断裂上涌与海水混合，在海湾盆地中与成岩物质及古陆风化物质一起形成了初始矿源层和部分贫矿层，为后期成矿奠定了充分的物质基础。

变质阶段：辽河群沉积以后，裂谷处于消亡阶段，由沉降拗陷转为挤压收缩。矿源层、贫矿层和沉积物一起发生变形褶皱、断裂。区域变质作用促使成矿物质进行重新分配、组合，并使部分矿质活化、迁移，在原层位或附近有利构造部位富集或形成贫矿体，局部形成矿体。

后期热液改造阶段：印支—燕山期岩浆活动提供了金属成矿物质活化、迁移所需的热量，同时岩浆上侵带来的岩浆水与地下水混合，这种流体不断从地层中淋滤、溶解金属矿物，成为含矿热水溶液。由于物理化学环境的影响，矿液本身的性质不断变化，在适当的容矿空间，一部分形成受构造控制的不整合矿体；一部分含矿热液叠加在原层状贫矿之上，使矿体进一步富化；一部分对矿源层进行叠加改造，促使成矿金属元素活化、迁移、聚集成矿，如图4-6所示。

（七）万宝铜锌钼矿典型矿床

1. 矿区成矿地质背景

宽甸县万宝铜钼矿床位于中朝地台胶辽台隆太子河—浑江台陷桓仁凸起南侧，出露地层有古元古界辽河群高家峪组，中—新元古界青白口系钓鱼台组、南芬组及古生界寒武系碱厂组、馒头组、毛庄组、徐庄组、张夏组和中生界白垩系小岭组，与成矿有关的为徐庄组和张夏组。矿区位于北西向万宝向斜的北西端；次级褶皱有东山背斜轴向亦呈北西向，并向北西倾没。区内断裂发育，大体上分为北西、北东及北北东三组。北西向断裂走向310°～320°，倾向北东，倾角30°～60°，具压扭性，属逆冲断层，它长期活动控制石柱子岩体展布，在岩体中又有北西向江岔断裂破碎带，为江岔矿段铜矿脉提供空间，所以它是一组控岩控矿构造。

岩浆岩主要有印支期粗斑状花岗闪长岩体，下白垩统与火山活动有关的安山岩一次安山岩及花岗闪长岩体。印支期岩体在矿区东北部，次安山岩在东南部。花岗闪长岩体是石柱子岩体东端前峰部位，该岩体在此处粒度变细或变为花岗闪长斑岩，它从北、西、南三面包围大理岩层。形成多像树枝状的岩枝，鹿角般从底部及北部穿切大理岩，实际上碳酸盐岩层是漂浮其上的捕掳体。

晚期脉岩极为发育，主要是花岗斑岩，闪长玢岩、煌斑岩脉。

2. 矿床特征

万宝铜矿为一小型矿床。铜，17.571万吨，锌0.7218万吨，钼0.0186万吨，分东山、西山、江岔三个矿段，查明铜矿主要集中在东山矿段，西山铜铅锌矿体少而小，江岔主要是钼含(铜)矿体。

铜矿体主要在花岗闪长岩岩枝与中寒武世条带状大理岩北接触带大理岩一侧，零星小

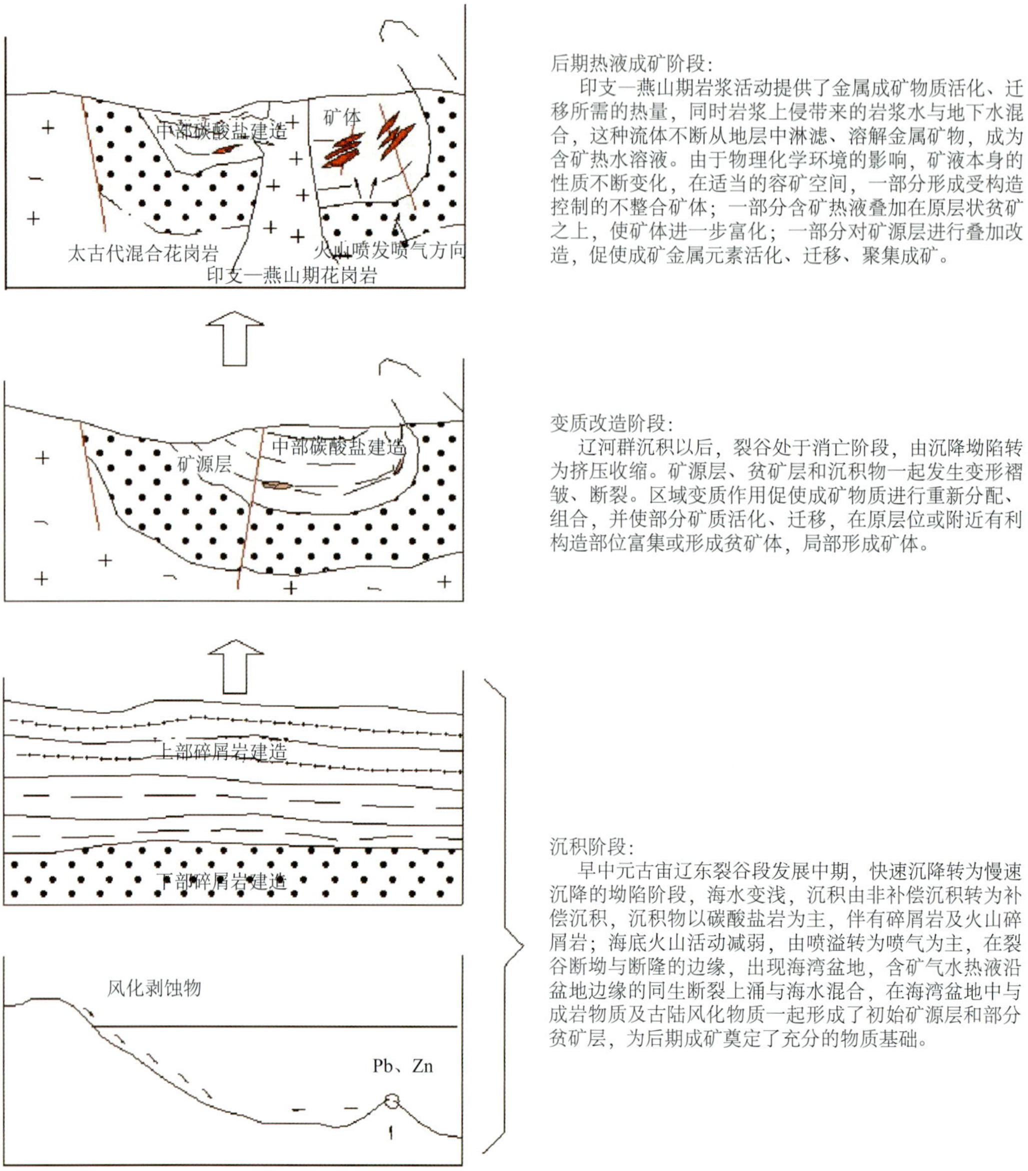

图 4-6　青城子铅锌矿成矿模式图

矿体可出现于石英斑岩边部及其中裂隙带云英岩中，也可以铜铅锌矿脉形式或含铜石英—方解石脉的形式赋存于中寒武世张夏组白色粗晶大理岩断裂带及其他岩石裂隙中。

钼矿体主要在江岔矿段，部分在北西向江岔断裂花岗闪长岩，石英斑岩破碎带中，少数与早期交代成矿有关。

东山矿段 33 个铜矿体分属四个矿系，具工业价值的主要是 1、2 号矿系的矿体，它们占总储量的 95%，其中 1-1、1-8、2-2、2-4、2-7 五个矿体为主矿体，形态为扁豆状，不规则脉状，囊状体，主要矿体延长延深约几十米，厚 0.3～6.1 m，铜品位 0.6%～1.0%，矿体的总体走向北西西，倾向北东，倾角 30°～40°。

西山矿段有 11 个矿体赋存在石英斑岩大理岩及两者接触构造裂隙中，为含铜石英方解石脉，规模小，一般长 10～25 m，延深 5～25 m，厚度 0.3～20 m。矿体形态常为脉状，扁豆状，矿石品位铜 0.4%～3.1%，少数矿体铅 2.5%～16.3%。

江岔矿段钼矿体共计 20 多个，主要工业矿体 5 个，矿体形态不规则，长 100～500 m，延深 100～300 m，厚数米至百余米，最厚达 500 m，含辉钼矿、黄铜矿、黄铁矿，石英脉呈网脉状分布于花岗闪长岩、石英斑岩的蚀变破碎带中，钼品位在 0.04%～0.11%，最高可达 20.9%，矿体走向 315°～330°，倾向北东，倾角 25°～30°。

东山矿段 88-56 线间矿石有两种组合，一为磁铁矿—黄铁矿组合；另一为黄铜矿—黄铁矿组合。其中主要金属矿物有磁铁矿、黄铜矿、黄铁矿和闪锌矿；少量磁黄铁矿、方铅矿、赤铁矿、毒砂、斑铜矿；非金属矿物有石榴子石、绿帘石、透辉石、透闪石、阳起石及符山石等，东山 56 线至赵家沟及西山矿段为黄铜矿—黄铁矿和石英—黄铜矿组合，金属矿物为黄铜矿、黄铁矿、闪锌矿及方铅矿，非金属矿物为石英、方解石及绿泥石。

矿石构造有块状、浸染状和脉状三种，块状矿石有磁铁矿、磁黄铁矿和黄铁矿，黄铜矿、闪锌矿两种。

结构主要是自形粒状和裂碎状结构，其次为乳滴状结构。

东山矿段成矿作用有四个期次：矽卡岩期、石英硫化物期、斑岩钼矿期和表生期。

矿化具分带现象。岩体与大理岩的接触带矽卡岩和捕掳体内矽卡岩中主要为含铜磁铁矿体，距离接触带稍远为黄铜矿、黄铁矿体或铜锌钼矿体。远离接触带在岩体和大理岩裂隙中常为黄铜矿—黄铁矿体。

围岩蚀变有角岩化、矽卡岩化及晚期石英—方解石化。矽卡岩为钙矽卡岩，有石榴子石矽卡岩、透辉石矽卡岩、石榴子—透辉石矽卡岩及绿帘石矽卡岩、透闪石—阳起石矽卡岩等。

3. 矿床成矿模式

万宝式接触交代型铜矿典型矿床区内的基底岩系，属辽吉裂谷中央拗陷区沉积变质产物，由两大岩系所组成，下部为含硼岩系，含铜黄铁矿赋存于方解钠长浅粒岩中，属火山岩系喷发期后，在喷发源附近的水下凹地中受氧化界面的影响，在适宜的物理化学条件下沉淀的产物。上部为含铅锌的碳酸盐岩系，受古裂谷边缘活动带控制，属于古裂谷拉张裂陷阶段伴随火山喷漆作用堆积的含铅锌的碳酸盐岩建造，为后期的部分脉状铅锌矿的形成奠定了物质基础。

受太平洋板块俯冲作用的影响，早白垩早期地幔熔融物质沿岩石圈断裂上侵形成广泛的喷发活动，火山热源促使地下水、天水升温成热液淋滤、萃取基底地层中的 Pb、Zn、Cu 沿断裂充填交代形成脉状 Pb、Zn、Cu 矿体。部分岩浆在中深部位就位于近东西向和南北向剪断裂的交汇部位，与寒武纪灰岩发生强烈的接触交代作用，形成矽卡岩体，同时大量的磁铁矿及部分黄铁矿在具有格挡部位沉淀形成磁铁矿体或铁铜矿体，随后高温热液阶段，大量的黄铜矿和闪锌矿沉淀于接触部位的矽卡岩中形成 Cu、Zn、Pb 矿体，中低温阶段，Pb、Zn 大量沉淀于外接触带矽卡岩中形成 Pb、Zn 矿体，部分 Pb、Zn 进入灰岩裂隙形成远离接触带的小规模 Pb、Zn 矿化。

早白垩中期，大规模的酸性岩浆活动成矿作用较差，仅个别岩体的边缘接触带有接触交代型 Pb、Zn 矿化。

早白垩末期，深源岩浆气液在地壳浅部聚集，在北北西与北北东向剪断裂作用下，上侵形成酸性、中酸性次火山岩浅成侵入体及爆破角砾岩筒，大量的气液迅速冷却形成斑岩型

Mo、Cu、Au 矿(化)体,并伴有强烈的蚀变作用,如图 4-7 所示。

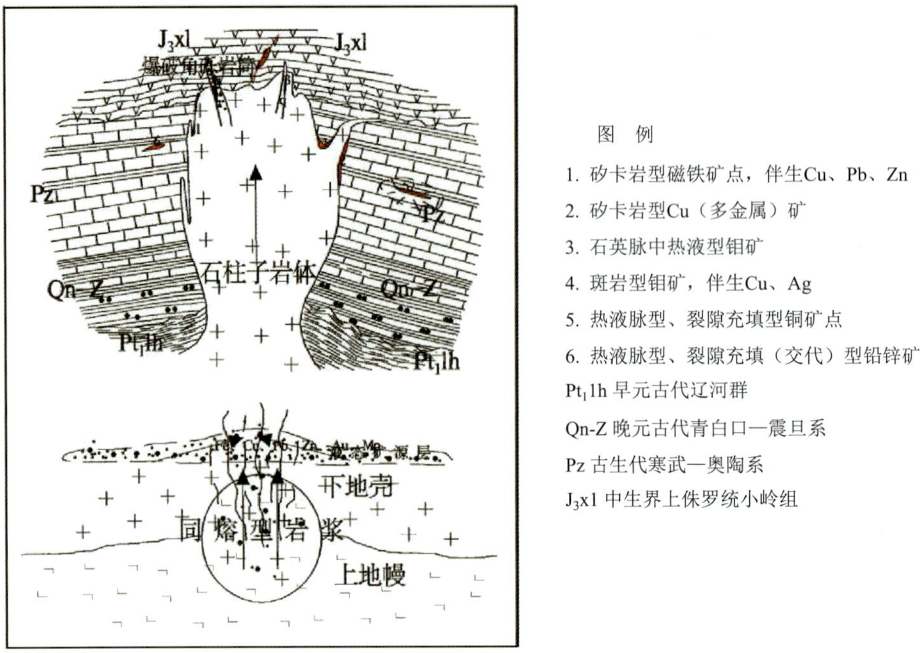

图 4-7　辽宁万宝钼矿成矿模式图

(八) 猫岭金(伴生银)矿典型矿床

猫岭金矿矿床位于盖县太平庄乡。地理座标:东经 122°50′55″,北纬 40°11′20″。地处中朝准地台北缘东段,营口—宽甸台拱中部,盖县—古楼子复向斜内。

1. 矿区成矿地质背景

(1) 地质特征

矿区出露地层为早元古宙辽河群盖县组和榆树砬子群。矿体受层位控制,控矿岩层为盖县组二段灰黑色黑云绢云千枚岩、灰绿色绿泥绢云千枚岩及石英绢云千枚岩等。

矿床在区域上处于北东向构造——岩浆岩带与东西向古老基底断裂交汇部位,受太平庄向形构造的层间滑动带控制,金矿体(脉)主要赋存于滑动带中,矿区断裂构造发育,计有北北东向、北西向、东西向、南北向四组断裂;其中北北东向断裂具有明显的构造片理化带,是矿区内主要的导矿、容矿构造。其次为北西向断裂。

矿区及其外围中生代岩浆杂岩很发育,其中与金成矿关系最密切的是印支期猫岭似斑状黑云母二长花岗岩体．该岩体呈岩株状产出,具老貌新相的特点:岩体边缘具片麻状构造,岩体中有细脉浸染状金矿化,岩石内微量金含量较高为 0.2×10^{-6},高于区内同类岩石的 5 倍。

(2) 矿区地球化学与地球物理特征

① 矿区元素地球化学特征

经对矿床原生地球化学晕研究表明,矿床的标型指示性元素 As 与 Au 呈正相关关系,当 As 含量大于 $3\,000\times10^{-6}$ 时,则指示有富矿化。矿床的中心晕为 Au、Hg、As,外晕为

Cu、Pb、Zn、Ag 等。Co/Ni 的比值小于 1。水系沉积物地球化学研究表明，矿区中具有 Au、As、Ag、Cu、Zn、Pb、Bi、Hg、S、Co、Ni 的组合异常。

② 矿区自然重砂矿物特征

经自然重砂测量结果表明，矿区内存在着由自然金、黄铁矿、磁黄铁矿、毒砂、磁铁矿、方铅矿、闪锌矿、黄铜矿等矿物构成的重矿物组合异常。

(3) 矿区地球物理特征

① 磁场特征

在航磁异常平剖图上，矿床位于区域性负磁场中的局部正磁场内，磁场强度为＋30～＋60 nT。矿床围岩为负磁场，两者反差十分明显。

② 重力场特征

在重力布格异常图上，矿床位于东西向与北东向正负重力梯度带交汇的重力异常零值线附近，重力值为 1 mgl。在重力垂向二阶导数(R＝6 km)异常图上，矿床处于低值区，异常值为$-2\ 500\times10^{-16}$ CGS。

③ 电场特征

应用激发极化、自然电场等方法对矿床电性特征进行了研究，结果表明该矿床的激发极化率＞30％，电阻率＜200 Ωm，自然电场 ΔV 为－50～10 mV。

综上所述，矿床总体地球物理特征是低重磁，低电阻、低自电，高激发极化的多组梯度带交汇的特点。

2. 矿床特征

矿区中已发现 4 条矿化蚀变带，矿体 31 个；其中第 1 号矿化蚀变带为主要含矿蚀变带，如 4、5、6、7、9、10 号等主要工业矿体均赋存在该矿化蚀变带中，矿体呈似层状、透镜状产出，并呈密集的雁行排列。总体产状与矿化蚀变带一致：倾向 285°～300°，倾角 55°～65°。单矿体规模较小，一般长在 130～180 m 之间，厚 1.30～2.47 m，延伸 50～370 m；矿体赋存标高在＋450～－29 m，矿化富集标高在＋10～＋420 m 之间。经勘探矿床平均品位为：Au5.789 g/t，累计探明储量 A＋B＋C＋D 级 10 000 kg(金属量)。

矿床矿石矿物为自然金、银金矿、金银矿、毒砂、磁黄铁矿、黄铁矿及少量的方铅矿、闪锌矿、黄铜矿等；脉石矿物为石英、长石、电气石、石墨、绿泥石、黑云母，矿石有益组份为 Au、Ag、Cu、Pb、Zn、S，有害组分为 As 含量高达 0.10％～5％，毒砂含量高，黄铁矿含量低是该矿床的特征之一。

矿石结沟主要以他形粒状结构为主，其次为压碎结构、糜棱结构、交代结构，填充结构及包含结构等。矿石构造以稠密浸染带状构造、细脉浸染构造、揉曲构造为主，其次为团块状构造、角砾状构造。

矿石类型计有稠密细脉浸染状毒砂矿石，揉曲状磁黄铁矿、毒砂石英细脉矿石，网脉状磁黄铁矿、多金属硫化物石英细脉矿石等 3 种矿石类型。

金矿物以自然金、银金矿为主，金银矿极少，经电子探针测定金的成色较低为 707.9‰～880‰。金矿物赋存状态主要表现为晶隙金，次为裂隙金，仅少量呈包体产出。金矿物的形态多为变粒状，粒度变化较大，最大粒度可达 0.5 mm，最小粒度仅 0.01 mm 粗粒金多为晶隙金，主要见于脉石矿物与金属矿物之间；裂隙金粒较细大多产于毒砂裂隙中，部分产于石英裂隙内；包体金粒度细小主要见于毒砂矿物中，其次见于磁黄铁矿、黄铁矿及方铅矿等载金矿物内。

矿床围岩蚀变发育，蚀变带宽大于 500 m，延深约 500 m，蚀变带与围岩呈渐变过渡关系，具有明显的蚀变分带现象。内蚀变带以硅化为主，伴有钾化、碳酸盐化。硅化有两期，早期形成的表现为密集石英细脉并被改造成揉曲状，晚期硅化表现为以平直的石英细脉群出现。钾化主要表现为黑云母化和绢云母化呈细脉状分布于石英脉边部。外蚀变带以绿泥石化为主，次为黑云母化，伴有弱硅化和条痕状、浸染状磁黄铁矿化；此带内的金矿化微弱不具工业意义，但可作为直接找矿的标志。

3. 矿床成矿模式

在吕梁期的区域变质变形过程中，变质流体沿韧性剪切带流入沉积场所，构成含金韧性剪切带金矿化。猖狂的变质流体来源于变质过程中的脱水作用，即变质水。这种变质水能使辽河群沉积岩（盖县组）中的分散状态的金提取出来，形成含矿热液。在金被吸收过程中，原岩中的 As 起到了提取剂的作用。由于压力差、温度差及剪切扩容作用导致含矿流体从深部构造层次向浅部构造层次迁移，并在构造地球化学屏蔽层内沉淀成矿，成矿方式以充填微裂隙或糜棱面理为主，构成含硫物细脉浸染型金矿体及矿化，局部有含金石英脉（挠曲脉）型金矿化。印支晚期，由于卧龙泉岩浆体的侵位，使区域热流值再度增高，在侵入体巨大热源作用下，以地下水为主混有部分岩浆热液的混合溶液，对以形成的矿体、矿化体中的矿质进行了活化迁移和再沉淀，含矿热液眼脆性断裂充填交代在一些地段形成高品位石英脉型金矿体，叠加在原有矿体、矿化体之上，形成变质热液型猫岭金矿床，如图 4—8 所示。

（九）五龙金（伴生银）矿典型矿床

1. 矿区成矿地质背景

五龙式岩浆热液型金矿，产于丹东市西北的三股流岩体北侧的大面积混合花岗片麻岩中。矿区内有各类基—酸性岩脉成群带状分布。

混合花岗片麻岩以黑云母混合花岗片麻岩为主，原岩为吕梁期黑云母花岗岩侵入体。燕山期发生部分深部活化重熔、混合岩化。分布广，受前震旦东西向基底构造控制，其南北部都有中—酸性岩浆岩侵入。

含矿石英脉的围岩主要是黑云母花岗片麻岩、细粒闪长岩、花岗斑岩脉等，近矿围岩受热液作用，发生强烈的中高温热液蚀变，蚀变带宽 2～5 m。蚀变强度视矿体规模及围岩的不同而不同。主要有黑云母化、绢云母化、白云母化、硅化、黄铁矿化、碳酸盐化。

五龙金矿区基—酸性岩脉成群带状充填在不同形迹的断裂构造中。根据其与金矿成矿时间的关系分为成矿前、成矿期、成矿后 3 类岩脉。

（1）成矿前：片状闪长岩脉、片理化石英脉、片状花岗斑岩脉、斜长角闪玢岩脉、细粒闪长岩脉、花岗斑岩脉；显示成矿前存在韧性构造活动，以及群带状张性断裂。

（2）成矿期：含金石英脉、矿化蚀变带。

（3）成矿后：煌斑岩脉、辉绿玢岩脉。

早期发育东西向构造体系，奠定了区内的构造格式，它的两组扭性断裂叠加华夏系构造体系后发育菱形格状构造，控制了含金石英脉的空间展布，矿区西部矿体更主要的受华夏式构造体系控制。

菱形格状构造交汇点为深大的扩容线状构造，是运矿构造，交汇钝角边为成矿有利地

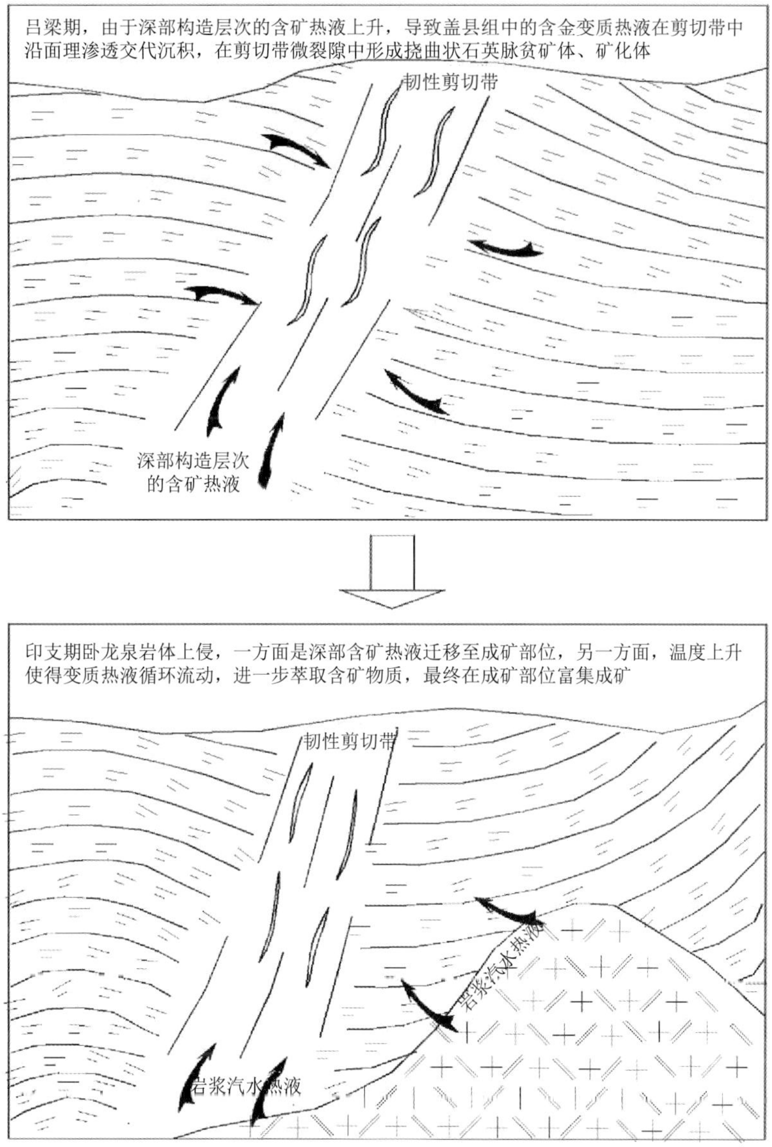

图 4-8　猫岭金矿成矿模式图

段，两组钝角边有规律排列。

构造的低压区利于矿体赋存，是成矿梯段；反之高压区为无矿梯段。两种梯段呈一定间隔出现。

区内断裂构造复杂，具有多期活动的特点，绝大部分被不同时期岩脉充填，构成五龙矿区特有的于含金石英脉有成因联系的岩脉群和岩脉带。矿脉均产出于花岗片麻岩内的闪长玢岩岩脉上下盘接触部或岩脉本身内部，仅有少数矿脉延伸于花岗片麻岩里面。

2. 矿床特征

矿体以脉状和透镜状为主，矿体长 80～1 000 m，宽 1～450 m，延深 100～600 m。共见大小含金石英脉 254 条。其中：有工业价值的 50 条。矿石类型：脉状矿石、细脉浸染状矿石、网脉状矿石。它们均由石英脉及金属硫化物组成。以前两种最为发育。

矿石以脉状、网脉状构造为主，其次为块状、浸染状及斑杂状构造；矿石的结构主要以碎裂充填、交代熔蚀结构为主。

矿石矿物成分简单，金的硫化物只占8%，以硫铁矿和磁铁矿为主，其次有少量的辉铋矿、自然银、黄铜矿、方铅矿、闪锌矿、白钨矿偶见有毒砂；非金属矿物以石英占绝对优势，此外，尚有少量方解石、绿泥石、萤石。该矿区金的平均品位是7.9 lg/t。矿石的有益有害元素有：Au、Ag、Bi、Cu、As、Pb、Zn。

矿体的近矿围岩蚀变普遍不发育，蚀变带宽2～5 m，最宽10 m。蚀变类型：硅化、绢云母化、绢英岩化、黑云母化、绿泥石化、黄铁矿化、碳酸盐化等；其中硅化普遍，绢云母化次之，黄铁矿化出现矿脉的两侧，碳酸盐化发生在矿化晚期，呈不规则脉状出现。蚀变分带不明显，自矿脉向围岩由强变弱，直至消失。蚀变与矿化密切相关，可作为找矿标志。

成矿时代：印支期。

金矿形成有四个阶段：第一在阶段，形成大量石英脉体，含少量自形晶黄铁矿，呈星点状分布，金矿化极微弱；第二成矿阶段，在第一阶段基础上使主体石英脉产生二组剪切裂隙，黄铁矿、磁黄铁矿沿裂隙充填，是硫化物，也是金矿物生成的主要阶段之一；第三成矿阶段，构造活动明显减弱，是多金属硫化物生成期，石英细脉极发育，此阶段金矿化十分活跃，是主矿化期之一；第四成矿阶级，是成矿尾声阶段，主要形成方解石脉。

Au、Ag密切共生，Au、Ag比5∶1。载金矿物：石英是最主要的载金矿物。除部分金与辉铋矿连生外，其他的金属硫化物很少有金矿分布。石英有三个世代。与金矿物关系最密切的是第一个世代，其特点为粒状集合体，颗粒定向拉长。黄铁矿也有三个世代，其第二和第三个世代与金矿关系密切。此类黄铁矿的特点是浅黄色，自形—半自形晶粒状，与磁黄铁矿、黄铜矿、方铅矿共生，成网脉状、细脉浸染状，充填于早期石英脉的裂隙中。

金有四种赋存状态：包体金、裂隙金，晶隙金，连生金。其中以裂隙金为最多，包体金最少经电子探针测定，金的成色较高，自然金≥850‰。金矿物多呈粒状，少数叶片状，树枝状和不规则状。粒径为0.03～0.02 mm。其中以0.007～0.006 mm的粒级为最多。可见金的粒度不大，以次显微金为主。

矿床形成温度：有3个温度区间：高温区间（310～380 ℃）；中温区间（220～300 ℃）；低温区（110～200 ℃）。金矿主要在中低温条件下形成。

矿床重砂矿物特征：矿床在地表具有金矿物、黄铁矿、磁黄铁矿、黄铜矿、方铅矿、闪锌矿、白钨矿等重砂矿物的组合异常。

矿床元素地球化学特征：分散流具有Au、Ag、Cu、Bi、As、Pb、Zn元素的组合异常；原生晕具有As、Ag，由上至下高晶级频率变小；Cu、Zn由上至下高晶级频率增大。累乘晕：头晕元素是As、Ag，尾晕元素为Cu、Zn，矿体上部头晕元素乘含量（As、Ag相乘）有明显异常；尾晕元素（Cu、Zn）累乘含量不匀，其比值有明显的异常。矿体趋向尖灭时，头晕元素累乘含量不高，而尾晕元素累乘有高值，其比值变低。砷银由上向下迁移率逐渐降低，Cu、Zn迁移率逐渐增大。

矿床地球物理特征：矿床处于低磁化率（+50 NT），重力高（15mGal）的北东向重磁梯度带上。其次矿床具有高电阻率，低自电，中梯度异常，多单峰的特点。

3. 矿床成矿模式

燕山早期，基性岩浆切穿早元古代辽河群之下地层，断裂充填细粒闪长玢岩脉。成矿期首先产生北北东压扭性断裂、北西张扭性断裂、北东压性断裂，并被为细粒闪长玢岩脉充填；稍有构造间歇后，成矿期断裂再次活化，闪长质岩浆同化混染酸性含金古老基底成花岗闪长质岩浆（固结后为三股流花岗闪长岩体），金及其他金属硫化物和二氧化硅、挥发份一起在断裂构造低压区形成含金石英脉，如图 4-9 所示。

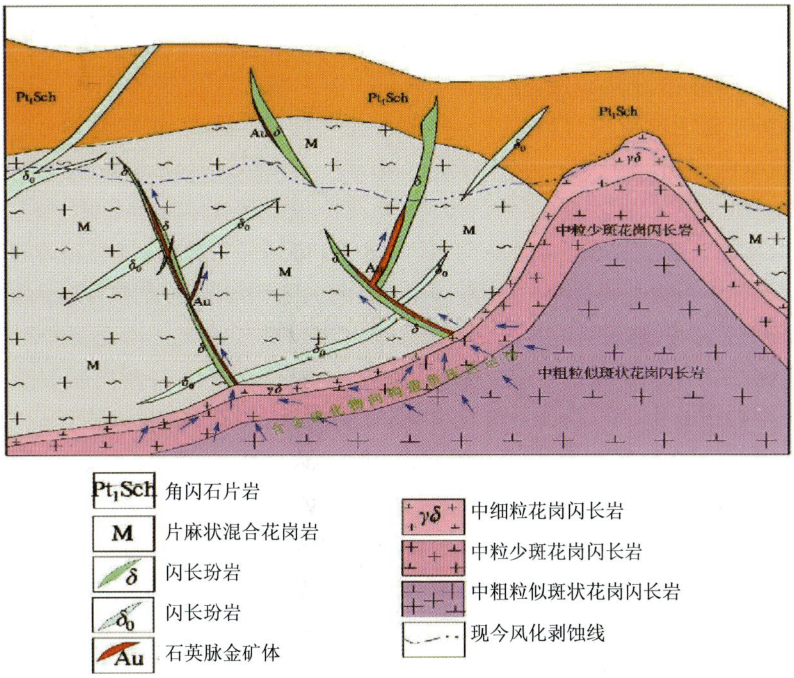

图 4-9 五龙金矿成矿模式图

（十）白云金矿典型矿床

1. 矿区成矿地质背景

（1）地质特征

矿床位于凤城县青城子镇白云村，距青城子镇正北 35 km。地理座标：东经 123°36′19″，北纬 40°49′53″。

矿床地处营口—宽甸台拱北侧，白云山倒转向斜的南翼。矿区内出露的地层为辽河群大石桥岩组和盖县岩组。按岩性可划分为三段，下段以黑云变粒岩为主，中段为云母片岩和变粒岩互层带，上段为矽线石云母片岩夹黑云母变粒岩。工业矿体主要赋存于二段的矽线黑云片岩中，矿体严格沿构造面理分布在变粒岩、浅粒岩及片岩中。

矿区及附近未发现侵入体，只见酸性—基性脉岩，有二长斑岩脉、石英斑岩脉、蚀变闪长玢岩脉、煌斑岩和辉长岩脉。空间上石英斑岩脉和闪长玢岩脉断续出现在含金蚀变带附近的围岩中，与金矿体密切伴生。

矿区基底构造为近东西向，含金蚀变带受倒转向斜北翼的近东西向韧性剪切带控制，晚期的脆性断裂有东西、北东、北西和北北东向四组，赋矿构造主要为东西和北西向。

（2）矿区地球化学及地球物理特征

① 矿床重砂矿物特征

在矿区水系沉积物中具有自然金、黄铁矿、黄铜矿等重砂矿的组合异常出现。

② 矿床元素地球化学特征

金元素在地表水系沉积物只出现中等平缓的异常，是本矿床的一大特征。此外 Au、Ag、As、Sb、Cd、Cu 等元素的组合异常，是寻找此类型金矿床的元素地球化学标志。

（3）矿床地球物理特征

矿床处于局部正磁场异常区，强度＋100 nT，在东西向梯度带与北西向梯度带的交汇部位；重力场处于重力高值区，强度＋7 mGal，在东西向重力梯度带与北东向重力梯度带交汇部位。

2. *矿床特征*

矿体赋存在辽河群大石桥组的二段，岩性为矽线石黑云母片岩、黑云变粒岩、浅粒岩、透闪变粒岩等；其中矽线黑云片岩含金丰度较高（0.035 g/T）是金的矿源体，矿体即产于该岩层中。矿体顶板为硅化矽线黑云片岩，底板为钾化矽线黑云片岩。矿化虽沿一定层位和岩性发育，但也明显地受东西向切层断裂构造控制。主矿体分布在东西向断裂带与北东向断裂相交部位，矿区内及附近没发现有侵入岩体，矿床由 16 个矿体组成，矿体以似层状为主，走向与地层走向一致。1 号矿体为主矿体，长 400 m，宽 1～40 m，埋深 100～280 m。其次为脉状矿体，由于受区域变质作用的改造，故矿体一般都穿切层理。

矿区中金矿化带全长 6 000 m，宽 50～700 m，产状：走向 85°，倾向 185°，倾角 35°～55°。平均品位 5.86 g/T，储量 8 799 kg。金系原生硫化矿石，以自形—半自形晶粒状结构，细脉浸染状构造为主，其次为角砾状及晶洞状构造。矿石矿物：自然金、黄铁矿、黄铜矿，有时可见白钨矿；脉石矿物：石英、钾长石。矿石有益有害组分：Au、Ag、As、Sb、Cd。矿体近矿围岩蚀变：硅化、钾化、绢云母化、黑云母化、碳酸盐化。金矿体主要分布在硅钾质蚀变带中。硅化以石英细脉为主，粗脉为辅；钾化有钾长石和钾长石交代岩形式出现，呈细脉状产出。金矿体赋存在硅化带中，在钾化带中仅见到矿化。围岩蚀变具有分带现象：从矿体向外，依次为含金硅钾蚀变岩带→退色蚀变岩带→过渡带→正常矽线石黑云片岩带。

根据矿物生成世代关系，成矿可划分为五个成矿阶段：（1）黑云母退色蚀变—热液交代阶段；（2）钾长石—硫化物阶段；（3）石英—硫化物阶段；（4）石英、钾长石—硫化物阶段（为主要成阶段）；（5）碳酸盐阶段。金与银密切伴生，Au∶Ag＝1∶1。金矿物主要为自然金，主要分布于细脉状石英及细粒立方体黄铁矿中以裂隙金、晶隙金状态出现。自然金的形态为微细脉状、片状及不规则粒状，以后者居多。最大粒度 1.42×0.005 mm，占 0.5%；最小粒度 0.005×0.003 mm，占 1.5%。一般粒度 0.05×0.07 mm，占 98%。金的成色，据电子探针分析金为 768‰，Ag 为 10%～31%。属银金矿。矿床形成的原始温度，据石英均-法和黄铁矿爆裂法测定结果，矿床形成的原始温度为 280～310 ℃。

3. *矿床成矿模式*

白云典型矿床属于沉积—变质热液改造型金矿，其形成时代应于古元古界末期。

古元古界时期辽吉裂谷中部，差异性断陷形成盆地，盆地中心靠近同生断裂附近形成海底喷流作用，于喷流口处及附近低洼处形成含 Au。Ag 硅质层、硫化物层及蚀变层。上覆沉积物继续沉积，把含矿岩系封存在深部。裂谷回返，伴随大规模区域变质作用，热隆使深部重熔岩浆上侵形成古元古界花岗岩，含矿岩系中的成矿物质重结晶并进一步活化、富集，由于上部岩系的屏蔽作用，矿质活化、迁移、富集仅限于含矿岩系内部，进而形成白云式沉积—变质热液型金矿。印支—燕山期构造岩浆活动是本区金矿床产出的主要成矿期，首先，岩浆活动从地壳深部携带了部分有益物质组分，与含矿层位中金银成矿物质混合，直接参与了金银多金属成矿过程。其次，岩浆上侵产生的热动力驱使含矿层位中成矿元素活化迁移，在适宜的构造和围岩条件下沉淀成矿。形成小佟家堡子沉积变质—岩浆热液富集型金矿，如图 4-10 所示。

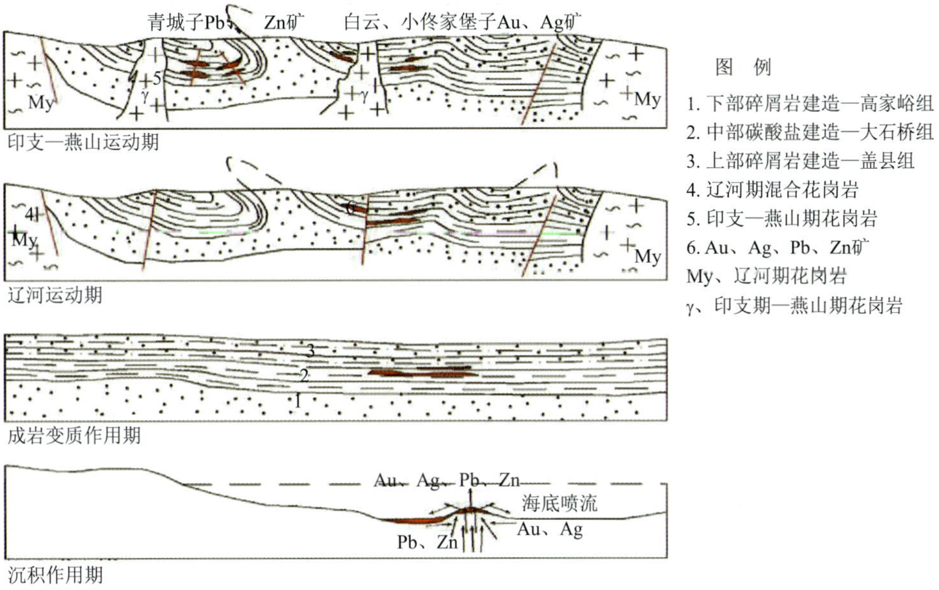

图 4-10 白云金矿成矿模式图

（十一）高家堡子银矿典型矿床

1. 矿区成矿地质背景

（1）地层

矿区主要赋矿层位为大石桥岩组顶部和盖县岩组底部碎屑岩-碳酸盐建造，其岩性为炭质变粒岩、硅质岩、角砾大理岩及云母片岩。按岩石组合特征，矿体产于大石桥岩组三段四、五层的构造蚀变破碎带中。

（2）岩浆岩

与成矿有关的岩体主要有双顶沟岩体和新岭岩体。

双顶沟岩体呈大岩基状，出露面积 242 km^2，岩相变化大可分三个相，即边缘细粒相，主体似斑状相，核部为粗粒相。边缘相为细粒花岗岩，灰白—肉红色，中细粒花岗结构，文象结构，其中长英质脉和石英脉发育；似斑状相斑晶主要为条纹长石，粒径粗大，一般 1×2 cm，最大达 2×4 cm，基质为长石、石英及黑云母，黑云母分布不均匀，局部含量较高并略具定向，副矿物锆石、磷灰石及榍石。双顶沟黑云母花岗岩形成的年龄是(231±5) Ma(K-Ar 法)。

新岭岩体呈极不规则的似椭圆状，沿新岭背斜侵位到辽河群地层中，呈岩株状，面积约2 km^2，岩相变化较大，主体相为似斑状黑云母二长花岗岩，侵位K-Ar年龄为217.6～226.7 Ma。

这一时期的构造岩浆作用可能是区域成矿的主要控制因素之一。中生代岩浆活动是矿床形成的又一次热动力条件，强烈的多期岩浆活动造成了有利于矿床形成的地质条件，这两个岩体一方面提供部分成矿物质，另一方面岩浆期后热液活动促使围岩中成矿物质活化、转移，最终使矿床定位。重磁资料研究表明，矿区深部有隐伏岩基存在，遥感图像呈环形特点。

(3) 成矿构造

区域构造复杂，基底构造主要为北西向，吕梁运动形成翻卷的复式背向斜和层间韧性剪切带，尤其是在不同岩性的接触面，常伴韧性滑动带。显生宙以来，断裂构造成为区域的主要构造格架。不同方向的断裂交错发育，在遥感图像上形成菱形构造区。

2. 矿床特征

(1) 矿床组合、分布及产状

高家堡子—小佟家堡子金银矿体的分布严格受近东西向的Ⅰ、Ⅰ-1、Ⅱ、Ⅲ号含矿构造带的控制，矿体沿着含矿构造带断续分布，单矿体延长一般在50～250 m，倾角较缓，一般在10°～30°，厚度一般在0.7～5.86 m，最厚矿体达29.63 m。一般来说，贫矿体呈层状，受层位控制，连续性较好；富矿体呈脉状、扁豆状、囊状、羽毛状，与断裂关系密切。矿体在空间上从上至下分别为Ⅰ、Ⅰ-1、Ⅱ、Ⅲ号矿体；从西到东分别是银、银金、金矿体的展布规律。

(2) 矿石类型及矿物组合

矿石的自然类型：按金属矿物组合，银矿体矿石类型可划分为：石英—白云石—银矿石；黄铁矿—方铅矿—闪锌矿—银矿石。

矿石矿物：黄铁矿—方铅矿—闪锌矿—银矿石。

脉石矿物：石英、白云石。

(3) 矿石结构、构造

银矿石结构有半自形—他形晶结构、他形晶结构、包含结构，其次为固溶体分解乳浊结构、浸蚀结构、压碎结构、揉皱结构。

矿石构造为块状构造、浸染状构造、角砾状构造、晶洞状构造、脉状构造。

(4) 矿化阶段

根据成矿地质作用、K-Ar年龄测定、物理化学条件及矿石构造、典型矿物组合等将矿床分为两个成矿期，即火山喷流沉积期和岩浆热液硫化物期。同时依其各矿物之间的先后关系，确定了矿物生成顺序，根据矿物之间相互穿插关系划分出四个成矿阶段，从早到晚：

① 粗粒黄铁矿—毒砂阶段

出现于火山喷流作用早期，形成粗粒自形晶立方体及五角十二面体黄铁矿，自形板状毒砂，并伴有少量铁闪锌矿、磁黄铁矿等矿物组合。镜下可见黄铁矿、毒砂具有强烈压碎，形成等粒、不等粒、定向压碎等现象。此阶段无明显矿化发生。

② 黄铁矿—方铅矿阶段

出现于火山喷流作用晚期，矿物组合为自形晶黄铁矿、粗粒方铅矿、少量黄铜矿、黝铜矿等，局部地段含有微量金银矿。该阶段特点是黄铁矿具扩大再生长环边结构现象。此种结构是火山作用一种特殊结构。脉石矿物主要为石英、绢云母及黏土矿物。

③ 金银多金属硫化物阶段

出现于燕山期岩浆热液作用早期，形成金银多金属硫化物组合。主要金属矿物有银金矿、金银矿、自然银、辉银矿、螺状硫银矿、脆银矿、深红银矿、银黝铜矿、辉锑银矿、块硫锑铅矿、硫锑铅银矿、细粒毒砂、黄铁矿、黄铜矿等，该阶段特点是毒砂、黄铁矿呈细粒状，毒砂与黄铁矿紧密共生，二者粒度越细，金的品位越高，是本阶段标志矿物。共生脉石矿物为粗粒石英、绢云母、白云母、方解石。

④ 石英—银阶段

出现于热液硫化物晚期阶段，主要金属矿物为自然银、银锑—铅银锑—铜银锑互化物。在该阶段可见金银矿物 18 种。该阶段特征以自然银颗粒粗大、银矿物种类繁多为特点。石英晶洞状构造发育，以富银矿物为特征，共生脉石矿物为柱粒状石英、白云母、方解石等。

(5) 矿化蚀变

矿化蚀变主要为硅化，其次为碳酸盐化。

3. 矿床成矿模式

高家堡子典型矿床属于沉积—岩浆热液改造型金矿，其初始形成时代应于古元古代末期(见图 4-11)。

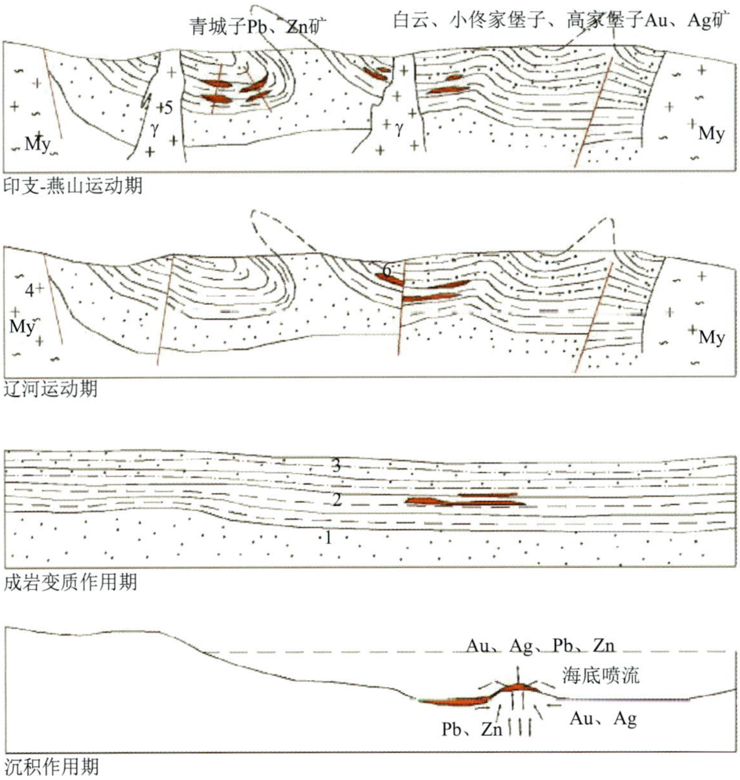

图 4-11　高家堡子银金矿成矿模式图

古元古代时期辽吉裂谷中部，差异性断陷形成盆地，盆地中心靠近同生断裂附近形成海底喷流作用，于喷流口处及附近低洼处形成含 Au。Ag 硅质层、硫化物层及蚀变层。上覆沉积物继续沉积，把含矿岩系封存在深部。裂谷回返，伴随大规模区域变质作用，热隆使深部重熔岩浆上侵形成古元古界花岗岩，含矿岩系中的成矿物质重结晶并进一步活化、富集，由于上部岩系的屏蔽作用，矿质活化、迁移、富集仅限于含矿岩系内部，进而形成沉积—变质热液改造型银金矿。

印支—燕山期构造岩浆活动是本区银金矿床产出的主要成矿期。首先，岩浆活动从地壳深部携带了部分有益物质组分，与含矿层位中金银成矿物质混合，直接参与了金银多金属成矿过程；其次，岩浆上侵产生的热动力驱使含矿层位中成矿元素活化迁移，在适宜的构造和围岩条件下沉淀成矿，形成高家堡子沉积变质—岩浆热液改造型银金矿。

（十二）翁泉沟铁硼矿典型矿床

1. 矿区成矿地质背景

凤城市翁泉沟式铁矿位于辽宁省凤城市刘家河镇与四门子镇交界处，行政区划隶属于辽宁省凤城市刘家河镇与四门子镇所辖。

辽宁省翁泉沟式翁泉沟铁硼矿床的形成受古元古界里尔峪岩组角闪岩相层状变质岩建造控制，主要产于里尔峪岩组下部变粒岩段之中。

翁泉沟矿区铁硼矿体赋存于翁泉沟向斜构造中，矿体产状严格受向斜构造所控制，由于向斜东端翘起，平面上矿体呈一马蹄形环带，展布于蔡家沟、东台子、翁泉沟、业家沟、周家大院等地。

矿体呈北东—南西向分布，倾角变化较大，一般浅部较陡，深部较缓，靠近向斜核部矿体近水平，并有波状起伏(100 m 标高附近)。根据矿体分布地理位置，结合矿体产出状态，可将翁泉沟矿区划分成 5 个部分，即蔡家沟矿段、翁泉沟矿段、业家沟矿段、周家大院矿段和 1 个核心部位。

翁泉沟矿区铁硼矿体赋存于翁泉沟向斜构造中，矿体产状严格受向斜构造所控制，由于向斜东端翘起，平面上矿体呈一马蹄形环带，展布于蔡家沟、东台子、翁泉沟、业家沟、周家大院等地。

2. 矿床特征

(1) 矿床组合、分布及产状

翁泉沟矿段位于本区的翁泉沟地区，是翁泉沟向斜的南翼东段，也是翁泉沟硼铁典型矿床重点研究的矿段。它是翁泉沟硼铁矿区的主矿体，规模较大，呈层状、似层状产出。矿体地表走向呈东西向展布，沿矿体走向、倾向厚度变化较大，矿体倾向 340°～350°，倾角 70°～80°。此段矿体为本区陡倾斜的矿体。长约 700 m，最大厚度 156 m，平均厚度约 45 m。赋存于－50～494 m 标高之间。TFe 平均品位 31.22％，B_2O_3 平均品位 7.83％。

(2) 矿石类型及矿物组合

矿石的自然类型：磁铁矿型、磁铁矿—硼镁铁矿型、硼镁石(遂安石)—磁铁矿—硼镁铁矿型和硼镁石磁铁矿型，其中以磁铁矿—硼镁铁矿型、硼镁石磁铁矿型为主。

矿石矿物：金属氧化物中的磁铁矿；硼酸盐类矿物中的硼镁铁矿、纤维硼镁石、板状硼镁石和遂安石。

脉石矿物：蛇纹石、金云母和斜硅镁石等，伴生少量或微量的黄铁矿、磁黄铁矿和黄铜矿等硫化矿物。

（3）矿石结构、构造

矿石结构：中—细粒花岗变晶结构、纤维变晶结构、交代结构；

矿石构造：有条带状、块状、斑杂状、皱纹状和网脉状五种，以条带状构造为主。

（4）矿化阶段

① 成矿物质喷出和物理化学分选阶段。

② 铁质—硼质—镁质同沉积成矿阶段。

③ 铁硼矿富集变质成矿阶段。

④ 矿化蚀变

板硼镁石、硼镁铁矿的形成和原生硼矿的纤维硼镁石化。

3. *矿床成矿模式*

辽宁省翁泉沟式翁泉沟铁硼矿典型矿床成矿模式和杨木杆式杨木杆硼矿典型矿床成矿模式相似程度很高，相同之处无须赘述。两者的主要区别在于矿石矿物（硼酸盐矿物）的类型不同，翁泉沟硼矿是硼镁铁—遂安石（硼镁石）型，而杨木杆硼矿是遂安石（硼镁石）型，这种矿石矿物的差异，反映的是沉积成矿阶段地球化学界面的分选作用，当铁—镁—硼—硅等发生同构造化学沉积时，形成翁泉沟式硼镁铁型铁硼矿；当硼—镁—硅等发生同构造化学沉积时形成杨木杆式硼镁石型硼矿。

（1）成矿物质喷出和物理化学分选阶段

元古代早期，太古宇克拉通发生断陷，形成封闭—半封闭裂谷盆地。沿裂陷轴发育中基性海底火山，形成凝灰质沉积，海水酸化溶解铁质、钙镁质，硼元素以 H_3BO_3 或 $B(OH)_4$ 形式存在于温热海水中。断裂深达地幔时（翁泉沟）铁质成分就会相当丰富。

（2）铁质—硼质—镁质同沉积成矿阶段

在海底火山喷发的间歇期，海水降温、pH 升高、气候干燥等因素使铁—镁—硼等发生同构造化学沉积—沉积成矿。随后的海底火山再次喷发，沉积形成了硼铁矿层的顶板位置及其上面凝灰质的辽河群里尔峪岩组一段上层变粒岩和二段浅粒岩夹变粒岩段等上覆岩层。

（3）铁硼矿富集变质成矿阶段

古元古代末期，随着结晶基底沿裂谷的古火山口一线活化—塑性底辟上侵，硼铁矿层同整个辽河群一道经受了角闪—绿片岩相变形变质作用，形成穹窿状短轴构造。原始铁硼矿物变质为硼镁铁、硼镁石、磁铁矿等，并活化迁移到构造虚脱部位。辽吉裂谷闭合降升后，接受风化剥蚀、构造改造。成矿模式如图 4-12 所示。

（十三）铧子峪菱镁矿典型矿床

1. *矿区成矿地质背景*

海城式沉积变质型菱镁矿，产于辽河群大石桥组三段含镁大理岩中，形成于 2.1～2.3 Ga，变质年龄约为 19 亿年前。

菱镁矿层产在大石桥岩组三段，其底部为白云质同生砾岩—条带状白云石大理岩夹千枚岩，夹小规模扁豆状、菱镁岩（矿），东部—西部底层从富含炭质向富含铁质过渡；大石桥岩组三段中部是菱镁矿层和白云石大理岩夹千枚岩；大石桥岩组三段上部为硅质白云石大理岩，夹有菱镁矿层。受穹状构造或者短轴背形构造控制。

海城式沉积变质型菱镁矿的大地构造位置处于华北陆块（Ⅱ）—胶辽古陆块（Ⅱ-1）—辽

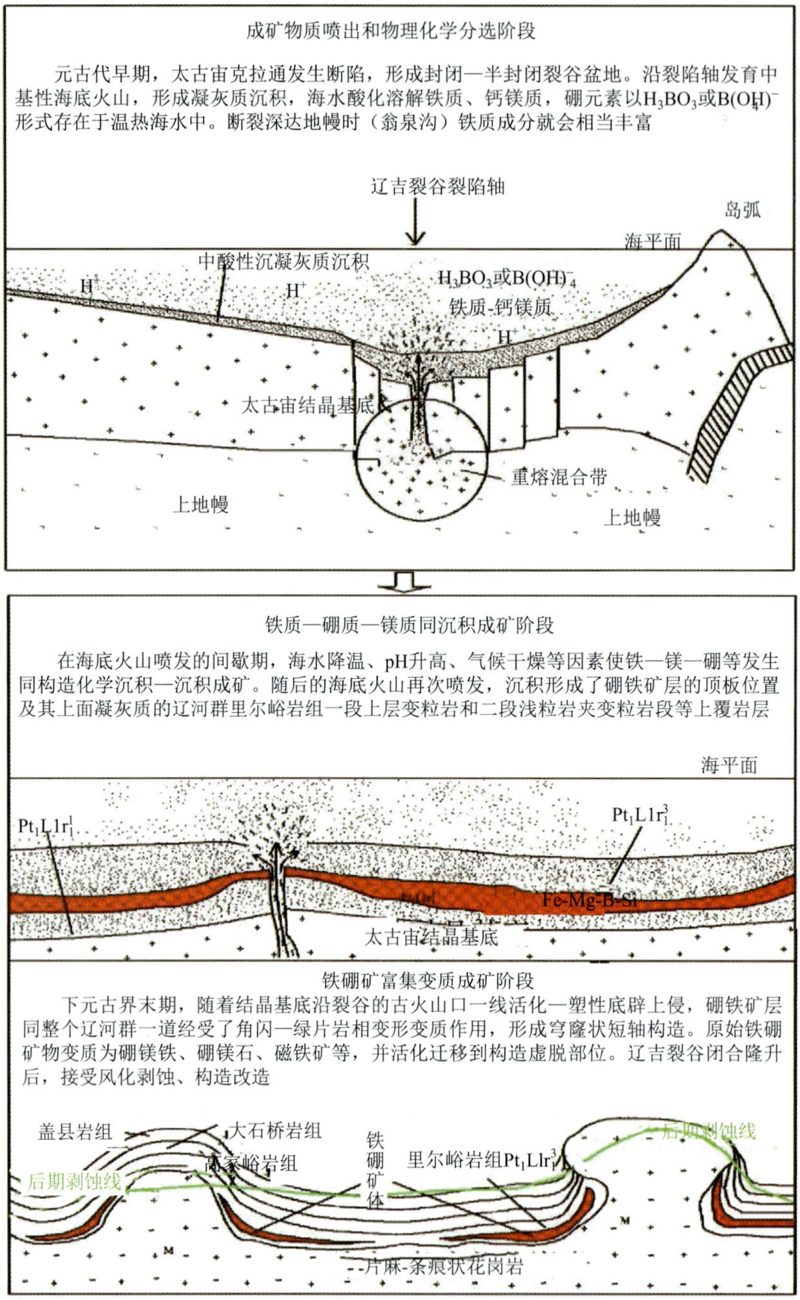

图 4-12　辽宁翁泉沟铁硼矿成矿模式图

东裂谷次级隆起（Ⅱ-1-3）及太子河次级拗陷（Ⅱ-1-2）。

（1）地层

研究区内出露地层为古元古界辽河群大石桥组二段上部和三段下部含矿带，其地层层序和岩性自下而上为：

① 大石桥组二段上部自下而上分为五层。

A. 黑云母片岩层：由二云片岩、石榴黑云片岩、十字黑云片岩组成，厚度大于150 m。

B. 大理岩及白云质大理岩层：由灰—深灰色条带状（1～5 mm）、细粒（1 mm）大理岩及白云质大理岩组成。于中上部有黑色燧石层厚3～5 m，本层厚30～224 m。

C. 千枚岩及黑云母片岩层：千枚岩与黑云母片岩为渐变接触，千枚岩沿走向逐渐变为绢云母片岩或二云母片岩、黑云母片岩，厚16～60 m。

D. 十字石黑云母片岩—石榴十字黑云母片岩层：本层在东部为十字、黑云片岩和黑榴黑云片岩；西部多为十字黑云片岩，厚65～220 m。

E. 黑云母片岩层：岩性与A层相同，但夹菱镁矿大理岩薄层，厚1～2 m。片岩与菱镁矿大理岩接触处多为滑石化，厚22～53 m。

② 大石桥组三段下部含矿带

A. 第一层菱镁矿层：白、灰白色，粗粒结构，层状、条带状构造，菱镁矿粒径一般为20 mm左右，个别可达50～60 mm。沿层理面由碳质、滑石和菱镁矿组成1～3 mm厚灰黑色条带，有的菱镁矿晶体垂直灰黑色条带呈犬齿状或斜交条带呈放射状生长。本层夹有滑石片岩、千枚岩及白云石大理岩，夹层单层长40～290 m，宽2～15 m不等。在东部还夹有条带状、薄层状大理岩，长200 m，厚5～15 m，延深100～200 m。本层厚9～50 m。

B. 绢云母片岩层：片理与层理大多一致。在X线以西含石榴子石。在与菱镁矿大理岩的接触面上往往有绿泥石、滑石化。本层两端薄，中部较厚，其中并夹数层滑石化菱镁矿大理岩，最大者长780 m，厚2～25 m，由滑石和少量碳质组成薄层状或条带状构造。由下部局部尚见3 m厚大理岩。本层厚10～150 m。

C. 第二层菱镁矿层与千枚岩互层：由菱镁矿、千枚岩各二层组成，总厚度65 m。菱镁矿灰白—白色，粒度2～50 mm，呈条带状、放射状、片岩等结构，层面往往含有碳质和滑石薄膜。上层千枚岩以断层关系与第三层菱镁矿接触，在断层带附近千枚岩发生绿泥石、滑石化，强烈时变成绿泥滑石片岩。

D. 第三层菱镁矿层：为矿床之主要含矿层，其中含有主矿体。含矿层中夹少量白云石大理岩及千枚岩、滑石片岩夹层，前者多分布于本层的中上部；后者分布于本层的下部。夹层一般长10～300 m，厚1～12 m，延深50～100 m。本层上部含有滑石化柱状透闪石，本层中偶见白云石自形晶体，大者30×30 mm左右。本层厚度：东段Ⅳ—Ⅶ线为27～296 m，平均125 m，其中Ⅳ线以西最薄为27～67 m，平均44 m。

E. 石棉透闪石白云石大理岩层：灰白—白色，细均粒变晶结构，沿层间有灰白色硅质条带，宽几至几十毫米。含较多的透闪石，呈白色放射状、纤维状及长柱状。Ⅰ线附近发育成透闪石石棉团块、网脉。钻孔里见本层中有菱镁矿大理岩夹层，长几十米～500米，厚1～20 m，延深40～240 m。本层厚14～70 m。

F. 第四层菱镁矿层：灰白色，中、粗粒为主，巨粒次之，部分具有清楚的或隐约的条带构造，含滑石、绿泥石、石英。中部有2～3 m厚菱镁矿大理岩中含滑石化透闪石。菱镁矿与白云石大理岩接触处有滑石和白云岩包体。本层厚7～46 m，向深部有增厚趋势。

G. 石英透闪石白云石大理岩层：灰白—白色，细均粒变晶结构，厚—薄层状，以白云石为主，含透闪石、滑石、石英及少量石棉，在Ⅲ线夹滑石菱镁矿大理岩一层，厚约5 m，本层地表厚6～51 m。

H. 第五层菱镁矿层：灰白—白色，局部淡红色。粗、中粒结构。矿物成分以菱镁矿为主，含滑石、斜绿呢石、透闪石等。本层厚 9～90 m。

I. 透闪石白云石大理岩层：灰白—白色。细粒、等粒结构，厚层状，含条带状石英细脉。透闪石分布不均匀，地表有三处夹菱镁矿大理岩，长 110～360 m，宽 6～15 m。本层厚 10～57 m。

J. 第六层菱镁矿层：灰白—白色，中粒结构，上部有少量碳质和滑石沿层分布，显层状构造。夹白云石大理岩和包体，长 20～135 m，厚 2～23 m，在与菱镁矿大理岩接触层面上有滑石化。在Ⅵ线顶部尚夹一层千枚岩，长 130 m，宽 5 m。本层厚 28～100 m。

K. 白云石大理岩夹千枚岩层：主要为灰—灰白色，细粒中厚层白云石大理岩，其中含石英及柱状透闪石。局部有藻叠层石白云岩大理岩层厚 2～3 m。本层中夹五层千枚岩，厚 2～32 m，长 55～2 770 m。断续夹四层菱镁矿大理岩，长 130～255 m，厚 7～15 m。

矿区内见本层厚大于 400 m。E、G、I 层含透闪石白云石大理岩层，由东向西厚度逐渐变薄，以ⅩⅧ线以西尖灭，导致ⅩⅧ-ⅩⅩⅡ线间第三至第六层菱镁矿合并为一层，长 1 000 m 以上。

西段（尤其是Ⅷ以西），构造破碎带发育，滑石化增强，白云石广泛分布，不仅含矿厚度变薄，矿石质也变劣。

（2）岩浆岩

矿区内没有成规模的岩体出露，均为岩脉。

正长斑岩脉：有数条，一般长 30～850 m，最长者达 2 000 m、宽 6～20 m，走向 65°～70°、倾向北西、倾角 30°～45°。侵入于含矿层。

煌斑岩脉：大小数十条，其中有数条较长者超过 100 m，最长者可达 380 m，最厚可达 8 m，一般长度 40～60 m，厚 0.5～2 m。岩脉多充填于横正断层，侵入含矿层，使近矿围岩产生重结晶，对矿石质量没有影响。

花岗岩类成因探讨：

通过对相关文献和矿区或矿田勘探资料总结发现，矿区内花岗岩主要应当为 I 型花岗岩，同时兼具 S 型花岗岩特征，所以当属 I 型与 S 型过渡型花岗岩。主要证据有：

① 艾永富、伍勤生对全岩 δ18O 值均小于 10‰，磷灰石 Sr87/Sr88 介于 0.704-0.705 3 之间，基于此建立的侵入岩 εSr-δ18O 图解显示本区侵入岩主要表现出 I 型花岗岩特点；δ34S 集中于 1.61-5.93‰，与我国华南同熔花岗岩及其有关矿床中 δ34S 分布特征类似。

② 辉钼矿中含较高的 Re 及 Pt 族元素，Os 可达 0.43 g /个，黄铁矿中较高的 Co、Se、Te 含量及 Co/Ni 比值，Se/S 比值，说明侵入岩属同熔型花岗岩。

③ 稀土总量为 77.93～137.05 ppm，远低于世界花岗岩稀土总量平均值及上地壳平均值，与华南同熔花岗岩(87～182 ppm)一致；球粒陨石标准化曲线显示轻稀土富集型，两端高中间低的形态，随岩浆演化负铕异常加大；稀土元素主要集中于磷灰石、榍石、锆石、角闪石中，晚期岩浆中由于斜长石、磷灰石、角闪石的结晶作用及 F 含量的增高，导致重稀土的相对富集。稀土元素配分曲线与同熔花岗岩其相类似。

④ 在黑云母氧化度—镁度图解中（根据黑云母镁度即 $Mg/Mg+Fe^{3+}+Fe^{2+}+Mn$ 确定），均位于同熔型花岗岩区。

⑤ 本区的侵入岩相对富铝，Al′＜0 的频率占有 45.57％，Al′＜20 的频率为 82.28％，徐克勤等人认同为同熔型花岗岩 Al′多为负值，改造型 Al′＞0，在－10～20 间

存在两者重叠，本区花岗岩显示了Ⅰ型和S型花岗岩的过渡特征。表明成岩过程中有较多的陆壳物质加入。

⑥ 根据各地质体中F、Cl、F/Cl含量可以确定本区侵入岩具同熔花岗岩与重熔花岗岩的过渡特征。

晚期沿早期粗粒似斑状粗粒花岗岩中心侵入的似斑状细粒花岗岩、花岗斑岩携带大量成矿物质，这种酸性超酸性岩浆当遇到偏碱性的矽卡岩时得到了充分的中和，从而使成矿物质得到卸载，并以断裂或岩石裂隙当中形成钼矿。所以似斑状细粒花岗岩和花岗斑岩为必要的成矿要素。

（3）构造

成矿前断裂：是成矿条件的最主要因素，由于笔架山向斜两翼同受花岗岩侵入，向斜承受来自南北方向的挤压力。其北翼（即矿区）又受到花岗岩形体和整个区域构造作用的影响，使矿区西部地层呈向南突出的弧形分布，即形成了与矿化保持密切关系的褶曲与层间剥离构造。在形成这一构造的同时，由于褶曲顶部及附近裂隙异常发育，常形成为矿体富集的有利场所。

成矿期和成矿后断裂构造，对矿体的切割，破坏作用也比较显著，按方向可分为四组：

东西向断裂：① 分布于矿区北部，震旦系雾迷山组大理岩与景儿峪组石英岩间以及景儿峪组石英岩与其上层白云质大理岩之间，性质属于正断层，产状与地层方向基本一致，倾角为50°～75°，规模长达2 400 m，破坏性大，使矿区东部景儿峪组石英岩显著变薄或缺失。② 矿区北部寒武系下部馒头组以及与景儿峪组顶部灰岩层之间的正断层与前者断层产状、规模相似，相距40～120 m，该断层破坏性亦很大，命名矿区东部几乎整个馒头组普遍缺失，毛庄组也残缺不全，或显著变薄，造成景儿峪组顶部灰岩直接与毛庄组或徐庄接触。③ 矿区南部奥陶系马家沟组灰岩与石炭系本溪组页岩之间的逆断层产状与地层一致，由于断层几次复活，在断层面上，产生辉钼矿矿泥，使Ⅸ号矿体普遍富集。④ 矿区西部寒武 系、张夏组、凤山组以及凤山组与长山组之间的局部逆断层，倾向与岩层相反倾角60°，破坏程度不大。

南北向断裂：多属斜断层，是矿区比较发育的一组断裂，并切割矿区所有地层，多为正长斑岩脉及局部基性煌斑岩脉所占据，这种断层错距不显著。

北西向断裂：为平移断层，即贯的所谓“东部大断层”系正断层，走向310～320°向南西倾斜，倾角45～60°规模大，长达2 400 m以上，水平位移100 m以上，垂直落差80～150 m，几乎对所有矿体都有明显的切割破坏作用，在每条矿体的投影面上，因而产生大幅度断层空白区。由于断层底盘向上推移结果，使0号矿体与标志层在地表有所出露。

北西向断裂：仅矿区西部有分布，规模不大多为正断层，错距很小，在一些矿体投影面上常形成较小层空白区。

2. 矿床特征

（1）矿床组合、分布及产状

含矿带全长5 100 m，东段（Ⅳ线以东）长2 200 m；西段（Ⅳ线以西）长2 900 m，比较主要的矿层有六层，其中第三层为主矿层，东、西段菱镁矿层厚度：

A. 第一层菱镁矿层：由于含滑石、SiO_2较高，只有两个扁豆状工业矿体，一个长70 m、厚3～7 m，另一长200 m、厚7 m。

B. 分为上下两分层，中间夹有一层千枚岩，东段有工业矿体 6 个，长 60～530 m、厚 2～8 m，于Ⅳ-Ⅵ线内矿体回厚到 30～50 m。西段有工业矿体四个，上部有 1 个工业矿体，长 2 230 m、平均厚 24 m，呈似层状；下部含工业矿体 3 个，长度分别为 700 m、460 m、530 m，厚度分别为 10 m、15 m、10 m，矿体分别呈似层状、扁豆状。

C. 第三层菱镁矿层：为矿区主要矿层，有工业矿体 1 个，长大于 3 000 m、倾斜延深＞510 m，厚度 57～195 m。矿体呈层状—似层状，厚度稳定，连续性好。

D. 第四层菱镁矿层：有工业矿体 7 个，长 250～1 480 m、厚 2～30 m，往深部工业矿体增厚，呈似层状、扁豆状、透镜状。

E. 第五层菱镁矿层：有工业矿体 7 个，长 60～330 m，厚 2～28 m，多呈透镜状和似层状。

F. 第六层菱镁矿层：规模和质量仅次于 C 层，工业矿体多为似层状，部分呈扁豆状、透镜状，厚 13～60 m，平均厚 29.8 m。

各层产状基本一致，走向 60°～70°，倾向北西；Ⅶ线以西为倾向南东，倾角 56°～87°；Ⅶ线以东倾向北西，倾角 42°～87°。

（2）矿石类型及矿物组合

矿石的自然类型：

A. 纯镁型分布于第三菱镁矿层，次之为二、四、五、六矿层。

B. 硅镁型（高硅型）：a）滑石—菱镁矿组合，主要分布于第一、二和三矿层下盘；b）透闪石—菱镁矿组合，分布于第三矿层上盘和四、五、六矿层；c）滑石—透闪石—菱镁矿组合，分布于第三含矿层上盘；d）石英—滑石—透闪石—菱镁矿组合，分布于第四、五、六含矿层；e）滑石—透闪石—绿泥石—菱镁矿组合，分布于第四、五、六矿层和第三矿层上盘。

C. 硅钙镁型（高硅高钙型）：a）白云石—滑石—菱镁矿组合，主要分布于第一含矿层；b）白云石—滑石—透闪石—菱镁矿组合，主要分布于第四、五、六矿层。

矿石矿物：菱镁矿

脉石矿物：白云石、石英、透闪石、滑石、绿泥石。

（3）矿石结构、构造

以中粗粒粒状结构为主；矿石构造主要为块状、薄—厚层状构造，少量巨粒菱镁矿形成放射状构造。

（4）矿化蚀变

矿化蚀变为滑石、透闪石、蛇纹石、直闪石、斜绿泥石、绢云母、海泡石、褐铁矿等。

（5）找矿标志

① 古元古界辽河群大石桥组三段地层。

② 大型菱镁矿床均控制在碳酸盐岩层厚度大于 1 000 m 的地层中，厚度在 500 米左右的地层中只见矿化和小型矿体；一般 MgO＞20％的地区即可有菱镁矿层出现。

③ 当区内岩石平均 CaO/MgO 比值为 2.2 时基本岩石组合为白云石大理岩，并有菱镁矿层出现。

④ 矿床严格受钙镁碳酸盐相的控制，矿床集中分布于盆地南北边缘地带，构成古陆边缘菱镁矿预测带。

⑤ MgO 异常达 2.82×10^{-2} 时与大石桥组三段地层呈线性相关。

⑥ 滑石、白云石、绿泥石、透闪石、绿帘石等与大石桥组地层含镁层位呈线性相关。

3. 矿床成矿模式

铧子峪典型矿床的形成经历了两个成矿阶段：

沉积阶段：早中元古宙辽东裂谷段发展中期，于滨海相的沉积环境，海水中富含有 Mg^{2+} 及含 Mg^{2+} 的生物—藻类，在适当的压力、pH 及海水盐度等的条件下，从海水中结晶沉淀出白云石、菱镁矿等，而后经成岩作用形成菱镁岩(矿)、白云岩。

变质改造阶段：辽河群沉积以后，裂谷处于消亡阶段，由沉降拗陷转为挤压收缩。矿源层、贫矿层和沉积物一起发生变形褶皱、断裂。经区域变质作用，在一定的温度、压力、液体相作用下矿质再次富集、重结晶形成厚层粗粒的优质菱镁矿矿体。成矿模式如图 4-13 所示。

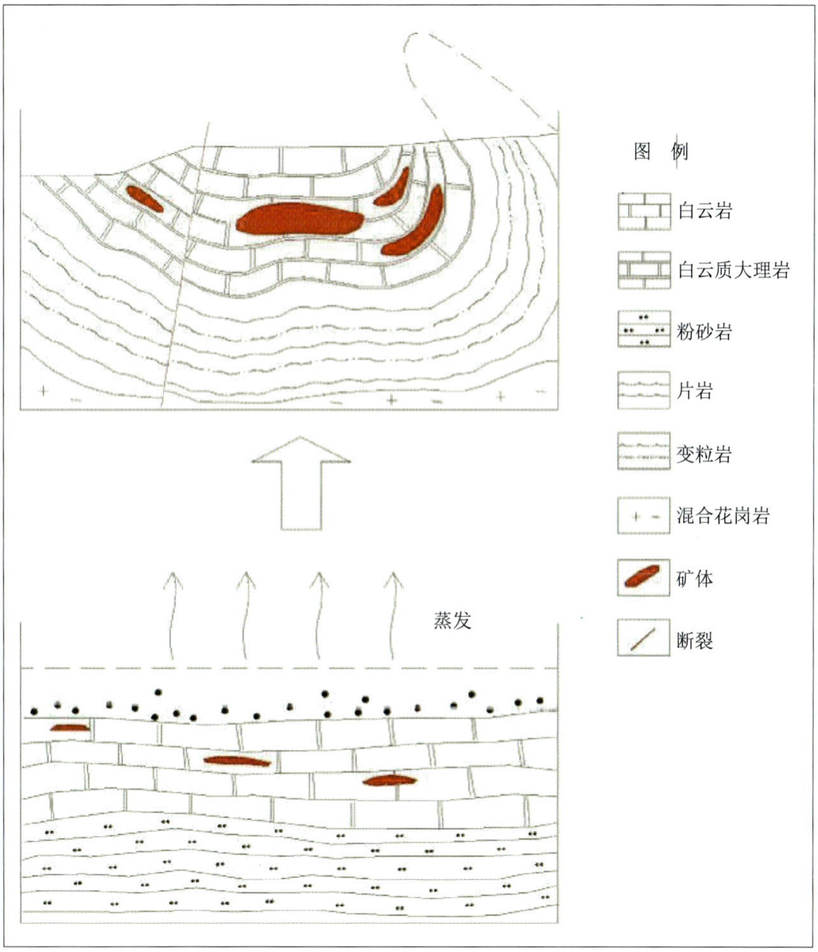

图 4-13 铧子峪菱镁矿成矿模式图

(十四) 云盘硫矿典型矿床

1. 矿区成矿地质背景

云盘黄铁矿位于华北陆块区胶辽古陆块、辽东裂谷次级隆起北缘，草河口复向斜的北翼。成矿作用主要为火山—沉积作用叠加后期变质作用。

（1）地层

矿区内出露的地层有古元古界辽河群浪子山组、里尔峪组、高家峪组和大石桥组。云盘矿区黄铁矿的赋存层位是里尔峪组。

本次研究考虑区域对比和成矿预测，将里尔峪组划分为三个岩性段。

第一段(Pt1lr1)（下火山岩段），岩石类型主要为钠长浅粒岩，次为磁铁浅粒岩、钠长闪石变粒岩、透闪变粒岩，上部为白云石大理岩等。底部普遍有扁豆状、透镜状的铁帽（即第Ⅰ含黄铁矿带）主要分布于矿区西北部大北沟、娄沟一带。典型矿区未出露。

第Ⅱ含矿带赋存于白云石大理岩上部的钠长浅粒岩层中，该层厚度大于 24 m。总厚度为 95～155 m。

第二段(Pt1lr2)（上火山岩段），总厚度 308 m。主要由黑云变粒岩、磁铁浅粒岩、角粒状浅粒岩、浅粒岩等组成。此层底部赋存第Ⅲ黄铁矿层。

顶部是一套区域变质作用形成的浅—中变质岩系。变质程度相当于绿片—角闪岩相之过渡带—石英、钠长石、绿廉石、黑云母亚相。综合岩石分析、对比，应为海底火山喷发物质（富钠质的火山灰）经过海水的混同陆源碎屑沉积的结果。确定原岩应为富钠长石凝灰质粉砂岩和泥质凝灰质粉砂岩。该层是一套沉积火山变质岩系，由下而上钾质增高火山物质由多变少。陆源及铁镁碳酸盐类渐增，反映有自远岸—近岸变动。

第三段(Pt1lr3)（长英质大理岩段），该层总厚度 100～240 m。主要由长英大理岩、阳起变粒岩、钠长浅粒岩等组成。底部赋存第Ⅳ黄铁矿层，层位稳定，是云盘式黄铁矿工业矿体主要赋存层位。

含矿层变质程度较浅，属绿片岩相—石英钠长石、白云母、绿泥石亚相。综合岩石分析、对比，含矿层地层（包括母岩在内）是一套碳酸盐火山碎屑沉积建造滨海相沉积。

（2）构造

矿区褶皱、断裂构造发育。

褶皱构造：主要为云盘复式向斜。该复式向斜由一个背斜和两个向斜组成，褶皱轴线向西撒开，向东收敛，略呈向南东凸的弧形分布。西部轴向近北西，至收敛部位转为近东西向。复式向斜核部为高家峪组中下部地层，向下继续是里尔峪组及浪子山组地层。向斜南、北两翼均有断层切割，南部为 F1 断层，北翼有 F2 断层。使里尔峪组、高家峪组地层与浪子山组不同岩段直接接触。该复式向斜控制了本区黄铁矿矿体的分布。

断裂构造：区域内断层颇为复杂，主要有压性逆断层、压性冲断层、张扭性断层、平推逆断层等。均为成矿后断裂。其中北西西向断裂较大。

（3）岩浆岩

矿区内岩浆岩主要有辽河期晚期辉绿岩、伟晶岩。伟晶岩多顺层侵入，辉绿岩多沿北东向断裂侵入，并且穿切矿体。

2. 矿床特征

云盘黄铁矿为隐伏矿体，地表为铁帽。有工业价值的矿体 4 个，主要赋存于里尔峪组三段底部，其顶板为含锰层（含锰阳起变粒岩、黑云阳起石岩偶夹含锰大理岩），底板为里尔峪组二段的钠长浅粒岩或黑云变粒岩。顶、底界线均较明显。

头道沟矿段有 2 个矿体，最大矿体产于头道沟向斜西部的扬起端及其相邻的翼部，南翼矿体发育较好。F6 断层将矿体分割为东西两部分，东部为马圈沟表外储量分布区，西部是工业储量集中分布区。西部矿体呈北东向延展，略呈马蹄形分布。

陈家崴子矿段有 2 个矿体，位于陈家崴子向斜扬起端，向斜两翼近对称，轴向北西，向南东倾伏，倾伏角 40°左右，南翼走向北西，倾角 50°～70°，至东端转向北西西。北翼倾角 40～60°。矿体产于向斜近轴部的南翼，北西端延展到向斜中心。

3. *矿床成矿模式*

元古代早期，太古宙克拉通发生断陷，于云盘地区形成封闭—半封闭裂谷盆地。其内火山活动频繁，火山喷发的物质与水化合生成水陨硫铁（$FeS \cdot nH_2O$），在远火山口的还原条件下与 H_2S 化合，生成黄铁矿沉淀。同时，水介质中铁硅酸盐大量增加，非晶质的铁绿泥石类也随之聚集或胶凝沉淀。上覆沉积物继续沉积，把含矿岩系封存在深部。

古元古代末期，随着结晶基底沿裂谷的古火山口一线活化—塑性底辟上侵，黄铁矿层同整个辽河群一道经受了绿泥石—绿片岩相变形变质作用，形成穹窿状短轴构造。原始硫、铁等物质变质并活化迁移到构造虚脱部位富集成矿。成矿模式如图 4-13 所示。

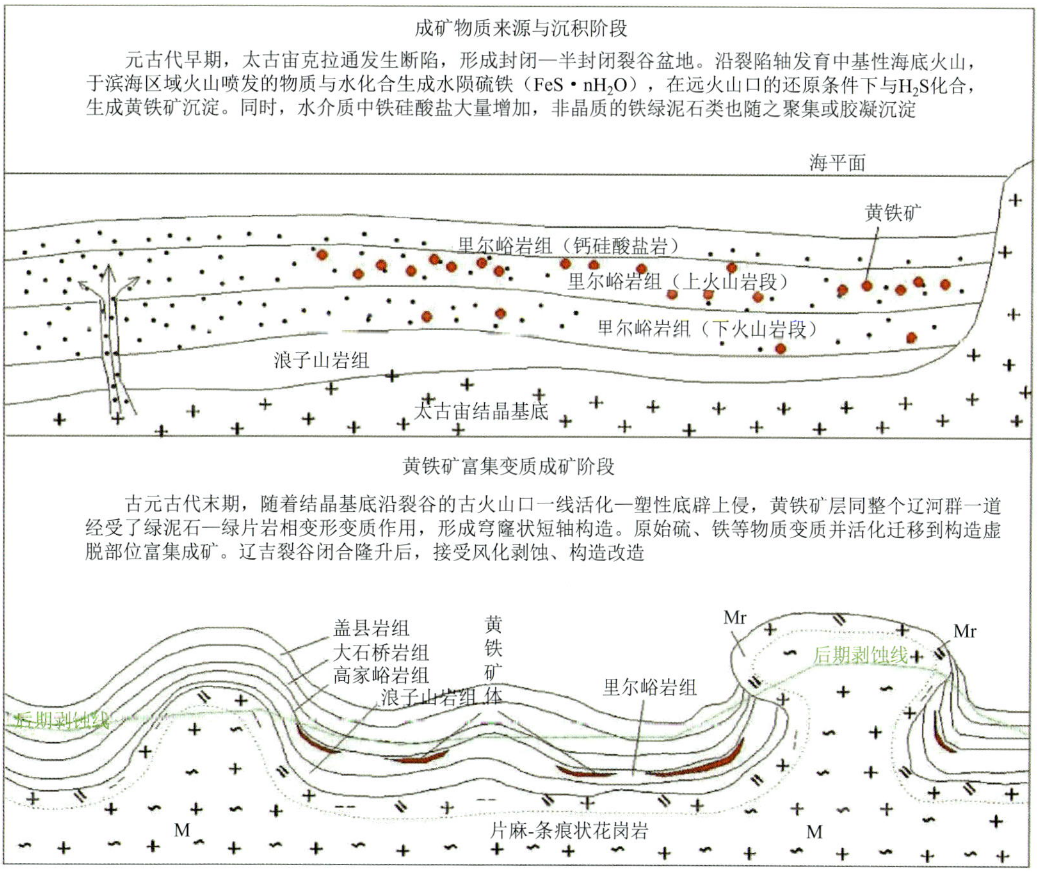

图 4-14　云盘式变质火山沉积型硫铁矿典型矿床成矿模式图

（十五）夹皮沟金矿典型矿床

1. 区域地质背景

（1）地质构造环境：矿床位于前南华纪华北东部陆块（Ⅱ）、龙岗—陈台沟—沂水前新太古界陆块（Ⅲ）、夹皮沟新太古界地块（Ⅳ）内。处于辉发河—古洞河深大断裂向北突出弧形顶部。

（2）地层：矿区内主要出露花岗岩—绿岩带，西南侧分布有古太古界高级区深变质地体，北部及东南部零星出露有元古宇色洛河群和中侏罗统（见图4-15）。

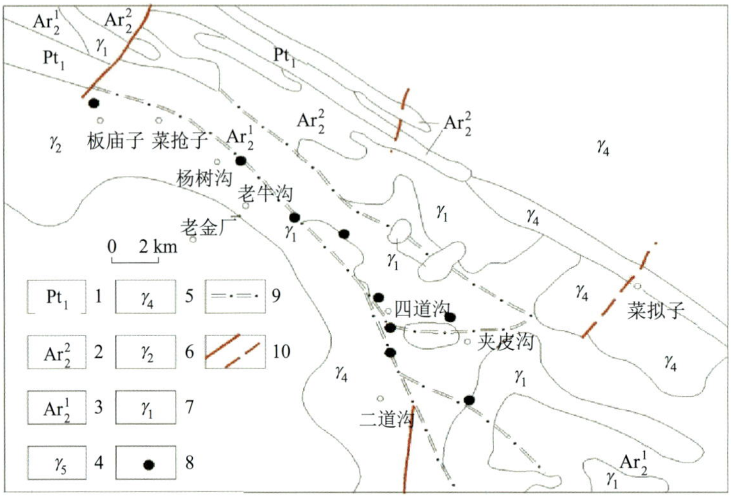

图4-15　桦甸市夹皮沟金矿田地质略图

1—色洛河群；2—夹皮沟绿岩带上部层位；3—夹皮沟绿岩带下部层位；4—燕山期花岗岩；5—华力西期花岗岩；6—五台—中条期钾质花岗岩；7—阜平期英云闪长岩—奥长花岗岩；8—金矿床；9—韧性剪切带；10—断层及推断断层

矿床赋存于夹皮沟绿岩带之中，由于太古宇英云闪长岩、奥长花岗岩的侵入，使整个绿岩带被分割成若干长条状断块。分为上下两个层序：下部层序，相当于原三道沟群下含铁层，其原岩为镁铁质火山岩夹超镁铁质岩，沿该层底部被元古宇的板庙岭钾质花岗岩侵入；主要变质岩为斜长角闪岩，底部夹少量超镁铁质变质岩，顶部夹黑云变粒岩和条带状磁铁石英岩，金矿床赋存于镁铁质火山岩之中。上部层序大致相当于三道沟组上含铁层，为镁铁质—长英质火山岩及火山碎屑岩—沉积岩，岩性主要有黑云变粒岩、黑云片岩，磁铁石英岩、斜长角闪岩等，为主要的含铁层位，老牛沟铁矿即赋存其中。

（3）构造：主要以阜平期的褶皱构造和韧性剪切带为基础构造，其褶皱轴及韧性剪切带展布方向总体上都为北西向，在韧性剪切带中有多次脆性构造叠加，形成了多条理行的挤压破碎带。大部分金矿床位于褶皱构造轴部、陡翼或倾没端，并与韧性剪切带空间呈现协调性。

韧性剪切带：是在褶皱变形过程形成的，矿田内主要有老牛沟和腰仓子两条韧性剪切带，走向北西。矿田内所有金矿床都产在韧性剪切带中。

脆性构造：从古元古代至中生代均有发育，古洞河超岩石圈断裂呈北西向展布，后期构造使其继续活动，并伴有多条新的脆性构造产生，这些脆性构造是本区容矿构造，按含矿断裂产状可划分两类：① 矿体走向与韧性剪切带走向大致平行，但倾向上有较小交角，或倾向相反；② 矿体走向与韧性剪切带走向斜交或垂直。一般平行韧性剪切带那组矿脉规模大，为各矿床主要矿体。

(4) 岩浆岩：区内岩浆活动频繁，以阜平期、中条期和华力西期最为剧烈，燕山期次之。阜平期英云闪长岩—奥长花岗岩带围绕并侵入了绿岩带；中条期钾质花岗岩和华力西期花岗岩分别出露于矿区的西南和北东部；燕山期钾长花岗岩仅在东南及东北部出露。另外，燕山期及华力西期的脉岩广布，与金矿关系密切，主要表现在含金石英脉赋存于岩脉裂隙之中或其上下盘，含金石英脉与岩脉相互穿插，甚至岩脉本身构造成矿体，表明二者形成时间相近。

2. 矿床组合、分布及产状

夹皮沟金矿田的矿体以含金石英脉型为主，多以单脉和复脉产出，其次为破碎蚀变岩型。呈脉状、似脉状及透镜状、串珠状。沿走向及倾向变化复杂，分枝复合、尖灭再现明显，产状变化较大，自南向北走向由北东→北东东→北北西→北西→北北东→东西，倾角由缓(20°～45°)逐渐变陡(75°～85°)，与韧性剪切带基本一致；倾向则由南东变为南西向，与围岩剪切理有一定交角。

含金石英脉的厚度变化较大，最薄 0.1 m，最厚达 22 m，一般 0.5～1.5 m，长度一般 50～200 m，最长 770 m，延深往往大于延长，一般为 100～300 m，最大可达 670 m。

近矿围岩为斜长角闪岩、绿泥片岩、角闪斜长片麻岩。

控矿构造为北西向韧性剪切带外缘、夹皮沟向斜陡翼。

该矿田内夹皮沟、板庙子、二道沟、庙岭、八家子、菜抢子等矿床已探明金资源量 25 580 千克。

3. 矿石类型及矿物组合

(1) 矿石类型：金—黄铁矿型、金—黄铁矿—黄铜矿—方铅矿型。

(2) 矿物组合：主要金属矿物为黄铁矿、黄铜矿、方铅矿，次为磁黄铁矿、闪锌矿、磁铁矿、白铁矿、白钨矿、黑钨矿、辉铋矿、辉银矿、铜银铅铋矿、菱铁矿房管科；金矿物有自然金、银金矿、针碲金矿、碲金矿；脉石矿物有石英、绿泥石、孔雀石和兰铜矿。

4. 矿石结构、构造

矿石结构：以自形、半自形粒状，交代残余结构为主，尚有碎裂结构。

矿石构造：有条纹、条带状、浸染状、角砾状、网脉状、脉状等，条带状是构成矿体的主要类型。

5. 矿化阶段

矿化可分为五个阶段，即石英阶段、多属氧化物阶段、石英—黄铁矿阶段、多金属硫化物阶段、石英—碳酸盐阶段。

(1) 石英阶段：早期脉状石英，构成石英脉的主体；

(2) 多属氧化物阶段：由白钨矿、菱铁矿开始，以黑钨矿、磁铁矿结束；

(3) 石英—黄铁矿阶段：石英与黄铁矿呈充填的条带切穿金属氧化物并出现含铋硫化物，为金的富集阶段；

(4) 多金属硫化物阶段：由多金属硫化物组成的细脉或网脉，切穿石英—黄铁矿脉，为金的主要富集期；

(5) 石英—碳酸盐阶段：碳酸盐矿物及晚期石英成脉状穿切含金石英脉或成团块沿含金石英脉两侧的片理带分布。其中(3)、(4)为金的主要富集阶段，形成工业矿体；(1)、(5)阶段一般不含金。

6. 矿化蚀变

近矿围岩多为动力变质岩，并为热液蚀变叠加，通常热液蚀变较窄，矿体内侧较强烈的蚀变为 1～2 m，最大亦不超过数米。蚀变主要有绿泥石化、绢云母化、黄铁矿化、硅化、方解石化、铁白云石化等。其中前三种与金矿化关系密切。蚀变带规模与构造裂隙的发育程度有关，蚀变矿物类型又受围岩岩性控制。

7. 成矿物理化学条件

(1) 硫同位素特征：据夹皮沟矿区目前已积累的 387 件矿石硫同位素数据统计，其 δS^{34} 的变化范围从-2.7×10^{-3}～$+11.9\times10^{-3}$，其中 80%以上的样品的 δS^{34} 集中在$+3\times10^{-3}$～$+6.4\times10^{-3}$，平均$+5.7\times10^{-3}$为正向偏离。同围岩硫比较，矿石硫略大于围岩硫，一般在 0.5×10^{-3}～4×10^{-3}，这种重化现象符合硫同位素的热力效应。

(2) 铅同位素特征：铅同位素变化较大，$^{206}Pb/^{204}Pb$ 为 15.31～18.13，$^{207}Pb/^{204}Pb$ 为 15.22～16.22，$^{208}Pb/^{204}Pb$ 为 36.64～40.99，这种铅同位素差异反映了金矿石铅多是异常铅。

(3) 氢氧同位素特征：矿石中石英包裹体 $\delta^{18}O$‰变化范围为-6.7‰～-14.4‰，平均为-10.46‰，说明成矿过程中对 $\delta^{18}O$ 改造特别强烈，并有大气水的($\delta^{18}O$ 为-11‰)参与；矿石中石英包裹体 δD‰变化于-74.2‰～-92.4‰，平均为-87.32‰，与该区变质岩系 δD‰(平均值-84.35‰)大致相近，也接近该区太古宇及中生界花岗岩的 δD‰值，表明了成矿溶液乃至重熔花岗岩形成过程中都继承了绿岩带变质水同位素特征。

(4) 成矿温度：矿石中共生硫同位素平衡温度为 206～445 ℃，与包裹体相等。

(5) 包裹体特征：含矿石英成分不太一致，成矿热液性质为 Na^+-K^+-Cn^+-SO_4^{3-}-Cl^-型，金主要以$[AuCl]^-$、$[AuS_2]^{2-}$、$[AuS_2O_3]^{3-}$等氯硫络合物形式运移。

8. 矿床成因机制

夹皮沟金矿床具有多成因、多期成矿特点。中太古代末—新太古代早期，原始古陆块之下异常地幔的活动，导致了上覆地壳的裂陷作用(类似于现代大陆边缘裂谷或弧后盆地)，大量拉斑玄武岩及安山质长英质火山岩、火山碎屑岩、BIF 和沉积岩的堆积，形成了原始绿岩建造，并携带了地球深部的金进入地壳。新太古代晚期，古老微板块的聚合，伴随裂谷或弧后盆地的闭合，导致了绿岩建造的深埋和变质变形，深部的镁铁质火山岩的部分熔融，产生了同构造的奥长花岗岩—英云闪长岩花岗闪长岩的底辟侵入，形成了花岗岩—绿岩带，并在 2 500～2 600 Ma 和 2 000 Ma 左右遭受了两次低角闪岩相和绿片岩相的区域变质及退变质作用，岩石发生脱挥发分作用，释放出 Si、CO_2、H_2O 和 Au 等成矿物质，形成大量的变质含矿热液，并有同期可能的岩浆流体和深源(下地壳—地幔)含矿流体的混合，在深部形成低盐、偏碱、还原性的 CO_2-H_2O 含矿热流体，受温压梯度的影响，沿龙岗古陆块边缘发育的多期次大型韧性剪切带系统向上运移，同时受到部分下渗循环天水或海水的加入，于是对围岩产生退变质作用，进一步获取成矿物质。当含矿热流体聚集到有利的构造扩容部位，由于温度的下降、溶解度降低，硫和铁及其他多金属元素组合，形成黄铁矿及其他多金属硫化物，同时金离子被还原沉淀在早期形成的矿物裂隙和晶隙间而形成金矿床。

华力西—燕山期且以燕山期为主，受太平洋板块俯冲作用影响，产生了强烈的构造—岩浆作用。深部地壳的重熔形成了沿古陆边缘分布的大片花岗质侵入体和部分幔源、深源煌斑岩、辉绿岩等，对早期形成的金矿局部叠加、改造。

夹皮沟金矿为多阶段成矿，始于太古宙晚期变质变形，终于燕山期，但主成矿期各家说法不一。据八家子和二道沟含金石英脉中水热锆石铀—铅一致线上交点年龄值(2 469±33) Ma及(2 475±19)Ma(李俊建等 1996)作为夹皮沟金矿的主成矿期。吉林省冶金研究所王义文研究认为，夹皮沟主成矿期为新太古代和古元古代(1 800～1 900 Ma)，与我国北方主要两次变质作用时期相吻合；戴薪义等(1986)对板庙子金矿的含金石英脉钾—氩稀释法获得年龄值为(1 864.34±45.44)Ma，也表明矿田某些金矿形成与早元古宙构造岩浆活动有关。1 050 Ma板庙子花岗片麻岩，938 Ma年鹿角沟变闪长岩及一些矿床1 000 Ma左右年龄数据表明，中元古代晚期可能又是一次较主要的成矿期；燕山期脉岩与矿体密切的空间关系表明，燕山期构造岩浆活动对夹皮沟金矿的再富集起到重要的作用。

矿床成因类型：火山沉积变质热液矿床，后期热液叠加。

桦甸市夹皮沟金矿床成矿模式见图4-16。

9. 找矿标志

花岗绿岩建造出露区；蚀变是本区的重要找矿标志，蚀变类型有硅化、绿泥石化、绢云母化、黄铁矿化、方解石化及白铁矿化为主。地球化学标志：1∶20万、1∶5万水系沉积异常，1/万土壤化探异常，主要以金、银、铅、锌、铜、铋等元素异常为主。重砂异常标志：金重砂异常明显。地球物理标志：矿体具有高阻、低激化异常特征。

(十六) 赤柏松铜镍矿典型矿床

1. 区域地质背景

(1) 地质构造环境：矿床位于前南华纪华北东部陆块(Ⅰ)、华北东部陆块(Ⅱ)、龙岗—陈台沟—沂水前新太古界陆核(Ⅲ)、板石新太古界地块(Ⅳ)内。二密—英额布中生代火山—岩浆盆地的南侧。

(2) 地层：区内地层以太古宇地体表壳岩为主，主要为黑云斜长片麻岩、斜长角闪岩夹浅粒岩、透闪石岩及麻粒岩，变质程度高级角闪岩相与麻粒岩相，多以包体存在于云英闪长岩中。

(3) 侵入岩：太古宙早期中酸性岩浆活动强烈，区域内形成大面积奥长花岗岩和英云闪长岩，已被改造成片麻状花岗岩类和闪长岩类。

本区基性岩分布广泛，第一期基性岩(>2 500 Ma)多呈岩床、岩脉产出，由于受多期变质变形改造，具片理构造，片理产状与区域片理产状一致，如小赤柏松、高力庙角闪岩、变质辉长岩等。第二期基性—超基性岩(古元古代<2 500 Ma)分布于三棵榆树、赤柏—金斗穹状背形核部，呈岩墙(脉)状南北或北东向侵入到太古宇地体中，全岩钾—氩法年龄值为22.4亿～25亿年，已知含矿岩体均属这一期。赋矿岩体类型主要有辉绿辉长岩—橄榄苏长辉长岩—二辉橄榄岩细粒苏长岩，含矿辉长玢岩型，为多次侵入复合岩体，具深源液态分离及良好的就地分异，赋存铜镍矿，如赤柏1号矿体。辉绿辉长岩—橄榄苏长辉长岩—二辉橄榄岩(或斜长二辉橄榄岩)型，就地分异良好，赋存铜镍矿床，但规模小，品位低，如新安岩体。

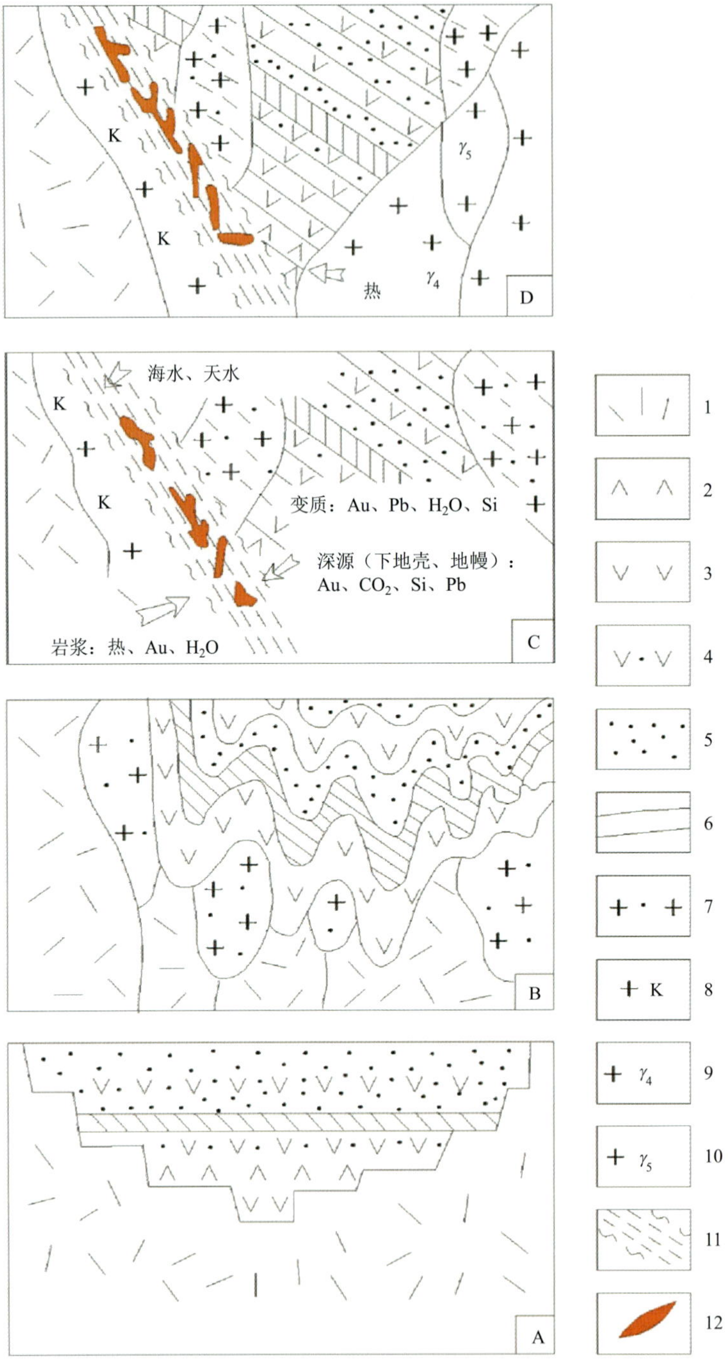

图 4-16　桦甸市夹皮沟金矿床成矿模式图

1—古陆壳，超镁铁质岩；3—镁铁质岩；4—镁铁质—安山质火山岩；5—长英质火山岩、火山碎屑岩；6—硅铁质岩；7—太古宇 TTG 岩石；8—钾长花岗岩；9—华力西期花岗岩；10—燕山期花岗岩；11—韧性剪切带；12—含金石英脉

辉绿辉长岩—橄榄苏长辉长岩型，有分异作用显示，具矿化，如金斗Ⅲ-2 号岩体。橄榄苏长岩型，岩性单一，不具分异，矿化弱，如下排 1 号岩体。辉绿辉长岩型，无明显分异作用，由单

一的岩性组成，基性程度低，矿化微弱；第三期基性岩（新元古代）分布在湾湾川一带，呈岩墙（脉）状产出，侵入新太古界地体中，走向北西，岩体类型为辉绿岩型，无分异，岩性单一，矿化微弱，全岩钾—氩法测年龄值为 1 052 Ma。

燕山期中酸性脉岩广泛分布，主要有钠长斑岩、花岗斑岩、闪长玢岩等，空间上与基性岩相伴，产状相似，切割基性岩体，反映了控岩构造的继承性。

赤柏松 1 号基性岩体：侵入太古宙英云闪长岩中，呈岩墙状产出，地表长 4 800 m，宽 40～140 m，面积 0.4 km^2，走向北北东 5°～10°，北段倾向南东 63°～84°，中南段倾向转为北西 55°～86°，岩体北端翘起，向南东东方向侧状 45°左右，直到已控制的Ⅶ线其侧伏产状尚无明显变化。赤柏松 1 号岩体为同源岩浆多次侵入的基性—超基性复式岩体，由主侵入体与附加侵入体组成。主侵入体占岩体总面积的 97.6 × 10^{-6}，其三个岩相分布特征：斜长二辉橄榄岩相产于主侵入体北端及底部，其外缘依次分布橄榄苏长辉长岩相及辉绿辉长岩相，三者呈渐变过渡关系。附加侵入体，细粒苏长辉长岩体，呈脉状穿插主侵入体底部，斜长二辉橄榄岩相中，又被后期含矿辉长玢岩穿插。空间上产于主侵入体与含矿辉长玢岩之间。含矿辉长玢岩体，呈脉状侵入于细粒苏长辉长岩体底部或边部，产于 1 号岩体北端和底部。辉绿辉长岩、橄榄苏长辉长岩、斜长二辉橄榄岩、细粒苏长辉长岩及含矿辉长玢岩，在空间上分布规律是沿走向由南往北，在剖面由上而下依次出现，并均向南东方向侧伏，侧伏角为 45°左右（见图 4-17）。

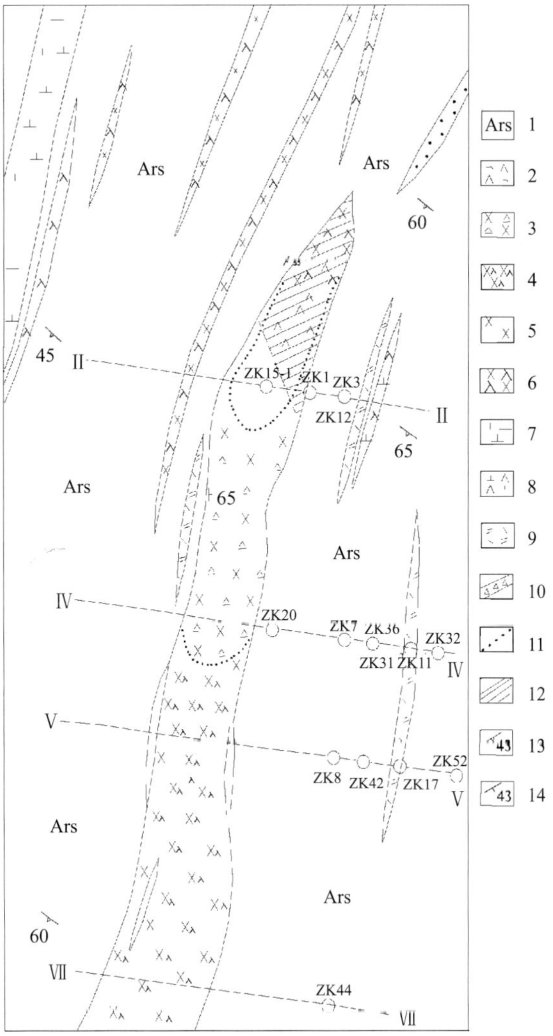

图 4-17 赤柏松铜镍矿床 1 号基性岩体地质图

1—太古宇英云闪长岩；2—斜长二辉橄榄岩；3—橄榄苏长辉长岩；4—辉绿辉长岩；5—细粒苏长辉长岩；6—辉长玢岩；7—闪长岩；8—闪长玢岩；9—钠长斑岩；10—破碎带；11—岩相界限；12—矿体；13—片麻理产状；14—岩体接触带

各侵入体之间关系：宏观上细粒苏长辉长岩穿切斜长二辉橄榄岩，含矿辉长玢岩穿切前二者；斜长二辉橄榄岩与细粒苏长辉长岩之间岩性变化界线清楚，后者中可见前者包体；细粒苏长辉长岩与含矿辉长玢岩之间界线清楚，并且后者切穿或包裹前者；岩体侵入顺序先是主侵入体就位，然后是附加侵入体的细粒苏长辉长岩体就位，后者是在前者处于凝固或半凝固状态时侵入的。

(4) 构造:赤柏松矿区处于两个三级构造单元接触带,古陆核一侧褶皱、断裂构造发育。

褶皱构造:太古宇经历多期变质变形,表现在本区是三个穹状背形,即南侧三棵榆树背形,中部赤柏松—金斗穹状背形,东侧湾湾川背形,其褶皱轴走向分别为北东 50°,北西 20°,北西 40°。

断裂构造:本区主要断裂构造为本溪—二道江断裂,为铁岭—靖宇台拱与太子河—浑江凹陷褶断束两个三级构造单元的分界断裂,形成于五台运动末期,具多期活动特点,总体走向西段为东西向,东段转为北东向,赤柏松矿区位于转弯处内侧,该断裂构造为控制区域上基性岩浆活动的超岩石圈断裂。

北东或北北东向断裂构造:这一组断裂在本区十分发育,分布在穹状背形的核部,多被古元古代以来的基性—超基性岩充填,显多期活动特点,形成古元古界,是本区控岩、控矿构造。

东西向断裂构造:是本区发育最早的构造,多数为较大逆断层或逆掩断层,由于受后期岩浆构造改造、叠加,表现不够连续。

2. 矿床组合、分布及产状

1 号基性岩体的矿体产于岩体翘起的北端并向岩体侧伏方向延伸,矿体受岩相控制,产于斜长二辉橄榄岩中下部,由上部熔离成矿和下部贯入成矿叠加而成,贯入成矿则构成富矿部位。矿体与围岩界线渐变,矿体总体较完整,矿化均匀,无夹石,局部因脉岩和地层残留出现无矿地段。局部可见超出岩体产于地层中的矿体,但规模很小。该矿床已探明镍资源量 122 227 吨。

1 号岩体中铜镍矿体形态和产状受岩体控制,北端翘起,深部向南东东方向侧伏,倾伏角 45°左右。矿体地表长 200 m,厚 24.72～31.45 m,至Ⅷ线控制矿体最大斜深 730 m,斜长 1 000 m,深部最大厚度 51.6 m,一般 35.12～45.95 m,富矿厚 15.08～27.28 m。Ⅷ线以北已探明铜、镍金属储量 14.4 万吨,伴生硫 63.1 万吨,硒 286.23 吨,碲 34.27 吨,其平均品位 Ni 0.55×10^{-2}、Cu 0.32×10^{-2}、S 3.83×10^{-2}、Se $0.001\ 7\times10^{-2}$、Te $0.000\ 21\times10^{-2}$。

按矿体赋存的岩相、矿体形态、产状、矿石类型及成因将矿体划分四种类型。

似层状矿体:位于侵入体底部斜长二辉橄榄岩中,矿体特征与主侵入体斜长二辉橄榄岩基本一致,随其岩体北端翘起,向南东方向侧伏,侧伏角 45°,矿体长大于 1 000 m,厚度 24.72～42.95 m,主要由浸染状及斑点状矿石组成。

细粒苏长辉长岩矿体,整个岩体都是矿体,因此形态产状与细粒苏长辉长岩一致,主要由浸染状矿石及细脉浸染状矿石组成。

含矿辉长玢岩矿体,几乎全岩体都为矿体,其形态、产状与含矿辉长玢岩体完全一致,由云雾状、细脉浸染状及胶结角砾矿石组成,规模大,品位富,为主矿体。

硫化物脉状矿体,沿裂隙贯入于含矿辉长玢岩接触处,局部贯入近侧围岩中,长数十米,厚几十厘米至几米。由致密块状矿石组成,规模小,品位富。

3. 矿石类型及矿物组合

(1) 矿石类型:铜镍硫化物型。

(2) 矿物组合:金属矿物有磁黄铁矿、镍黄铁矿、黄铜矿、黄铁矿、紫硫镍铁矿、辉镍矿、针镍矿、方黄铜矿、墨铜矿、白铁矿、毒砂、斑铜矿、方铅矿、辉钼矿、闪锌矿;磁铁矿、钛铁矿、铬尖晶石、赤铁矿、金红石、钙钛矿、锐钛矿、自然金、针铁矿、孔雀石、兰铜矿、铜兰等。以磁黄铁矿、镍黄铁矿、黄铜矿为主，三者紧密共生。含镍矿物主要为镍铁矿，其次为紫硫镍矿、辉镍矿、针镍矿。

镍矿物占硫化物总量的 29.7×10^{-2}，镍矿物中镍的相对含量是：镍黄铁矿 69.5×10^{-2}，紫硫镍铁矿 20.4×10^{-2}、针镍矿 $8.9\%\times10^{-2}$、辉镍矿 1.2×10^{-2}。

4. 矿石结构、构造

矿石结构：共结结构和显微文象状似共结结构，是熔离矿石最常见的结构，磁黄铁矿、镍黄铁矿和黄铜矿密切共生，黄铜矿又常沿前两种矿物边缘分布。交代结构是贯入成矿和热液期的黄铁矿、白铁矿、紫硫镍铁矿等沿镍黄铁矿、磁黄铁矿的裂隙和边缘交代，为贯入成矿中常见的结构，此外还有热液阶段的交代结构，如黄铜矿、方铅矿交代黄铁矿等。

矿石构造：浸染状构造和斑点状构造，为金属硫化物散布于硅酸盐矿物间，是熔离成因矿石中普遍发育的构造。贯入型矿石中主要发育稠密浸染状、细脉状、角砾状和块状构造，富硫化物脉多见于块状矿石中，细脉状构造还出现在细粒和斑状苏长辉长岩的接触部位。

5. 矿化阶段

矿化可以划分为 3 个成矿期 5 个成矿阶段。

(1) 成矿早期：早期岩浆阶段形成的主要矿物有磁铁矿、铬尖晶石、钛铁矿、金红石、锐钛矿、钙钛矿，该阶段晚期主要矿物有磁黄铁矿、镍黄铁矿、黄铜矿；岩浆熔离阶段：形成的主要矿物有磁黄铁矿、镍黄铁矿、黄铜矿。

(2) 主成矿期：岩浆贯入阶段形成的主要矿物有磁黄铁矿、镍黄铁矿、黄铜矿、白铁矿、黄铁矿；热液阶段：白铁矿、黄铁矿、紫硫镍矿、方黄铜矿、黑铜矿、斑铜矿、辉钼矿、方铅矿、闪锌矿、赤铁矿、自然金。

(3) 表生期：针铁矿、纤铁矿、孔雀石、兰铜矿、铜兰。

在上述的 5 个成矿阶段中岩浆贯入阶段、热液阶段为主要成矿阶段。

6. 矿化蚀变

1 号岩体从不含矿岩相到含矿岩相，黑云母的含量由 $1.5\times10^{-2}\sim3\times10^{-2}\sim5\times10^{-2}$ 增长，在贯入型矿石中金属硫化物周围分布有黑云母等，这是一种钾化的表现。还有次闪石化，在含矿的岩体边部较为发育。

7. 成矿物理化学条件

(1) 硫同位素特征：矿区 18 个样品 35 个单矿物硫同位素测定结果，$\delta^{34}S$‰变化在 $-1.3\sim0.9$，离差系数为 0.76‰；$^{32}S/^{34}S$ 值变化小 $22.185\sim22.249$，与陨石 $^{32}S/^{34}S$ 值 22.22 相近，说明硫来源于上地幔；硫同位素塔式效应明显，各种矿石类型测定结果一致性说明分馏作用微弱，也是岩浆熔离矿床特点。

(2) 成矿温度：橄榄石结晶温度 1 412 ℃，辉石 1 107.90～1 124.68 ℃，斜长石 1 155.81～1 206.26 ℃，硫化物磁黄铁矿 310～495 ℃(张瑄，1983)。其中硅酸盐与熔化试验资料1 075～1 210 ℃相近。

硫化物主要结晶温度应低于 330 ～575 ℃，一般认为磁黄铁矿—镍黄铁矿固溶体分解温度为 425～600 ℃，X 光衍射对磁黄铁矿测定 d 值，推算形成温度为 325 ～550 ℃，与爆裂温度一致。

8. 矿床成因机制

早期岩浆成矿作用，金属硫化物与橄榄石、斜方辉石组成显微文象状似共结结构，这种结构是早于熔离作用硫化物的形成，这种结构主侵入体与附加侵入均有所见，应属岩浆结晶作用早期阶段的产物。

熔离作用，原生岩浆由于温度、压力的变化或第三种成分的加入，熔浆分为互不混溶两种液体，即硅酸盐溶液与硫化物溶液，铜镍矿床形成主要取决于岩浆中硫和亲硫元素浓度及岩浆成分，只有浓度较高，才可能形成不混溶硫化物液体或硫化物结晶体从熔体中分离出来，进而形成熔离矿床。由于受重力影响而集中，岩体分异较完善，基性程度较高岩相中，多形成岩体的底部。

深源液态分离作用，是对附加侵入体的硫化物特别是纯硫化物形成而言，即苏长辉长岩体、含矿辉长玢岩单一岩相，镍矿又与主侵入体属同源异期产物。深源岩浆形成就是在以离子为主体硅酸盐熔体中也存在被溶解金属原子和金属硫化物分子，这种硅酸盐被视为离子—电子液体，这种液体在微观上具有非常不均一的结构，从而决定在深源硫化物—硅酸熔浆液态即已分离为互不混溶的熔浆与富硫化物矿浆。已经发生熔离、分异岩浆沿近南北向断裂依次上侵而形成铜镍矿床。

赤柏松基性岩群，侵位于太古宇地体中，后遭受区域变质作用。1 号岩体 Ar40/ K40 年龄在 997.5～2 240 Ma，以 1 960～2 240 Ma 为主，而 997.5 Ma 的测定资料应考虑岩体遭受变质作用的影响。另外金斗Ⅶ-2 号岩体已测得 2 562 Ma 同位素年龄资料，故将 1 号岩体形成年龄定为元古宙早期。

通化县赤柏松铜镍矿床成矿模式如图 4-18 所示。

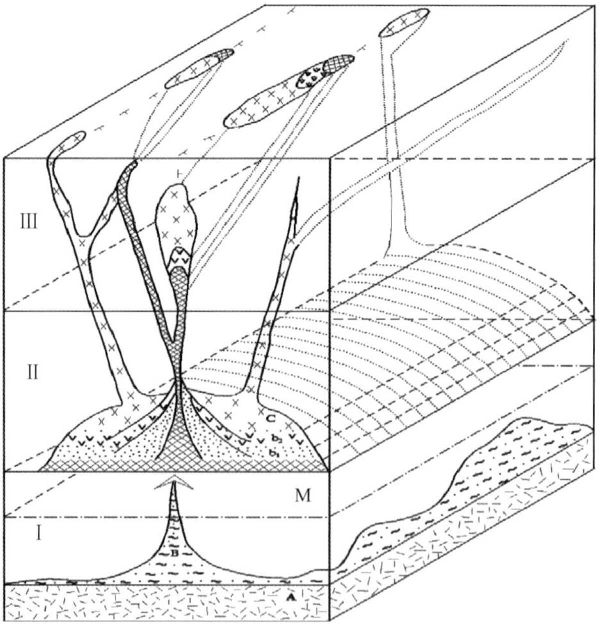

图 4-18　通化县赤柏松铜镍矿床成矿模式图

Ⅰ—上地幔；A—上地幔物质；B—上地幔部分熔融原始熔浆；M—莫霍面；Ⅱ—深源岩浆库、原始熔浆转移后进行液态重力分异场所；a—硫化物矿浆；b1—暗色橄榄长辉苏长辉长岩质矿浆；b2—中色橄榄长辉苏长辉长岩质矿浆；c—拉斑玄武质岩浆；Ⅲ—岩浆房、成岩成矿的地方

9. 找矿标志

古元古界基性—超基性岩分布区，镍/硫、m/f 和镍、硫丰度是基性程度和含矿性重要标志。地球物理场，重力场线状梯度带或变异带存在，磁场 500～100 nT。地球化学场，镍 0.01～0.05，高者 0.1%～0.3%，铜、镍、钴异常系数分别>2.2，>3.3，>2。磁异常与化探铜、镍、银异常重叠区。

（十七）二密铜矿典型矿床

1. 地质构造环境及成矿条件

矿床位于晚三叠世—新生代华北叠加造山—裂谷系（Ⅰ）、胶辽吉叠加岩浆弧（Ⅱ）、吉南—辽东火山—盆地区（Ⅲ）、柳河—二密火山—盆地区（Ⅳ）的三源浦中生代火山沉积盆地内。

（1）地层：区内出露主要地层有上侏罗统果松组、鹰咀砬子组、林子头组、下桦皮甸子组。

果松组：上部为暗灰紫色安山质集块岩、安山质凝灰角砾岩，斑状安山岩等，中部为灰紫色安山角砾岩、安山质集块岩、灰绿色斑状安山岩，下部绿黑色斑状玄武安山岩、灰紫色安山岩夹粉砂岩薄层。

鹰咀砬子组：上部为灰绿色流纹质凝灰岩、紫红色粉砂岩、砂质页岩、灰绿色流纹质凝灰岩等，下部为紫红色砂砾岩、巨（粒）砾岩、页岩等。

林子头组：上部为安山岩、凝灰岩互层夹安山质火山角砾岩，中部为粉砂岩、砾岩夹凝灰岩，下部为深灰色安山岩、二长安山岩等。

下桦皮甸子组：上部为紫黑色凝灰质粉砂岩、紫红色粉砂岩，下部为黄绿色粉砂岩，黄绿色与紫黑色粉砂岩互层。

（2）侵入岩：主要是石英闪长岩和花岗斑岩，岩体规模较小，呈岩株状，属浅成—超浅成，具次火山岩性质，岩性与同期火山岩相对应，代表岩浆演化晚期，以单旋回为主。呈复式岩体侵入林子头组地层中，总体呈北西向展布，面积仅 9 km^2，据吉林有色局 606 队资料，其同位素年龄（钾—氩法）为 56～79 Ma，岩体向东南倾，倾角较缓，向南东分出二个岩枝伸入围岩。

石英闪长岩岩石化学特征：SiO_2 及 Fe_2O_3 偏高，FeO、MgO、Na_2O 偏低，扎氏数值 d、S、d/c 值偏高，b、s、m、Q 值偏低，属偏碱性。花岗斑岩呈小岩株，侵入石英闪长岩体东段内外接触带，面积仅 0.4 km^2，斑状结构，岩石化学特征介于花岗闪长岩、花岗岩类之间，d/c 接近花岗岩类。

脉岩主要见有细晶岩、闪长玢岩、橄榄辉长玢岩等。

（3）构造：三源浦盆地是一个平缓开阔的向斜盆地，由于石英闪长岩体侵入的上拱作用，导致岩体周围地层向外倾斜形成似穹隆状构造形态。

控岩构造：北西向、东西向断裂交汇破火山口处，导出松顶山序列侵入，闪长岩冷凝固结时产生收缩，形成应力薄弱带控制后期花岗斑岩侵入。

① 与松顶山序列内外接触带、各个单元间接触带大致平行或斜交的北西、东西、北北东向断裂控制早期矿体。

② 花岗斑岩内外接触带北西向张性、张扭性、扭性裂隙群控制晚期矿体分布。

③ 东区地表至－60 m中段及井北210～300 m中段发育的环形破碎带控制浸染状富矿体。

成矿后断裂：北西向断裂主要分布在四方顶子区和南区。北东向断裂见于四道阳岔、四方顶子区，切断北西向断裂，以剪性为主。南北向断裂见于四方顶子南区，小横道河子及东区外围，属扭性。东西向断裂见于主矿区西部。

2. 矿体三度空间分布特征

矿床位于松顶山复式岩体东段，矿体沿石英闪长岩与花岗斑岩体内外接触带分布，自北向南分四道阳岔、东区、东南区、南区、四方顶子、小横道河子等几个区段；最近在岩体北部，石英闪长岩体中见到以浸染状、细脉浸染状为主的矿体，具有一定找矿前景。

二密铜矿大小工业矿体84条，其中东区39条、南区15条、四方顶子区13条、小横道河子区4条。按矿体产出部位分为两大矿体群，一是石英闪长岩体顶部围岩中，垂直于接触带张性断裂系统中的矿体（简称顶部围岩矿体群）；二是近接触带并与之平行的断裂系统中的矿体群。矿体按矿化特点可划分：脉状—细脉浸染状矿体；脉状—复脉状矿体；网脉—浸染状矿体；浸染状矿体；块状矿体，以脉状—复脉状矿体类型为主。

（1）矿体特征

① 石英闪长岩顶部围岩内矿体：分布在四方顶子一带，矿体产于石英闪长岩体上部接触带300 m内围岩中。

该矿体延伸到下部被接触带的缓倾斜矿体所截。依矿体产出特点分为东西向矿带和北西向矿带。东西向矿带长150～270 m，宽25～500 m，深160～200 m，倾向南70°～85°；单矿体呈透镜状，长40～220 m，延深40～60 m，厚1～6 m，矿体由长30～80 m、宽0.5～1 m矿囊组成，每个矿囊长1～10 m，宽0.12～2 cm；北西向矿带有3条，受与岩枝平行的断层控制，矿带长450～600 m，宽180～100 m，深300～500 m，倾向北东20°～80°。矿带中的单矿体呈透镜状，长80～100 m，宽1～5 m，最宽达9 m；矿体由细脉和浸染体组成，单一细脉长10～60 m，宽0.5～5 cm。

矿石以细脉浸染状为主，金属矿物以黄铜矿、磁黄铁矿、黄铁矿为主，少许毒砂、闪锌矿；脉石矿物以石英、方解石为主。

② 石英闪长岩接触带附近矿体：这种矿体包括脉状—复脉状和网脉—浸染状矿体类型，尤以脉状—复脉状为主。矿体成群分布在石英闪长岩体的东南部，总体呈弧形，分布在岩体接触带内、外100～200 m范围内，海拔标高200～600 m区间，实质上与弧形岩浆构造一致。矿体集中在花岗斑岩体顶部靠石英闪长岩接触带附近。弧形矿带总长3 000 m，宽200～300 m，自北东至南西断续出现3条（东区、东南区及南区）矿体集中地带，每个矿体集中带长600～1 900 m，宽100～300 m，深400～700 m，最深1 800 m。矿带产状自北东至南西变化为：30°∠35°→110°∠60°→150°∠35°→170°∠30°→220°∠10°，总体构成一个向南东突出，并向东倾斜的弧形矿带，矿带由矿组组成，矿组分布情况是：东区6个，东南区3个，南区10个。每个矿组由若干个矿体组成，单一矿体延长一般40～450 m。

③ 花岗斑岩附近的浸染状矿化体—矿体：矿区内30多个浸染状矿化体，集中产在花岗斑岩顶部。围岩或隐爆角砾岩内，斑岩体内亦有赋存。矿体矿化强度不等，个别开采利用，一般不具有工业价值。矿体呈椭圆状、柱状、扁豆状等，一般长20 m，深30 m，宽10～17 m，

最大的5508号浸染状矿体长25～27 m，深90 m，宽达17 m，当浸染状矿体为脉状矿体叠加时其铜品位明显增高(可达1%)，一般情况下铜含量只有0.3%～0.6%。表明浸染状矿体是花岗斑岩体本身带来的早期矿化，主要成矿作用在此之后发生；矿石以浸染状为主，部分为斑点状构造。隐爆角砾岩内的富矿体：富矿体赋存于隐爆角砾岩底部花岗斑岩冷凝收缩产生的虚脱空间带内。典型矿体平面为环带状，剖面呈“锅底”状，分为三个带：外部为含石英晶簇的破碎带，是成矿后的产物，一般宽5～8 m；中间含矿带，宽15～30 m，不规则状，由棱角状蚀变岩和矿体组成，裂隙发育，赋存着大小不等、形态各异的富矿体上千个，规模大者25 m，宽1～3 m，深20 m，铜品位达12%；内部蚀变带，由蚀变岩角砾组成，富矿团小且少。

该类矿石呈块状构造，金属矿物以黄铜矿为主，少许闪锌矿、白铁矿和磁黄铁矿，脉石矿物以石英为主。矿物生成顺序是磁黄铁矿→白铁矿→黄铜矿→方铅矿、闪锌矿→石英、方解石。

铜矿石铜平均品位0.4%～1%，高者达7%～12%，伴生元素金、银、铟、钴、锡、镓等均可综合利用。

(2) 矿床剥蚀情况：据矿床矿化强度的主要指数(S——矿体面积，P——金属量)呈明显的正消长关系，分布在一定空间内，矿床矿化前缘带在640～450 m标高，此带上部挥发组份硼大量出现，近前缘带在450～200 m标高，根部在200 m标高以下，矿化集中部位在450～200 m标高之间，据此，认为矿床基本没遭受剥蚀，原生矿体基本保存。

3. 矿石物质成分

(1) 物质成分：矿石矿物主要有黄铜矿、磁黄铁矿、白铁矿、毒砂和闪锌矿、辉钼矿、方铅矿、孔雀石、兰铜矿等。矿石化学成分除了主要元素铜外，尚含有微量铅、锌、钼、铋、金、银、铟、钴、锡、镓等。

(2) 矿石类型：有黄铜矿—白铁矿型，含铜磁铁矿型，次有电气石型、黄铜矿—磁黄铁矿—黄铜矿—毒砂型、孔雀石—褐铁矿型。

(3) 矿物组合：矿物成分有黄铜矿、磁黄铁矿、白铁矿、毒砂和闪锌矿，次为黄铁矿、辉钼矿、方铅矿、磁铁矿，少量辉铋矿，脉石矿物有石英、方解石，次为绢云母、高岭土、绿泥石等。表生矿物褐铁矿、孔雀石、兰铜矿等。

(4) 矿石结构构造：结构有自形—半自形结构、他形晶结构、斑状结构、包含结构、固溶体分解结构、交代结构。构造有块状构造、条带状构造、浸染状构造、角砾状构造、脉状构造、网脉状构造、胶状构造等。

4. 蚀变类型及分带性

矿区内存在面状和线状两种蚀变类型。

面状蚀变主要发育在松顶山复式岩体和周围火山岩地层中。主要有黄铁矿化、黄铜矿化、绿泥石化、绿帘石化、电气石化、镜铁矿化、褐铁矿化、碳酸盐化、高岭土化、绢云母化、硅化等。

蚀变主要发育在矿体上下盘近矿围岩中，蚀变矿物明显受围岩岩性控制，在石英闪长岩及花岗斑岩中，从矿体两侧发育有黄铜矿化、黄铁矿化、磁黄铁矿化、绢云母化、高岭土化、硅化、绿泥石化、绿帘石化等；在安山岩中矿体两侧以硅化、绿泥石化为主，其次为绢云母化、高岭土化。

5. 成矿阶段

根据矿体的空间赋存特征和矿物组合特征，将矿床划分为4个成矿期，9个成矿阶段。

（1）气成—高温热液成矿期：这一时期的成矿温度为360～300 ℃，$\delta^{34}S$在2.3‰～3.8‰。早期形成的主要矿物为电气石，少量的石英、黄铁矿、毒砂，很少的辉钼矿；晚期形成的主要矿物为石英、辉钼矿、黄铁矿、毒砂，极少量的磁黄铁矿、黄铜矿和电气石。

（2）高—中温热液期：这一时期的成矿温度为320～350 ℃，$\delta^{34}S$在3‰～5.7‰。早期形成的主要矿物为石英和毒砂，少量的黄铜矿和闪锌矿，很少量的辉钼矿和磁黄铁矿。伴随强硅化和弱的绿泥石化、绢云母化、方解石化；中期形成大量的黄铜矿、石英、闪锌矿、方铅矿和磁黄铁矿，少量的黄铁矿和毒砂、磁铁矿。伴随强硅化和绿泥石化，弱的绢云母化、方解石化；晚期形成大量的黄铜矿、石英、毒砂、闪锌矿，少量的白铁矿，极少量的黄铁矿、磁铁矿和方铅矿。伴随强绢云母化、方解石化，弱高岭土化。

（3）中—低温热液期：这一时期的成矿温度为235～150 ℃，$\delta^{34}S$在2.2‰～3.4‰。早期形成主要矿物为黄铜矿和白铁矿，极少量的石英、磁黄铁矿、闪锌矿、方铅矿、磁铁矿。伴随强高岭土化、方解石化，弱绿泥石化和绢云母化；中期主要形成石英、黄铜矿，少量的白铁矿，极少量的闪锌矿和方铅矿。伴随强方解石化和玉髓化（碧玉），弱的高岭土化；晚期主要形成少量石英、黄铜矿、白铁矿、闪锌矿。伴随强烈的方解石化和弱绿泥石化。

（4）表生期：即氧化物阶段，在这一阶段主要是已经形成的矿体遭受氧化淋滤，形成次生氧化矿物，主要有褐铁矿、蓝铜矿、辉铜矿、孔雀石、黝铜矿。

6. 矿床成及成矿时代

侏罗系林子头组地层同位素年龄为89 Ma，燕山期石英闪长岩株为56～79 Ma。矿床成矿与石英闪长岩、花岗斑岩体侵入关系密切，因此，石英闪长岩的年龄可作为成矿年龄，为燕山晚期。

主体为属中深成—浅成次火山岩有关的斑岩型铜矿，次为高—中温热液型，局部为爆破角砾型。

7. 地球化学特征及成矿温度

（1）硫同位素特征：石英闪长岩和花岗斑岩中硫化物硫同位素组成$\delta^{34}S$值均为正值。石英闪长岩变化范围2.3‰～6.3‰，极差为4‰，平均值为3.7‰；花岗斑岩变化范围2.1‰～5.3‰，极差为3‰，平均值为3.39‰。都以富重硫为特征。表明硫源的一致性，体现深源硫特点，也反映二岩体同源性。

东区各矿脉硫化物$\delta^{34}S$变化于2.2‰～5.7‰之间，离差为3.4‰，总平均值为3.32‰；南区各矿脉中硫化物$\delta^{34}S$变化于2.3‰～5.3‰之间，离差为3.0‰，总平均值为3.4‰，两区基本一致。都以富重硫为特点，塔式效应明显。与矿区岩浆岩中$\delta^{34}S$值非常接近，尤其矿体中$\delta^{34}S$值更与花岗斑岩接近，可见东区、南区矿脉成矿热液主要与花岗斑岩有直接成因联系。

（2）成矿温度

矿区主要区段矿物测温结果列入表4-1。由该表所列温度结果表明，应属与中深成—浅成次火山岩有关的高—中低温热液型铜矿床。

表 4-1 矿区矿脉中矿物爆裂测温成果对比表

区段	矿脉号	单矿物名称	爆裂法测温成果对比		
			吉林冶金地研所		辽宁冶金地研所
			第一次测定	第二次测定	
东区	富矿	Cpy			168～227 ℃
	富矿	Cpy			168～218 ℃
	13	Mr			199～258 ℃
	1付	Pr			205～280 ℃
	12	Se			184～262 ℃
南区	14	Apy	起爆 226 ℃	起爆 260 ℃	262～364 ℃
	14	Cpy	起爆 204 ℃	起爆 240 ℃	161～211 ℃
	20	Cpy	起爆 187 ℃	起爆 320 ℃	188～252 ℃
	14	Cpy	起爆 215 ℃	起爆 300 ℃	199～298 ℃
	20	Cpy	起爆 192 ℃	起爆 230 ℃	195～256 ℃
	20	Mr	起爆 178 ℃		199～260 ℃
	14	Se	起爆 178 ℃	起爆 320 ℃	205～260 ℃
	20	Apy	起爆 179 ℃	起爆 270 ℃	177～348 ℃

8. 物质来源

石英闪长岩、花岗斑岩都是成矿母岩，与成矿有直接成因联系，石英闪长岩平均含铜高出于岩石 2.5 倍以上，而岩体东部含铜高出岩体其他地段 4.5 倍之多，花岗斑岩平均含铜高丁同部位的石英闪长岩 2.5 倍，比其他地段石英闪长岩高出 8 倍，因此，二岩体为成矿提供了物质来源。

9. 控矿因素及找矿标志

(1) 控矿因素：石英闪长岩接触带附近，大致平行接触带近东西向、北东向以及外接触带安山岩中北西向陡倾斜断裂，控制与石英闪长岩有关的矿脉；花岗斑岩体与石英闪长岩接触带，尤其是石英闪长岩中发育的呈北西向缓倾斜的斑岩体，控制着与花岗斑岩有关的矿体；花岗斑岩内环形破碎体构造，控制着与斑岩有关的块状富矿。

燕山晚期石英闪长岩、花岗斑岩控矿：由于石英闪长岩、花岗斑岩侵入派生出的含矿热液为成矿提供了物质和热源条件。

(2) 找矿标志：蚀变以电气石化、硅化、绢云母化、高岭土化、绿泥石化、黑云母化为主，电气石化、硅化伴随少量铜钼矿化是矿化头晕，为重要的找矿标志；孔雀石化、褐铁矿化也是主要找矿标志。

磁性特征，在火山岩中安山岩磁性较强，流纹岩、凝灰岩较弱。在松项山序列中，石英二长岩、闪长岩、细粒石英闪长岩磁性较强，花岗斑岩呈弱磁性。矿石或矿化岩石具有一定磁性。其中浸染状磁黄铁矿石磁性最强；电性特征，区内充电率最高是铜矿石，其次是黄铁矿化或黄铜矿化岩石，花岗斑岩、细粒石英闪长岩充电率稍高，其余都比较低，仅为 1.0%左右。总之铜矿石物性参数特征是低阻、高充电率、中等磁性。

10. 矿床形成及就位机制

约在89 Ma左右形成二密中生代火山岩盆地，在56～79 Ma，石英闪长岩侵入，含矿溶液沿接触带或外接触带东西向、北东向和北北西向产生的断裂充填形成脉状铜矿。石英闪长岩侵入后，花岗斑岩侵入于石英闪长岩中，由于斑岩上侵，在外接触带石英闪长岩中形成许多绕斑岩体的张裂，在区域应力场作用下，迁就、追踪原张裂，形成以张扭为主，伴压扭、扭性的缓倾斜裂隙群，为成矿提供有利空间，而花岗斑岩派生出的含矿热液沿这些构造裂隙充填交代形成细脉、细脉浸染、浸染型的矿脉群。

11. 成矿模式

通化县二密铜矿床成矿模式如图4-19所示。

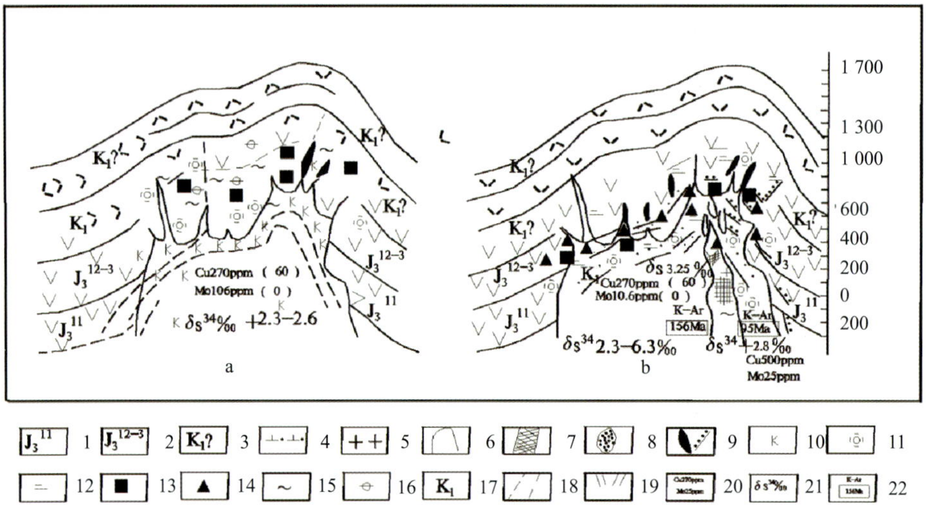

图4-19　二密式斑岩型铜矿床成矿模式图

1—上侏罗统林子头组安山岩；2—上侏罗统林子头组安山岩、安山质凝灰岩；3—白垩系安山岩、流纹岩；4—燕山中—晚期石英闪长岩；5—花岗斑岩；6—隐爆角砾岩；7—浸染状矿体；8—浸染状矿化体（矿体）；9—脉状—浸染状矿体① 早期石英闪长岩有关的矿体、② 晚期花岗斑岩有关的矿体；10—钾化；11—矽化；12—绢云母化；13—黄铁矿化；14—电气石化；15—绿泥石化；16—绿帘石化；17—高岭石化；18—石英闪长岩原生层节理；19—张性断裂；20—铜、钼丰度值；21—硫同位素；22—同位素年龄值

（十八）大横路铜钴矿典型矿床

1. 地质构造环境

矿床位于前南华纪华北东部陆块（Ⅱ）、胶辽吉元古宇裂谷带（Ⅲ）老岭拗陷盆地（Ⅳ）内。

（1）地层：区域内出露的地层由老至新有太古宇老变质岩、古元古界老岭群及震旦系。

太古宇老变质岩主要出露在大横路铜钴矿区的北部区域，呈北东展布，岩性主要为角闪石英片岩、斜长角闪岩、角闪斜长片麻岩、混合质片麻岩。

老岭群珍珠门组分布在大横路铜钴矿区的北部，呈北东方向展布。岩性自下而上主要为碳质条带状大理岩、硅质条带白云石大理岩、白云质大理岩、透闪石大理岩、紫红色角砾状大理岩。

老岭群花山组为本区的赋矿层位，总体呈北东方向展布。自下而上划分为三个岩性段，一段下部为绢云千枚岩夹石英岩、石英千枚岩夹薄层条纹状—条带状石英岩。上部为中厚层绢云千枚岩夹石英千枚岩；二段下部为绢云千枚岩夹大理岩透镜体、石英千枚岩夹条纹状石英岩透镜体。上部为绿泥绢云千枚岩、含碳绢云千枚岩。三段含钙千枚岩、绢云千枚岩夹含钙质绢云千枚岩。

(2) 侵入岩：在区域的南部和北部分别见有印支期和燕山期的花岗岩及似斑状黑云母花岗岩岩体。矿区内见有少量的花岗斑岩脉和辉绿玢岩脉等。

(3) 构造：矿区位于老岭背斜南东翼的次级褶皱三道阳岔—三岔河复式背斜的北西翼，小四平—荒沟山—南岔"S"形断裂带在矿区的北侧通过，矿区位于该断裂带与大横路沟断裂、大青沟断裂所围限的区域内。

区域内最大的褶皱构造为三道阳岔—三岔河复式背斜，核部为花山组第一岩性段，褶皱枢纽向南西倾伏，倾伏角 17°～20°，北西翼厚度大于南东翼，Cu、Co 矿赋存于背斜北西翼。

矿区断裂构造发育，分北东向、北西向、近南北向及近东西向四组，其中北东向断裂最发育。

2. 矿体三度空间分布特征

(1) 矿体空间分布

矿体主要赋存在花山组第二岩性段含碳绢云千枚岩中。矿体主要受三道阳岔—三岔河复式背斜北西翼次一级褶皱构造控制，该褶皱由五个紧密相连褶曲组成，三个向形、二个背形，每个褶曲宽约 200 m。褶曲轴呈北东—南西向，枢纽产状 215°∠30°，轴面近直立，顶端歪斜，矿体形态受复式褶皱控制，矿体与地层同步褶皱。褶皱向北东翘起，向南西倾伏，倾伏角 17°～22°，沿走向呈舒缓波状。

(2) 矿体特征

矿区共圈出三层矿体，矿体均呈层状、似层状、分枝状或分枝复合状，矿体均赋存在同一含矿层内，与围岩呈渐变关系，并同步褶皱，矿体连续性好。

1 号矿体控制长度 1 340 m，宽 120～495 m，平均宽 315 m，厚 6.00～146.20 m，平均 68.98m。Co 平均品位 0.054×10^{-2}，伴生 Cu 平均品位 0.16×10^{-2}。由于受构造形态的影响，矿体出露形态较为复杂。但总体走向为北东，倾角多在 30°～50°。

2 号矿体，主要为深部盲矿，仅在 4-0 线出露地表，该矿体沿走向及倾向具尖灭再现现象，矿体长 1 040 m，厚 3.00～31.70 m 之间，平均厚度为 14.63 m。矿体 Co 品位平均 0.036×10^{-2}，伴生 Cu 品位 0.01×10^{-2}。由于受构造及地形的影响，矿体总体走向为北东，0-27 线矿体呈单斜，倾向北西，倾角 50°±。

(3) 矿体剥蚀深度

矿体埋深一般在－200～300 m 之间。由于控矿褶皱构造向南西倾伏，东部矿体处于褶皱构造向翘起端，而出露地表，剥蚀程度较大，根据已有的钻孔剖面判断，最小的剥蚀深度应在 160m 以上；而西部矿体处于褶皱构造向倾末端，所以矿体多为隐伏矿体，剥蚀程度较小。

3. 物质成分

(1) Co、Cu 富存状态：Co 在氧化矿石中赋存状态复杂，大量 Co 分散在褐铁矿、泥质及绢云母中，少量分布在孔雀石中，部分 Co 以硫镍钴矿形式存在。Cu 在氧化矿石中主要以独立矿物孔雀石形式存在于褐铁矿中，少量赋存于其他含 Cu 矿物中。Cu 主要以氧化 Cu

的形式存在，其次以硫化 Cu 形式存在。Cu 在原生矿石中赋存状态较简单，主要赋存在黄铜矿中，少量 Cu 呈连生或机械形式赋存在其他金属矿物中。

（2）矿石类型：自然类型属贫硫化物型。工业为氧化矿石和原生矿石。

（3）矿物组合：金属矿物主要以硫化物、砷化物及次生氧化物的形式存在。主要矿物组合为黄铁矿、磁黄铁矿、黄铜矿、方铅矿、闪锌矿、硫镍钴矿、辉铜矿、毒砂、银金矿、自然金、白铅矿、孔雀石、褐铁矿等。脉石矿物主要为绢云母、黑云母、白云母、石英等，其次为绿泥石、绿帘石、石榴石、电气石、磷灰石、角闪石、锆石等。Co 主要以独立矿物硫镍矿出现，其次赋存于孔雀石、褐铁矿中。

氧化矿石主要矿石矿物为褐铁矿和孔雀石，少量黄铁矿、硫镍钴矿。

原生矿石主要矿石矿物为黄铁矿、黄铜矿、硫镍钴矿、镍钴黄铁矿、含钴黄铁矿、磁黄铁矿等。

硫镍钴矿为重要矿石矿物，以半自形—他形粒状与黄铜矿、黄铁矿共生，或呈细小条纹状与黄铜矿交生，产于石英—硫化物细脉中。探针分析结果，硫钴镍矿中含 Co $28.46\times10^{-2}\sim29.10\times10^{-2}$、Ni $18.06\times10^{-2}\sim19.85\times10^{-2}$、Fe $7.13\times10^{-2}\sim8.52\times10^{-2}$、S $42.42\times10^{-2}\sim44.21\times10^{-2}$。

辉砷钴矿以包体形式产于黄铜矿与黄铁矿中，或以细粒状（0.01～0.03 mm）产于石英、绢云母、电气石粒间，常与方钴矿、硫钴镍矿、黄铜矿共生，产于石英—硫化物细脉中。探针分析结果辉砷钴矿中含 Co $25.89\times10^{-2}\sim28.26\times10^{-2}$、S $23.53\times10^{-2}\sim24.28\times10^{-2}$、As $37.85\times10^{-2}\sim41.77\times10^{-2}$，并含有 Ni、Fe 等。

方钴矿较为少见，常以细粒（0.01～0.02 mm）包体形式赋存于黄铁矿或黄铜矿中，探针分析结果方钴矿中含 Co 14.6×10^{-2}、S 34.41×10^{-2}、As 35.73×10^{-2}、Fe 15.14×10^{-2}，并含微量 Ni 等。

（4）矿石结构：自形—半自形晶粒状结构，常见硫镍钴矿、黄铁矿、毒砂等；他形粒状结构，多为黄铜矿、闪锌矿、方铅矿、磁黄铁矿等；交代结构，为矿石多见的一种结构类型，常见褐铁矿交代黄铁矿，硫镍钴矿、孔雀石、铜兰等交代黄铜矿、磁黄铁矿等。视交代作用程度的不同，形成了交代溶蚀、交代环边等交代结构类型；固溶体分解结构，常见为黄铜矿和闪锌矿形成固溶体分解结构，表现为黄铜矿呈细小的乳滴状分布于闪锌矿晶体中；包含结构，常见磁黄铁矿中包含有硫镍钴矿，硫镍钴矿中包含有黄铁矿等。

（5）矿石构造：浸染状构造，是矿石中一种主要构造类型。金属硫化物黄铁矿、黄铜矿、方铅矿、闪锌矿等在矿石中稀疏分布；细脉浸染状构造，金属硫化物黄铜矿、黄铁矿呈细脉浸染状分布于矿石中；网脉状构造，金属硫化物黄铁矿、黄铜矿、方铅矿、闪锌矿等以及次生氧化物褐铁矿、孔雀石等沿裂隙或沿角砾间隙充填而成；团块状构造，主要是黄铜矿、硫镍钴矿、磁黄铁矿，由于含量分布不均匀，矿石局部组成团块状。

4. 成矿阶段

根据矿体特征，矿石组分、结构、构造特征，将矿化划分为 4 个成矿期，5 个阶段。

（1）成矿早期：即沉积成矿期形成富硅的隐晶质多金属硫化物阶段，形成富含 Fe、Cu、Co、Pb、Zn、Au 等元素的隐晶质 SiO_2，偶见胶状黄铁矿等矿物。

（2）主成矿期：区域变质叠加改造重结晶成矿期。

石英—金属硫化物阶段，矿物共生组合为石英—黄铁矿—硫镍钴矿、石英—黄铁矿—磁黄铁矿—硫镍钴矿—闪锌矿。

石英—绢云母—富硫化物阶段，矿物共生组合为石英—绢云母—黄铁矿—磁黄铁矿—黄铜矿—硫镍钴矿—方铅矿—闪锌矿、石英—绢云母—黄铁矿—毒砂—磁黄铁矿—黄铜矿—硫镍钴矿—方铅矿—闪锌矿、石英—黄铁矿—闪锌矿—方铅矿。

（3）成矿晚期：区域变质重结晶阶段晚期。

贫硫化物—碳酸盐阶段，矿物共生组合为方解石—黄铁矿—闪锌矿—方铅矿。

（4）表生期：孔雀石—褐铁矿阶段，矿物共生组合为孔雀石—褐铁矿，辉铜矿—蓝铜矿—孔雀石—褐铁矿。主要发生在5 m以上为氧化矿石及覆盖层。

5. 蚀变特征

矿区内围岩蚀变属中—低温热液蚀变，总体上蚀变较弱，蚀变明显受花山组地层及北东向褶皱控制，蚀变呈北东向带状展布，蚀变与围岩没有明显的界线，呈渐变过渡关系。主要蚀变类型有硅化、绢云母化、绿泥石化、钠长石化、碳酸岩化。

硅化为矿区最普遍的一种蚀变类型，可分为早晚两期，这两期均与成矿关系密切。绢云母化主要发育在矿区中部碳质绿泥绢云千枚岩、含碳质绿泥绢云千枚岩及与成矿有关的构造带中，与成矿关系比较密切。绿泥石化和黑云母化在矿区内普遍发育，多沿石英脉出现，分布于石英细脉的两侧及边缘，并在闪长玢岩脉中普遍见绿泥石化，蚀变与矿化关系不密切。钠长石化主要分布在矿体内，见于石英脉和网脉中，与成矿关系比较密切。碳酸岩化，只在局部地段可见，多为方解石细脉，属晚期蚀变，与成矿无关。

6. 成矿时代

根据矿体赋存的地层、矿体特征、区域构造运动等特征，判断其成矿时代为古元古代晚期，成矿时代为18亿年左右。

7. 地球化学特征

（1）岩石地球化学特征：花山组含矿岩系化学成分较稳定，SiO_2一般在$48.33\times10^{-2}\sim62.43\times10^{-2}$，$Al_2O_3$一般在$18.32\times10^{-2}\sim21.59\times10^{-2}$，反映出原岩为高铝黏土岩；此外岩系以$Fe^{2+}$和$K_2O$高为特征，FeO含量一般在$2.0\times10^{-2}$左右，$K_2O$一般含量在$5.00\times10^{-2}\sim7.00\times10^{-2}$，最高达$9.0\times10^{-2}$，远远高于海相黏土质沉积岩中的（$K_2O$含量$3.07\times10^{-2}$）含量，并且MgO>CaO。由此看来花山组原岩属于黏土质为主的正常沉积岩，沉积环境是较强的还原环境，并且有高钾的陆源补给区。

（2）微量元素特征：花山组岩系中Co与Ni、Cu，Cu与Co、Ni、V呈明显的正相关关系，Ti的均值为0.31×10^{-2}，最高值为1.09×10^{-2}，TiO_2最高值为1.69×10^{-2}。花山组岩石变质程度较低，绢云千枚岩中所见到的硅质多呈蠕虫状或无根的钩状体，并且碳质条带多呈沿片理方向拉伸的锯齿状，这说明变质作用中变质热液活动较弱。在矿区含矿岩系的黄铜矿化多呈细粒浸染状，极少呈无根的细脉状，说明变质期变质热液对矿体的叠加富集改造作用较弱。由此看来在变质过程物质迁移、元素的带入带出及热液活动不强，蚀变较弱。变质后期火山、岩浆活动弱。花山组含矿岩系的变质作用在相对封闭、相对干燥的地球化学环境下发生的。因此Cu、Co、Ni、V、Ti等元素的地球化学特征基本上代表了原岩沉积物的地球化学特征，说明大横路铜钴矿床中Cu、Co的来源与碎屑、黏土质岩等沉积物有着同一来源。之所以在花山组含碳质绢云千枚岩中富集成矿，主要是因为碳质、黏土质对Cu、Co等微量元素的吸附作用以及其他地球化学场力作用的结果。

(3) 稀土元素特征：矿区碳质绢云千枚岩稀土总量为161.39×10^{-6}～249.09×10^{-6}，轻重稀土分馏明显，∑Ce/∑Y为3.0～5.12，δEu与δCe为负异常，δEu为0.61～0.73，δCe为0.68～0.76；绢云千枚岩夹薄层石英岩稀土总量为49.09×10^{-6}～55.09×10^{-6}，轻重稀土分馏不明显，∑Ce/∑Y为0.71～3.14，δEu与δCe为负异常，δEu为0.60～0.81，δCe为0.17～0.44；含矿石英脉稀土总量为28.8×10^{-6}～67.38×10^{-6}，轻重稀土分馏明显，∑Ce/∑Y为2.65～4.55，δEu为负异常，δEu为0.62～0.81，δCe为明显的正异常，δCe为1.10～1.80；金属硫化物稀土总量为18.19×10^{-6}，δEu为0.61，δCe为0.82，∑Ce/∑Y为2.31。从形成环境上看，它是一种深—次深海环境下形成的一套泥质沉积岩夹细碎屑岩，而后经变质作用，形成了现在的绢云千枚岩夹薄层石英岩或绢云石英片岩。从稀土元素地球化学特征上看，大横路铜钴矿区成矿物质及围岩与岩浆活动无关。由于矿区没有明显的岩浆热液活动，说明金属硫化物、含矿石英脉都是变质热液阶段形成的，物质成分来自于碳质绢云千枚岩、绢云千枚岩夹薄层石英岩，它继承了碳质绢云千枚岩、绢云千枚岩夹薄层石英岩的稀土元素地球化学性质。

(4) 硫同位素特征：矿区矿化石英脉和碳质绢云千枚岩中黄铁矿、闪锌矿、方铅矿、黄铜矿硫同位素组成较稳定，$\delta^{34}S$变化介于5.13×10^{-3}～10.12×10^{-3}，极差4.607×10^{-3}且均为正值，在频率直方图上呈不规则的塔式分布，分布范围较窄。在$\delta^{34}S$7.0×10^{-3}～9.0×10^{-3}间出现的频率最高。硫同位素组成特征反映了成矿硫质来源的单一性。与岩浆硫特征相去甚远，与沉积硫相比较分布较窄，则成矿硫质来源可能为混合来源，或继承了物源区硫同位素的分布特征。

(5) 铅同位素特征：矿区的铅同位素组成特征为，$^{206}Pb/^{204}Pb$为16.294 6～16.451 4，$^{207}Pb/^{204}Pb$为15.414 7～15.475 3，$^{208}Pb/^{204}Pb$为35.546 5～35.787 3，其变化分别为0.156 8，0.060 6，0.240 8，由此看来铅同位素地球化学特征较稳定，反映了矿石铅与围岩组成的一致性，同时说明铅同位素组成均为正常铅，无外来物质的加入，即在成矿后没有热事件发生。

(6) 流体包裹体特征：对大横路矿区的热液成矿期形成的石英——含Co、Cu元素金属硫化物脉(Ⅰ)及石英—方解石脉(Ⅱ)中的石英及方解石内流体包裹体研究结果表明，Ⅰ成矿阶段矿物石英内发育含子矿物三相、气液两相及纯液相三类原生流体包裹体，其中含子矿物三相包体均一温度为320.7～368.4 ℃，热液盐度w(NaCl)为39.64×10^{-2}～45.72×10^{-2}；气液两相包体均一温度为159.4～263.6 ℃，热液盐度w(NaCl)为7.4×10^{-2}～14.36×10^{-2}；Ⅱ成矿阶段矿物石英、方解石内发育气液两相及纯液相原生流体包裹体，其中气液两相包体均一温度为97.7～206 ℃，热液盐度w(NaCl)为2.06×10^{-2}～12.53×10^{-2}。据NaCl-H_2O热液体系相图及相关公式，估算成矿Ⅰ阶段流体密度为0.854～1.073 g/cm^3，Ⅱ阶段流体密度为0.904～0.998 g/cm^3。由此表明，本区早期热液成矿阶段成矿流体温度、盐度相对较高，且存在部分高盐度高密度流体，而向晚期，成矿流体温度、盐度逐渐降低。在成矿流体均一温度-盐度关系图上，Ⅰ、Ⅱ阶段流体分布于不同的温度、盐度范围，且两者之间有一定的重叠。由此可以推断变质热液成矿期早期成矿流体主要来自变质热液，到晚期可能有大气降水参与成矿作用，使得成矿流体得以不断冷却和稀释，从而表现出流体盐度降低、温度变低的特点。包裹体成分的激光拉曼光谱分析结果表明，成矿流体成分以H_2O为主，常见气相成分有CO、CO_2、N_2、CH_4，液相成分除上述气体外，常见阴离子成分为Cl^-、SO_2^{-4}、HCO^{-3}及HS^-，Ⅱ阶段热液HCO^{-3}、N_2含量较Ⅰ阶段高，这与以前得出的晚期有大气降水不断参与的特点相吻合。Ⅰ、Ⅱ阶段石英及方解石内所发育的流体包裹体气、液相成分中均含不同数量的CH_4、C_2H_4、C_3H_8及C_4H_6等有机质组分,表明成矿流体为一种含有机质的盐水溶液;在各类有机质中CH_4含量明显较高,反映了有机质演化程度较高。成矿流体中有机质的存在可能对Co、Cu成矿起了重要作用。

成矿压力的估算:aCl-H_2O体系相图,求得大横路Co、Cu矿床变质热液成矿压力为1 170×10^5 Pa,相应成矿深度约4.25 km,这一深度及温压数据与该区绿片岩相区域变质条件基本一致。

8. 成矿物理化学条件

矿区内地层经历了两期变质作用,早期变质作用划分低绿片岩相、高绿片岩相及低角闪岩相。从矿物共生组合及变形史分析,早期变质作用具区域性特征,而晚期变质作用为局部热变质作用。

花山组变质作用是在相对封闭、干燥的地球化学环境下发生的。变质热液相对活动较弱。

9. 矿床物质来源及成因机制

(1) 成矿物质来源:通过对大横路稀土元素、微量元素分布特征,及原岩沉积环境的研究认为花山组含Cu、Co矿黏土质岩、碎屑岩建造与原岩沉积物来源区的基性岩Cu、Co元素丰度值较高有直接关系。在辽吉裂谷内花山组细碎屑岩—碳酸盐岩建造的物质来源主要是含Cu、Co较高的古陆基底太古宇地体(松权衡等,2000)。

(2) 成因机制:太古宇地体经长期风化剥蚀,陆源碎屑及大量Cu、Co组分被搬运到裂谷海盆中,与海水中S等相结合,或被有机质、碳质、黏土质吸附,固定沉积物中,实现了Cu、Co金属硫化物富集,形成原始矿层或"矿源层"。之后在辽吉裂谷的抬升回返过程中,含矿地层发生褶皱和断裂,为热液环流提供了构造空间。同时在伴随的区域变质作用下,Cu、Co及其伴生组分,发生活化变质热液从围岩和原始矿层或"矿源层"中萃取Cu、Co及其伴生组分,形成含矿热液,含矿热液运移到有利的构造空间沉淀或叠加到原始矿层或"矿源层"之上,使成矿构造一步富集成矿。矿床属沉积变质热液矿床。

10. 控矿因素及找矿标志

大横路铜钴矿是一个经多期、多种成矿作用叠加复合而成的层控矿床,其形成受多种因素控制。

(1) 地层控矿:矿区内直接赋矿层为一套富含碳质的千枚岩,矿体均成层状、似层状,沿走向及倾向上均稳定延伸,严格受这一层位的控制,且矿石品位的变化明显与碳质含量变化有关,这些特征反映了地层的控矿作用。另外,矿区含矿层位的碳质的千枚岩、千枚状碳质板岩原岩为泥岩或黑色页岩,属于一种泻湖或盆地相静水强还原环境的产物,这种环境微生物繁盛,致使碳质含量较高,吸附作用把成矿元素固定于沉积层内,因此成矿物质的初始富集应受岩相古地理环境控制。

(2) 褶皱控矿:矿区正处于复式向斜内,矿区的轮廓受这一复式向斜控制。次级褶皱主要为第二期褶皱的转折端控制了富矿体(厚大的鞍状矿体)的展布。区内常见具褶皱的转折端部位矿体厚大,品位也富,孔雀石化、褐铁矿化、硅化均强烈。在矿区内Cu、Co具明显的正相关关系,并且Cu、Co的高值均对应于褶皱的转折端部位,表明伴生随变形变质作用成矿物质组分发生活化迁移,其运移方向是趋向于褶皱转折端部位。另外,在显微镜下也常具小褶皱的核部虚脱部位充填有金属硫化物及石英脉，也表明褶皱作用促进了矿化作用。总之，褶皱的控矿表现为变质过程中随变质热液的活动，成矿物质被带到褶皱核部沉淀。再者褶皱转折端处易形成虚脱部位，含矿的塑性岩层向核部机械运移。

(3) 断裂控矿：区内以北东向断裂与成矿关系最为密切，这组断裂多属逆掩性质的层间断裂，受其影响，断层两侧，尤其是下盘岩层发生强烈破碎和片理化，并伴随有强烈的矿化作用。另外，晚期矿化石英脉也充填于北东向断层内。

(4) 变质作用控矿：变质作用是本区一次重要的矿化期次，常具金属硫化物及次生孔雀石化沿千枚理面分布，又可见到沿千枚理分布的硅质条带与千枚理产状一致，且作同步褶曲。这种石英脉（硅质条带）常具有强烈的矿化现象，金属硅化物常沿石英脉（硅质条带）边部或内部分布。这种石英脉或硅质条带显然为变质分异作用的产物。另外从矿石金属硫化物的硫同位素组成也反映了变质作用的控矿作用。

(5) 找矿标志

老岭群花山组地层中含碳质绢云千枚岩；经多期变质变形的构造核部。

1/20 万化探异常面积比较大，形成异常的元素种类较多，异常结构复杂，并且在异常中亲 Fe 元素族和亲 S 元素族的异常套合好。物化探异常在成矿区带有利层位及构造位置。

11. 成矿模式

白山市大横路铜钴矿床成矿模式见图 4-20。

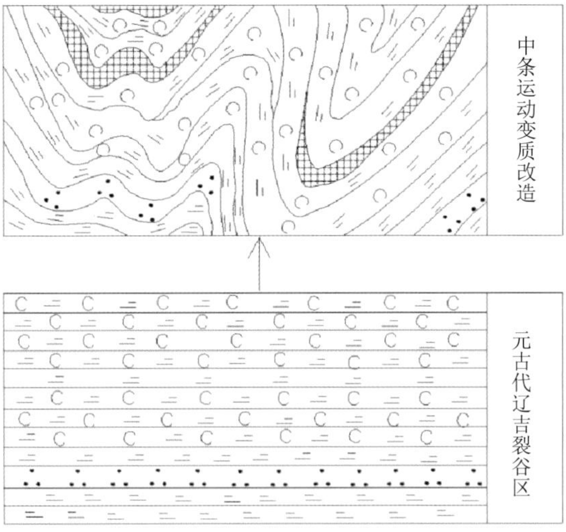

图 4-20　大横路式沉积变质型铜钴矿床成矿模式图

1—绢云千枚岩；2—石英千枚岩；3—含碳质千枚岩；4—铜钴矿体

(十九) 金英金矿典型矿床

1. 地质构造环境及成矿条件

矿区位于前南华纪华北东部陆块(Ⅱ)、胶辽吉元古宇裂谷带(Ⅲ)老岭拗陷盆地(Ⅳ)内。

(1) 地层：矿区出露的地层有老岭群珍珠门组，青白口系的钓鱼台组和南芬组。

珍珠门组：主要分布于矿区西北部和26线以西，F102断裂的上盘近断裂带地段。矿区东北部36线～52线一带在施工钻孔的深部也见到了该层大理岩，即26线北东。该层大理岩在F102上盘，附存于石英砂岩之下，向北东深部有很大的延伸。主要岩性有条带状白云石大理岩，含石英白云石大理岩和角砾状白云石大理岩。角砾状白云石大理岩指白云石大理岩破碎成尖棱角状角砾，被褐红色—赤红色铁质白云石混合物等碎屑所胶结。靠近不整合面附近发育，多受硅化蚀变，厚度可达数十米。硅化蚀变大理岩只有局部含矿，局部赋存有工业矿体，绝大部分矿体赋存于上伏的石英砂岩中。珍珠门组顶部与上伏的钓鱼台组石英砂岩接触部位，发育有白云石大理岩质构造角砾岩带。该角砾岩带呈褐红—赤红—紫红色，多受硅化蚀变，厚度可达数十米，矿体主要赋存于上伏的石英砂岩中。

钓鱼台组：是矿区内出露面积最广的岩层。主要分布于矿区中部，F102断裂南东侧，呈宽带状北东向延伸，在F102北西侧也有长条带状出露。岩层走向北东35°，倾向南东，倾角35°～40°。钓鱼台组顶部为含海绿石石英砂岩，中部为厚层状中粒石英砂岩，底部为赤铁石英砂岩(含赤铁矿层)，与下伏珍珠门组大理岩呈角度不整合接触或断层接触。沿不整合面由于早期的隆—滑构造作用和晚期的逆冲构造应力作用，形成厚大硅化构造角砾岩带，是金矿的主要赋矿层位。底部的赤铁石英砂岩与下伏的大理岩接触部位发育有构造角砾岩，岩石为褐红—紫红—紫灰色，角砾构造。角砾成分主要有赤铁石英砂岩、石英砂岩、少量赤铁矿、石英岩和石英大理岩的角砾，并见有少量闪长玢岩角砾。经矿化蚀变后，称硅化构造角砾岩带，是矿区主要的赋矿层位。

南芬组：分布于矿区东南部和F102断裂北西侧。上部为紫色、黄绿色钙质页岩，中部为绿灰色薄层泥晶灰岩，常见泥质粉砂岩夹层，下部为绿灰色页岩夹薄层泥质粉砂岩。与下伏钓鱼台组呈整合接触，在接触部位多形成薄层含海绿石中粒石英砂岩。

(2) 构造

单斜构造：矿区出露地层属"浑江褶断束"北西翼的单斜构造。在F102断裂的两侧，同层位的岩层重复出现，是由于F102断裂深切地层，其上盘(南东盘)向北西逆冲抬升，再经剥蚀所至。同时由于这种逆冲的构造应力作用，使上盘地层产生层间破碎带、片理化和揉皱构造，使F100在邻近F102和与其交汇部位(走向交汇地段)受到强烈的叠加改造(角砾岩厚度变大、产状变陡、产生强硅化)，有利于成矿作用发生。

断裂构造：矿区内断裂构造十分发育，主要有北东向的和北西向的两组。其中北东向的规模较大，与成矿关系密切；北西向的多横切地层和北东向断裂。

北东向断裂：F102断裂：是矿区内最大的断裂，北东38°～50°，倾向南东，倾角62°～76°，由南西到北东斜贯矿区，在矿区内长6 000多米，沿走向和倾向均呈舒缓波状。地表26线南西，其南东侧(上盘)为珍珠门组大理岩，北西侧(下盘)为南芬组页岩和泥晶灰岩。26线北东，形成在钓鱼台组石英砂岩和南芬组页岩、薄层泥晶灰岩之间。从断层面上发育的斜冲擦痕、定向排列的断层角砾和构造透镜体；及其下盘泥晶灰岩中发育的片理化带等强烈挤压特征来看，该断裂显压扭性，为陡倾斜的逆冲断裂，并有多期次和继承性活动特点。该断裂的断层角砾岩、断层泥和片理化带，在很大范围内(32线～52线间)均受硅化、褐铁矿化、黄铁矿化蚀变，局部有0.4～1.0 g/t的金矿化，是矿区内的重要控矿构造，但至今未见工业矿体。

F100断裂：该断裂带总体走向北东40°～50°，倾向南东，倾角43°～73°。断裂叠加在钓鱼台组石英砂岩与珍珠门组大理岩之间的古不整合面上，为陆台边缘的隆—滑(拆离)层间断裂构造，分布于F102断裂的南东侧(上盘)。较F102倾角较缓。在矿区的南西部地表，二者相距约500 m，随着向北东延伸，二者则逐渐靠近。于26线在地表交汇复合后，向北东延伸到矿区之外，矿区内长6 000多米。在与F102断裂交汇、复合部位附近产状变陡，形成有利成矿部位，向深部逐渐变缓。全部金矿体均赋存于F100断裂带中，但该断裂也只是局部含矿。由于早期的隆—滑作用和断裂活动沿不整合面间多次发生，在不整合面间形成了构造角砾岩；又由于F102断裂的深切和上盘的逆冲作用，使不整合面间构造角砾岩受到强烈的叠加改造，逐渐形成了规模很大的构造角砾岩带。由于中生代晚期本区深部的潜火山—岩浆热液活动，使构造角砾岩带遭到构造破碎，同期产生硅化和矿化蚀变，在其有利成矿地段形成金的工业矿体。故该断裂是区域上的重要控矿构造，更是本区的主要控矿和容矿构造。本区金矿化主要与沿着珍珠门组大理岩与钓鱼台组石英砂岩之间的不整合面叠加形成的硅化构造角砾岩带有关。原生的赤铁矿呈网脉状穿切构造角砾岩带，应属高氧逸度成矿环境下的产物。

北西向断裂：矿区内比较发育，多为数条断裂大致平行密集分布，形成北西向断裂带。特征是：每条断裂长度都不大(150～250 m)，但陡倾、横切北东向岩层、北东向断裂和矿体，并有错移。其成矿后活动显著。

(3) 岩浆岩：矿区内岩浆活动弱，仅在聚龙山庄北东有闪长玢岩小岩体，出露面积长约250 m，宽约70 m。与围岩侵入接触(薄层状灰岩)，地表尚未发现其他岩体。在7号钻孔孔深50.80 m处，见有蚀变成灰白色的石英闪长玢岩脉体，其与含金硅化构造角砾岩接触的两侧矿化蚀变强。另外，在10号孔、14号孔、16号孔、30号孔深部矿层中，均见有矿化蚀变的石英闪长玢岩角砾(已蚀变成浅灰白色、外观类似流纹斑岩)。但60线至84线之间见到的闪长玢岩并无矿化蚀变现象。位于该地段的矿区内唯一出露的岩体，聚龙山庄北东闪长玢岩小岩体，也没有矿化与蚀变。即使矿化与岩浆活动有关，也是隐伏岩体。金英金矿不具有典型与侵入岩有关的金矿特征。

2. 矿体三度空间分布特征

金英金矿主要受区域性的断裂F102以及局部性的断裂F100的联合控制。F100断层叠加在先期存在的钓鱼台组石英砂岩与珍珠门组硅化白云质大理岩间的不整合面附近，表现为宽窄不一的硅化构造角砾岩带。金矿体赋存于硅化构造角砾岩带中的局部地段。

已控制的矿体在走向上长1 376 m，在倾向上延伸550 m，在走向上及倾向上都有膨缩现象。由于F102的影响，矿体上部产状陡且走向上连续性好，沿倾向方向往深部产状变缓且变为多条矿体，但仍然位于沿不整合面发育的F100断裂构造角砾带中。局部性的北西向断裂多数切割矿化构造，表现为成矿后构造的特点。F100是矿体直接容矿和控矿构造，F102则是控矿构造，整个矿构造蚀变带连续性很好。矿床大致分为4个矿体。

(1) 1号矿体：位于矿床中间部位，属隐伏矿体，其头部埋深在地表以下70 m，赋存空间位置在30线～50线间、F102断裂带与硅化构造角砾岩带交汇构造附近。矿体赋存标高700～330 m。形态呈“T”字形不规则的厚大透镜状体。在不同勘探线、不同标高，矿体走向长度、倾斜延深和厚度均有很大变化。矿体走向最长390～60 m，平均长度193 m。矿体倾斜延深最大360 m。矿体形态的这种变化反映了赋存在张性构造角砾岩带中矿体边界的“锯齿”状张性形态特点。从600 m、400 m标高所切矿体水平断面图看，浅部从32线～46

线间矿体紧贴 F102 压扭性断裂带，矿体呈走向上边界比较平直的似层状体，形态较规则。显然是原硅化构造角砾岩带在主成矿期受 F102 断裂强烈叠加改造的结果。该部位矿体厚度大，含金品位高，矿体边界形态变化较规则。从 400 m 标高所切水平断面看，1 号矿体赋存于边界形态呈锯齿状变化的张性硅化构造角砾岩带中，矿体呈厚大的囊状体。矿体水平厚度 7.1～66.60 m，真厚度 1.20～48.60 m，平均真厚度 16.10 m。矿体平均品位 3.17×10^{-6}。

(2) 2 号矿体：该矿体位于 16a 线～30 线间硅化构造角砾岩带中。赋存标高从 680～270 m 之间。矿体头部于 16a 线～28 线间出露于地表，但向下延深不大(15～80 m)即尖灭，只在矿体南西端 16a 线～22 线间，矿体沿硅化构造角砾岩带向南东侧伏延深，至 28 线～30 线间 300～230 m 标高间形成不连续透镜状矿体。矿体走向上最长 110 m，倾斜延深最大 420 m(断续)，平均 113 m。矿体水平厚度 6.3～26.3 m，矿体平均真厚度 10.5 m，矿体倾向南东，倾角为 45°～50°。金品位 1.10×10^{-6}～65.20×10^{-6}，平均品位 3.74×10^{-6}。

(3) 3 号矿体：赋存于 52 线～60 线间，350～500 m 标高的隐伏矿体。矿体呈短透镜状，走向长 220 m，倾斜延深仅 40～100 m。矿体走向北东 25°，倾向南东，倾角 50°。矿体平均真厚度 10.1 m，金平均品位 2.01×10^{-6}。

(4) 4 号矿体：为隐伏矿体，矿体头部埋深在地表以下 200～260 m 之间，赋存在 62 线～84 线之间，350～450 m 标高之间。控制矿体长 500 m，倾斜延深最大 160 m (74 线)，一般在 110～160 m。矿体形态呈较大的似层状体，走向北东 45°～50°，倾向南东，倾角 43°～60°。矿块平均真厚度 7.30 m，金品位最高 61.43×10^{-6}，一般在 1.26×10^{-6}～15.76×10^{-6}，平均品位 5.32×10^{-6}。该矿体赋存于张扭性硅化构造角砾岩带中，头部以近 20°角向北东侧伏延深，与 F102 断裂在该位置附近的侧伏延伸一致。相对于其他矿体，该矿体硫化物含量很低，硅化、重晶石化发育，产状稳定。

3. 矿床物质成分

(1) 物质成分：由于本矿区矿体形成于北东向断裂接触断面靠近赤铁石英砂岩一侧的硅化蚀变带中，受北东向断裂构造控制。矿石主要成分为多期次石英组成，局部存在赤铁矿化、褐铁矿化、黄铁矿化、重晶石化等。矿石成分简单。主要有益成分为金，其他有益有害组分含量较低。

(2) 矿石类型：主要为蚀变岩型。

(3) 矿物组合：金属矿物主要有自然金、含银自然金和极少量银金矿、黄铁矿、胶状黄铁矿、白铁矿，极少量或微量的毒砂、方铅矿、闪锌矿、黄铜矿、磁黄铁矿、金红石、褐铁矿、赤铁矿。脉石矿物主要有石英、玉髓、白云石、重晶石，极少量的方解石、绢云母、白云母、绿泥石等。

(4) 矿石结构构造：矿石结构主要有自形结构、半自形结构、他形粒状结构、他形粒状变晶结构、填隙结构、镶边结构、重结晶交代结构等；矿石构造主要有角砾状构造、脉状构造、团块状构造、浸染状构造、致密块状构造、胶状构造。

4. 蚀变类型及分带性

矿床中蚀变带总的走向为北 45°东，总体倾角为 40°～50°。矿化蚀变带厚度变化较大，最厚处达 87 m，最薄处厚度变为 0 m，大多数为 10～30 m。但沿延展方向走向变化较大。走向的变化表现在两种尺度上。一是相邻勘探线间走向常呈现较大角度反复转折。这种转折，在不同标高，不同的勘探线间都有显示，它们看似无规律，但又普遍出现(既是规律)。所以，这体现的实际上是张性断裂的特点，是张性断层面的不规则性或锯齿状形态在矿床尺度上的一定程度的表现。

围岩蚀变以上盘围岩赤铁石英砂岩最为明显。硅化黄铁矿化较为发育，有时星点状黄铁矿化范围可达数十米宽。下盘围岩大理岩中主要发育硅化，但范围明显较上盘窄。下盘围岩为泥灰岩时可见星点状及脉状黄铁矿化，这些黄铁矿化蚀变不构成工业矿体。

与矿化有关的蚀变主要是硅化、重晶石化、黄铁矿化和赤铁矿化。绢英岩化（极少）和含铁质碳酸盐化是热液活动的产物，但不具有代表性。硅化蚀变最为普遍，但是不同地段其蚀变强度有所不同，以硅化构造角砾岩带最强。重晶石化、赤铁矿化亦较为普遍。多金属矿化有黄铁矿化、白铁矿化，黄铜矿、方铅矿、闪锌矿化等金属矿化和金矿化。上述各金属矿物在含金构造角砾岩带中所见极少，而且多呈小细脉浸染状、分散（星散）浸染状分布于构造角砾岩中。只有局部黄铁矿、白铁矿化呈细粒稠密浸染状和团块状出现。

矿石中金矿化富集主要与硅化蚀变的强度关系密切，一般是在孔洞发育的、紫红色—紫灰色—深灰色的强硅化的构造角砾岩中，矿石含金品位较高。

5. 成矿阶段

依据矿石结构、矿物共生组合、矿物生成顺序、矿脉间的穿切包容关系，将矿床划分为4个成矿阶段。

（1）早期硅化石英—金—烟灰色黄铁矿阶段：是继张性构造角砾岩带形成之后，早期发生的比较广泛的矿化作用。其特点是：整个张性构造角砾岩带普遍发生构造破碎和硅化作用，一些碎粒和张性角砾被硅化石英集合体胶结，形成含金硅化构造角砾岩带，其上、下盘的石英砂岩和大理岩层，在一定范围内，沿构造破碎裂隙也遭受较强烈的硅化作用。在上盘石英砂岩中，局部硅化强烈地段形成交代石英岩透镜体。该阶段随硅化作用的发育，沿裂隙面发生早期阶段的黄铁矿化。黄铁矿多呈小细脉状、薄膜状或细粒星散浸染状分布于硅化岩石的解理裂隙中。该阶段有金矿化作用发生，矿化面分布较广而含金品位低。

（2）微细粒硅化石英—金—星散浸染状黄铁矿阶段：是在主成矿期控矿构造又一次强烈的脉动活动，使早期矿化蚀变的硅化构造角砾岩带又遭受强烈的构造破碎，导致本区深部处于高温高压状态的富含硅质和金的成矿热液沿导矿构造上升到张性构造角砾岩带中进行充填、胶结、交代。在矿质将要发生结晶、沉淀的过程中，由于又一次遭受到强烈的构造破坏作用，造成浅成成矿环境温压发生骤变（骤降），使金和极少量金属硫化物发生急速沉淀，形成大量的微细粒状自然金和极少量金属硫化物（肉眼不可见，主要是黄铁矿），呈星散浸染状赋存于硅化石英空洞和晶隙间；是本区金成矿的重要矿化阶段，矿床中金矿体主要在这一阶段形成。

（3）重晶石、玉髓—金—赤铁矿阶段：为矿床形成的第三矿化阶段。该阶段主成矿期构造脉动活动强度有所减弱，矿化蚀变主要发生在硅化构造角砾岩带范围内，局部地段波及上下盘。本阶段重晶石化发育，重晶石呈不规则脉状充填、并胶结硅化构造角砾岩的张性角砾和早期烟灰色黄铁矿角砾、胶结赤铁石英砂岩和赤铁矿张性角砾。在“空腔”和空洞中常形成自形—半自形板柱状晶体，或在腔壁形成晶簇。镜下观察重晶石脉、玉髓脉、赤铁矿脉可相伴生成，并互有穿切，其边部常伴有微细粒金属矿物生成；见有微细粒自然金粒，赋存于重晶石中或在重晶石与硅化石英微粒间。重晶石化是矿床中金成矿的重要矿化阶段，见矿钻孔中凡重晶石化发育的矿层含金品位较高，就是明证。

(4) 微含金细粒黄铁矿—白铁矿叠加矿化阶段:是本矿区成矿活动晚期阶段,主控矿构造又一次脉动活动,其构造活动应力强度已相对减弱,构造破碎范围相对窄小。本区深部经多次分异活动的残余热液亦变为富含有多金属硫化物,该种热液沿导矿构造上升,充填并胶结破碎的矿石角砾和碎粒,形成细脉—网脉状—稠密浸染状、富含黄铁矿和白铁矿的矿石,属成矿作用晚期的叠加矿化阶段。经镜下鉴定、电子探针点定量分析和电镜光面扫描,该阶段黄铁矿和白铁矿虽和金矿化活动有关,但不含可见金。该阶段晚期有无色石英—碳酸盐小细脉生成,赋存于矿石微细裂隙中,无金属矿物伴随,也没有金矿化作用发生,标志本区热液活动的尾声和金成矿作用的结束。

6. 成矿时代

推测成矿时代为燕山期。

7. 物质来源

成矿物质主要来源于含金硅化构造角砾岩。矿床类型为低温热液(改造)型。

8. 地球物理及地球化学特征

(1) 地球物理特征:针对矿化强度与硅化强度成正比特点,电阻率成为地球物理测量的重点。研究表明,矿化带有突出的电阻率异常。硅化构造角砾岩带具有明显的电阻率异常。

(2) 地球化学特征在剖面上隐伏硅化构造角砾岩带也表现为电阻率异常,只有局部有极化率异常。金矿化硅化构造角砾岩带的地球化学研究表明,矿化带有明显的地球化学异常,且表现出较好的分带性,前缘晕异常明显,结果深部有较好的盲矿体。构造原生晕异常元素组合为 Au、Ag(Cu、Pb、Zn)As、Sb、Hg、V、Mo、Co、Ni 12 种元素;其中 As、Sb、Hg、V 为矿体的前缘晕。在矿体顶部的覆盖层中前缘晕异常明显,可作为隐伏金矿的找矿标志。

9. 控矿因素及找矿标志

(1) 控矿因素:钓鱼台组褐红—紫红—紫灰色构造角砾岩带,是金矿的主要赋矿层位;北东向 F100 断裂是区域上的重要控矿和容矿构造。

(2) 找矿标志:硅化构造角砾岩的标志;颜色为褐红—紫红色—赤红—紫灰色;蚀变为强硅化、褐铁矿化和重晶石化发育(局部黄铁矿化发育);裂隙、孔穴、晶洞发育的强硅化构造角砾岩带;较规则带状的、柱状的高阻(>300Ω)、高极化率(3×10^{-2})综合异常。规模较大的带状金次生晕异常与硅化构造角砾岩带相吻合;构造原生晕异常元素组合为 Au、Ag(Cu、Pb、Zn)As、Sb、Hg、V、Mo、Co、Ni 的 12 种元素,其中 As、Sb、Hg、V 为矿体的前缘晕。

10. 矿床形成及就位机制

在太古宇基底上,古元古界珍珠门组与新元古界钓鱼台组之间形成一个沉积不整合面。由于地壳运动,沿此不整合面形成隆—滑型拆离性质的断裂构造,发育有厚大的构造角砾岩带。至中生代,由于太平洋板块的俯冲,本区再次发生强烈构造活动,沿隆—滑断裂形成大规模的北东向断裂束,地表和地下水环流,将地层中的含矿物质带出,在 F102 与 F100 构造扩容空间,由于温度、地球化学条件的改变,以及不整合面上盘的赤铁石英砂岩的氧化作用,以金-硫络合物形式迁移的金得以分解并沉淀,大多数 S^{2-} 被迅速氧化成 S^{6+},形成大量重晶石。

11. 成矿模式

白山市金英金矿床成矿模式见图 4-21。

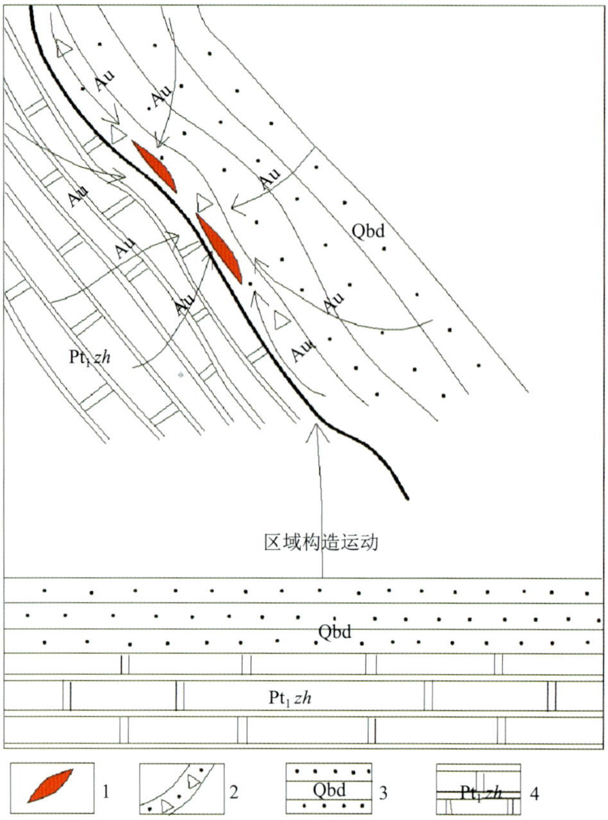

图 4-21　白山市金英金矿床成矿模式图

1—金矿体；2—构造角砾岩带；3—钓鱼台组砂岩；4—珍珠们组大理岩

（二十）板石沟铁矿典型矿床

1. 地质构造环境及成矿条件

矿床位于前南华系华北东部陆块（Ⅱ）、龙岗—陈台沟—沂水前古太古界陆核（Ⅲ）的板石新太古界地块（Ⅳ）内。

（1）地层：板石沟铁矿赋存于板石沟太古宇绿岩地体内，板石沟太古宇绿岩带下部为黑云角闪斜长片麻岩、斜长角闪岩、黑云斜长片麻岩夹角闪片岩，黑云变粒岩夹似层状低品位磷矿，赋存似层状、透镜状磁铁矿体；原岩为拉斑玄武岩夹安山岩、英安岩、磁铁矿。上部为黑云斜长角闪片麻岩夹角闪黑云片岩、黑云斜长片麻岩与斜长角闪岩互层夹含铁角闪质岩石；原岩为安山岩夹拉斑玄武岩、磁铁矿（见图 4-22）。

含铁岩系的岩石类型主要有片麻岩类、斜长角闪岩、黑云变粒岩、黑云片岩。

片麻岩类是该绿岩带中主要岩石类型，与矿区片麻理基本一致。主要岩石类型有黑云斜长片麻岩、黑云角闪斜长片麻岩、英云闪长质片麻岩等。岩石中常见斜长角闪岩捕虏体，呈大小不等透镜状分布。该类岩石原岩具火成岩特征。少部分为杂砂岩。

斜长角闪岩是铁建造中的主要岩石类型，呈层状与铁矿整合产出，也呈铁建造中夹层产

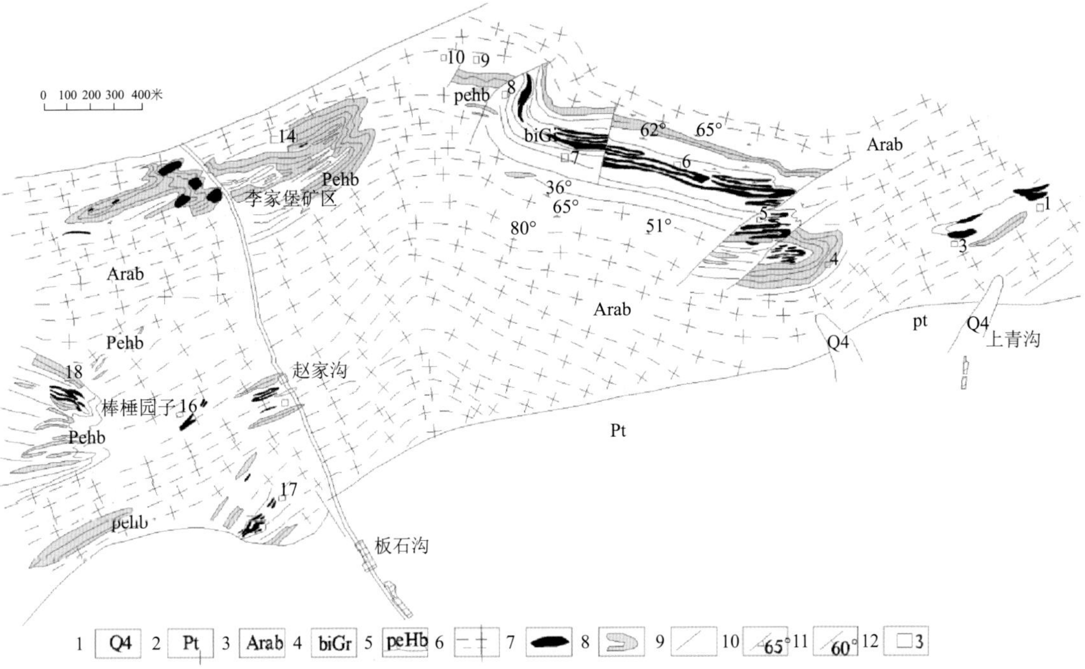

图 4-22 白山市板石沟铁矿床地质图

1—第四系；2—元古宇；3—新太古界；4—黑云变粒岩；5—斜长角闪岩；6—片麻岩类及花岗岩石；7—鞍山式磁铁矿；8—磁铁矿体褶皱转折端(产数已被剥蚀掉)；9—断层；10—片麻理产状；11—层理产状；12—矿组编号

出岩。根据岩石化学成分斜长角闪岩属拉斑玄武岩系列，但有明显的向钙碱性系列演化趋势，并分布在岛孤拉斑玄武岩分布区。K_2O 平均含量 0.85×10^{-2}，变化在 $0.54\times10^{-2}\sim1.68\times10^{-2}$ 之间，明显高于太古宇 TH_1 型和 TH_2 型拉斑玄武岩。所以，斜长角闪岩更相当于岛弧拉斑玄武岩。

变粒岩类包括黑云变粒岩、角闪变粒岩和浅粒岩，以黑云变粒岩为主。这类岩石大量出现在绿岩带上部，下部只有少量呈夹层产出。变粒岩呈似层状、层状与铁建造呈互层，或为铁建造夹层。

变粒岩的化学成分以变化特征(见表4-2)，除 Na_2O 比较稳定外，其他氧化物含量变化区间都很大，说明变粒岩类原岩类型有变化。角闪变粒岩的化学成分以富 Fe、Mg、Ca、Ti 和低 K 为特征，在温克勒 ACF 和 AKF 图解上分布在玄武岩和安山岩区(见图 4-23)；黑云变粒岩和浅粒岩以富 Si、高 K、Na 和贫 Fe、Mg、Ca 为特

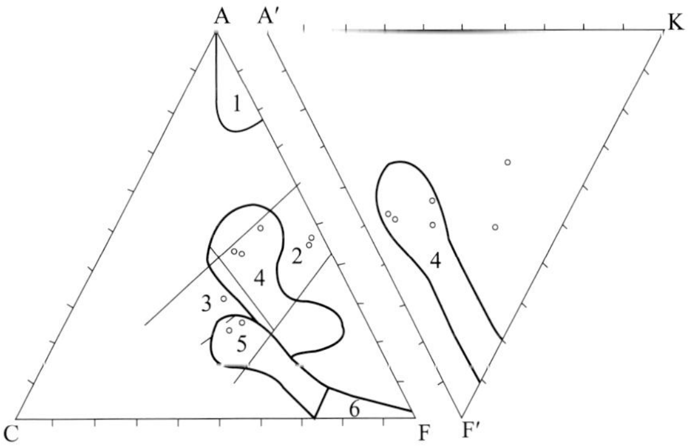

图 4-23 白山市板石沟铁矿床绿岩带和片岩类的 ACF 和 A′KF 图解

1—富铝黏土和页岩；2—黏土和页岩；3—泥灰岩；4—杂砂岩；5—玄武质岩和安山质岩；6—超镁铁质岩

征，投入杂砂岩区，二个黑云变粒岩投入泥灰岩区。由此推测，角闪变粒岩为中基性火山岩，黑云变粒岩和浅粒岩，部分为杂砂岩，部分为黏土质和泥灰质岩，根据岩石变余结构，部分可能为中酸性火山岩。角闪变粒岩显示了钙碱性火山岩系列。

片岩类在铁建造中呈夹层产出，有的仅厚数厘米。岩石的化学成分以富K、Al和低Na为特征，K_2O平均为3.69×10^{-2}，Al_2O_3平均16.91×10^{-2}。用温克勒ACF和A′KF图解（见图4-23）判别，黑云片岩相当于黏土岩和页岩，黑云石英片岩相当于杂砂岩。

表4-2　白山市板石沟铁矿区含铁岩系变粒岩类化学成分($\times10^{-2}$)

序号	1	2	3	4	5	6	7	8
样号	87C73	11	122	151	146	148	153	111
SiO_2	66.76	66.25	74.73	73.44	73.72	68.42	50.36	52.05
TiO_2	0.26	0.40	0.08	0.20	0.15	0.40	2.00	1.20
Al_2O_3	16.16	14.46	13.75	14.07	13.36	14.44	16.99	16.89
Fe_2O_3	0.55	2.95	0.31	0.75	1.12	2.20	4.15	3.34
FeO	2.78	2.43	0.81	0.55	1.58	1.58	6.93	5.18
MnO	0.07	0.08	0.19	0.02	0.03	0.04	0.14	0.14
MgO	2.28	2.10	0.17	0.53	0.72	1.74	4.53	5.44
CaO	3.77	3.80	0.79	0.91	1.40	2.40	7.88	9.65
Na_2O	4.79	3.48	4.70	4.08	3.86	3.3	3.82	3.70
K_2O	1.24	2.58	3.19	4.10	3.20	2.30	1.82	1.06
P_2O_5	0.09							
H_2O	0.83							
CO_2	0.01							
总和	100.04							

注：天津地矿所测试室分析，2～8据沈保丰资料。

以上资料表明，含铁岩系是由一套岛弧拉斑玄武岩及中酸性火山岩、钙碱系列火山岩杂砂岩组成。铁建造主要发育在由拉斑玄武岩系列向钙碱性系列发生转变阶段。

（2）构造变形特征：本区铁矿及围岩经历了强烈的塑性变形(D_1)构造，这期构造变形置换了本区太古宇上壳岩的原始沉积层理(So)，产生一组新的构造组合，面状构造(S_1)、褶皱构造(F_1)和线状构造(L_1)。

D_1变形是一次强烈挤压作用，置换原始层理后产生了一组透入性面理S_1，在各类岩石中均能见到，如在斜长角闪岩中为角闪石、斜长石、黑云母及石英的定向排列，磁铁矿中的条纹、条带，片麻岩中的片麻理，它是F_1褶皱层理。板石沟矿区S_1面总体近东西向，它控制着矿区地层、岩石、铁矿体的总体展布；F_1表现一系列紧闭同斜，以S_1为轴面，以So为变形面，形成不对称、不协调一系列褶皱构造；L_1线理，伴随D_1变形构造，形成一系列线性构造，包括矿物线理、褶皱线理、石香肠、窗棂构造，褶皱轴线，即b线理。

以上表明板石沟铁矿区，地层并非是单斜构造，而是发育一系列紧闭同斜褶皱，广泛发育的片麻理也并非原始沉积层理，而是构造置换的面理。

(3) 变质作用:矿区典型矿物组合为普通角闪石+斜长石+黑云母+石英;斜长石+黑云母+石英+铁铝榴石;斜长石+石英+黑云母+白云母。在ACF图上反映低角闪岩相变质作用特征;利用人工模拟实物曲线,大致确定该期变质温度范围500~800℃。

本区铁矿石变质作用典型矿物组合为磁铁矿+石英+普通角闪石+镁铁闪石+黑云母。磁铁石英岩中典型石英平均粒度为0.16 mm,磁铁矿平均粒度0.075 mm。相当Maynar的中级变质带(见表4-3)。

表4-3 白山市板石沟铁矿区铁建造变质带

变质特征(变质带)	特征矿物	变质温度/℃	燧碾中典型石英颗粒	泥质岩中对应变质带
低级变质带	铁滑石	200~350	0.05 mm	绿泥石带
中级变质带	镁铁闪石	350~550	0.15 mm	石榴石带十字石带
高级变质带	铁辉石	>550	0.20 mm	十字石带矽线石带

注:MetamorpHic belts of iron formation 据 Maynard1984 整理。

(4) 铁建造地质特征:铁建造类型为新太古界绿岩带铁建造,一般称阿尔果马型,它包括一系列与火山作用关系密切的铁建造的总称。根据含铁岩系组合、铁建造特征和形成环境,将本区铁建造可分成两个亚类。

① 拉斑玄武岩—硅铁质建造:铁建造产于拉斑玄武岩中,形成斜长角闪岩和磁铁石英岩组合,斜长角闪岩为拉斑玄武岩变质产物,铁建造为磁铁矿氧化物相。在时间序列上,该建造主要发育在由基性向中酸性火山活动演化的基性火山岩中。主要分布于绿岩带下部。

② 拉斑玄武岩—安山岩—中酸性火山岩—杂砂质黏土岩—硅铁建造:铁建造还产于拉斑玄武岩—安山质火山岩,中酸性火山岩、钙碱性火山岩、杂砂岩及黏土岩中,形成斜长角闪岩—角闪变粒岩—黑云变粒岩—浅粒岩—黑云片岩—黑云石英片岩组合。火山岩以钙碱性系列为主。铁建造主要是磁铁矿氧化物相。该建造主要发育于绿岩带中晚期,在空间上分布在绿岩带上部。

铁建造沉积相,H. L詹姆斯把前寒武纪铁建造划分为硫化物相、碳酸盐相、硅酸盐相和氧化物相,建立了铁赋存状态与沉积环境之间联系。本区铁建造主要是磁铁矿氧化物相,部分为硅酸盐相。

磁铁矿氧化物相:是铁建造最发育的沉积相,该沉积相主要是由磁铁矿和石英组成,二者含量之和在90×10^{-2}以上,并互为消长关系。磁铁矿含量在$15\times10^{-2}\sim80\times10^{-2}$,石英含量变化于$20\times10^{-2}\sim70\times10^{-2}$间,含硅酸盐矿物$10\times10^{-2}$左右,主要是镁铁闪石,有时有阳起石,石榴石和普通角闪石,多产于磁铁条纹条带中,一般无赤铁矿。氧化系数(Fe_2O_3/FeO)平均1.96,与华北陆块前寒武纪铁建造氧化物相的氧化系数1.94相近似。在空间上,磁铁矿氧化物相沿走向、倾向都很稳定,有时沿倾向向深部向硅酸盐相转变,即尖灭在硅酸盐相中。在厚度方向上,特别在两侧边缘往往有硅酸盐相与之相接触。根据沉积相之间关系,可以认为磁铁矿氧化物相形成于强氧化与还原环境之间,是弱氧化到弱还原条件下产物。

硅酸盐相:规模不大,分布普遍,矿物成分上磁铁矿明显减少,硅酸盐矿物显著增多,前者少于20×10^{-2},后者一般50×10^{-2}以上。硅酸盐矿物主要是镁铁闪石,局部含量可达80×10^{-2}左右,成为镁铁闪石片岩,镁铁闪石常呈条带出现,其中含少量磁铁矿,可溶铁含量极少。硅酸盐相总与磁铁矿氧化物相伴生，常以厚度不等的稳定层产于磁铁矿氧化物相边部或深延尖灭端，或呈互层和透镜状夹于磁铁矿氧化物相内部。铁建造下部，特别是底部，硅酸盐相比较发育。

2. 矿体三度空间分布特征

板石沟铁矿由3个自然分区组成，即包括上青沟、李家堡子、棒槌园子3个矿区共计19个矿组，前人认为共170多个矿体。以出露于上青沟、李家堡子一带的矿体规模最大，有11个矿组共62个矿体。矿体均为透镜状、层状，每个层位含矿体1～10余层，矿组处为多层矿体，矿体沿走向尖灭或相变。矿体形态主要为褶皱状、无根褶皱状、勾状，厚大矿体均为褶皱转折端，较薄矿体或厚度稳定矿体则为褶皱翼部。

本区矿体均为紧闭同斜状，部分转折端已被剥蚀掉或残缺不全，厚大矿体均是转折端残留部分。各矿组又各不相同。其特征详叙如下。

1～3矿组：位于矿区东部，已出露的矿体均为向西倾伏的褶皱，转折端厚14～21 m，两翼较薄，为3～7 m，矿体总体向北倾斜。向西侧伏，包络面(So)为南北走向。

4、5、6、7、8、9、14、15矿组：位于矿区北部，铁矿体为紧闭褶皱，成迭层状，转折端已被剥蚀或隐伏状，包络面呈南北走向，地表出露是褶皱翼部矿体褶皱轴面，除8矿组为南北走向外，其余均为东西走向。矿体翼部延长几十米到上千米。厚一般小于10 m，最大厚度40余米。

16、17、18、19矿组分布矿区南部，16、17矿组为向南西倾没的褶皱，包络面(So)呈北西走向。18、19矿组为轴面近东西向的紧闭褶皱，包络面为近南北向，翼部延长几十米至300 m，厚几米至几十米。

以上各矿体与围岩界线清楚，与围岩产状一致。

3. 矿石物质成分

(1) 物质成分：矿石的矿物成分主要以磁铁矿为主，含少量的黄铁矿、褐铁矿，极少量的黄铜矿；非金属矿物主要为石英和角闪石；矿石的化学成分以Fe和Si为主，两者在矿石中含量可达80×10^{-2}，Al含量较高，其余Mn、Mg、Ti、Co、Zn含量很低；有益成分有Mn、Cr、V，含量很低，无工业意义；有害成分为S、P、As等含量很低或甚微。铁矿石化学成分。

(2) 矿石类型：属沉积变质磁铁矿型，根据矿石中脉石矿物的不同，分为3种自然类型。

石英磁铁矿，为全区主要矿石类型。属贫矿石，磁铁矿含量占40×10^{-2}～60×10^{-2}，伴生矿物以石英为主，含量在40×10^{-2}～50×10^{-2}，其次为角闪石，含量占5×10^{-2}～10×10^{-2}；角闪石英磁铁矿，分布不广，属贫矿石，磁铁矿含量在40×10^{-2}～60×10^{-2}，石英含量在30%～40%，角闪石含量占10×10^{-2}～25×10^{-2}；角闪磁铁矿，为富矿石。磁铁矿含量达60×10^{-2}，角闪石为30×10^{-2}，石英占5×10^{-2}～10×10^{-2}，分布不广泛。

(3) 矿物组合：硅铁建造中主要矿物成分为磁铁矿，少量磁赤铁矿、赤铁矿、黄铁矿、褐铁矿(针铁矿、纤铁矿)。脉石矿物以石英、角闪石为主，其次有石榴石、绿泥石等。

(4) 矿石结构构造

矿石结构：以中粒粒状变晶结构为主，磁铁矿多呈自形、半自形晶，粒度多在0.05～0.1 mm之间，与石英界线平整，平衡共生，反映出是变质重结晶特征。Maynard(1984)的研究认为变质作用强度与磁铁矿及石英的粒度有正相关关系。因此认为本区铁矿中的中粒结构是变质作用的反映。

矿石构造：矿石以条纹、条带状构造为主，宽 0.05～1 cm，表现为磁铁矿、石英、硅酸盐矿物的分异和相对集中。

4. 成矿阶段

(1) 沉积阶段：龙岗陆核南缘的裂陷槽内，喷发了大量含铁的火山岩，形成了原始层位；

(2) 变质阶段：火山岩、英安岩、火山碎屑岩及其中的铁质演变成斜长角闪岩，变粒岩，片麻岩类，磁铁矿，经长期改造而演变成现在矿床形态。

5. 成矿时代

在白山李家堡子的斜长角闪岩和黑云斜长片麻岩中获得 Rb-Sr 全岩等时线年龄为 (2 585.225 5± 67.27) Ma。张福顺 1982 年获得斜长角闪岩中锆石 U-Th-Pb 法年龄为 2 700 Ma。毕守业 1989 年获得李家堡子斜长角闪岩中锆石 U-Pb 年龄(2 519±2.1)Ma。因此认为板石沟铁矿区域变质年龄应在 2 500～2 700 Ma。

6. 地球化学特征

(1) 岩石化学：铁矿虽遭低角闪岩相的区域变质作用的改造，但这种改造基本是属等化学系列，没有明显的物质成分带出带入，因此矿石化学成分基本是由矿石原始的火山沉积相所决定。

白山板石沟铁矿的岩石化学成分在 SiO_2-Fe_2O_3＋FeO-Al_2O_3＋CaO＋MgO 图解中大体相当于贫矿石的矿物成分。主要成分 SiO_2 与 FeO＋Fe_2O_3 近于互补关系，总和占 88%～95%，次要成分 Al_2O_3＋CaO＋MgO 在 3%～6%间。

(2) 矿石的微量元素特征：根据板石沟铁矿化学分析结果，矿石主要微量元素含量为，Zn 128.1×10^{-6}、Ba 92.77×10^{-6}、Sr 35.71×10^{-6}、Cu 12.57×10^{-6}、Co 19.95×10^{-6}、Ni 20.46×10^{-6}、V 51.03×10^{-6}、Ti 81.81×10^{-6}、Cr 158.4×10^{-6}、Pb 90.26×10^{-6}、Sc 0.845×10^{-6}、Nb 7.225×10^{-6}、Ta 2.289×10^{-6}、Zr 42.81×10^{-6}、Hf 1.991×10^{-6}、Rb 4.98×10^{-6}。

铁矿石稀土元素总量为 45.11×10^{-6}，$(La/Sm)_N=1.89$，$(Gd/Yb)_N=1.2$，$\delta Eu=0.8$，$\delta Ce-0.67$。图谱特征反映是轻稀土富集，重稀土亏损的右倾形曲线。轻稀土分馏较明显，重稀土分馏不明显，Eu 具弱负异常。其中 Ce 出现较强负异常，这可能是由于形成于强氧化环境。表明是处于海底火山环境下的一套硅铁建造，这一特征可与阿尔戈马型铁矿相似经地壳丰度标准化后的微量元素，除 Zn 稍高外，其他微量元素均较低，与远源火山沉积铁矿微量元素特征相似，元素对比值 Sr/Ba＜1，Cr/Ni＞1 说明物源与火山活动关系密切。但 Co/Ni＜1 的特征，又反映磁铁石英岩是沉积成因。

7. 成矿物理化学条件

根据绿岩带发展不同阶段和不同围岩中铁矿成分和组构的稳定性，认为成矿物质是在水盆中经过长时间迁移和聚集之后，在一种合适的化学或生物化学条件下沉积的。特别是在表生条件下，与真溶液相比，物质更容易呈胶体形式存在。根据现代火山资料，铁常与氯作用生成 $FeCl_3$，$FeCl_3$ 在碱性介质中水解，生成 $Fe(OH)_3$ 水溶胶，可能是铁质在水域中迁移和聚集的基本形式。随着溶胶不断聚集，浓度增大，形成胶体粒子，在物理和化学条件影响下，由海盆表层氧化环境下向较还原的深水环境沉降，并发生还原反应，$Fe(OH)_3$ 转变成 Fe_3O_4 而沉积，经过成岩和变质变形作用形成磁铁矿矿石。矿石中磁铁矿的聚粒结构，可能就是胶体粒子的变余结构。从铁的化合物在 Eh-pH 图上分布来看(Melnik，Y. P.，1980)磁铁矿分布域和硅酸盐相分布域相似，当 pH＞6，Eh 降至 0 以下时在缺乏硅酸条件下，

$Fe(OH)_3$转变成Fe_3O_4，在存在活性硅酸时，铁的硅酸盐$Fe_3Si_2O_5(OH)$代替铁的氧化物Fe_3O_4。研究区铁矿的周围和夹层，总有硅酸盐相分布，矿石中也常含硅酸盐矿物。这种产状和矿物组合，与铁的化合物Eh-pH图解相符，表明铁矿是在有一定硅酸的氧化到还原条件下，由$Fe(OH)_3$胶体还原成Fe_3O_4而沉积的原生磁铁矿矿石。

8. 物质来源

铁矿主要与火山岩，特别是基性火山岩有关，成矿物质与成岩物质具有同源性，主要来自深部，属火山活动开始阶段，基性火山岩厚度不大，从火山活动中带出的成矿物质不可能有大量聚集。尽管这时有硅铁沉积的条件，但由于成矿物质有限，只能形成小规模铁矿。上铁建造产于绿岩带中上部，属于火山活动由强转弱的过渡阶段，火山岩厚度巨大，海盆中聚集了大量从火山活动中带出的成矿物质，沉积大规模铁矿。特别应指出的是，在上铁建造沉积前，主要是基性火山活动，原岩类型为大量的拉斑玄武岩。而在上铁建造沉积之后，以中酸性火山活动为主，基性火山活动显著减少，与此相应的铁建造明显减少，以至最终停止了硅铁质沉积。由此推测，成矿物质主要来自火山活动，特别是基性火山活动，从铁矿石中微量元素和氧同位素特征可以明显反映出以上特征，即成矿物质来自火山活动。微量元素特征，$Sr^{87}/Sr^{86}=0.7401\pm0.000287$，与现代上地幔玄武岩数值$Sr^{87}/Sr^{86}$值$(0.7041\pm0.0027)$相近，证明沉积物质来自上地幔。如前述铁矿石的$Sr/Ba<1$，$Cr/Ni<1$，$Ti/V>1$说明物质来源与火山作用关系密切，$Co/Ni<1$反映了磁铁石英岩为沉积成因。$\delta^{18}O$变化范围3.27‰～8.1‰，与鞍本($\delta^{18}O$-4.41‰～6.16‰)、前苏联库尔斯克($\delta^{18}O$ 1.3‰～6.8‰)、美国苏必利尔湖($\delta^{18}O$ 4.62‰～4.75‰)及西澳哈默斯利($\delta^{18}O$ 4.62‰～4.75‰)的原生沉积磁铁矿中氧同位素数值相一致。

9. 控矿因素及找矿标志

(1) 控矿因素

① 地层控矿：含铁岩系岩石类型主要有片麻岩类、斜长角闪岩、黑云变粒岩、黑云片岩；

② 构造控矿：在褶皱翼部矿体被拉长或拉断，形成扁豆体或似层状矿体，而转折端部位的矿体则强烈加厚。

(2) 找矿标志

① 太古宇地块边部，斜长角闪岩类、片麻岩、变粒岩组合；

② 矿体的原生露头或铁矿石转石是直接找矿标志；

③ 重力高异常是该类型矿床重要区域间接找矿标志；

④ 1∶5万航磁有十分明显的异常反映，异常强度大(190～888 nT)；

⑤ 1∶1万10 000～20 000 nT的单峰状狭窄的带状异常为出露地表矿体的反映，尖陡的双峰或多峰异常带多为隐伏或埋深矿体的反映；

⑥ 遥感反映多方向断裂构造交汇部位；环形构造发育且集中分布；老变质岩形成带状要素。

10. 矿床形成及就位机制

铁矿伴随绿岩带的形成、发展和消亡，绿岩带形成环境也就是铁矿的形成环境。研究区绿岩带形成于裂谷环境，铁矿在裂谷的各个发展阶段形成。绿岩带形成环境的最基本特征，自始至终，特别在早期和中期，有强烈的水下火山活动。早期以强烈的基性火山活动为主，堆积了厚大的拉斑玄武岩，伴随小规模铁建造沉积，形成下铁建造层，中晚期，基性火山活动减弱，中酸性火山活动和沉积作用加强，形成一套包括拉斑玄武岩、中酸性火山岩和沉积岩组合。在这个过渡性阶段，沉积了大规模铁建造，形成上铁建造层。所以，铁矿形成于火山活动环境。同时,铁矿石中没有鲕粒、豆粒、波痕、斜层理、冲刷沟等沉积构造和缺少陆源和火山碎屑,而以稳定的条纹条带构造为特征,表明铁矿形成环境,不是浅水的高能环境,而是深水的低能环境,属于远源沉积。

变质作用是成矿的重要过程。变质作用(包括成岩作用)首先是使元素发生分异,改变原始化学沉积时元素分配的均匀性,铁和其他元素,特别是硅分别聚集,形成磁铁矿和石英等主要的矿石矿物和脉石矿物,在沉积条带内镶嵌呈特定的结构型式;其次是随着变质作用增强,磁铁矿和其他脉石矿物的粒度明显增大,在磁铁矿粒度增加的同时,磁铁矿本身又进一步发生铁、硅分离。磁铁矿粒度由小到大,硅含量明显减少,铁含量明显增加,磁铁矿得到再次净化。显然,变质作用提高了矿石的可选性和纯度,是成矿作用的重要过程。

11. 成矿模式

白山市板石沟铁矿床成矿模式见表 4-4 及图 4-24。

表 4-4 白山市板石沟铁矿床成矿模式

<table>
<tr><td>名称</td><td colspan="6">白山市板石沟铁矿床</td></tr>
<tr><td rowspan="2">概况</td><td>东经</td><td>126°34′</td><td>北纬</td><td>42°02′</td><td>地理位置</td><td>板石沟</td></tr>
<tr><td>主矿种</td><td>铁</td><td>储量</td><td>铁矿石 9 153.8 万吨</td><td>品位(×10^{-2})</td><td>37.07</td></tr>
<tr><td>成矿的地质构造环境</td><td colspan="6">下南华统华北东部陆块(Ⅱ)、龙岗—陈台沟—沂水前新太古界陆核(Ⅲ)的板石新太古界地块(Ⅳ)内</td></tr>
<tr><td>控矿的各类及主要控矿因素</td><td colspan="6">地层控矿,含铁岩系主要为片麻岩类、斜长角闪岩、黑云变粒岩、黑云片岩岩石组合;构造控矿,在褶皱翼部矿体被拉长或拉断,形成扁豆体或似层状矿体,而转折端部位的矿体则强烈加厚</td></tr>
<tr><td rowspan="2">矿床的三度空间分布特征</td><td>产状</td><td colspan="5">矿体总体走向近东西或北西,倾角一般在 70°左右</td></tr>
<tr><td>形态</td><td colspan="5">主要为褶皱状,无根褶皱状,勾状、似层状、透镜状</td></tr>
<tr><td rowspan="5">矿床的物质组成</td><td>矿石类型</td><td colspan="5">石英磁铁矿、角闪石英磁铁矿、角闪磁铁矿</td></tr>
<tr><td>矿物组合</td><td colspan="5">主要为磁铁矿,少量磁赤铁矿、赤铁矿、黄铁矿、褐铁矿(针铁矿、纤铁矿)</td></tr>
<tr><td>结构构造</td><td colspan="5">粒状变晶结构;条纹、条带状构造为主</td></tr>
<tr><td>主元素含量</td><td colspan="5">37.07×10^{-2}</td></tr>
<tr><td>伴生元素</td><td colspan="5">有益成分有 Mn、Cr、V,含量很低,无工业意义</td></tr>
<tr><td>成矿期次</td><td colspan="6">沉积阶段:大量含铁的火山岩喷发物质形成了原始层位;变质阶段,山岩、英安岩、火山碎屑岩及其中的铁质演变成斜长角闪岩,变粒岩,片麻岩类,磁铁矿。经长期改造而演变成现在矿床形态</td></tr>
<tr><td>矿床的地球物理特征及标志</td><td colspan="6">重力高异常是该类型矿床重要区域间接找矿标志;1∶5 万航磁图中有十分明显的异常反映,异常强度大(190～888 nT)指示矿段的空间分布;1∶1 万 10 000～20 000 nT 的单峰状狭窄的带状异常为出露地表矿体,尖陡的双峰或多峰异常带多为隐伏或埋深矿体</td></tr>
<tr><td>矿床的地球化学特征及标志</td><td colspan="6">岩石化学:铁矿虽经区域变质作用的改造,但基本属等化学系列,因此矿石化学成分基本是由矿石原始的火山沉积相所决定
稀土元素地球化学特征:铁矿石稀土元素总量为 45.11×10^{-6},$(La/Sm)_N=1.89$,$(Gd/Yb)_N=1.2$,$\delta Eu=0.8$,$\delta Ce=0.67$。图谱上反映出是一条轻稀土富集,重稀土亏损的右倾形曲线。轻稀土分馏较明显,重稀土分馏不明显,Eu 具弱负异常。其中 Ce 出现较强负异常,这可能是形成于强氧化环境
表明是处于海底火山环境下的一套硅铁建造,这一特征可与阿尔戈马型铁矿相似经地壳丰度标准化后的微量元素,除 Zn 稍高外,其他微量元素均较低,与远源火山沉积铁矿微量元素特征相似,元素对比值:$Sr/Ba<1$,$Cr/Ni>1$ 说明物源与火山活动关系密切。但 $Co/Ni<1$ 的特征,又反映磁铁石英岩是沉积成因</td></tr>
</table>

续表

成矿物理化学条件	成矿物质是在水盆中经过长时间迁移和聚集之后，在一种合适的化学或生物化学条件下沉积的。铁常与氯作用生成 $FeCl_3$，$FeCl_3$ 在碱性介质中水解，生成 $Fe(OH)_3$ 水溶胶。当 pH>6，Eh 降至 0 以下时在缺乏硅酸条件下，$Fe(OH)_3$ 转变成 Fe_3O_4，在存在活性硅酸时，铁的硅酸盐 $Fe_3Si_2O_5(OH)$ 代替铁的氧化物 Fe_3O_4。铁矿是在有一定硅酸的氧化到还原条件下，由 $Fe(OH)_3$ 胶体还原成 Fe_3O_4 而沉积的原生磁铁矿矿石
成矿时代	2 500～2 700 Ma 之间
矿床成因	矿床属沉积变质型

(二十一)高台沟沉积型硼矿典型矿床

1. 成矿地质背景及成矿条件

矿床位于下南华统华北东部陆块(Ⅱ)、胶辽吉古元古界裂谷带(Ⅲ)、老岭隆起(Ⅳ)。

(1) 地层：矿区出露主要地层有古元古界集安群蚂蚁河组、荒岔沟组、大东岔组。

蚂蚁河组：主要岩性为磁铁浅粒岩、黑云变粒岩、蛇纹石化大理岩、橄榄大理岩、斜长角闪岩，含硼蛇纹岩、菱镁蛇纹岩、镁质大理岩、电气石变粒岩等，均呈大小不等包裹体分布在古元古界钾长花岗岩中。

荒岔沟组：为一套含墨岩系，主要岩性为含墨黑云变粒岩、含墨透辉(透闪)变粒岩夹斜长角闪岩、含墨大理岩等。

大东岔组：为一套高铝岩系，主要为堇青硅线斜长片麻岩、石榴黑云变粒岩、黑云斜长片麻岩、石英岩。

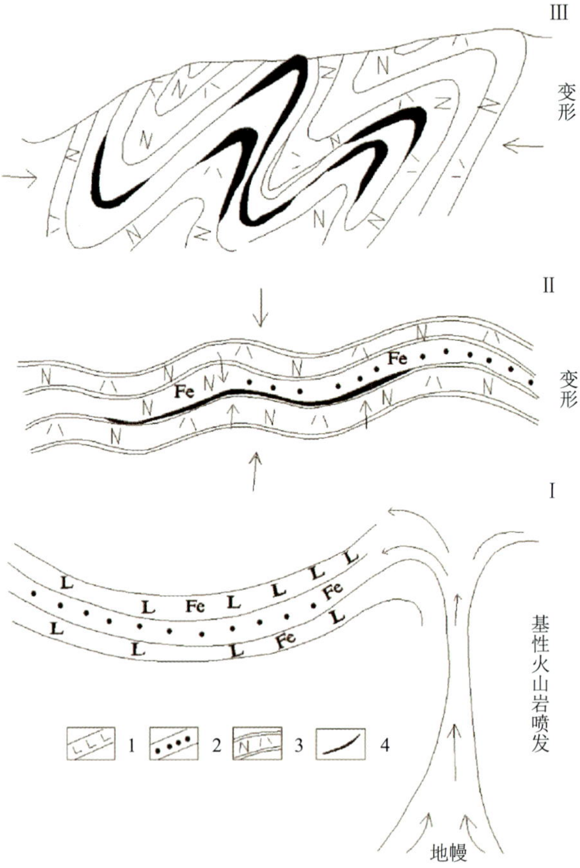

图 4-24 白山市板石沟铁矿床成矿模式图

1—中基性火山岩；2—碎屑岩；3—斜长角闪岩类；4—矿体

硼矿体严格受地层层位控制，蚂蚁河组上段、中段、下段三个含硼层位，以上段含矿层为主，后两者次之。上段含矿层层位稳定，位于荒岔沟组之下 90～180 m，电气石变粒岩(标志层)之下 10～15 m。

(2) 构造特征

高台沟硼矿床赋存在两期褶皱叠加部位，第一期褶皱轴(F1)走向 60°左右，第二期褶皱轴(F2)走向 330°左右，矿体在次一级褶皱核部，含矿层厚度大，矿体厚度亦大。

断裂构造有北北东向或北东向，北西向及近东西向三组，均为成矿后构造，对矿体起破坏作用，特别是小断层往往成为矿体边界。

(3) 岩体特征

矿区内主要岩浆活动有古元古界重熔型钾长花岗岩、斜长花岗岩、伟晶岩脉及中基性-超基性岩(金伯利岩)。中基性岩脉均穿切矿体，在脉岩附近，特别是在伟晶岩脉附近形成蚀变带，并使硼短距离局部迁移富集。

2. 矿体三度空间特征

矿区共发现大小矿体 13 个，其中工业矿体 11 个。B_2O_3 品位 9.3%，查明资源量 232.79 千吨，属大型沉积变质型硼矿，勘探最大深度为垂深 300 m。

① 矿体均毫无例外地产于中上部蛇纹岩、菱镁矿蛇纹岩中。矿体多为盲矿体，成群出现，平行迭置的矿体最多层数可达三层，产于含矿层厚度膨大蛇纹石化强烈地段，含矿层厚与矿体厚度大致成正比。绝大多数矿体赋存在含矿层厚度大于 30 m 地段。一般规律是 40～50 m 厚的含矿层，赋存有 10～15 m 厚的矿体。

② 矿体形态受含矿层控制，呈似层状或扁豆状产出，矿体与含矿层顶、底板大致平行，随含矿层褶皱而褶皱，其产状与含矿层、地层一致。

其中以 8、9 号矿体规模最大，8 号矿体长 1 050 m，宽 70～300 m，一般 170～250 m，厚度 5～15 m，倾角 5～25°，最低见矿标高 473.5，最高位 605 m。延长方向 310～330°。平均品位 47.69.%。

9 号矿体分布范围大致同 8 号矿体，矿体长 1 055 m，宽度 33～263 m，厚 1～22 m，一般 5～13 m。其次为 1、7、10 号矿体，其他矿体很小。

7 号矿体分布于 9 号矿体下部，与 9 号矿体大致平行。矿体长 187 m，宽度 60 m，厚 3.99 m，平均品位 9.42%。总体倾向 130～140°，倾角 20°左右。

含矿层呈似层状或连续的扁豆状，沿走向、倾向均有波状起伏，其产状与地层一致，厚度膨缩显著，无明显规律，含矿层厚度一般 20～80 m，含矿层厚度在 20 m 以上常见蛇纹石化，以下很少见蛇纹石化。

含矿层从顶至底有明显的不对称的"壳状"分带，硅化白云石大理岩→滑石化菱镁大理岩→黄绿色菱镁蛇纹岩→暗绿色蛇纹岩→硼矿(最高三层)→暗绿色蛇纹岩→黄绿色菱镁蛇纹岩→滑石化菱镁大理岩(含硬膏)→硅化白云石大理岩。这一分带在大部分矿床中发育，一般在矿体下部明显，而上部不明显，甚至缺失。分带也表明 MgO、B_2O_3 由含矿层顶、底向中心逐渐增高，而 CaO、SiO_2 则有逐渐降低趋势。

3. 矿石矿物成分

(1) 物质成分：矿床主要有用成分是硼，矿床伴生的重要组分为铁、镁。

(2) 矿石的化学成分：主要成分硼，伴生铁和镁。

(3) 矿石结构、构造

矿石结构：常见有粒状变晶结构、包含变晶结构；热液交代结构显著，表现为粒状、纤维状、鳞片状交代残余结构及火焰状结构；硼镁铁矿石见"丁"字形分解残骸结构。

矿石构造：有典型的条带状、条痕状变质构造；过渡类型的团块状、斑点状构造；典型热液交代的云朵状、块状、脉状、网脉状构造。

(4) 矿石类型：主要有硼镁石矿石和含磁铁矿硼镁石矿石。

(5) 矿石矿物组合：不同类型矿石，矿物成分也有区别。

硼镁石矿石，矿石矿物为硼镁石。脉石矿物以蛇纹石、菱镁石为主，白云石、方解石、橄榄石、磁铁矿次之，绿泥石少量。硼镁石有板状、纤维状、鳞片状三个变种。

含磁铁矿硼镁矿矿石，矿石矿物以硼镁石为主，硼镁铁矿少量，偶见硼铝镁石。脉石矿物以蛇纹石、菱镁矿为主，磁铁矿、水镁石、水滑石次之，金云母、绿泥石、尖晶石少量，硼镁石成纤维状、鳞片状。硼镁铁矿成柱状残晶。

在空间上含磁铁矿硼镁矿多居于矿体中部，向边缘磁铁矿减少，逐渐过渡到硼镁石矿石。

4. 围岩蚀变

长英质伟晶岩脉或其他脉岩穿切矿体或矿体顶底板时，发生明显蚀变作用，主要有金云母化、电气石化、镁橄榄石化、透闪石化、蛇纹石化、滑石化，局部见透辉石化。

5. 成矿阶段

成矿分两个阶段：原始沉积富集阶段、五台期岩浆变质作用阶段。

原始沉积富集阶段，沉积作用硼为沉积物主要是黏土矿物所吸附的作用和蒸发浓缩硼矿物析出(介质富镁、高盐度、弱碱性)结晶作用的过程，为主要成矿阶段。

五台期岩浆变质作用阶段，分为早期变质阶段(区域变质作用)和超变质作用阶段(混合岩化交代作用)变质微弱。

6. 成矿时代

硼矿就位期在古元古界 1 900 Ma 前后(陈尔臻，2001)，硼矿成矿时代为古元古界。

7. 地球化学特征

同位素特征：矿石中黄铁矿硫同位素组成 $\delta^{34}S=9.7‰\sim17.29‰$ 与火山岩硫同位素组成近似，与火山岩型铜矿床硫同位素组成具有一致性。辽宁同类型矿床碳同位素 $\delta^{13}CPDB‰$ 均在 $-5.6\sim-8.3$ 之间，其范围变化与火山岩的碳同位素一致。

8. 成矿的物理化学条件

介质富镁($MgO>25\%/CaO/MgO=0.6\sim0.7$)、高盐度(硼矿与菱镁矿、石膏等高盐度和超盐度沉积矿物共生)、弱碱性介质(海盆中的水溶液大体呈弱碱性 $pH=7.2\sim8.4$)硼矿石中共生的大量磁铁矿、少量雌黄铁矿等矿物推断介质也偏碱性，弱还原环境(原生磁铁矿介质 $pH\geq9$、Eh-0.2～0.8)是镁硼酸盐矿物从介质中析出所必需的物理化学条件，封闭的环境和干旱的气候为蒸发条件。介质中的硅胶对硼组织起着吸附聚集的作用，硅胶的胶凝提高了介质中硼和镁的组分浓度，处使镁硼酸盐析出。

9. 成矿物质来源

物质来源主要为火山喷发的硼、陆源带入的硼、海水中的硼。海水中的硼是有限的，海盆中大量的硼应来自太古宇含硼的变质火山岩和变质火山—沉积岩以及远源火山喷发。所以，海盆周围太古宇含硼的变质杂岩发育程度及远源火山喷发程度是成矿的根本条件。

10. 控矿因素及找矿标志

(1) 控矿因素

地层控矿：硼矿主要产在古元古界集安群蚂蚁河组中，为封闭海湾一火山沉积环境，硼矿与含镁质碳酸盐岩建造、火山岩建造有关，矿体受蛇纹石化大理岩所控制。

构造控矿：矿床受北东向宽缓褶皱构造控制，大多数矿体赋存于褶皱核部。

岩体控矿：岩浆成矿作用主要提供热能、热液及成矿物质。古元古界中酸性花岗岩、伟晶岩脉及中基性脉岩与地层的接触带附近常形成蚀变带，并使硼短距离局部迁移富集。

(2) 找矿标志

① 古元古界集安群蚂蚁河组分布区，蛇纹石化大理岩、暗绿色蛇纹岩分布区。

② 矿床主要分布褶皱构造核部，核部含矿层变厚，矿体也变厚。

③ 被后期断裂构造切割断块，向斜分布区矿体保留好。

④ 荒岔沟组以下 130 m 左右，电气石变粒岩之下几十米见含硼层。

⑤ 蛇纹石化、金云母化、透闪、透辉石化、电气石化、镁橄榄石化等蚀变标志。

11. 矿床形成及就位机制

古元古代初期太古宇克拉通裂开，火山喷发活动将深部富钠、富硼(局部富铁)火山物质带入海水盆地，以 B^{+} 离子形式溶于海水中。在闭塞海盆地气候干旱蒸发大于补给，使海水浓缩，硼以氧化物形成于沉积地层中，形成含硼岩系。在 1 900 Ma 左右(吕梁运动)裂谷回返并发生区域性变质变形及大量底辟花岗岩侵入就位，并有小的岩枝伟晶岩等侵入到含矿层中，使硼矿再次活化、迁移，局部富集。

12. 成矿模式

集安市高台沟硼矿床成矿模式见图 4-25。

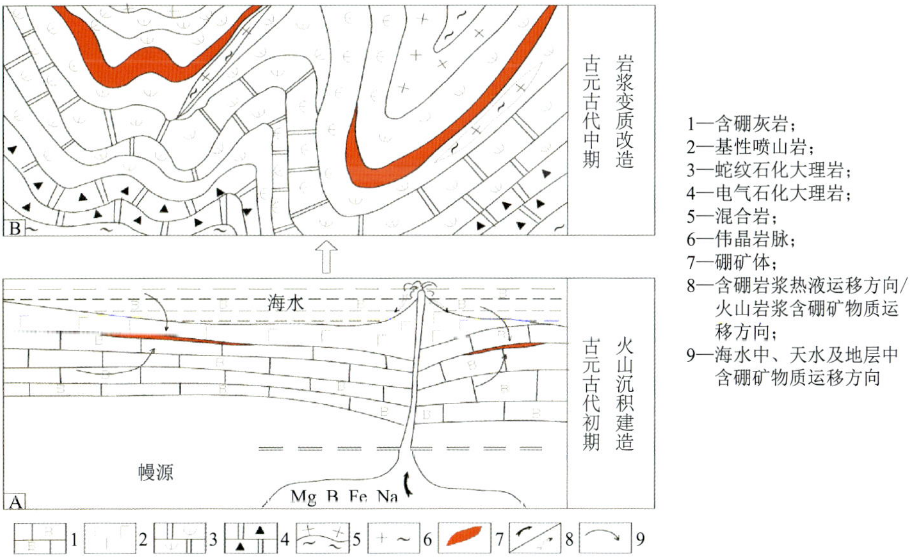

图 4-25　集安市高台沟硼矿床成矿模式图

第二节　成矿系列划分与区域成矿模式

一、成矿系列划分

根据成矿系列概念和本区“一老加一新”成矿特点，初步划分出 3 个成矿系列：

(1) 抚顺—和龙地区太古宙、元古宙、古生代、中生代 Fe、Cu、Zn、Au、Ni、Mn、黄铁矿、菱镁矿、大理岩、煤、铝土矿成矿系列；

(2) 营口—长白地区元古宙、古生宙、中生代 Pb、Zn、Cu、Au、Ag、Co、Ni、Fe、黄铁矿、硼、菱镁矿、滑石、磷、石墨、稀有矿、大理岩、铝土矿、膏盐成矿系列;

(3) 瓦房店—城子坦地区元古宙、古生宙、中生代 Cu、Pb、Zn、Fe、金刚石、石灰石成矿系列。

(一) 抚顺—和龙地区太古宙、元古宙、古生代、中生代 Fe、Cu、Zn、Au、Ni、Mn、黄铁矿、菱镁矿、大理岩、煤、铝土矿成矿系列

依据本成矿系列所属成矿带的成矿特征,进一步划分为 5 个成矿亚系列:

1. $Ⅲ_{46}^{1\text{-}1}$:铁岭—靖宇地区与太古宇变质岩有关的沉积变质型 Fe、Cu、Zn、Au、黄铁矿成矿亚系列

该成矿系列是在古陆核发展阶段所形成的,其经历了陈台沟运动的初始陆核的拼贴事件、迁西运动的岛状陆块拼贴作用及阜平运动的克拉通化作用。克拉通主要由清源、小莱河、夹皮沟、板石沟、和龙等几个块体组成,其间多以巨大的韧性剪切带为界。

(1) 区域地质构造背景

位于中朝古陆之东段,历经中太古代清原、小莱河、夹皮沟、板石沟、和龙等几个陆块拼合而成。陆壳拉张期形成的火山碎屑岩系和 TTG 岩系的深成侵入作用,大致在新太古代几个陆块拼合成统一的新太古代超大陆旋回。这一时期铁金矿床成矿系列基本上受区域火山喷发—沉积阶段和陆块拼合碰撞部位的构造的控制。

(2) 成矿地质条件

① 地质条件

资料表明,龙岗陆块是由清原、小莱河、夹皮沟、板石沟、和龙等几个微陆块拼合而成。每一个微陆块都曾存在着拉张期的基性火山—沉积阶段。表壳岩(中太古界)平均金含量超过克拉克值的 11~16 倍(王恩德)。区内铁金矿往往形成于阜平期的变质作用阶段。铁金有相似的来源,相似的成矿环境。

② 岩浆岩条件

岩浆的活动与成矿的关系表现在:

a. 陆壳拉张期侵位的超基性—基性岩类。

岩石类型为纯橄榄岩、橄榄岩、辉石岩等,变质后为蛇纹岩、滑石岩、透闪石岩、角闪岩等。常携带有 Cu、Ni、Au、Pt、Pd 等成矿元素。同属拉张期引起频繁的钙碱性火山活动,它又携带了大量的 Fe、Cu、Zn、Au 等成矿元素。

b. 陆壳演化的后期有大面积的深成侵入体的侵位,即 TTG 岩系。这一期岩浆热事件除带来了多金属元素外,还促进了成矿元素的进一步富集。

c. 华力西—燕山期的岩浆活动及其叠加作用为矿产形成又起了重要作用。

五台—中条期及华力西—燕山期的岩浆活动,特别是五台—中条期的钾质花岗岩及燕山期脉岩的活动对金矿的进一步富集起到了主要的作用。

③ 构造条件

与成矿有关的构造主要是控制超基性—基性岩浆侵入的控岩构造及与成矿有关的海相火山构造及控制火山活动的构造带。陆块之间的构造一般表现为韧性剪切带。夹皮沟金矿基本上与这一韧性变形带相联系。

表 4-5 辽东(吉南)Fe-Cu-Pb-Zn-Au-U-硼—菱镁矿—滑石—石墨—金刚石矿床成矿系列划分表

Ⅲ级成矿单元	矿床成矿系列	矿床成矿亚系列	矿床式	成矿组分		构造单元	控矿地质体	年龄(Ma)	成矿时代	成因类型	矿床类型	代表性矿床(点)
				主	次							
Ⅲ-46:上黑龙江(边缘海)Au-Cu-Mo成矿带(*Ym*;*Hl*)	Ⅲ$_{46}^{1}$:抚顺—和龙地区太古代、元古代、古生代、中生代Fe、Cu、Zn、Au、Ni、Mn、黄铁矿、菱镁矿、大理岩、煤、铝土矿成矿系列	Ⅲ$_{46}^{1-1}$:铁岭—靖宇地区与太古宙变质岩有关的沉积变质型Fe、Cu、Zn、Au、黄铁矿成矿亚系列	鞍山式(板石沟式)	Fe		铁岭—靖宇隆起	鞍山群(夹皮沟群)		Ar_{2-3}	沉积变质	沉积变质型	小莱河、板石沟、老牛沟、四方山
			红透山式	Cu	Zn—Au	铁岭—靖宇隆起	鞍山群红透山组		Ar3	海底沉积变质	沉积变质型	红透山铜锌矿
			南龙王庙式	Au		铁岭—靖宇隆起	红透山组		Ar3	变质热液	变质热液型	南龙王庙金矿
			大荒沟式	S、Fe		铁岭—靖宇隆起	红透山组		Ar3	沉积变质	沉积变质型	大荒沟硫铁矿
		Ⅲ$_{46}^{-2}$:铁岭凡河凹陷区与元古代、古生代沉积、变质型Fe、Cu、PbZn、菱镁矿成矿亚系列	关门山式	Pb—Zn	Cu	凡河凹陷	辽河群		Pt	沉积变质—热液型		关门山铅锌矿
			上年马式	菱镁矿		凡河凹陷	中元古宙蓟县系三岔子群关门山组		Pt2	沉积变质	沉积变质型	上年马菱镁矿
			老官台式	Mn		凡河凹陷	中元古代长城系三岔子群关门山组		Pt2	沉积变质	沉积变质型	老官台锰矿
		Ⅲ$_{46}^{1-3}$:铁岭—靖宇地区与太古代变质岩、中生代岩浆活动有关Fe、Cu、PbZn、Au成矿亚系列	夹皮沟式	Au		铁岭—靖宇隆起	夹皮沟群变质岩、印支-燕山期花岗闪长岩、花岗岩			岩浆热液	岩浆热液改造型	夹皮沟金矿
			下达堡式	Au		铁岭—靖宇隆起	鞍山群变质岩、印支-燕山期花岗闪长岩、花岗岩			岩浆热液	岩浆热液型	下达堡金矿
		Ⅲ$_{46}^{1-4}$:鞍山—本溪地区与太古宙变质岩有关的沉积变质型Fe矿成矿亚系列	鞍山式	Fe			鞍山群茨沟组、樱桃园组		Ar3	沉积变质	沉积变质型	齐大山、东鞍山、歪头山、弓长岭、南芬、弓长岭、大台沟
		Ⅲ$_{46}^{1-5}$:辽阳—南芬凹陷Cu、PbZn、煤、铝土矿成矿亚系列	红阳式	Al		太子河凹陷	石炭纪本溪组砂岩、页岩层以及二叠纪石河子组砂岩、页岩层		C-P	沉积	古风化壳沉积型	本溪牛心台铝土矿

续表

Ⅲ级成矿单元	矿床成矿系列	矿床成矿亚系列	矿床式	成矿组分		构造单元	控矿地质体	年龄(Ma)	成矿时代	成因类型	矿床类型	代表性矿床(点)
				主	次							
Ⅲ-46：上黑龙江(边缘海)Au-Cu-Mo成矿带(*Ym*；*Hl*)	$Ⅲ_{46}{}^{2}$：营口—长白地区元古代、古生代、中生代Pb、Zn、Cu、Au、Ag、Co、Ni、Fe、黄铁矿、硼、菱镁矿、滑石、磷、石墨、稀有矿、大理岩、铝土矿、膏盐成矿系列	$Ⅲ_{46}{}^{2\text{-}1}$：与早元古宙早期拗拉槽火山、沉积变质作用有关的铁、硼、铜钴、石墨矿床成矿亚系列	高台沟式	B		辽吉裂谷	早元古代含硼岩系(集安群蚂蚁河组)		Pt1	沉积变质	沉积变质型	高台沟硼矿、后仙峪硼矿
			翁泉沟式	B、Fe		辽吉裂谷	早元古代含硼岩系(辽河群里尔峪组)		Pt1	沉积—变质	沉积变质型	翁泉沟硼铁矿
			杨木杆子式	B		辽吉裂谷	早元古代含硼岩系(辽河群里尔峪组)		Pt1	沉积—变质	沉积变质型	砖庙、杨木杆子、后仙峪
			杨林式	Fe		辽吉裂谷	早元古代含硼岩系(辽河群里尔峪组)		Pt1	沉积变质	沉积变质型	宽甸杨林
			凤城式	重晶石		辽吉裂谷	早元古代含硼岩系(辽河群里尔峪组)		Pt1	沉积变质	沉积变质型	王家大沟重晶石矿床
		$Ⅲ_{46}{}^{2\text{-}2}$：与早元古宙晚期拗拉槽沉积变质热液作用有关的铅锌铜钴铁、菱镁矿滑石矿床成矿亚系列	北瓦沟式式	Pb、Zn	Au、Ag	辽吉裂谷	辽河群、老岭群		1	海底火山—沉积	沉积变质热液型	北瓦沟、张家堡子、荒沟山
			大横路式	Cu、Co			古元古代辽河群里尔峪岩组		Pt1	火山—沉积变质	火山—沉积变质型	大横路、华岩寺铜钴矿
			海城式	菱镁矿		辽吉裂谷	辽河群大石桥组碳酸盐岩建造		Pt1	沉积变质	沉积变质型	铧子峪菱镁矿
			大栗子式	Fe					Pt1	沉积变质	沉积变质型	大栗子铁矿
		$Ⅲ_{46}{}^{2\text{-}3}$：赤柏松—辽阳与早元古代超基性—基性岩浆熔离—贯入作用有关的铜镍(铂钯)成矿亚系列	赤柏松式	铜镍	铂钯	辽吉裂谷	早元古代超基性—基性岩		Pt1	岩浆熔离—贯入作用	岩浆岩型	赤柏松铜镍矿
		$Ⅲ_{46}{}^{2\text{-}4}$：营口—长白地区与印支期中酸性岩浆热液作用有关的金(铅锌)成矿系列	五龙式	Au		辽吉裂谷	印支期中酸性岩浆岩		印支期	岩浆热液	岩浆热液型	五龙金矿
			青沟子式	Se						岩浆热液	岩浆热液型	青沟子锑矿

续表

Ⅲ级成矿单元	矿床成矿系列	矿床成矿亚系列	矿床式	成矿组分		构造单元	控矿地质体	年龄(Ma)	成矿时代	成因类型	矿床类型	代表性矿床(点)
				主	次							
Ⅲ-46：上黑龙江(边缘海)Au-Cu-Mo成矿带(*Ym*；*Hl*)	$Ⅲ_{46}{}^{2}$：营口—长白地区元古代、古生代、中生代Pb、Zn、Cu、Au、Ag、Co、Ni、Fe、黄铁矿、硼、菱镁矿、滑石、磷、石墨、稀有矿、大理岩、铝土矿、膏盐成矿系列	$Ⅲ_{46}{}^{2\text{-}5}$：营口—长白地区与燕山期中酸性次火山岩—侵入岩有关的金铜(铅锌)成矿亚系列	青城子式	Pb、Zn	Au、Ag		辽河群含铅锌、金银建造，燕山期中酸性次火山岩—侵入岩有关		燕山期	热液作用	岩浆热液改造型	青城子、东胜
			猫岭式	Au								猫岭金矿、荒沟山
			小佟家堡子式	Au	Ag		辽河群含金建造、燕山期中酸性岩浆活动		燕山期		热液改造型金矿	小佟家堡子金矿
		$Ⅲ_{46}{}^{2\text{-}6}$：吉南地区与新元古宙沉积作用有关的铁矿成矿系列	临江式	Fe			新元古宙含铁建造		Pt3	沉积变质	沉积变质型	青沟子铁矿
	$Ⅲ_{46}{}^{3}$：瓦房店—城子坦地区元古代、古生代、中生代Cu、Pb、Zn、Fe、金刚石、石灰石成矿系列	$Ⅲ_{46}{}^{3\text{-}1}$：中元古界—古生界盖层沉积相关的铁矿成矿亚系列	仰山式	Fe、P			中元古代陆棚碎屑亚相榆树砬子组		Pt2	沉积变质	沉积变质型	仰山铁矿
		$Ⅲ_{46}{}^{3\text{-}2}$：与印支—燕山期中酸性侵入岩有关的铜铅锌铁重晶石金刚石成矿亚系列	金州式	重晶石			印支—燕山期中酸性侵入岩			岩浆热液	中低温热液充填型	
			铧铜式	Cu	Fe、Pt、Zn		古生代碳酸盐岩、印支—燕山期中酸性侵入岩				矽卡岩型	华铜铜矿
		$Ⅲ_{46}{}^{3\text{-}3}$：与超基性金伯利岩有关金刚石成矿亚系列	瓦房店式	金刚石			超基性金伯利岩体			岩浆岩	岩浆岩型	

④ 变质作用条件

太古宙这套岩系经过多次的变质变形过程，一般发生了三期以上的变质变形。白山地块一般为高角闪岩相—麻粒岩相；夹皮沟陆块为低角闪岩相；清源陆块低角闪岩相—麻粒岩相；鞍山—本溪则为绿片岩相—角闪岩相。区域的变质事件对Au、Fe元素的富集具有重要的意义。

(3) 成矿特征

本成矿系列第一个主要成矿作用为：火山沉积变质作用形成的铁矿，成矿时代集中在中太古宙及晚太古宙。代表性矿床为板石沟、小莱河铁矿（中太古宙），老牛沟（晚太古宙）等，其主要成矿特征见典型矿床部分。

本成矿系列第二个重要成矿作用为太古宙晚期的块状硫化物铜锌金成矿作用，目前，该类矿床分布仅限于浑河断裂以北，受红透山—树基沟绿岩带和大荒沟—南龙王庙—稗子沟绿岩带控制。赋存有红透山、树基沟、华家沟、跳石背、稗子沟、张胡子沟、大荒沟等铜锌块状硫化物矿床。块状硫化物矿床主要赋存于绿岩（Art）上部层序的"薄层互层带"中，矿床成因类型为海相火山热液型。与块状硫化物矿床有关的地化异常主要为Cu、Zn异常，伴有Au、Ag、Pb异常，异常规模较小，分布零散。成矿带内航磁场总体在负场背景上，发育有许多正负相间椭园状或长条状局部异常，异常走向多为北东或北西向。重力场以浑河断裂为界（重力梯级带），以北显相对重力高，异常零乱扭曲，南部由椭园形重力高和重力低组成，异常较为零散。成矿带的地质、物化探异常特征表明，该成矿带是一个以金、铜、锌为主的成矿带，是寻找块状硫化物铜锌金矿床和岩浆热液型金矿床的有利地段。

本成矿系列另一个主要成矿作用为火山沉积变质热液（岩浆热液改造）型金矿。矿床式为：南龙王庙式、夹皮沟式。主成矿期为晚太古代，之后有多期叠加成矿作用。典型矿床有夹皮沟金矿本坑、二道沟金矿、三道岔金矿、板庙子金矿、南龙王庙金矿等。该类型金矿集中分布在华北地台北缘，受北西向、北东向弧形韧性剪切带的控制。主要成矿特点见典型矿床实例中的夹皮沟金矿田的描述。

必须指出的是，夹皮沟金矿等的形成是经历了多次地质事件和多期次成矿作用叠加的过程，火山沉积变质热液成矿作用只是早期成矿作用的体现。晚太古宙火山作用，形成以拉斑玄武岩为主的镁铁质火山岩（表壳岩），其含金丰度很高，构成了矿源层。在阜平期构造热事件（变质变形作用，奥长花岗岩—英云闪长岩侵位）的影响下，矿源层中金及其他主要成矿元素发生了活化、迁移，至韧性剪切带有利的构造部位富集，形成金矿的第一次富集期；五台—中条期构造岩浆活动比较强烈，使早期形成的区域性构造特别是韧性剪切带再次活动，且有重熔型钾质花岗岩沿韧性剪切带侵入，在其影响下成矿物质进一步活化、迁移并富集；华力西晚期—燕山早期构造岩浆活动强烈，叠加在韧性剪切带之上的脆性断裂构造为该期构造岩浆作用下活化、迁移的成矿物质提供良好的沉淀场所，本期构造岩浆热事件为第三次金矿富集期。

由于经历了漫长的复杂的地质作用，该成矿系列的金矿应是多期成矿叠加的结果。

2. $Ⅲ_{46}^{1\text{-}2}$：铁岭凡河拗陷区与元古宙、古生代沉积、变质型Fe、Cu、Pb、Zn、菱镁矿成矿亚系列

该成矿亚系列与凡河拗陷（Ⅳ）的分布范围相当。区内分布的主要地层为中元古界长城系、蓟县系、青白口系和震旦系地层，其中长城系高于庄组是区内的主要容矿地层，工业矿体

主要赋存在高于庄组五段条带状含藻白云岩中。青白口纪末期的凡河运动形成了区内盖层的控矿构造,即在南北向构造应力作用下形成了东西向褶皱及迭加在其上的东西向逆冲断层和北东、北西向高角度平移断层,矿体主要赋存在北东向和东西向断裂破碎带内。区内岩浆活动微弱,对成矿影响不大。到目前为止,已在该区发现大型矿床1处,矿点、矿化点数十处,成因类型均属盆地热卤水型。成矿区内化探异常主要为以关门山为中心的Pb、Zn、Ag组合异常,其他地段异常较弱。区内航磁场表现为北东东向展布的串珠状正负异常带相间出现,并有正负异常带相互环绕的特点;重力场以北东向重力高为背景,在成矿区西侧显平直的北东向梯度带,而在东侧和南侧为弯曲的梯级带。重磁解释结果显示出凡河盆地具有北东浅、南西深的趋势,基底隆起两侧皆有断裂存在,显示地垒特点,已发现矿床、矿点均位于南北向和东西向断裂交汇部位。

3. $Ⅲ_{46}^{1-3}$:铁岭—靖宇地区与太古代变质岩、中生代岩浆活动有关Au、Fe、Cu、Pb、Zn成矿亚系列

如前述,本区地质历史漫长,成矿作用复杂,经历了晚太古宙矿源层形成、在阜平期第一次富集期、五台—中条期成矿物质进一步活化、迁移并富集、华力西晚期—燕山期第三次富集期。

本成矿亚系列主要包括岩浆热液改造型金矿、接触交代型多金属矿床,以金矿为主。广泛发育的太古宙变质上壳岩和印支—燕山期岩浆侵入活动是金矿生成的主要因素。代表性矿床包括夹皮沟金矿、下达堡金矿等,是区内重要的金矿类型,成因类型以岩浆(改造)热液型为主。与此有关的化探异常发育,并明显地呈北东向分布,异常集中于岩浆岩体周围及岩体隐伏部位。

4. $Ⅲ_{46}^{1-4}$:鞍山—本溪地区与太古宙变质岩有关的沉积变质型Fe矿成矿亚系列

鞍山—本溪地区是我国重要的铁矿集中成矿区,成矿作用以单一的沉积变质型铁矿成矿为特征,成矿与中酸性火山—沉积作用有关,成矿作用受鞍山群茨沟组、大峪沟组和樱桃园组的一套绿片岩相—角闪岩相变质岩控制。矿床式为鞍山式,代表性矿床有齐大山、东、西鞍山、弓长岭、歪头山、南芬铁矿等。

5. $Ⅲ_{46}^{1-5}$:辽阳—南芬凹陷Cu、Pb、Zn、煤、铝土矿成矿亚系列

该成矿亚系列位于太子河凹陷分布区,后者跨鞍山—本溪太古宙陆块区和辽吉古元古代裂谷。该成矿带内寒武系、奥陶系地层发育,其中的碳酸盐岩是铜铅锌成矿的有利围岩;从该成矿带的东部到西部,发育有石柱子、二棚甸子、阎王鼻子、老秃顶子、南孤山子等一系列近东西向排列的燕山期中酸性侵入体。岩浆岩与围岩接触部位矽卡岩化发育,并伴有强烈的铜铅锌矿化。二棚甸子矽卡岩型大型铜铅锌矿床,万宝矽卡岩型小型铜矿、黄柏峪矽卡岩型小型铜多金属矿均分布于此成矿带之中。成因类型均属矽卡岩-岩浆热液型,明显地受控于东西向展布的岩浆岩带及岩体与围岩的接触带。是一个以铜铅锌为主的燕山期多金属成矿带,是寻找矽卡岩型,岩浆热液型铜铅锌矿床的有利地段。

(二)营口—长白地区元古代、古生代、中生代Pb、Zn、Cu、Au、Ag、Co、Ni、Fe、黄铁矿、硼、菱镁矿、滑石、磷、石墨、稀有矿、大理岩、铝土矿、膏盐成矿系列

进一步划分为6个成矿亚系列:

1. $Ⅲ_{46}^{2-1}$：与早元古宙早期拗拉槽火山、沉积变质作用有关的硼、铁、铜钴、石墨矿床成矿亚系列

由于太古宙末超大陆的裂解，早元古宙时期，太古宙基底克拉通上形成了北东东向的营口—宽甸—集安—狼林拗拉槽（在我国境内俗称辽吉裂谷），早期在拗拉槽内堆积了具双模式火山岩的沉积（辽吉岩套），相当下辽河群、集安群；晚期在拗拉槽内堆积了碎屑—碳酸盐岩为主的冒地槽型沉积，相当上辽河群、老岭群。在早元古宙拗拉槽的早期，产生了里尔峪组、蚂蚁河组以硼、铜钴、石膏为主的成矿作用和高家峪组、荒岔沟组以石墨为主的成矿作用，矿床都是在五台期区域变质作用下形成的，成因类型为沉积变质型。矿床式有高台沟式（硼矿）、翁泉沟式（硼铁矿）、杨木杆子式（硼矿）、杨林式（铁）、凤城式（重晶石）、三半江式（石墨矿）。硼矿典型矿床有高台沟硼矿、翁泉沟硼铁矿、杨木杆子硼矿、三半江石墨矿，其主要成矿特征见本章第四节“典型矿床”中高台沟硼矿、杨林铁矿、王家大沟重晶石矿和三半江石墨矿。

2. $Ⅲ_{46}^{2-2}$：与早元古宙晚期拗拉槽沉积变质热液作用有关的Pb、Zn、Cu、Co、Fe、菱镁矿滑石矿床成矿亚系列

早元古宙拗拉槽发育晚期（1 800 Ma左右），形成了一套由长石石英岩、石英岩、浅粒岩、钙硅酸盐岩、碳质板岩、大理岩、白云质大理岩等组合的冒地槽沉积，与其沉积作用并经历后期变质作用改造而造成的成矿作用，主要有产于白云质大理岩中的铅锌矿，矿床式：青城子式、荒沟山式，典型矿床有青城子、荒沟山铅锌矿；产于碳质千枚岩中的铜钴矿，矿床式：大横路式，典型矿床有大横路铜钴矿；产于千枚岩与大理岩、白云质大理岩互层带中的铁矿，矿床式：大栗子式，典型矿床有大栗子铁矿；产于白云岩夹大理岩的菱镁矿、滑石矿，矿产式：海城式、遥林式，典型矿床有华子峪菱镁矿、遥林滑石矿。

上述成矿作用均主要与吕梁期变质热液作用有关，多数矿床受到后期，特别是燕山期成矿作用的叠加，主要成矿特征见“典型矿床”中相关内容。

3. $Ⅲ_{46}^{2-3}$：与早元古代超基性—基性岩浆熔离—贯入作用有关的铜镍（铂钯）成矿亚系列

早元古代拗拉槽早期（相当五台运动），由于盆缘断裂的活动，引起了幔源超基性—基性岩浆的侵位，在通化—辽阳一带的形成了一系列超基性—基性岩体，伴随以铜镍（铂钯）成矿作用。矿产式：赤柏松式，典型矿床为赤柏松铜镍矿。

4. $Ⅲ_{46}^{2-4}$：与印支期中酸性岩浆热液作用有关的金（铅锌）成矿系列

受滨太平构造域叠加的影响，早元古宙拗拉槽印支—燕山期岩浆活动强烈。印支期主要表现幸福岩体（花岗闪长岩）、老秃顶子岩体（似斑状花岗岩）、草山岩体（似斑状黑云母花岗岩）等一批大型岩基状中酸性侵入岩。相伴形成了一批以岩浆热液型为主要类型的金矿、锑矿、铅锌矿。金矿矿床式有五龙式、青沟子式，典型矿床为五龙金矿床、青沟子锑矿床。

5. $Ⅲ_{46}^{2-5}$：与燕山期中酸性次火山岩—侵入岩有关的金铜铅锌成矿亚系列

早元古宙拗拉槽燕山期岩浆活动强烈，包括中基性脉岩（闪长岩脉、次安山岩脉、霏细岩脉、煌斑岩脉等）、中酸性岩体（花岗闪长岩、花岗岩）、中酸性火山岩、次火山岩。形成了一批以岩浆热液型为主或花岗岩浆热液作用有关的斑岩型、陆相火山热液型的金矿、铜矿、铅锌矿。金矿矿床式猫岭式、小佟家堡子式、南岔式式、香炉碗子式，典型矿床为猫岭金矿、小佟家堡子金矿、南岔金矿床、荒沟山金矿床、香炉碗子金矿；铜矿矿产式有二密式，典型矿床有

二密铜矿、天合兴铜矿，为斑岩型；铅锌矿有青城子式、荒沟山式，典型矿床有青城子铅锌矿、高家堡子银铅锌矿、荒沟山铅锌矿。其中铅锌矿床经历了早元古代海底喷流沉积、变质热液成矿、中生代构造岩浆活化成矿多期多阶段的反正成矿作用过程，矿床特征复杂。

6. $Ⅲ_{46}^{2\text{-}6}$：与新元古宙沉积作用有关的铁矿成矿系列

新元古宙吉南地区为陆表海，形成海相和海陆交互相的稳定型沉积建造，在吉南的通化—白山地区新元古宙青白口系钓鱼台组底部形成赤铁矿。矿床式有临江式、浑江式，典型矿床有青沟子铁矿，矿体产在石英岩，铁质砂岩中，呈层状、扁豆状，TFe 在 30%以下，不具工业利用价值。同时在鸭绿江沿岸青白口系底部长石石英砂岩中赋存有沉积型铁矿，由鲕状菱铁矿、赤铁矿和鲕状绿泥石组成，即所谓临江式铁矿也不具工业意义，故不详细论述。

（三）瓦房店—城子坦地区元古界、古生界、中生界 Cu、Pb、Zn、Fe、金刚石、石灰石成矿系列

位于瓦房店—城子坦地区元古界、古生界、中生界 Cu、Pb、Zn、Fe、金刚石、石灰石成矿带，进一步划分 3 个成矿亚系列：

1. $Ⅲ_{46}^{3\text{-}1}$：中元古界—古生界盖层沉积相关的铁矿、石灰石成矿亚系列

与基底岩石太古宇—古元古界变质岩系相关的，有小规模鞍山式铁矿。

在大连新元古界—古生界陆表海盆地中的，中元古界陆棚碎屑亚相榆树砬子组蕴藏仰山式铁磷矿，盖州仰山铁矿产于古元古界榆树砬子组群石英岩、砾岩及千枚岩中。沉积环境为一套浅海碎屑型海相沉积，分布范围为盖州、复县、庄河一带。大连地区发育晚元古代震旦纪兴民村期和晚古生代石炭纪本溪期三角洲环境的崔家屯组和兴民村组，赋存兴民村式赤铁矿，以金州杨家屯铁矿为代表。

2. $Ⅲ_{46}^{3\text{-}2}$：与印支—燕山期中酸性侵入岩有关的铜铅锌铁重晶石成矿亚系列

此成矿亚带内，中生代岩浆仅在盖县—皮口、卧龙泉—刘家堡子、接文寨—秦家堡子三个地段发育，其他地段仅有零星出露。与印支—燕山期中酸性侵入岩有关的矿产有金州式中低温热液充填型重晶石矿、铧铜式矽卡岩型铜矿等。铧铜式矽卡岩型铜矿与燕山期花岗闪长岩、闪长岩、花岗岩有关。矿体赋存在中生代酸性岩体与碳酸盐岩接触带。伴生或共生矿产有铁、钼、铅、锌、金、银等。典型矿床有瓦房店市铧铜铜矿、庄河县芙蓉铜矿。

3. $Ⅲ_{46}^{3\text{-}3}$：与超基性金伯利岩有关金刚石成矿亚系列

已发现的金伯利岩分布于复州—大连凹陷，沿郯庐超岩石圈断裂两侧展布。具有工业意义的金刚石矿床集中分布于瓦房店地区。代表性矿床有 42、30、50、51-68-74 等几个岩管。

瓦房店金伯利岩主要分布于瓦房店市以西长 32 km，宽 30 km 的范围内，由 20 余个岩管和 80 余条金伯利岩脉共 110 个岩体组成，空间上有成群成带展布的特点，并可大致划分出 3 个金伯岩带。查明了四处大型金刚石原生矿床和两处砂矿床。这些金伯利岩带主要受北东东、近东西向密集节理带、破碎带和断层带控制。瓦房店金伯利岩具块状、球状、角砾状、凝灰状构造和斑状、显微斑状及碎屑结构。成矿带内 Cr、Ni、Nb、La 组合异常发育，镁铝榴石、铬铁矿、透辉石重砂矿物异常有数百处之多，发育有大量的孤立磁异常，显示出良好的找矿信息。

代表性矿床包括复县式金刚石原生矿床和二道沟式金刚石砂矿床。

二、区域成矿模式

(一) 区域构造演化阶段与成矿

从太古宙、古元古代构造岩浆旋回到中—新生代构造岩浆旋回,内生金属矿产地的数量、种类、矿床类型不断增多。在每个构造岩浆活动阶段,均以早期或中期阶段成矿作用最好,表明成矿作用与岩浆侵入活动的强度有着正相关关系。

(1) 阜平期基性—超基性岩普遍具有 Cu、Ni 矿化,典型矿床为通化赤柏松 Ni、Cu 矿床,成因类型为岩浆熔离型。花岗质岩石与金矿化的成因密切,以桦甸夹皮沟金矿为代表。成因类型多为绿岩型、蚀变岩型、石英脉型。

(2) 五台期花岗质岩浆活动与区内的 Au、Cu,稀有及放射性矿产的生成具有一定的内在联系。

(3) 加里东期与岩浆活动有关的矿产有镍、铜、硫铁矿等。铜铁矿床(点)多产于花岗岩体与早古生代大理岩接触带的矽卡岩中。铜、镍矿床产于基性超基性岩体中,一般为小型岩浆矿床,。

(4) 华力西晚期为东北地区多金属成矿作用的重要时期之一。成矿母岩有基性、超基性岩和花岗岩。基性岩中含有 Cu、Ni 矿化,其中达到工业品位的以红旗岭岩浆熔离型大型的铜镍矿床和茶尖岭地区的岩浆熔离型的铜镍矿床为代表。岩体含矿性取决于岩体所处地质构造部位及岩浆分异程度。含矿岩体主要受辉发河深断裂的次一级断裂控制,愈近深断裂含矿性愈好。岩浆分异愈完全含矿性愈好。但分异差的脉状岩体,也有贯入式工业矿床。含矿岩体 MgO/FeO 值为 3~6,碱金属及钙铝硅酸盐高者,则对成矿有利,成矿规模较大。第二侵入期花岗岩与有色金属成矿作用密切,岩石中 Cu、Pb、Zn 的地球化学丰度值普偏高,人工重砂中也含有相应的独立矿物。Cu、Zn、Au 异常以及矿床(点)“星罗棋布”。第三侵入期的花岗岩中 W、Mo 含量高,有小型矽卡岩型矿床、矿化点。

(5) 印支期岩浆活动伴随有广泛的成矿作用。金矿的类型较多,包括与印支晚期二长花岗岩侵入有关的破碎蚀变岩型,蚀变小侵入体型(斑岩型)、热液石英脉(细脉)型;与中酸性喷出岩建造有关的火山岩型、次火山岩型,蚀变火山岩型及火山爆发角砾岩筒型。

(6) 燕山期岩浆岩活动都有先喷发后侵入的演化特征,显示了火山岩与侵入岩在空间、时间上的密切共生特点。成矿与燕山早期黑云母花岗岩、碱长花岗岩建造有关,有破碎蚀变岩型、石英脉型金矿以及与中酸性火山岩有关的火山岩型、次火山岩型金矿,它们基本上出现在同一区域内,构成独特的与喷发—侵入岩带一致的金成矿带。铅锌矿主要分布在辽东、集安、抚松等地,按其成因可分为火山热液型和次火山热液型和岩浆热液型。

(二) 重要矿床区域成矿模式

根据辽东吉南区域地质构造背景,及内生矿产的成矿作用特征,建立区域成矿模式,如图 4-26 所示。

区域上,辽东吉南地区涉及的地质单元自南而北依次为太古宙复州地块、辽吉元古宙裂谷区、太古宙龙岗陆核区和吉黑晚古生代造山带四个大地构造单元。本次工作重点讨论龙岗陆核区和辽吉裂谷区不同地质建造及不同的成矿类型。

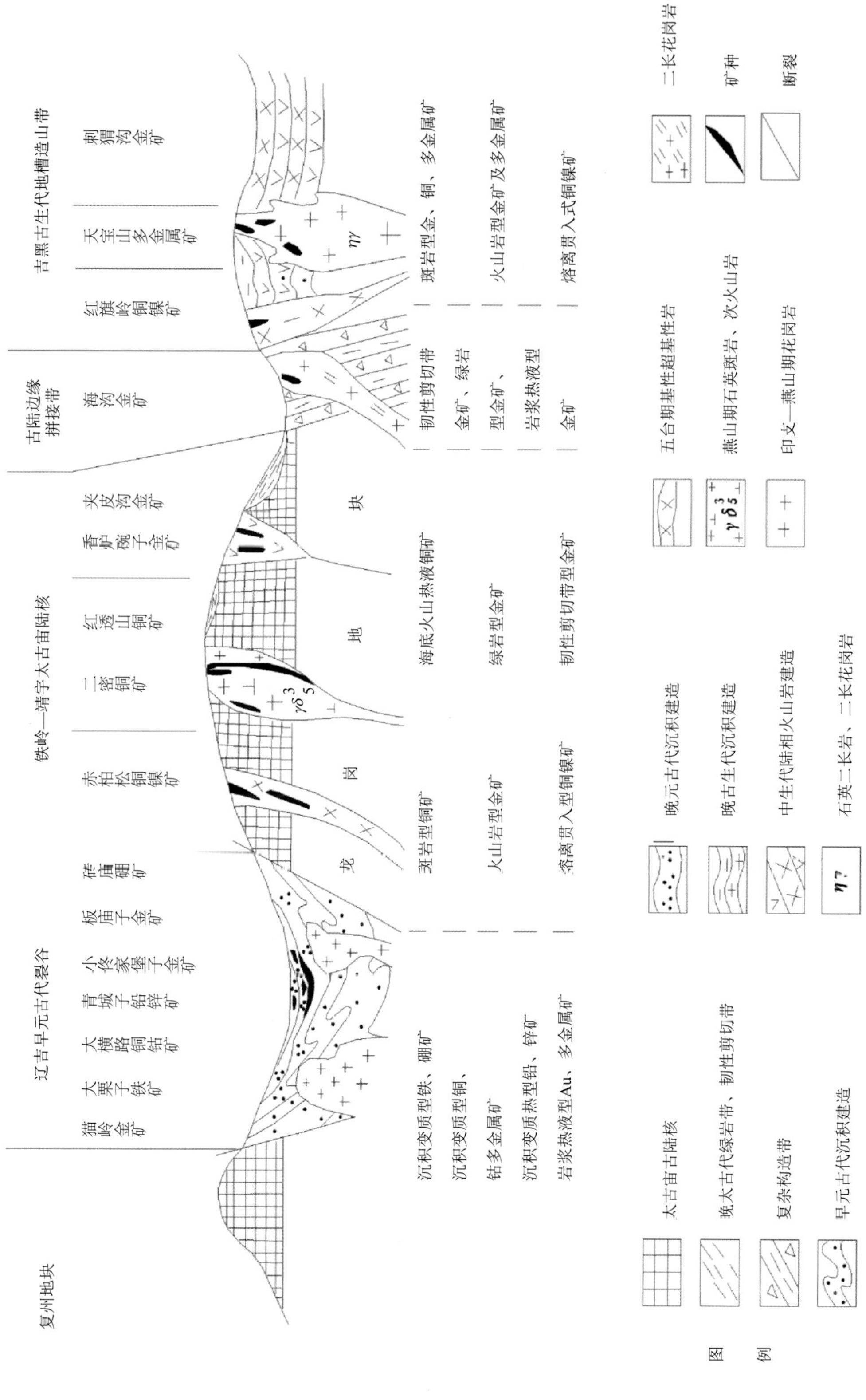

图4-26 辽东吉南地区成矿模式图

1. 太古宙龙岗陆核区成矿模式

(1) 太古代早期为古陆核形成阶段,沿超岩石圈深大断裂有基性—超基性岩喷发和侵入。

(2) 太古代中晚期,为古陆核扩张增生期,沿古陆核边缘形成了裂陷,基性—超基性火山喷发,伴随火山气液活动,形成火山—沉积建造,带来了较丰富的铜、金、铁、钴、镍等元素,形成初始矿源层-含矿建造。

(3) 经多期构造运动,使其发生了变质变形,变质可达中—深程度的角闪岩相—麻粒岩相,由于变质作用,使中基性火山—沉积建造中的铁、金等元素进一步富集,形成了火山沉积变质热液型铜矿(如红透山铜锌矿)及变质热液型金矿,在花岗绿岩带中形成了夹皮沟韧性剪切带型金矿。

(4) 元古宙早期在陆核边缘与早元古代拗拉槽接触带的超岩石圈断裂带发生了基性—超基性的岩浆侵入,形成了岩浆熔离—贯入型铜镍矿。

(5) 印支—燕山期进入滨太平洋构造活动时期,在通化、抚松、靖宇、浑南等地发生了中酸性火山喷发及岩浆侵入,形成了火山岩型金矿,斑岩型铜矿等。

(6) 矿体形态,沉积变质型铁矿以层状,似层状为主,变质热液型金矿以脉状或透镜状为主。从太古宙—中生代,所有类型的金、铁、铜矿床均显示了深成幔源特点,硫同位素 $\delta^{34}S$ 一般在 1‰～5‰之间,离差小,与陨石硫特征相似。热液型矿床以硅化—黄铁矿化—磁黄铁矿化—黄铜矿化为主。

2. 元古代辽吉裂谷区成矿模式

(1) 区域上地层由三大岩系组成,下部为含硼岩系,中部为富含铅锌金银的碳酸盐岩-碎屑岩系,顶部为铁(铜钴)碎屑岩系。从而构成了规模巨大的三大含矿建造系列。沉积建造中 Au、Ag、Cu、Co、Pb、Zn、S、B 等元素的含量普遍偏高,一般高出地壳同类岩石克拉克值的 1～10 倍。局部地段某些层位高出 10 倍以上,构成上述成矿元素的矿源层。

(2) 区内的层控矿产十分丰富,按其产出层序,成矿序列自下而上为 U→B、Fe、U、P→S、Cu、Co、Fe、→Pb、Zn、(Ba)、C→Pb、Zn、Ag、P、Mg→Pb、Zn、Mn、Au→Fe、(Xu、Co)、Pb、Zn,组成辽吉地区古元古宙坳拉槽沉积中特有的成矿系列。

(3) 区内岩浆活动有三期:早期为古元古宙中—基性—超基性岩浆侵入,在拗拉槽北部边界太古宙地核内形成与其有关的岩浆熔离—贯入型铜、镍矿床。中元古代(10 亿～13 亿年)有少量的中—基性岩浆侵入,以脉岩为主,对金、铜、镍成矿作用均有一定影响;晚期为印支晚期—燕山期以酸性—碱性为主的侵入活动,多为同源多次侵入的复式岩体及大量的中酸性脉岩,为成矿提供热源、热液及部分成矿物质。形成了早元古代含矿建造基础上的印支—燕山期岩浆热液型金矿、银矿及铅、锌、铜等矿产。

(4) 各时期的断裂构造是脉状矿体的主要控制因素,在层间破碎带和韧性剪切带中形成了层状和似层状矿体。在另一些矿床中褶皱构造起了极其重要的聚矿作用。

(5) 有些矿床明显受特定层位控制,属于层控型沉积变质改造矿床。金、银、铅、锌、铜、钴、硼矿体分别在不同层位及岩性中富集。对金矿赋存有利层位的岩性有:集安岩群大东岔岩组的片麻岩类,大栗子岩组的片岩、千枚岩,辽河岩群大石桥亚群的片岩、大理岩及变粒岩和盖县亚群片岩;铅、锌矿主要赋层位为珍珠门组白云石大理岩中及大石桥亚群中的大理岩;硼矿主要产于里尔峪组的变粒岩中。

(6)矿体形态,沉积变质型及变质热液型的金、银、铅锌、铜钴、硼矿等为层状或似层状;热液型金、铅锌、锑、铜矿则以脉状、透镜状为主,矿体形态较复杂。

(7)矿床成因,早元古代为沉积变质型、变质热液型为主,印支—燕山期以岩浆热液型为主。

第三节 成矿区带的划分及其特征

一、成矿区带的划分原则

按全国矿产资源潜力评价项目要求,根据“全国重要矿产和区域成矿规律研究”项目系列丛书之一《中国成矿区带划分方案》(徐志刚、陈毓川、王登红、陈郑辉、李厚民,2008,北京地质出版社),在辽东—吉南成矿区内确定Ⅳ级、Ⅴ级成矿区带划分遵循以下几个基本原则:

1. Ⅳ级成矿区带是在Ⅲ级成矿区带内,依据与成矿作用有关的沉积、变质、岩浆及构造作用所圈定的次级成矿单元。Ⅳ级成矿区带划分还要同时综合考虑物化探异常特征及重砂、遥感等区域成矿信息。

2. 在Ⅲ级成矿区带内的Ⅳ级区带是全区全覆盖。

3. 同一成矿区带往往以一两个矿种为主,同时伴有其他矿种;在成矿时间上以一两个成矿时代为主;在空间分布上多具有一定的方向性,在矿床或矿床组合及控矿因素方面相近或相同,多以一两个成矿系列为主,伴有与之相关的系列。

4. Ⅳ级成矿区带在地理位置上往往与某一Ⅲ级大地构造单元或其中一部分一致或相当,还有一些与Ⅳ级大地构造单元吻合;少数Ⅳ级成矿区带位于两个Ⅲ级构造单元的交界附近地区,个别Ⅳ级成矿区带穿越Ⅲ级大地构造单元边界。因此成矿区带边界既受一定的构造单元限制,又与其不完全对应。Ⅳ级成矿区带的边界除考虑地质构造因素外,还应考虑成矿作用、控矿因素、找矿标志等影响范围或分布范围来最终确定。

5. Ⅴ级成矿远景区,是在Ⅳ级成矿亚带内,按矿集区进行划分。

二、成矿区带特征

辽东—吉南Ⅲ级成矿带地处胶辽古陆块的北部,西以郯庐断裂带与下辽河断陷相隔,东至鸭绿江,北至清河断裂带。胶辽古陆块的基底由太古代和早元古代变质岩系,混合花岗岩、混合岩组成,尤其是铁岭-靖宇次级隆起和营口—宽甸裂谷之上,结晶基底广泛出露。

上太古界形成的多个陆块,包括夹皮沟地块,白山地块、清原地块(柳河)、板石沟地块、和龙地块等,上太古界末期的构造拼合作用使得吉南地区形成统一的龙岗复合陆块,其表壳岩都为一套基性火山—硅铁质建造(以含铁、含金为特征),变质深成侵入体为石英闪长质—英云闪长质—奥长花岗质片麻岩、变质二长花岗岩,变质角闪石岩、辉长岩等。成矿以铁、金为主。

自中元古代至早古生代,本区形成隆起和拗陷相间的构造格局。古元古界早期龙岗复合陆块开始裂解形成裂谷,裂谷主体即为所谓的“辽吉裂谷带”,以赤柏松岩体群侵位为标志,并伴有铜、镍矿化。裂谷早期沉积物为一套蒸发岩—基性火山岩建造,以含铁、硼、石墨为特征；裂谷中期沉积物为一套硬砂岩、钙质硬砂岩夹基性火山岩、碳酸盐岩建造，以含铅锌为特点；上部为一套高铝复理石建造，以含金为特点。古元古代中期裂谷闭合，伴有辽吉花岗岩侵入，完成了区域地壳的二次克拉通化。古元古代晚期已形成的克拉通地壳发生拗陷，形成拗陷盆地，其早期沉积物为一套石英砂岩建造，中期为一套富镁碳酸岩建造，以含镁、金、铅锌为特点；上部为一套页岩—石英砂岩建造，富含金、铁、铜。下元古界末期盆地闭合，见有巨斑状花岗岩侵入。

新元古代—古生代构造环境为稳定的克拉通盆地环境，其沉积物为典型的盖层沉积，其中新元古代地层下部为一套河流红色复陆屑碎屑建造；中部为一套单陆屑碎屑建造夹页岩建造，以含金、铁为特点；上部为一套台地碳酸盐岩—藻礁碳酸盐岩—礁后盆地黑色页岩建造组合。早古生代地层下部为一套红色页岩建造，红色页岩夹浅海碳酸盐岩建造，以含磷、石膏为特征；上部为台地碳酸盐岩建造。晚古生界地层早期为含煤单陆屑建造，晚期为一套河流相红色多陆屑建造。

燕山期时由于受滨太平洋活动带影响，北北东向、北西向、近南北向等一系列断裂活动强烈，成众多的大小不等的断陷盆地，并有中酸性岩侵入。第三纪以来由于营口—抚顺断裂的活动，造成铁岭—靖宇台拱中段的大规模跌落而成浑河谷地。新生代以来火山作用加剧，火山喷发物为一套裂谷型大陆拉斑玄武岩—碱性玄武岩—碱流岩组合，以及少量河湖相砂砾岩夹硅藻土。

按照前述成矿单元划分原则，将本成矿带进一步划分为 3 个Ⅳ级成矿亚带：Ⅲ-56-1 铁岭—靖宇(次级隆起)Fe-Au-Ag-Cu-Pb-Zn 成矿带；Ⅲ-56-2 营口—长白(次级隆起、Pt1 裂谷)Pb-Zn-Fe-Au-Ag-U-B-菱镁矿—滑石成矿带和Ⅲ-56-3 瓦房店(次级拗陷)Cu-Pb-Zn-Fe-金刚石成矿亚带(Z;Pz;Y)。在Ⅳ级成矿亚带基础上，划分了 40 个Ⅴ级成矿远景区(见表 4-6)。

(一) 铁岭—靖宇(次级隆起)Fe-Au-Ag-Cu-Pb-Zn 成矿带(Ⅲ-56-1)

1. 成矿地质条件及成矿特征

该成矿带位于两大构造单元分界线辉发河—古洞河超岩圈断裂以南，龙岗复合陆块的北缘。西起辽宁开原—辽宁柳河安口向东经板庙子至金城洞一带，呈带状展布。该成矿带位于胶辽古陆块的北部，西以郯庐断裂带与下辽河断陷相隔，南界跨太子河凹陷至鞍本地区与古元古界辽河群相接。本成矿亚带矿种丰富，成矿作用复杂多样，著名矿产有鞍山铁矿、红透山铜金矿等。

区内太古宇结晶基底上的鞍山群、龙岗群、夹皮沟群变质岩系发育，分布广泛(见图 4-27、4-28)，为鞍山式铁矿的赋存及寻找提供了良好的控矿地层条件，尤以鞍山—本溪一带最为突出。变质表壳岩呈类包体状态存在于太古宇变质花岗岩之中，多与花岗岩呈构造或韧性剪切构造接触，出露不连续，顶底界线不清。

鞍山式铁矿在铁岭—靖宇(次级隆起)Fe-Au-Cu-Pb-Zn 煤成矿亚带全区均有分布，代表性的矿床有歪头山、弓长岭、南芬、北台、贾家堡子、大河沿、棉花堡子、东鞍山、西鞍山、齐大山、胡家庙子、大孤山、眼前山。

抚顺清原—吉林柳河—辉南—和龙一带内太古宇变质岩系广泛分布，其中太古宇红透山岩组、石棚子岩组、夹皮沟群变质上壳岩是金、铜、锌矿的主要矿原层和容矿围岩。此成矿带赋存有两种类型的矿化，即太古宙晚期的块状硫化物铜锌金矿床和印支—燕山期岩浆热

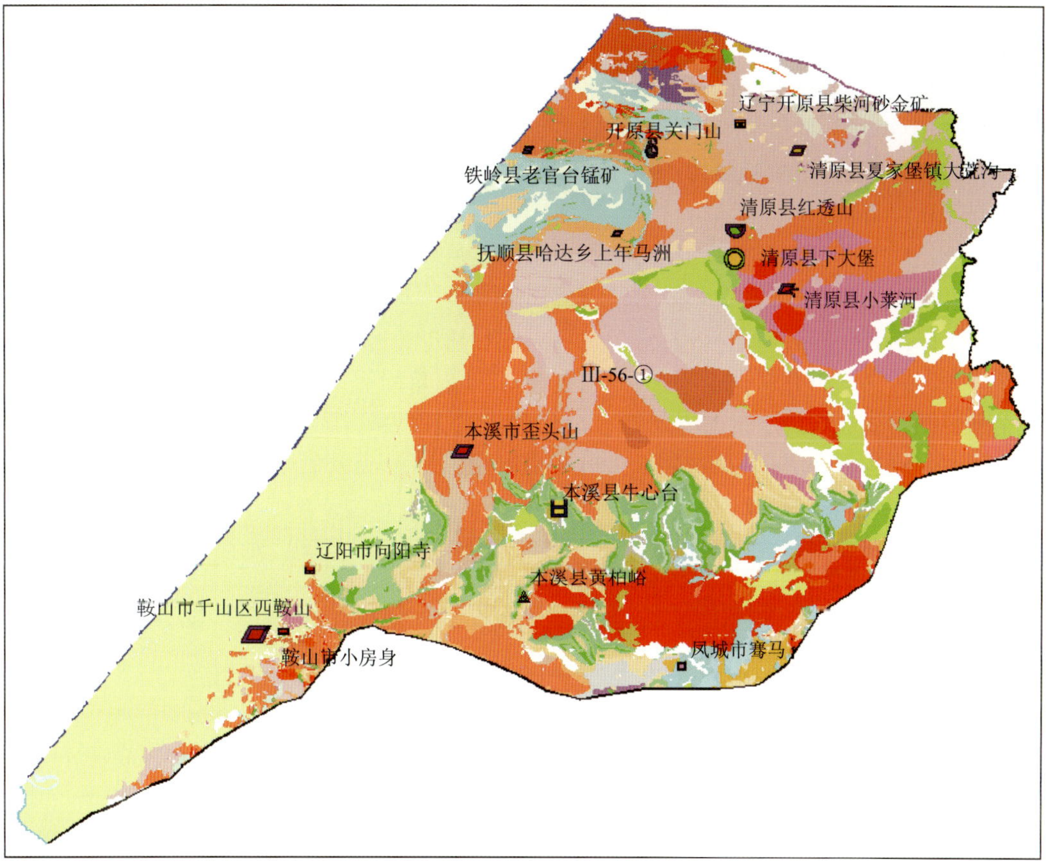

图 4-27　Ⅲ-56-1 成矿亚带鞍山—清原地区矿产类型分布图

液型金矿床，其中前者矿床分布仅限于浑河断裂以北，受红透山—树基沟绿岩带和大荒沟—南龙王庙—稗子沟绿岩带控制。块状硫化物矿床代表矿床为红透山式海相火山岩型铜金矿，主要赋存于红透山岩组上部层序的斜长角闪岩、角闪变粒岩、黑云变粒岩、二长变粒岩"薄层互层带"中，空间上受褶皱、断裂构造控制。红透山铜金矿床成因类型为海相火山热液型，区带内与这种块状硫化物矿床有关的 Cu、Zn 地化异常显著；印支—燕山期岩浆热液型金矿床分布呈北东向穿越了浑河断裂，广泛发育的太古宙变质上壳岩和印支—燕山期岩浆侵入活动是金矿生成的主要因素。目前已发现金矿产地数十处，成因类型以岩浆热液改造型为主，代表矿床为夹皮沟金矿、下达堡(中型)金矿。

成矿带西北的汎河中—新元古代初始裂谷，其中有沉积变质型锰、Pb、Zn、菱镁矿产出，代表性典型矿床分别为老官台沉积变质型锰矿、上年马州沉积变质型菱镁矿、关门山沉积—改造型铅锌矿，此三者都位于中元古界蓟县系三岔子群关门山组中。汎河裂谷新生代板内沉积盆地中还有局限而集中的煤矿形成。

表 4-6 Ⅲ-56:辽东(吉南)FeCuPbZnAuU 硼菱镁矿滑石石墨金刚石成矿带成矿单元划分表

Ⅰ级	Ⅱ级	Ⅲ级	Ⅳ级	Ⅴ级	代表性矿床(点)
Ⅰ-4:滨太平洋成矿域(叠加在古亚洲成矿域之上)	Ⅱ-14:华北成矿省	Ⅲ-56:辽东(吉南)FeCuPbZnAuU 硼菱镁矿滑石石墨金刚石成矿带	Ⅲ-56-1 铁岭—靖宇(次级隆起)Fe-Au-Ag-Cu-Pb-Zn 成矿带	Ⅲ-56-1-1 辉南—抚民 Au-Fe 找矿远景区	安口金矿
				Ⅲ-56-1-2 王家店—那尔轰 Au-Cu-Fe-Ni 找矿远景区	天合兴铜钼矿、那尔轰铜矿、王家店金矿
				Ⅲ-56-1-3 夹皮沟 Au-Fe-Ni 找矿远景区	夹皮沟金矿、六匹叶金矿、二道沟金矿,老牛沟铁矿
				Ⅲ-56-1-4 两江—金城洞 Au-Fe-Ag-Cu-Pb-Zn-Ni-Sb 找矿远景区	西林河银矿、官地铁矿、金城洞金矿
				Ⅲ-56-1-5 百里坪 Ag-Fe-Cu-Mo 找矿远景区	百里坪银矿、石人沟钼矿
				Ⅲ-56-1-6 沈阳市新台子—虎石台煤Ⅴ级成矿远景区(E)	新城子煤矿
				Ⅲ-56-1-7 铁岭市凡河(凹陷)FeMnPbZn 菱镁矿Ⅴ级成矿远景区(Ar3;Pt2)	铁岭关门山铅锌矿、铁岭东丰铁矿、铁岭老官台锰矿、新城子煤田、抚顺县哈达乡上年马洲菱镁矿
				Ⅲ-56-1-8 抚顺红透山—稗子沟 FeCuZnAu 成矿远景区(Ar3)	清原县红透山大型铜锌矿、清原县枸奶甸子龙王庙金矿、岩浆熔离—铜镍硫化物型镍矿点
				Ⅲ-56-1-9 抚顺清原县南口前—湾甸镇 FeAu 磷成矿远景区(Ar3;K)	清原县小莱河鞍山式铁矿、清原县于家堡子铁矿、清原县下大堡金矿、还有磷矿点、镍矿点
				Ⅲ-56-1-10 山城镇—安口镇 Au-Fe-Cu 找矿远景区	香炉碗子金矿、鲜光金矿
				Ⅲ-56-1-11 二密—赤柏松 Cu-Ni-Fe 找矿远景区	二密铜矿,赤柏松铜镍矿、新安铜镍矿
				Ⅲ-56-1-12 四方山—板石 Fe 找矿远景区	四方山铁矿,板石沟铁矿
				Ⅲ-56-1-13 抚顺市—下营子 FeCuAu-煤成矿远景区(Ar3,E,k)	抚顺罗卜坎中型鞍山式铁矿、抚顺傲牛铁矿、新宾县玄羊砬子铁矿、抚顺煤田
				Ⅲ-56-1-14 苏家屯—辽阳市煤—铝土矿Ⅴ级成矿远景区(C-P)	红阳煤田、铝土矿
				Ⅲ-56-1-15 灯塔县—北台 Fe-煤—石灰石矿Ⅴ级成矿远景区(Ar3,∈2)	歪头山、北台、棉花堡子铁矿,辽阳煤矿、石灰石矿
				Ⅲ-56-1-16 本溪台沟—赛马 Fe、煤、铝土矿Ⅴ级成矿远景区(Ar3,c-p,y)	本溪台沟、庙沟花红沟铁矿、牛心台铝土矿
				Ⅲ-56-1-17 抚顺市新宾马架子镇煤Ⅴ级成矿远景区(c-p)	马架子煤矿、孟家沟小型煤矿
				Ⅲ-56-1-18 鞍山市—南台镇 FeⅤ级成矿远景区(Ar3)	鞍山市东、西鞍山超大型铁矿、齐大山铁矿
				Ⅲ-56-1-19 辽阳弓长岭 FeⅤ级成矿远景区(Ar3)	弓长岭铁矿
				Ⅲ-56-1-20 虎庄—营口老边 FeⅤ级成矿远景区(Ar3)	海城驼龙寨、营口老边、大石桥石锅底山铁矿

续表

Ⅰ级	Ⅱ级	Ⅲ级	Ⅳ级	Ⅴ级	代表性矿床(点)
Ⅰ-4:滨太平洋成矿域(叠加在古亚洲成矿域之上)	Ⅱ-14:华北成矿省	Ⅲ-56:辽东(吉南)FeCuPbZnAuU硼菱镁矿滑石石墨金刚石成矿带	Ⅲ-56-2 营口—长白(次级隆起、Pt1裂谷)Pb-Zn-Fe-Au-Ag-U-B菱镁矿—滑石成矿带	Ⅲ-56-2-1 抚松 Pb-Zn 找矿远景区	大营铅锌矿
				Ⅲ-56-2-2 金厂—复兴 Au-B-Fe-Pb-Zn-Cu-Ag-S 找矿远景区	正岔铅锌矿,高台沟硼,西岔金银矿,金厂沟金矿
				Ⅲ-56-2-3 大安 Au-Fe-Cu-P 找矿远景区	金英金矿、刘家堡子—狼洞沟金银矿、水洞磷矿
				Ⅲ-56-2-4 南岔—荒沟山 Au-Ag-Fe-Cu-Pb-Zn-S 找矿远景区	荒沟山金矿、南岔金矿、荒沟山铅锌矿、大横路铜钴矿、大栗子铁矿、杉松岗铜钴矿、青沟子锑矿
				Ⅲ-56-2-5 六道沟 Au-Fe-Cu-Pb-Zn-W-Mo-Ni 找矿远景区	临江铜山铜钼矿、乱泥塘铁矿
				Ⅲ-56-2-6 长白 Au-Cu-Fe-Mo-W 找矿远景区	
				Ⅲ-56-2-7 大石桥—大安口 FeAu 菱镁矿Ⅴ级成矿远景区(Pt1;I-Y)	海城菱镁矿,华子峪菱镁矿,海城市范家堡子滑石矿
				Ⅲ-56-2-8 凤城市青城子地区 FeAuPbZnAg 硼硫铁矿Ⅴ级成矿远景区(Pt1;Pt13;I-Y)	青城子铅锌矿、小佟家堡子金矿、白云金矿,高家堡子银矿
				Ⅲ-56-2-9 本溪桓仁—宽甸万宝 CuMoPbZnⅤ级成矿远景区(J-K)	桓仁二棚甸子矽卡岩型铅锌矿、万宝铜矿
				Ⅲ-56-2-10 古马岭 Au-Pb-Zn 找矿远景区	古马岭金矿、下活龙金矿
				Ⅲ-56-2-11 海城孤山镇—岫岩偏岭菱镁矿、硼矿、岫玉Ⅴ级成矿远景区(Pt1)	海城市孤山镇黑沟大型菱镁矿,大石桥市后仙峪硼矿,东胜铅锌矿,岫岩县北瓦沟铅锌矿
				Ⅱ-56-2-12 通远堡—凤城市 Fe 硼硫铁矿Ⅴ级成矿远景区(Pt1;Pt13;I-Y)	翁泉沟硼镁铁矿
				Ⅲ-56-2-13 宽甸毛甸子—五道岭 FeAu 硼矿Ⅴ级成矿远景区(Pt1)	五道岭硼矿,杨林铁矿,杨木杆硼矿
				Ⅱ-56-2-14 盖州—岫岩 Au 铅锌Ⅴ级成矿远景区(Pt1;I-Y)	猫岭金矿
				Ⅲ-56-2-15 岫岩—苏子沟镇铅锌矿Ⅴ级成矿远景区(Pt1;I-Y)	岫岩铅锌矿
				Ⅱ-56-2-16 丹东—古楼子 Au、稀土矿Ⅴ级成矿远景区(T;Q4)	丹东五龙金矿、四道沟金矿、宽甸县古楼子金矿、东港市黄土坎锰矿、凤城县白旗独居石矿等
			Ⅲ-56-3 瓦房店(次级拗陷)Cu-Pb-Zn-Fe-金刚石成矿亚带(Z;Pz;Y)	Ⅲ-56-3-1 华铜—许屯铁铜Ⅴ级成矿远景区(Pt2;I-Y)	华铜铜矿、仰山铁矿
				Ⅲ-56-3-2 瓦房店金刚石Ⅴ级成矿远景区(I-Y)	瓦房店金刚石矿
				Ⅱ-56-3-3 普兰店—杨树房 Fe、Au 矿Ⅴ级成矿远景区(Ar3;I-Y)	普兰店催家屯铁矿点、孙家沟金矿点
				Ⅱ-56-3-4 大连三十里铺—革镇堡铁—石灰石矿Ⅴ级成矿远景区(Z)	金州南山、金州杨家屯铁矿,大连甘井子石灰石矿

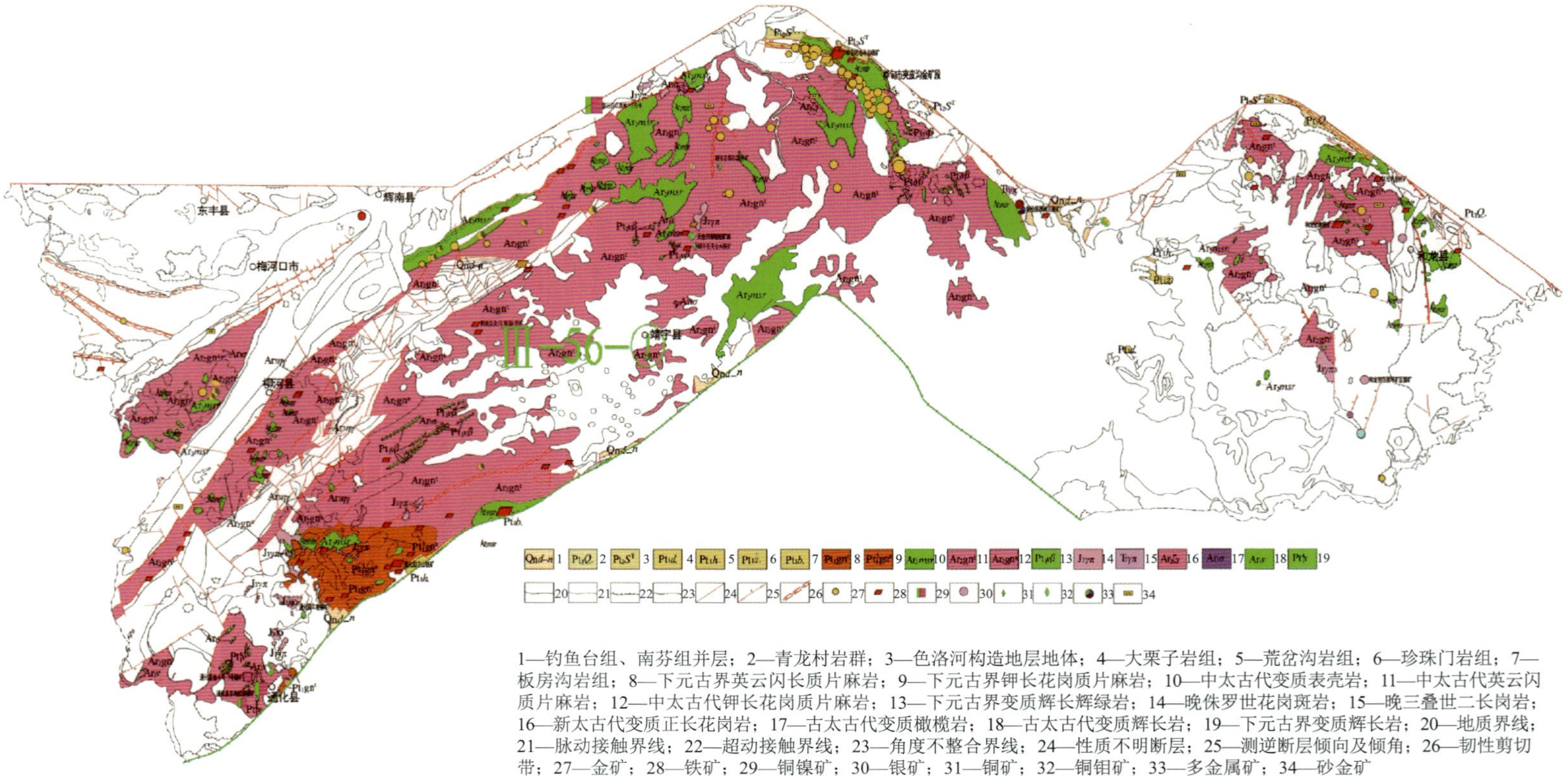

1—钓鱼台组、南芬组并层；2—青龙村岩群；3—色洛河构造地层地体；4—大栗子岩组；5—荒岔沟岩组；6—珍珠门岩组；7—板房沟岩组；8—下元古界英云闪长质片麻岩；9—下元古界钾长花岗质片麻岩；10—中太古代变质表壳岩；11—中太古代英云闪质片麻岩；12—中太古代钾长花岗质片麻岩；13—下元古界变质辉长辉绿岩；14—晚侏罗世花岗斑岩；15—晚三叠世二长岗岩；16—新太古代变质正长花岗岩；17—古太古代变质橄榄岩；18—古太古代变质辉长岩；19—下元古界变质辉长岩；20—地质界线；21—脉动接触界线；22—超动接触界线；23—角度不整合界线；24—性质不明断层；25—测逆断层倾向及倾角；26—韧性剪切带；27—金矿；28—铁矿；29—铜镍矿；30—银矿；31—铜矿；32—铜钼矿；33—多金属矿；34—砂金矿

图4-28 III-56-1成矿带靖宇-和龙地区区域地质矿产图

成矿亚带南部，太子河凹陷一带寒武系、奥陶系地层发育。其中煤、铝土矿是古生代晚期以来盆地中沉积作用形成的，古生代的此类沉积广泛，辽阳—本溪—沈阳之间相对密集，代表性矿床如红阳式牛心台铝土矿，中生代的煤矿零散分布于太子河凹陷的西部。该成矿带发育有系列近东西向排列的印支—燕山期中酸性侵入体，与中生代中酸性岩浆侵入有关的矿种有 Pb、Zn、Au、Ag、Cu、Mo、重晶石矿、碱性岩稀土矿，成因类型均属矽卡岩—岩浆热液型。

太子河凹陷南缘东西向分布沉积型类宣龙村式铁矿，产于新元古代青白口纪细河群，代表性矿床为辽阳向阳寺铁矿。

成矿带内航磁场以东西向展布的宽阔正异常及串珠状异常为主，重力场显示出巨大的东西向重力低异常和近南北向的椭园型异常，主要铅锌矿床沿梯级带分布。成矿带的地球化学场以富 Cu、Pb、Zn、Ag 等元素为特征，异常总体呈东西向分布。成矿带的地质及物化探异常特征显示其是一个以铜铅锌为主的燕山期多金属成矿带，是寻找矽卡岩型，岩浆热液型铜铅锌矿床的有利地段。

2. 成矿作用及其演化

该成矿带内的成矿时代有太古代、元古代、古生代和中生代四大成矿时期，以新太古代、古—中元古代、中生代成矿为主，吉林省的铁、金一些大中型矿床产在构造单元内，该区分布的多数矿床（铁矿例外）大都是燕山时期定位的，成矿与燕山期构造岩浆热液作用有密切关系。

新太古代末期的构造拼合作用使得该地区形成统一的龙岗复合陆块，成矿作用发生在陆核北东、北西向裂陷槽内，经历了早期海底火山—沉积、区域变质、后期表生改造成矿作用。早期裂陷槽下由上涌地幔喷出基性—中酸性火山岩，带来大量铁金等有益组分，形成了区域上的含铁金（铜）建造。由于阜平运动，复合陆块边缘裂谷条件下形成的火山—沉积建造发生区域变质作用，使元素发生分异，铁和其他元素，特别是硅分别聚集，形成磁铁矿和石英等主要的矿石矿物和脉石矿物，随着变质作用增强，铁矿成矿物质在变形的褶皱转折端等有利构造部位进一步富集，使矿体变厚，品位增高，形成鞍山式沉积变质型铁矿、红透山式沉积变质—热液型铜锌矿。伴随阜平运动大规模的深成 TTG 岩浆侵位之后，基性—超基性岩浆侵位于龙岗陆核的边缘，岩浆演化晚期已经发生熔离、分异的含 Fe 较高的岩浆沿构造裂隙贯入，形成基性—超基性岩浆融离—贯入型矾钛磁铁矿床。产于绿岩中的岩浆热液改造型金矿，其成矿作用时间上的演化反映了古陆裂谷成矿特征与滨太平洋成矿特征相互重叠的特色，在成矿地质特征上有多期多阶段性，但主要成矿期属燕山期，这类金矿是经过了阜平期、中条期、格林威尔期、华力西期以及燕山期等多期次的成矿作用相互叠加，显示了多期、多源的叠生矿床的特征，尤其是燕山期岩浆活动叠加改造了矿源层，使成矿物质活化、迁移、富集成矿，形成夹皮沟金矿、下达堡金矿。

古元古界早期龙岗复合陆块开始裂解并形成裂谷，即“辽吉裂谷带”，随古陆核裂陷槽进一步发展扩大，致使地幔大幅度上涌，大量基性—中酸性岩浆喷出。在盆地北侧赤柏松—新宾隆起上活动着的南北向断裂内广泛充填着来自盆地深部上涌的地幔含矿基性—超基性岩，岩浆侵位于岩浆房后，发生了液态重力分异，从而导致上部基性岩相及下部超基性岩相的形成，当分异作用达到一定程度时，随岩浆酸度的增加，降低了硫化物熔融体的溶解度，促成了熔离作用的发生，经熔离生成的硫化物熔浆因重力作用而沉于岩体底部，形成赤柏松式铜镍矿床。龙岗陆核北缘中元古代产生的裂陷槽赋有中酸性火山—沉积碎屑—碳酸盐建造，形成初始矿源层，在燕山期岩浆构造热作用下，往往形成中—小型金及多金属矿床。

燕山期以来，大规模的火山喷发及岩浆侵入活动，中酸性岩浆上侵携带来大量的成矿物质，在区域应力场作用下，迁就、追踪原张裂隙，形成以张扭为主，伴压扭、扭性的缓倾斜裂隙群，在各方向的构造空间内，形成工业矿体，形成了斑岩型铜矿床（二密铜矿、天合兴铜钼矿）。

3. 成矿远景区划分

进一步划分了20个Ⅴ级成矿远景区：

Ⅲ-56-1-1 辉南—抚民 Au-Fe 找矿远景区；

Ⅲ-56-1-2 王家店—那尔轰 Au-Cu-Fe-Ni 找矿远景区；

Ⅲ-56-1-3 夹皮沟 Au-Fe-Ni 找矿远景区；

Ⅲ-56-1-4 两江—金城洞 Au-Fe-Ag-Cu-Pb-Zn-Ni-Sb 找矿远景区；

Ⅲ-56-1-5 百里坪 Ag-Fe-Cu-Mo 找矿远景区；

Ⅲ-56-1-6 沈阳市新台子—虎石台煤Ⅴ级成矿远景区(E)；

Ⅲ-56-1-7 铁岭市凡河(拗陷)Fe-Mn-Pb-Zn 菱镁矿Ⅴ级成矿远景区(Ar3;Pt2)；

Ⅲ-56-1-8 抚顺红透山—稗子沟 Fe-Cu-Zn-Au 成矿远景区(Ar3)；

Ⅲ-56-1-9 抚顺清原县南口前—湾甸镇 Fe-Au 磷成矿远景区(Ar3;K)；

Ⅲ-56-1-10 山城镇—安口镇 Au-Fe-Cu 找矿远景区；

Ⅲ-56-1-11 二密—赤柏松 Cu-Ni-Fe 找矿远景区；

Ⅲ-56-1-12 四方山—板石 Fe 找矿远景区；

Ⅲ-56-1-13 抚顺市—下营子 Fe-Cu-Au-煤成矿远景区(Ar3,E,k)；

Ⅲ-56-1-14 苏家屯—辽阳市煤—铝土矿Ⅴ级成矿远景区(C-P)；

Ⅲ-56-1-15 灯塔县—北台 Fe-煤—石灰石矿Ⅴ级成矿远景区(Ar3,∈2)；

Ⅲ-56-1-16 本溪台沟—赛马 Fe-煤—铝土矿Ⅴ级成矿远景区(Ar3,c-p,y)；

Ⅲ-56-1-17 抚顺市新宾马架子镇煤Ⅴ级成矿远景区(c-p)；

Ⅲ-56-1-18 鞍山市—南台镇 FeⅤ级成矿远景区(Ar3)；

Ⅲ-56-1-19 辽阳弓长岭 FeⅤ级成矿远景区(Ar3)；

Ⅲ-56-1-20 虎庄—营口老边 FeⅤ级成矿远景区(Ar3)。

（二）营口—长白(次级隆起、Pt1 裂谷)Pb-Zn-Fe-Au-Ag-U-B-菱镁矿—滑石成矿带(Ⅲ-56-2)

1. 成矿地质条件及成矿特征

该成矿带位于辽吉古元古界裂谷内，西起辽宁营口盖县，经海城—宽甸，进入吉林省集安—老岭、抚松—长白(图4-29、4-30)，该成矿带由北东折向南东与朝鲜惠山—利原金多金属成矿带相接，在朝鲜境内有云兴铜矿、检德铅锌矿等大型、超大型矿床。

带内出露的地层主要为古元古界辽河群、集安群和老岭群组成。辽河群分布于辽吉裂谷辽宁段，为一套(火山)碎屑岩沉积—碳酸盐岩建造，按其含矿性大致可以划分为含硼建造、含墨建造、含铅锌、金银碎屑岩—碳酸盐岩建造；集安群分布于集安一带，为一套含墨、含硼、高铝为特征的火山—沉积建造，属裂古早期建造；老岭群分布于老岭地区，为一套中浅变质岩系是由碳酸盐岩—碎屑岩建造组成，其原岩是镁质碳酸盐、浊积岩及富铁铝沉积岩类。

带内出露有中元古代—早三叠世稳定盖层沉积和晚三叠世—晚白垩世的火山岩沉积建造。

带内发育多期岩浆活动，主要包括辽河期大面积分布基性岩墙、条痕状花岗岩、二长花岗岩、钾长花岗岩，印支期、燕山期的斑状花岗岩和正长花岗岩体。

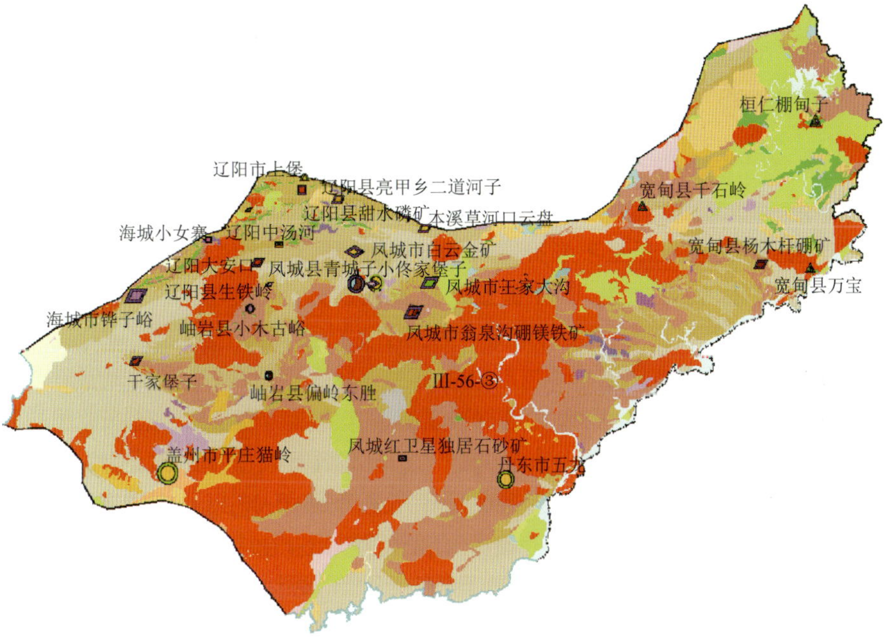

图 4-29　Ⅲ-56-2 成矿亚带营口—桓仁地区矿产类型分布图

2. 成矿作用及其演化

该成矿带受辽吉裂谷控制，成矿时代有元古代、中生代两大成矿时期。

古元古代早期龙岗复合陆块开始裂解并形成裂谷，即“辽吉裂谷带”，随古陆核裂陷槽进一步发展扩大，致使地幔大幅度上涌，大量基性—中酸性岩浆喷出，导致地壳沉陷，形成裂谷盆地。下元古界早期呈现海相蒸发盐环境，沉积物中堆积大量来自古陆壳风化富矿物质，其下部为含硼蒸发岩建造；中部为石墨碳酸盐岩—中基性火山岩多金属建造，分别构成硼矿和多金属矿源层，后者为该区 Au、Cu、Co、Pb、Zn 矿的成矿提供了物质基础；下元古界晚期盆地内沉积形成了陆源碎屑岩—碳酸盐含铁、金及多金属建造，构成了铁、金和多金属矿源层。

在 1 900 Ma 左右（吕梁运动）辽吉裂谷的抬升回返过程中，含矿地层发生褶皱和断裂，为热液环流提供了构造空间，同时在伴随的区域变质及大量底辟花岗岩侵入就位作用下，变质热液从围岩和原始矿层或“矿源层”中萃取成矿元素及其伴生组分，形成含矿热液，含矿热液运移到有利的构造空间沉淀或叠加到原始矿层或“矿源层”之上富集成矿，形成了沉积变质型矿床，主要有青城子铅锌矿、翁泉沟硼镁铁矿、杨木杆子硼矿、五龙金矿、高台沟式沉积变质型硼矿床、大横路沉积变质型铜钴矿床、大栗子沉积变质型铁矿床等。

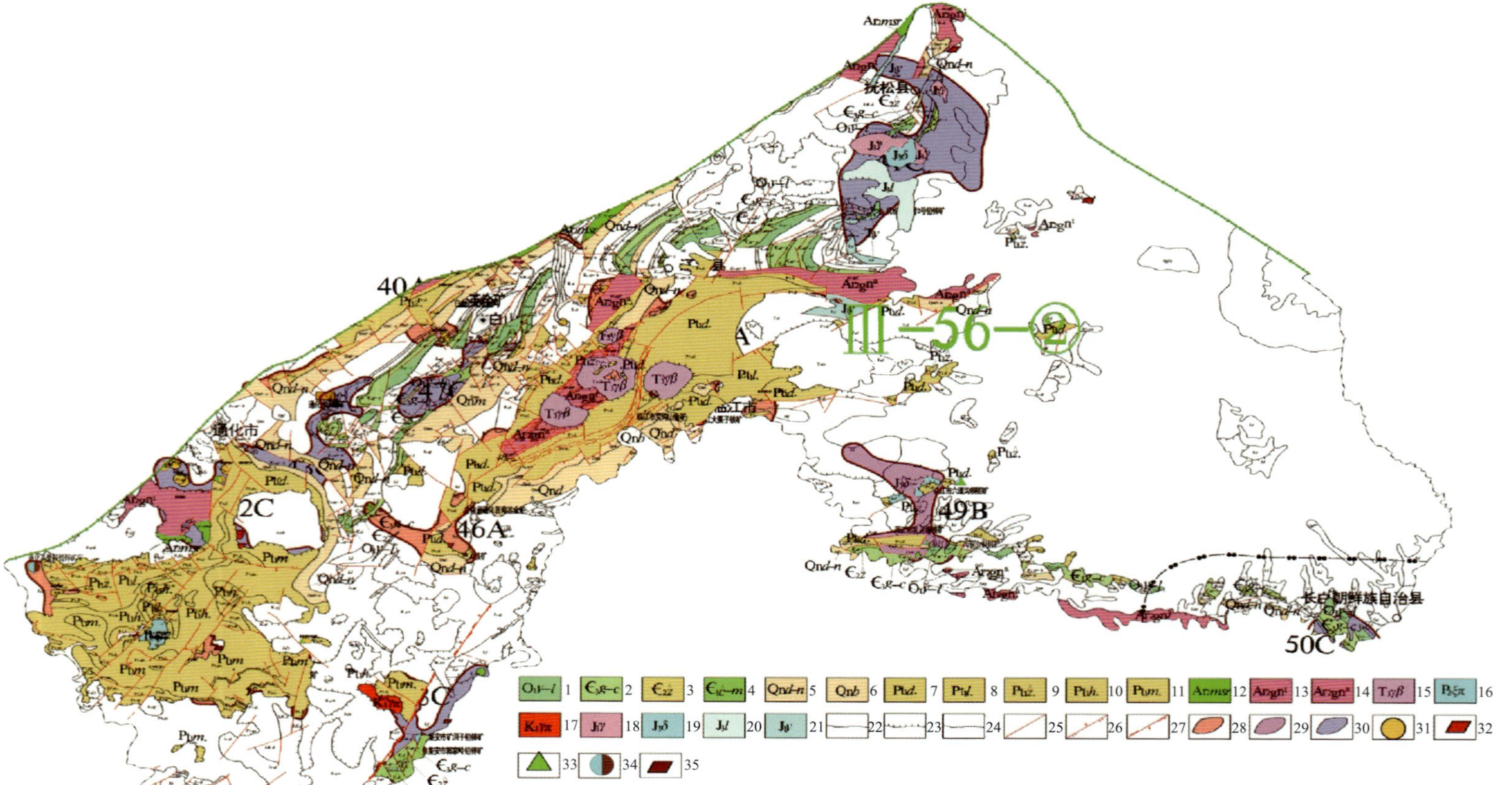

1—冶里组、亮甲山组并层；2—崮山组、炒米店组并层；3—张夏组；4—昌平组、馒头组并层；5—钓鱼台组、南芬组并层；6—白房子组；7—大栗子岩组；8—临江岩组；9—珍珠门岩组；10—荒岔沟岩组；11—蚂蚁河岩组；12—变质表壳岩；13—英云闪长质片麻岩；14—钾长花岗质片麻岩；15—黑云母花岗岩；16—正长斑岩；17—花岗斑岩；18—花岗岩；19—闪长岩；20—林子头组；21—义和组；22—整合岩层界线；23—超动接触界线；24—角度不整合界线；25—性质不明断层；26—逆断层倾向及倾角；27—左行走滑断层；28—A类综合预测区；29—B类综合预测区；30—C类综合预测区；31—金矿；32—铁矿；33—铜矿；34—铅锌矿；35—硼矿

图4-30 III-56-2成矿带临江—长白地区区域地质矿产图

辽吉裂谷自中条运动之后裂谷作用趋于停止，转为稳定陆块发展时期。在该成矿带北部通化—抚松一带出露青白口系，其底部与珍珠门组接触带及附近发现厚度大、矿化体稳定、品位较高的特殊类型金矿，该类金矿与青白口系钓鱼台组富赤铁矿层有关。新元古代早期沿老岭等隆起的边缘形成边缘拗陷盆地(低洼海盆)，沉积了大量来自古陆壳风化剥蚀产物，形成含铁、铜的海相碎屑岩建造，局部富集成矿，形成了沉积型(临江式—浑江式)铁矿床等。古生代区内构造环境为稳定的克拉通盆地环境，其沉积物为典型的盖层沉积，早古生代地层下部为一套红色页岩建造夹浅海碳酸盐岩建造，以含磷、石膏为特征，代表性矿床有东热石膏矿、水洞磷矿等，上部为台地碳酸盐岩建造；晚古生代地层早期为含煤单陆屑建造，构成了本溪、浑江煤田的主体，晚期为一套河流相红色多陆屑建造。

晚三叠世以来，区内进入滨太平洋构造域的演化阶段，受太平洋板块向欧亚板块的俯冲作用的影响，岩浆活动强烈，形成了大量的侵入岩带和火山岩区。在岩浆和火山的作用下，岩浆热液液对围岩地层进行交代和改造，形成了大量的矽卡岩和岩浆热液改造型的矿床，代表性的矿床有青城子铅锌矿、荒沟山岩浆热液改造型铅锌、金矿床、六道沟式矽卡岩型铜钼矿床、猫岭岩浆热液改造型金矿、桓仁接触交代—矽卡岩型铜多金属矿床。

3. 成矿远景区划分

本成矿亚带划分了16个Ⅴ级成矿远景区，分别是：

Ⅲ-56-2-1 抚松Pb-Zn找矿远景区；

Ⅲ-56-2-2 金厂—复兴Au-B-Fe-Pb-Zn-Cu-Ag-S找矿远景区；

Ⅲ-56-2-3 大安Au-Fe-Cu-P找矿远景区；

Ⅲ-56-2-4 南岔—荒沟山Au-Ag-Fe-Cu-Pb-Zn-S找矿远景区；

Ⅲ-56-2-5 六道沟Au-Fe-Cu-Pb-Zn-W-Mo-Ni找矿远景区；

Ⅲ-56-2-6 长白Au-Cu-Fe-Mo-W找矿远景区；

Ⅲ-56-2-7 大石桥—大安口FeAu菱镁矿Ⅴ级成矿远景区(Pt1;I-Y)；

Ⅲ-56-2-8 凤城市青城子地区FeAuPbZnAg硼硫铁矿Ⅴ级成矿远景区(Pt1;Pt13;I-Y)；

Ⅲ-56-2-9 本溪桓仁—宽甸万宝CuMoPbZnⅤ级成矿远景区(J-K)；

Ⅲ-56-2-10 古马岭Au-Pb-Zn找矿远景区；

Ⅲ-56-2-11 海城孤山镇—岫岩偏岭菱镁矿、硼矿、岫玉Ⅴ级成矿远景区(Pt1)；

Ⅲ-56-2-12 通远堡—凤城市Fe硼硫铁矿Ⅴ级成矿远景区(Pt1;Pt13;I-Y)；

Ⅲ-56-2-13 宽甸毛甸子—五道岭FeAu硼矿Ⅴ级成矿远景区(Pt1)；

Ⅲ-56-2-14 盖州—岫岩Au铅锌Ⅴ级成矿远景区(Pt1;I-Y)；

Ⅲ-56-2-15 岫岩—苏子沟镇铅锌矿Ⅴ级成矿远景区(Pt1;I-Y)；

Ⅲ-56-2-16 丹东—古楼子Au、稀土矿Ⅴ级成矿远景区(T;Q4)。

(三) 瓦房店(次级拗陷)Cu-Pb-Zn-Fe-金刚石成矿亚带(Z;Pz;Y)(Ⅲ-56-3)

该成矿带内基底岩石为太古宙—早元古代变质岩系，西南沿海有小规模鞍山式铁矿。

新元古界—古生界盖层发育。大连新元古代—古生代陆表海盆地中的，中元古代陆棚碎屑亚相榆树砬子组蕴藏仰山式铁磷矿，盖州仰山铁矿产于古元古代榆树砬子组群石英岩、砾岩及千枚岩中。沉积环境为一套浅海碎屑型海相沉积，分布范围为盖州、复县、庄河一带。大连地区发育晚元古代震旦纪兴民村期和晚古生代石炭纪本溪期三角洲环境的崔家屯组和兴民村组，赋存兴民村式赤铁矿，以金州杨家屯铁矿为代表（见图 4-31）。

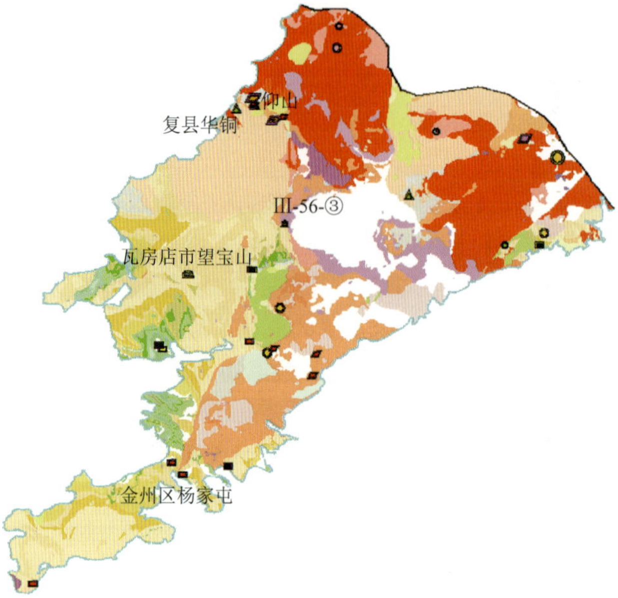

图 4-31　Ⅲ-56-3 成矿亚带矿产类型分布图

此成矿亚带内，中生代岩浆仅在盖县—皮口、卧龙泉—刘家堡子、接文寨—秦家堡子三个地段发育，其他地段仅有零星出露。与印支—燕山期中酸性侵入岩有关的矿产有金州式中低温热液充填型重晶石矿、铧铜式矽卡岩型铜矿等。铧铜式矽卡岩型铜矿与燕山期花岗闪长岩、闪长岩、花岗岩有关。矿体赋存在中生代酸性岩体与碳酸盐岩接触带。伴生或共生矿产有铁、钼、铅、锌、金、银等。典型矿床有瓦房店市铧铜铜矿、庄河市芙蓉铜矿。

金州断裂、碧流河断裂、寒岭—偏岭断裂切入本成矿带，超基性金伯利岩体发育，是重要的导岩导矿构造。在瓦房店地区目前已发现金伯利岩体 110 余个，查明了四处大型金刚石原生矿床和两处砂矿床，发育有大量的孤立磁异常，显示出良好的找矿信息。

地质、地球物理、地球化学资料表明，本成矿带金刚石成矿地质条件优越，有利于发现复县式金刚石原生矿床和二道沟式金刚石砂矿床。

划分了 4 个Ⅴ级成矿远景区：

Ⅲ-56-③-1 华铜—许屯铁铜Ⅴ级成矿远景区（Pt2；I-Y）；

Ⅲ-56-③-2 瓦房店金刚石Ⅴ级成矿远景区（I-Y）；

Ⅲ-56-③-3 普兰店—杨树房 Fe、Au 矿Ⅴ级成矿远景区（Ar3；I-Y）；

Ⅲ-56-③-4 大连三十里铺—革镇堡铁—石灰石矿Ⅴ级成矿远景区（Z）。

第五章 资源潜力与找矿方向

第一节 成矿区带重要找矿新进展及新发现

吉林省近几年进一步加强了成矿带优势矿产资源的勘查找矿工作，主要在四方山—板石Fe找矿远景区、大安Au-Fe-Cu-P找矿远景区内地质找矿取得了重要突破和重大进展，提交了一批可供勘查开发的大中型矿产地。在四方山—板石Fe找矿远景区内发现了白山市江源区五道羊岔铁矿，矿床为与岩浆作用有关的基性—超基性岩浆融离—贯入型，赋矿岩石为新太古界(阜平期)变质基性—超基性岩，矿石类型为钒钛磁铁矿石，探明铁矿石量1.87亿吨，为大型铁矿床。在大安Au-Fe-Cu-P找矿远景区内发现了白山市金英金矿床，矿床为热液型，含矿层位为南华系钓鱼台组石英角砾岩、石英砂岩夹赤铁矿，探明金资源储量27.8吨，为大型金矿床。

辽宁省近年来投入资金1.95亿元，先后实施危机矿山接替资源找矿项目11个，使该省的一大批危机矿山重获生机。

为保障鞍钢对矿产资源特别是对高品位富铁矿的需求，按照全国危机矿山接替资源找矿规划，从2005年12月开始，国家和辽宁省共投入地质勘查资金1 760万元，在辽阳市弓长岭铁矿二矿区外围和深部开展铁矿资源特别是富铁矿资源勘查。经过几年的勘查，辽阳市弓长岭铁矿接替资源勘查共新探明铁矿资源量1.2亿吨，其中富铁矿7 400多万吨，平均品位达63%，最高品位达68%，成为辽宁省近40年来发现的最大富铁矿，也是继海南石碌铁矿之后我国发现的最大富铁矿。

坐落在中朝边境的丹东市凤城白云金矿，经过几年的苦苦探查，新探获了大量的333金资源金属量和333银资源金属量。据专家勘查分析，该地区找矿潜力仍然很大，有望取得进一步突破，并将成为辽宁省危机矿山找矿工作又一新的亮点。

2008年3月—2012年6月，辽宁省地质矿产调查院对本溪市桥头镇大台沟铁矿进行了详细勘查，基本查明大台沟矿区铁成矿地质条件、控矿因素及矿床基本特征，探获铁矿石资源量5 192 578.77千吨，矿体平均品位TFe 32.20%；其中赤铁矿石1 022 462.37千吨，复合矿石3 058 499.04千吨，磁铁矿石1 111 617.36千吨。其中332类资/源储量占44.33%，333类资/源储量占55.67%。

2009年5月—2013年11月，辽宁省地质矿产调查院对本溪市桥头镇大台沟铁矿外围——花红沟矿区开展了普查工作。花红沟铁矿为一隐伏的大型铁矿床，是大台沟铁矿西北延长部分(花红沟)。铁矿体赋存于鞍山群樱桃园岩组含铁石英岩中，属典型的“鞍山式”火山—沉积变质铁矿床。初步确定矿床勘查类型为Ⅰ类型。铁矿石的自然类型有三种，即赤铁矿石、复合矿石、磁铁矿石。铁矿体平均品位TFe 31.77%、mFe 18.72%。估算(333)

类型资源量为:铁矿石量 1 895 524.20 千吨,其中赤铁矿石 933 570.77 千吨,平均品位 TFe 29.48%、mFe 1.51%;复合矿石 387 692.94 千吨,平均品位 TFe 31.21%、mFe 21.85%;磁铁矿石 574 260.49 千吨,平均品位 TFe 34.23%、mFe 29.92%。

2009 年本溪龙新矿业有限公司委托北京华夏建龙矿业科技有限公司对本溪思山岭铁矿区在以往普查工作的基础上开展了详查工作。估算勘查区内铁矿石资源/储量(122b+333)234 786 万吨,平均品位 TFe 31.34%。其中,磁铁矿石资源/储量 174 592 万吨,平均品位 TFe 32.13%,mFe 24.86%;赤铁矿石资源/储量 60 195 万吨,平均品位 TFe 29.04%,mFe 2.66%。

2010 年,由辽宁省地质矿产调查院组织实施的"辽宁本溪永安地区铁矿勘查"和"辽宁省本溪市永安铁矿普查"项目被分别列入中国地质调查局中央财政国土资源调查经费项目和辽宁省国土资源厅省本级资源补偿费项目。2010—2013 年,中国地调局和辽宁省政府累计投入经费 1 989 万元,完成钻探进尺 7 528.75 m。在三年的勘查工作中,通过对区内地、物、化、遥等资料的综合研究,通过综合物探剖面测量、数量有限的取样工程验证等工作手段,发现超大型铁矿床 1 处,估算 (333+334)类别铁矿石资源量 245 580 万吨,(333)类别铁矿石资源量占 9%,矿床平均品位 TFe 30.88%。

第二节　重要典型矿床找矿模型

一、西鞍山铁矿找矿模型

西鞍山铁矿床位于鞍山市区的南部,成矿构造背景为古华北板块的东北部鞍山—本溪太古宇绿岩盆地,区内出露的地层有中太古界鞍山群樱桃园组,新元古界震旦系地层主要出露在矿区的北部,它不整合覆盖在中太古界鞍山群之上,可分为 3 个组——钓鱼台组、南芬组和桥头组;第四系地层广泛分布在矿区北部、西部和南部的平原地带。鞍山式铁矿的成矿层位为中—新太古界鞍山群樱桃园组,该地层主要由绿泥千枚岩、绢云千枚岩、二云变粒岩、碳质千枚岩、绢云石英片岩及铁矿层所组成。

根据对西鞍山铁矿床地质特征的分析,中—新太古界鞍山群樱桃园组千枚岩、绿泥片岩夹条带状磁铁石英岩,是鞍山式铁矿的含矿建造,为必要的成矿要素,矿体产于古华北板块的东北部鞍山—本溪太古宇绿岩盆地,是必要的成矿地质背景要素。新太古界二长花岗片麻岩也是成矿的一个很重要的要素,它是太古代早期硅铝表壳断陷重熔的产物,也就是太古代绿岩盆地存在的标志之一。

西鞍山典型矿床矿物组合以磁铁矿和假象赤铁矿为主,脉石矿物主要为石英。正是由于西鞍山典型矿床的矿石矿物是磁(赤)铁石英岩,使得鞍山式铁矿石的强磁性成为它独特的物理特性,可以引起区域及局部磁异常,是重要的找矿标志。实际研究证明,磁异常与深部磁性矿体的隐伏矿体相吻合,当磁矿体有一定埋深时,其异常强度逐渐降低,其范围亦与矿体分布相吻合。因此,磁法可以作为一项必要的预测要素来进行西鞍山类型铁矿床的预测工作。

磁铁矿石具有较高的密度,铁矿体与围岩间具有较大的密度差,鞍本地区铁矿普遍位于太古宇地层分布区,位于高重力异常背景场中,重力异常可推断高密度体的太古宇地层及铁矿体的存在，布格重力异常分布范围可比照地层的分布区，比矿体的分布范围大，不能够用来定量圈定铁矿床。重力在预测西鞍山类型铁矿床时，仅可作为一项重要要素来考虑。西鞍山铁矿找矿模型见图5-1。

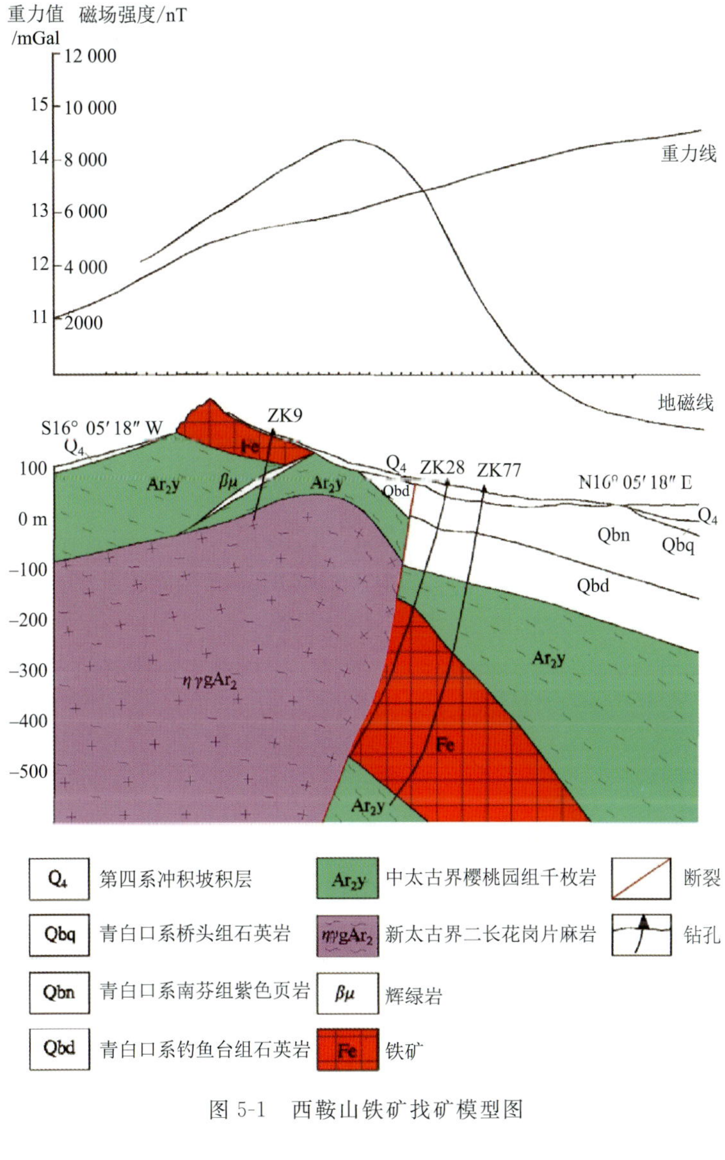

图5-1　西鞍山铁矿找矿模型图

二、歪头山铁矿找矿模型

歪头山铁矿床成矿构造背景为古华北板块的东北部鞍山—本溪太古宇绿岩盆地，成矿时代为中太古代，成矿层位为中太古界鞍山群茨沟组，典型矿床矿区内，出露地层主要是中太古界鞍山群茨沟组变质岩系，变质作用程度为角闪岩相。这套地层大多在二长花岗片麻岩中呈大小不一的残留体存在，歪头山铁矿即是二长花岗片麻岩中较大的残留体矿床。

歪头山铁矿床矿体呈层状和似层状，主要工业矿体有三层，其中第二层铁矿规模最大。铁矿体底板岩层为厚层斜长角闪岩层，顶板岩层为石榴阳起片岩。第一层铁矿与第二层铁矿间仍为斜长角闪岩层，第二层铁矿与第三层铁矿间为条带状阳起石英岩层。主要变质岩包括：细粒斜长角闪岩(主要分布在顶底板厚层斜长角闪岩层中或呈夹层出现在矿层中)、粗粒斜长角闪片岩、条带状阳起石英岩、阳起岩、石榴阳起岩、磁铁白云岩、变粒岩。上述岩石应属于中级区域变质作用产生的一套角闪岩相岩石。只有在中太古界鞍山群茨沟组变质岩系建造中才有可能发现歪头山类型铁矿床，因此，中太古界鞍山群茨沟组变质岩系建造是找寻歪头山类型铁矿床的必要条件，也即必要要素。

歪头山典型矿床矿物组合为阳起磁铁石英岩、磁铁石英岩、磁铁阳起岩、阳起磁铁岩、磁铁白云岩。矿石具有细粒、纤状花岗变晶结构，条纹、条带状构造。正是由于歪头山典型矿床具有丰富的磁铁矿，可以引起区域及局部磁异常，使强磁性成为整个矿床的最重要物理特性，是重要的找矿标志。歪头山铁矿找矿模型见图 5-2。

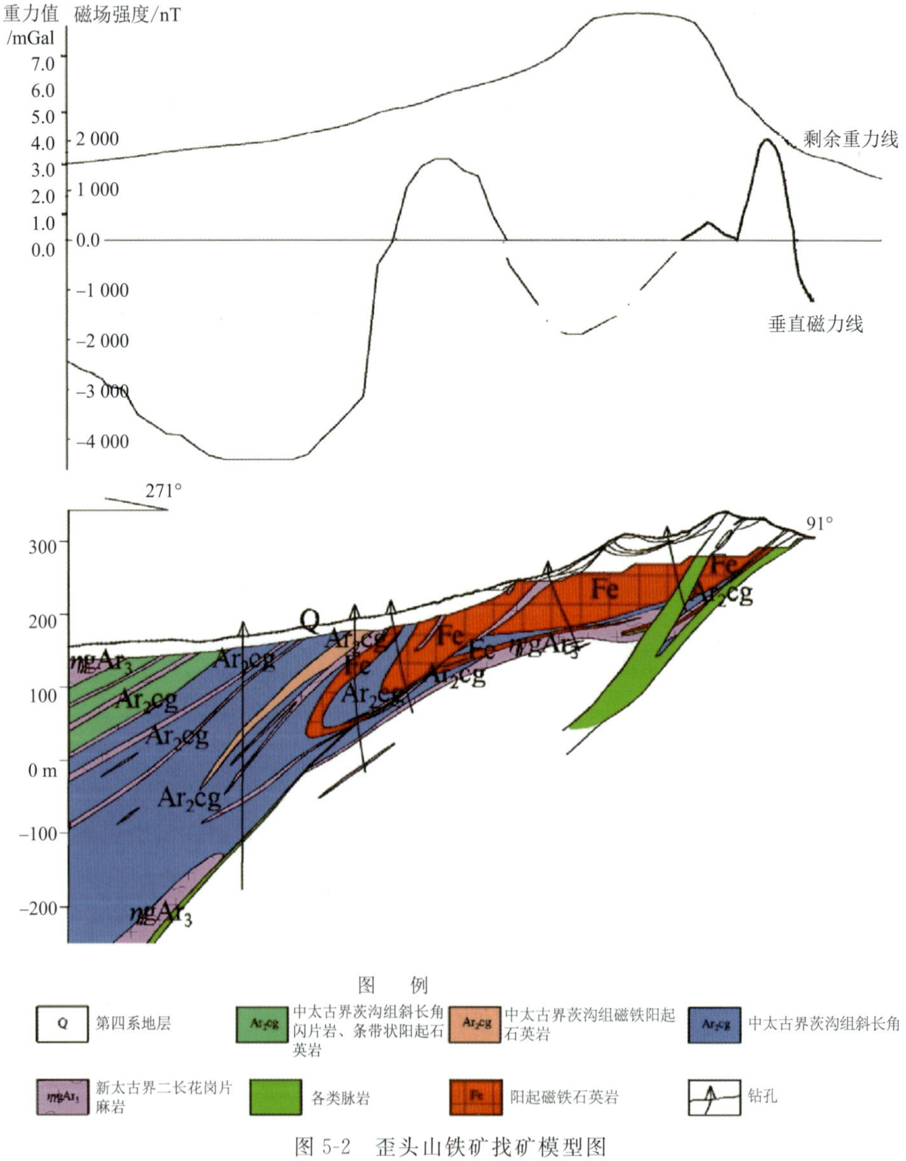

图 5-2 歪头山铁矿找矿模型图

实际研究证明，磁异常与深部磁性隐伏矿体的分布相吻合，只是表现的方式有所不同。由于二长花岗岩底辟上侵后，横向挤压作用形成了紧闭褶皱，所以现存的上三层矿和下三层矿的磁化方向近于相反，相互抵消减弱了区域磁异常的强度，并且可能在局部矿体之上造成强烈负磁异常。综上所述，磁法可以作为一项必要的预测要素来进行歪头山类型铁矿床的预测工作，矿石组合则作为一项重要的预测要素。

磁铁矿石具有较高的密度，铁矿体与一部分围岩间具有较大的密度差，局部重力异常可推断高密度体的铁矿体及太古宇地层的存在，但鞍本地区铁矿普遍位于太古宇地层分布区，位于区域高重力背景场中，重力异常分布范围往往比矿体的分布范围大，且高重力并不能区分矿与近况围岩(如角闪质岩石等)，不能够用来较准确地定量圈定铁矿床。

就目前研究程度来看，没有确切发现歪头山类型铁矿与化探、遥感、自然重砂等方面的研究结果有较好的吻合。

三、红透山铜矿找矿模型

红透山矿床产出于红透山岩组上部岩段的薄互层岩带中。具有确定的层位，共生的岩石为黑云斜长片麻岩、角闪斜长片麻岩、其次为斜长角闪片麻岩、磁铁石英岩、浅粒岩等。根据岩石的变质组构和岩石化学成分得知红透山矿床的容矿围岩的原岩为一套钙碱性中—酸性火山岩系，岩石成分相当于安山凝灰岩、安山岩和流纹岩。红透山矿床的容矿围岩以黑云斜长片麻岩为主，夹有角闪斜长片麻岩石榴矽线黑云石英片麻岩及极少浅粒岩。

褶皱构造：本区绿岩在太古代发生三幕褶皱变形构造，第一幕剧烈的塑性流动变形在本区产生了同斜、紧闭褶皱。第二幕形变是区内较强的褶皱变形幕，改造了第一幕形变，形成了绿岩带现在的构造骨架。第三幕褶皱变形较弱，对第二幕褶皱构造的改造破坏不大。

断裂构造：伴生区内第一幕、第二幕剧烈变形构造都发生韧性剪切作用。在第一幕变形褶皱中，沿轴面方向滑动形成韧性剪切带，常被伟晶岩和长英质脉充填。第二幕叠加褶皱形成是，也发生韧性剪切作用。主要发育于褶皱核部。韧性剪切作用对区内块状硫化物矿体的形变有重要作用。

红透山矿体是经受多期变形致使矿体形态十分复杂的一个范例。该矿床矿体受倾竖向形构造控制。矿体即受控于向形构造倾覆端的形态，又沿向形构造轴面延伸，在平面上构成一音叉状矿体。

1号矿体：为红透山矿床规模最大的矿体，占总储量的90%多，矿体延长330～455 m，厚度在10～20 m左右，走向北75°～东80°，倾向南南东，倾角70°～80°。

2号矿体：延长161～200 m，厚度1.2 m左右，走向北75°～东80°，倾向南南东，倾角69°～83°。

3号矿体：走向延长93～125 m之间，延深>700 m，走向南72°～东89°，倾向南南东，倾角

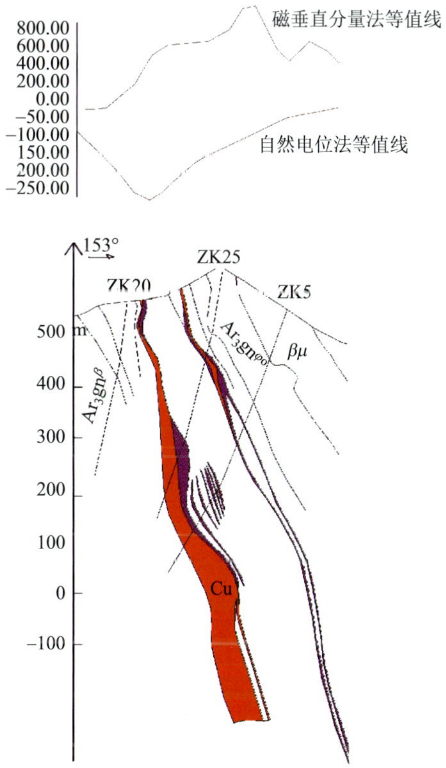

图 5-3 红透山铜矿找矿模型图

69°～70°。

4 号矿体：延长 136～290 m，厚度 1 m 左右，走向北 70°东～南 85°东，倾向南，倾角 70°～73°。

5 号矿体：延长 136～210 m 之间，厚度 1 m 左右，走向北 80°～东 85°，倾向南南东，倾角 72°～73°。

0 号矿体：厚度 1 m 左右，延长很小，30～70 m，走向北 60°～东 82°，倾向南，倾角 70°～80°。

红透山矿床矿石结构与构造，有前期褶皱期受变质的原生结构与构造及同褶皱期和基性脉岩有关的结构构造。主要有块状构造斑状结构、侵染状构造粒状结构，角砾状构造、细脉状构造等。

红透山矿床的矿石矿物金属矿物主要有黄铁矿、磁黄铁矿、闪锌矿，其他次要矿物有方黄铜矿、方铅矿、辉钼矿、磁铁矿、金红石、赤铁矿和银金矿。主要硫化物的生成顺序从早到晚大致为黄铁矿—闪锌矿—磁黄铁矿—黄铜矿。

非金属矿物有石英、绿泥石、白云石、方解石、萤石。蚀变矿物有透闪石、黝帘石、白云石、尖晶石、蛇纹石、绿泥石及绢云母。

红透山 Cu、Zn 块状硫化物矿床从原始沉积形成到变质阶段的变形构造对原生形态的改造可分为三个主要的成矿阶段：

早期黄铁矿化阶段：矿物组合类型为粗粒黄铁矿、磁黄铁矿—闪锌矿。

中期锌铜交代矿化阶段：矿物组合类型包括中粒黄铁矿—闪锌矿、黄铜矿—闪锌矿。

晚期锌铜充填矿化阶段：沿裂隙充填交代的细粒黄铜矿，细粒黄铁矿等。

矿体围岩蚀变不发育，最后不超过 25 m，主要有透闪石化、硅化、金云母化、绢云母化、绿泥石化、滑石化和碳酸岩化。矿体的上下盘均有围岩蚀变，但下盘较上盘发育。自矿体至围岩，蚀变分布的趋势为：透闪石化、白云母化、绢云母化带——硅化、绢云母化带。绿泥石化、碳酸岩化分布局限，主要沿断裂分布。矿体的厚度与蚀变强度之间并无相关性。

红透山矿床矿石微量元素平均含量与克拉克值比较，矿石中特别富集的元素为 Cu、Zn、Bi、Ag、Se、Cd，高出克拉克值数百倍至数千倍，一般富集的元素有 Pb、Co、Sn、In 等，高出克拉克值几倍到几十倍。

单矿物分析结果表明部分微量元素赋存规律是：Au 富集在黄铜矿、闪锌矿中，Ag 主要与黄铜矿有关，In、Cd、Ga 在闪锌矿中富集，Bi、Co 富集于黄铁矿中。

四、二棚甸子铜铅锌矿找矿模型

二棚甸子典型矿床属于接触交代矿床，其形成时代应于燕山期。区域内，前震旦系地层构成结晶基底(包括辽河群大石桥组大理岩)。震旦系—古生界地层组成盖层。

侵入岩以燕山期中酸性侵入岩为主，其与辽河群大石桥组大理岩接触形成的铅锌矿床，矿区构造如下：

东西构造：压性，控制岩体及南北岩体差异。

北西构造：褶皱，轴向北西的古生代地层；断裂，压扭性，控制岩体形态，矿体分布。

北东构造：控制岩枝，岩脉及有关矿产分布。

南北构造：沟谷地貌。

矿床矿体信息：

赋存构造：正接触带矿体；捕掳体接触带上的矿体；成矿前脉岩与石灰岩接触带上的矿

体；岩层及裂隙交代的矿体。

矿体基本呈似层状、长几百米，厚几米，矿体延伸大于延长。

矿石结构：中—细粒结构；交代结构；溶蚀交代结构。

矿石构造：块状构造；侵染状构造。

矿石矿物：方铅矿；闪锌矿；黄铅锌矿；磁铁矿；透辉石；石榴石；绿泥石；绿帘石；方解石。

围岩蚀变：有大理岩化、硅化矽卡岩化、钾长石化、绿帘石化、阳起石化。其中矽卡岩化与矿化关系密切。辽宁省二棚甸子典型矿床找矿模型见图 5-4。

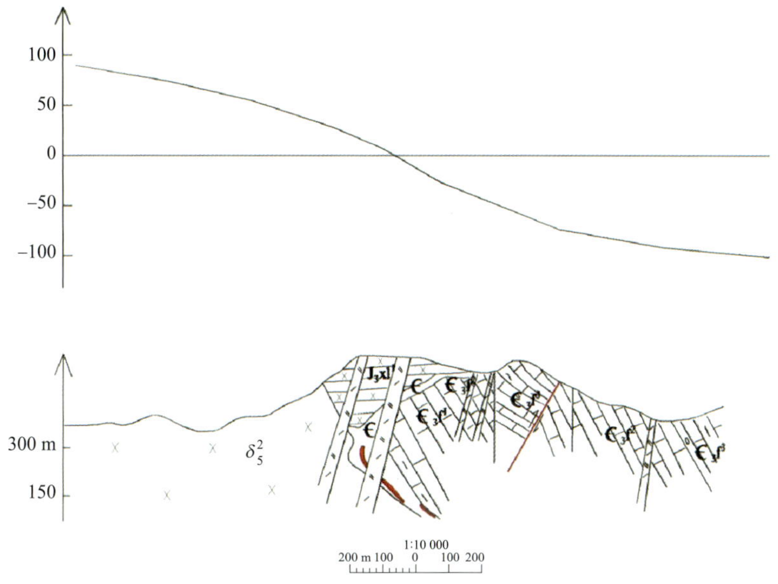

图 5-4　辽宁省二棚甸子典型矿床找矿模型图

五、关门山铅锌(银)矿找矿模型

关门山铅锌矿矿区内出露的地层为中元古界蓟县系碎屑岩及碳酸盐岩。蓟县系三岔子群岩组主要为白云岩、长石石英砂岩、微晶灰岩、炭质板岩、粉砂泥板岩、变质长石石英砂岩、绢云石英片岩、细晶白云岩。

太古宇鞍山群变质岩在矿区南部分布，岩性为混合花岗岩，为凡河盆地基底变质杂岩的组成部分，在典型矿床成矿要素图编图范围内并未出露。

矿区内岩浆岩不甚发育，主要有辉绿岩、辉绿玢岩及闪长岩。辉绿岩和蚀变微晶闪长岩属成矿前侵位，在实地可以见到辉绿岩或蚀变微晶闪长岩侵位后，又遭到应力作用，形成破碎带，在闪长岩裂隙中见有金属硫化物充填。经原生晕取样分析，岩体内金属元素含量低，而岩体边部破碎带中金属元素含量增高。在矿体附近断裂带中，往往有蚀变微晶闪长岩充填，对成矿流体起到“隔挡层”作用，使矿体突然膨大，因此可以认为辉绿岩或者闪长岩成矿前侵位，成矿时对成矿流体和金属硫化物沉淀起到了障壁作用，这是关门山铅锌矿成矿富集条件之一。

关门山铅锌矿位于华北陆台北缘，铁岭靖宇古隆起的凡河拗陷内。北邻吉黑褶皱带，西被长春—营口断裂所截，南为浑河断裂。凡河盆地为燕辽沉降带东延部分，呈东西向展布。凡河盆地的基底经长期且多次的变质变形，在相当于吕梁运动时形成近东西向断陷盆地，该断裂盆地为华北陆台内的燕辽沉降带(或称断陷槽)的一部分。

本区经过多次变形运动,矿区褶皱构造较发育,关门山铅锌矿的两个矿段,分布赋存于小西沟向斜与关门山背斜中。

矿区断裂构造的生成和发展与褶皱构造具有一定得成生联系,早期在南北向挤压应力作用下,岩石产生塑性变形(形成东西褶皱),继而转为脆性变形(断裂),它们虽然是在同一应力作用下,但在时间上却有早晚之分,东西向褶皱构造和东西向断裂往往被北东向和北西向断裂切割成若干段。

矿区主要断裂构造具有多次活动的特点,大致可以分为早期和晚期。多数晚期断裂利用或追踪早期的断裂构造形迹,使断裂规模逐渐加大,破坏强度增加。单独出现的晚期断裂构造较少,且规模也不大,晚期断裂构造带内部的样品,铅、锌等元素丰度与围岩无差别。因而仅起到破坏矿体作用。

关门山铅锌矿床矿床成因类型属于碳酸盐岩中后生层控矿床。容矿层位为中元古界蓟县系三岔子群关门山组五段白云岩,最佳容矿岩石为条带状藻白云岩。关门山铅锌矿找矿模型见图 5-5。

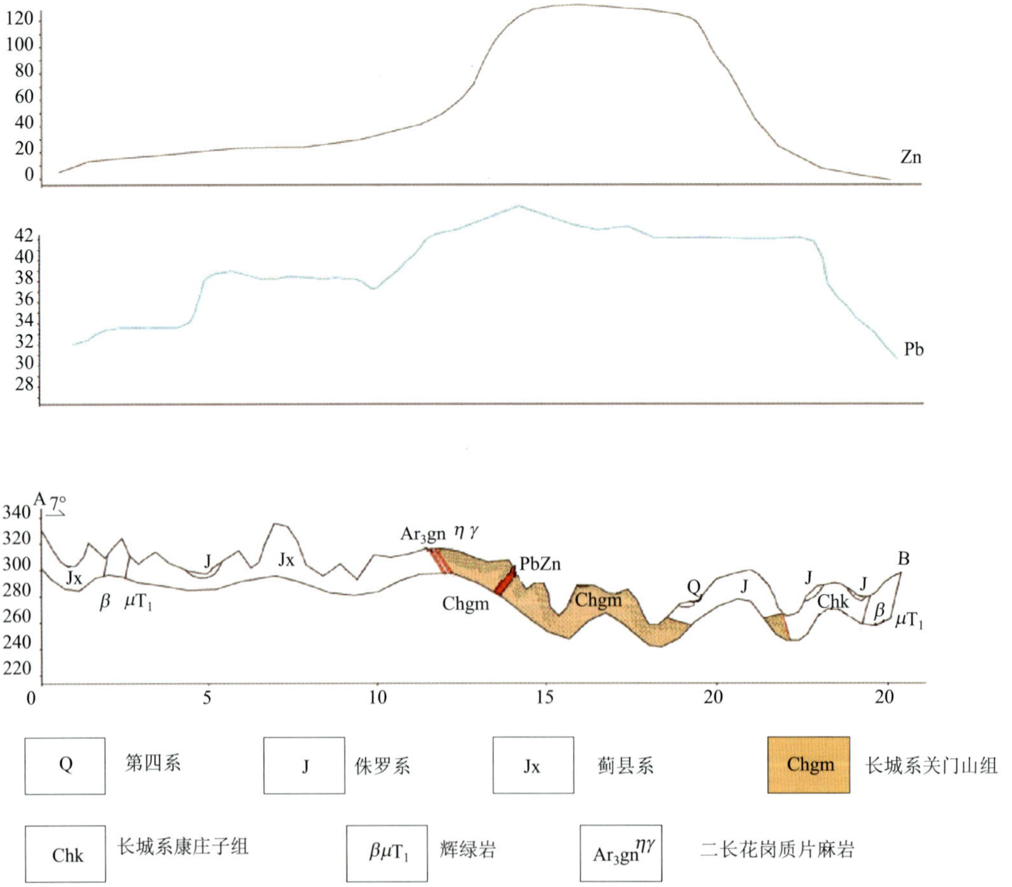

图 5-5 关门山铅锌矿找矿模型图

六、青城子铅锌(银)矿找矿模型

青城子典型矿床矿区位于区域Ⅲ级构造单元的营口—宽甸古隆起带的北侧，草河口复向斜的南翼。青城子矿区东部，榛子沟—甸南倾浸背斜的倾没端。该区地质情况和整个青城子矿区相当，特别是和东部区相一致，成矿地质特征和榛子沟—甸南相近。

矿区浅部地层出露简单，但深部地层较全，由下而上分别鞍山群混合质变粒岩，辽河群大理岩和片岩互层带。

矿区侵入岩较为发育，南东部靠近大顶子花岗岩，西北部 3 km 处有海西期新岭斑状黑云母花岗岩出露。区内广泛发育各种脉岩，由老到新分别为：伟晶岩、闪长岩、花岗斑岩、煌斑岩等。其中伟晶岩多发育在盖县片岩和大石桥组三段第二层的云母片岩中，多沿片岩片理或层理产出，少数呈不规则状。闪长岩仅在南部的 408 线出露，走向近东西。花岗斑多发育在大石桥组下部，产状大致和地层相当，有时略陡于地层。分布最广的是煌斑岩，这类脉岩在荒沟东侧走向大致呈北东向，延长较大。荒沟西侧走向北西，延长较小。

矿区位于榛子沟—甸南倾没背料的倾没部位，从总体来看，背斜轴向近东西。但在矿区范围内轴向 表现为近北西西—南东东向。地层走向由背斜北翼的北西向。倾角平缓，大多数在 15°～30°之间。断裂构造在地表表现不明显。但经钻孔揭露深部断裂较为发育，成矿前断裂多表现，为层间断裂，产状和地层产状相一致或差别不大。成矿后断裂也较发育。主要表现为北东方向，少数为北西向，多切断矿脉或地层。

层状、似层状矿体：形态稳定，与岩层整合产出。矿体规模大，矿化带延长达 1 500 余米，倾斜延伸达 240 m，矿化带中一般由 3～5 条矿体组成。矿体呈北西走向，倾向北东，倾角 40°～70°，矿体由北西向南东侧伏，侧伏角 20°左右。矿体具雁列分布特点。

切层脉状、扁豆状铅锌矿体：矿体形态较稳定，一般呈脉状、扁豆状，规模中等，断裂在切过有利岩层(大理岩)时，矿体变得富厚。矿体一般延长 30～160 m，最长延长达 420 m，厚度一般为 0.70～1.55 m，延深一般 35～100 m，最大延深达 140 m。矿体走向北东、北西、南北，倾向南东、北西、东，倾角一般在 20°～70°。矿体的分布受断裂控制。

沿层羽毛状矿体：分布于主干断裂一侧，形如羽毛，其规模大小不等。

筒状或柱状矿体：一般规模不大、受两组断裂控制。矿物共生组合：本区铅锌矿体中的矿物组合比较简单，主要金属矿物为：黄铁矿、磁黄铁矿、方铅矿、闪锌矿，其次为毒砂、白铁矿、黄铜矿。非全属矿物主要为：石英、白云石、方解石。

矿石的结构：结结晶结构：自形粒状结构，为毒砂及方铅矿常表现的一种结构类型。半自形粒状结构主要见于闪锌矿及少量早期黄铁矿。他形粒状结构，主要见于黄铁矿，呈条板状集合体，此外为少量白铁矿。其他结构还有交代结构、交代残留结构、固溶体分离结构、揉皱结构。

矿石的构造：致密块状构造、浸染及网脉状构造、条带状构造、角砾状构、压碎构造。

Pb 异常较强，平均可达 500 ppm。通过原生晕测量，Cu、Pb、Zn、Ag、Au、Sb、As、Co、Cd 可作最佳指示元素，指导找矿。

通过辽宁省青城子铅锌矿典型矿床预测模型图的绘制及研究发现，Pb 异常强烈，平均可达 500 ppm，最高者可达 800 ppm，对于指导找矿意义明显，作为必要预测要素；虽然矿区内未作物探工作，但通过查找其他相关资料及文献，石桥组大理岩、盖县组片岩以及花岗斑岩、煌斑岩磁性较弱，磁法只对岩体的圈定起到一定的作用，所以磁法在找矿中意义不，只可作为次要的预测要素。青城子铅锌矿找矿模型见图 5-6。

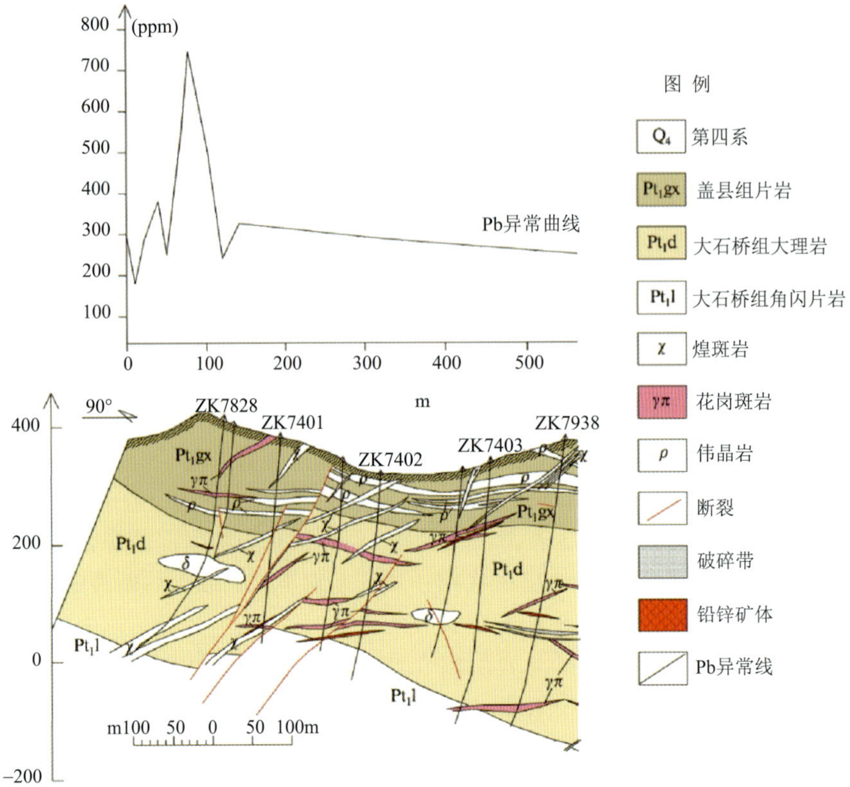

图 5-6　青城子铅锌矿找矿模型图

七、万宝铜锌钼矿找矿模型

万宝铜铅锌矿矿区内岩石出露比较复杂，主要有前震旦的变质岩，古生界的沉积岩，中生界和新生界的火成岩、侵入岩。

1. 前震旦的变质岩

岩石混合变质程度很深，一般产状呈北西或北西西向，倾向北东和南西，主要为下部白粒岩，黑云母片麻岩夹石英岩系，中部微斜长石粒岩系，下部黑云母粒岩夹大理岩。普遍受到不同程度的混合岩化作用。

2. 古生界

仅于区域东部零星分布，时代为震旦纪—寒武纪，震旦系下部以石英岩为主中部主要是紫色页岩及泥质岩，上部为薄层状石英岩，顶部为紫色页岩，寒武系下部为页岩及泥质岩，中部为厚层状石灰岩，上部未见，古生界岩层褶皱轻微，多为小型平缓对称向斜，轴向北西。

3. 中生界

分布于区内东北部，由火成岩系构成，其中有玄武岩，玄武凝灰岩及少量安山岩，单斜构造，走向北东，倾向北西。

区内岩浆分布广泛，主要有花岗岩类（前震旦的有宽甸花岗岩、灰白色花岗岩、燕山期花岗岩有第一期的长甸花岗岩，第二期的有川沟花岗岩及时代不清的小荒沟花岗岩)，花岗闪长岩类(前震旦的有长甸花岗闪长岩、坦甸花岗闪长岩、属于燕山期的有石柱子花岗闪长岩—成矿母岩)，闪长岩类(有坦甸脉状细粒闪长岩、太平沟、三道阳岔黑云母闪长岩、大西岔鸡冠砬子辉石闪长岩等)，辉长岩类，浅成岩及脉岩类(① 宽甸花岗岩中有记性脉岩的捕掳体；② 侵入在变质岩中的浅成岩及脉岩有正常斑岩、角闪正常斑岩、细晶岩、煌斑岩、辉绿岩、闪长斑岩、石英斑岩；③ 侵入在长甸花岗样中的脉岩有正长斑岩、伟晶岩等；④ 侵入在石柱子花岗样中的脉岩有石英斑岩、闪长斑岩等)。万宝钼矿属于接触交代矿床，均位于花岗闪长岩与中生代大理岩的接触部位。

成矿时代：辉钼矿 U-Pb 年龄为 130 ma，成矿时代为燕山期。

矿体的规模、产状：钼矿体产赋存在蚀变的花岗闪长岩和石英斑岩中，多呈不规则的脉状体或囊状。矿体延长近 800 m，走向北西、倾向北东、倾角较缓，矿体一般厚 20 m 左右，局部突然变厚达 100 m 以上。

矿石矿物：主要矿石矿物为辉钼矿，呈两种形式存在：① 断续的分布在期的石英岩中，分布不均匀，呈蠕虫状、圆柱状或叶片状；② 均匀分布在石英脉两侧，呈叶片状或长柱状，长轴方向与石英脉方向一致。其他金属矿物还有黄铜矿、黄铁矿等，但量很少。

脉石矿物：方解石、石英、长石等。

蚀变类型：蚀变发育，主要有绢云母化、矽化、绿泥石化、碳酸盐化。

成矿阶段划分：按照地质成矿作用的差异性和成矿时间的先后关系，可以将万宝钼矿划分为两个重要成矿期：岩浆晚期残余气液成矿期和岩浆期后热液成矿期，而岩浆期后热液成矿期又可划分为早期石英—硫化物阶段和晚期碳酸盐—硫化物阶段，其中以石英—硫化物阶段最为重要，是万宝钼矿集中形成的阶段。

地球化学找矿对于万宝式钼矿的找寻具有重要意义，因此选用 Cu、Mo 异常曲线来作为参考曲线。结果表明，Cu、Mo 异常曲线峰值与矿体对应较好，Cu、Mo 异常曲线应为万宝式钼矿的必要预测要素。万宝铜钼矿找矿模型见图 5-7。

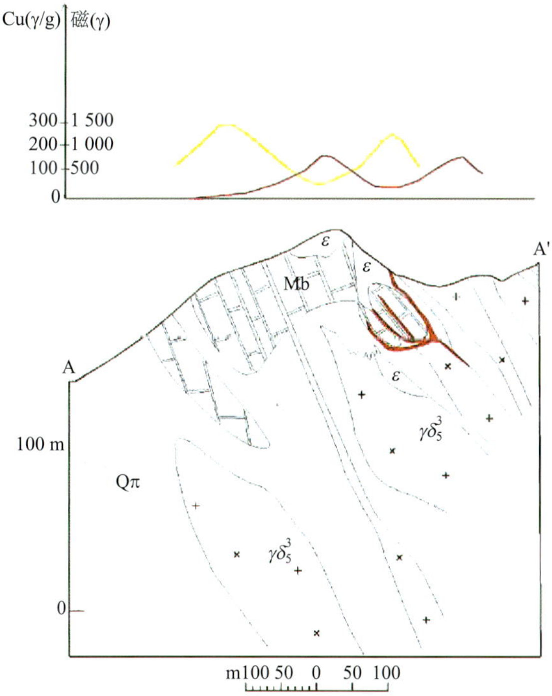

图 5-7 万宝铜钼矿找矿模型图

八、猫岭金(伴生银)矿找矿模型

猫岭金矿床位于华北地台北缘东部，辽东台隆中部营口—矿点台拱西南部，与复洲台陷相邻。

区域内北部大面积分布古元古界盖县组，南部出露中元古界榆树砬子组和新元古界青白口系永宁组。矿区出露地层主要为盖县组二段，北部边缘出露榆树砬子组，同时北部有较大面积的第四系洪积扇堆积。古元古界盖县组，呈近东西向展布整合于大石桥组之上，分为两个岩段，一段变质作用达到绿片岩相，二段为低绿片岩相。

中生代以后，区域内岩浆侵入较频繁，皆为三叠系及上侏罗统基性—酸性侵入岩。其中与金成矿关系密切的是三叠纪第二期花岗岩，区域内出露的岩体主要有卧龙泉岩体和猫岭岩体。两岩体相距 2.5 km，主体岩石类型特征基本一致，根据重力资料解释两岩体舌部相连，猫岭岩体为卧龙泉岩体向南东突出部位后称的岩株。

猫岭岩体在矿区南侧呈岩株状产出，面积约 0.4 km^2，属三叠纪。主体岩石类型为似斑状黑云母二长花岗岩，边部常见有细粒花岗岩呈岩枝状穿切围岩中。

猫岭岩体在演化过程中，对围岩产生的接触变质作用较强，形成了三个渐进程序的终极接触变质带。

矿区内脉岩不发育，有闪斜煌斑岩、闪长玢岩、花岗斑岩、二长斑岩，规模较小，与成矿无明显关系。

辽河期构造变形较强，对本区矿产有控制作用的褶皱主要有两期：第一期为盖县—古楼子巨型复向斜，横跨全区控制基底构造格架；第二期为紧密线形排列的北西西向褶皱，由北至南有义尔岭—空山沟向斜、太平庄向斜、矿洞沟背斜等。猫岭金矿床位于太平庄背斜转折端处。

猫岭金矿区位于营口—青堆子北西向与城子坦—本溪北北东向深断裂交汇处。北北东向的构造表现的最明显，主要以压扭性的平行断层或破裂裂隙系统构成。与花岗岩有关的矿化作用受这组裂隙控制。但裂隙中矿化程度与所处位置有关。同一条断层在矿带内侧含矿，在矿带以外延深部位无矿化。猫岭金矿找矿模型见图 5-8。

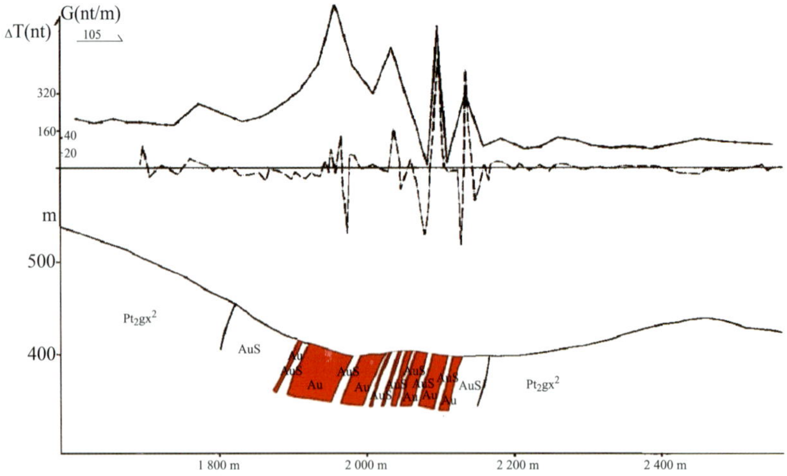

图 5-8　猫岭金矿找矿模型图

九、五龙金(伴生银)矿找矿模型

五龙金矿床产于丹东市西北的三股流岩体北侧的大面积混合花岗片麻岩中。矿区内有各类基—酸性岩脉成群带状分布。

含矿石英脉的围岩主要是黑云母花岗片麻岩、细粒闪长岩、花岗斑岩脉等，近矿围岩受热液作用，发生强烈的中高温热液蚀变，蚀变带宽 2～5 m。蚀变强度视矿体规模及围岩的不同而不同。主要有黑云母化、绢云母化、白云母化、硅化、黄铁矿化、碳酸盐化。

早期发育东西向构造体系，奠定了区内的构造格式，它的两组扭性断裂叠加华夏系构造体系后发育菱形格状构造，控制了含金石英脉的空间展布，矿区西部矿体更主要的受华夏式构造体系控制。

菱形格状构造交汇点为深大的扩容线状构造，是运矿构造，交汇钝角边为成矿有利地段，两组钝角边有规律排列。

区内断裂构造复杂，具有多期活动的特点，绝大部分被不同时期岩脉充填，构成五龙矿区特有的与含金石英脉有成因联系的岩脉群和岩脉带。

矿脉均产出于花岗片麻岩内的闪长玢岩岩脉上下盘接触部或岩脉本身内部，仅有少数矿脉延伸于花岗片麻岩里面。五龙金矿找矿模型见图 5-9。

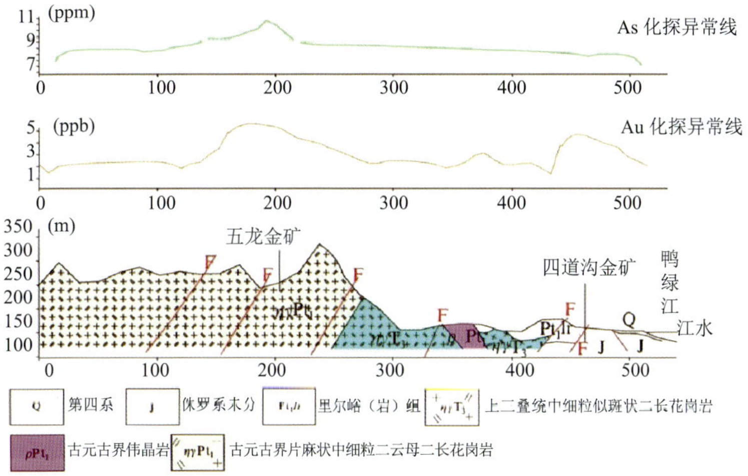

图 5-9 五龙金矿找矿模型图

十、白云金矿找矿模型

白云金矿矿区内出露的地层为辽河群大石桥岩组和盖县岩组。按岩性可划分为三段，下段以黑云变粒岩为主，中段为云母片岩和变粒岩互层带，上段为矽线石云母片岩夹黑云母变粒岩。工业矿体主要赋存于二段的矽线黑云片岩中，矿体严格沿构造面理分布在变粒岩、浅粒岩及片岩中。

矿区及附近未发现侵入体，只见酸性—基性脉岩，有二长斑岩脉、石英斑岩脉、蚀变闪长玢岩脉、煌斑岩和辉长岩脉。空间上石英斑岩脉和闪长玢岩脉断续出现在含金蚀变带附近的围岩中，与金矿体密切伴生。

矿区基底构造为近东西向，含金蚀变带受倒转向斜北翼的近东西向韧性剪切带控制，晚期的脆性断裂有东西、北东、北西和北北东向四组，赋矿构造主要为东西和北西向。

已探明具有工业价值的矿体 27 条，可分为硅钾蚀变岩（24 条）和石英脉（3 条）两种类型金矿体。硅钾蚀变岩呈带状或脉状产出，严格受东西向韧性剪切面理带控制，地表延长8.5 km，倾斜延深大于1 km，脉宽1～40 m，金矿体在蚀变岩带中呈扁豆状和脉状，形态复杂，具有分枝复合、尖灭再现等特点。金矿体产状与蚀变岩产状一致，走向近东西，倾向南，倾角35°～50°，向西侧伏，侧伏角35°～70°。矿体一般长100～150 m，倾斜延深100～250 m，厚1～7 m，在两条脉复合处矿体变厚变富，最厚处大于10 m。金含量不均，平均品位5.86×10^{-6}，总体上金与黄铁矿的含量成正比，矿体与围岩界线不清，需按品位圈定。矿体赋存标高为400～600 m。

矿石矿物组合简单，以黄铁矿为主，少量黄铜矿、闪锌矿和自然金，偶见赤铁矿、磁铁矿、自然铋、方铅矿、磁黄铁矿、斑铜矿及辉铜矿等20多种矿物；脉石矿物主要为石英（大于38%）、正长石（大于19%）和碳酸盐矿物（大于19%），次为高岭土、白云母、绢云母、绿泥石和石墨等，含量均小于6%。

矿石矿物以自形—他形粒状结构、细脉浸染状构造为主，其次为角砾状、晶洞状构造。围岩蚀变明显，主要有钾长石化（微斜长石呈面形细脉状）、硅化（石英主要呈细脉状）、黄铁矿化、绢云母化、绿泥石化和碳酸盐化，金矿化赋存于硅、钾蚀变带中。围岩蚀变具明显的分带性，在垂直方向，自上向下为钾长石化、强硅化、黄铁矿化（300 m标高以上）→钾长石化、黄铁矿化和弱硅化；在水平方向由矿体中心向外为钾长石化、硅化→绢云母化、绿泥石化和弱的黄铁矿化。

成矿期可划分5个成矿阶段：① 热液交代阶段，表现为黑云母退色蚀变；② 钾长石—硫化物阶段；③ 石英—硫化物阶段，为主要成金阶段；④ 石英、钾长石—硫化物阶段；⑤ 碳酸盐阶段。

矿石有益组分为Au、Ag、As、Sb、Cd，其中Au/Ag约为1∶1，Ag平均品位4.25×10^{-6}。金矿物以银金矿为主，金的成色为768(692～905)。金矿物粒度集中于0.003 5(占98%)mm，属于微细粒金。金呈不规则粒状、细脉状赋存于黄铁矿内及黄铁矿、石英边部裂隙中，其中包裹金占44.81%，间隙和裂隙金占55.18%。

通过对白云典型矿床的分析，认为化探和重砂是寻找白云式金矿具有明显的指示作用。其中化探重要为Au元素异常及Cu、Zn、Ag、As、Sb、Cd，重砂矿物有自然金、铜族矿物。白云金矿找矿模型见图5-10。

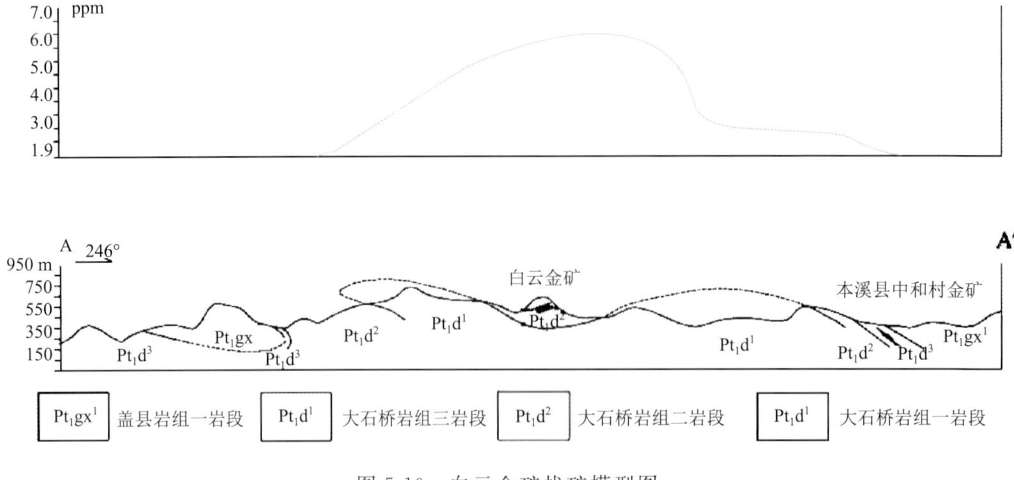

图5-10　白云金矿找矿模型图

十一、高家堡子银矿找矿模型

矿区主要赋矿层位为大石桥岩组顶部和盖县岩组底部碎屑岩—碳酸盐建造，其岩性为炭质变粒岩、硅质岩、角砾大理岩及云母片岩。按岩石组合特征，矿体产于大石桥岩组三段四、五层的构造蚀变破碎带中。

与成矿有关的岩体主要有双顶沟岩体和新岭岩体。

双顶沟岩体呈大岩基状，出露面积 242 km^2，岩相变化大可分三个相，即边缘细粒相，主体似斑状相，核部为粗粒相。边缘相为细粒花岗岩，灰白—肉红色，中细粒花岗结构，文象结构，其中长英质脉和石英脉发育；似斑状相斑晶主要为条纹长石，粒径粗大，一般 1×2 cm，最大达 2×4 cm，基质为长石、石英及黑云母，黑云母分布不均匀，局部含量较高并略具定向，副矿物锆石、磷灰石及榍石。双顶沟黑云母花岗岩形成的年龄是 231±5 ma（K-Ar 法）。

新岭岩体呈极不规则的似椭圆状，沿新岭背斜侵位到辽河群地层中，呈岩株状，面积约 2 km^2，岩相变化较大，主体相为似斑状黑云母二长花岗岩，侵位 K-Ar 年龄为 217.6～226.7 ma。

这一时期的构造岩浆作用可能是区域成矿的主要控制因素之一。中生代岩浆活动是矿床形成的又一次热动力条件，强烈的多期岩浆活动造成了有利于矿床形成的地质条件，这两个岩体一方面提供部分成矿物质，另一方面岩浆期后热液活动促使围岩中成矿物质活化、转移，最终使矿床定位。重磁资料研究表明，矿区深部有隐伏岩基存在，遥感图像呈环形特点。

区域构造复杂，基底构造主要为北西向，吕梁运动形成翻卷的复式背向斜和层间韧性剪切带，尤其是在不同岩性的接触面，常伴韧性滑动带。显生宙以来，断裂构造成为区域的主要构造格架。不同方向的断裂交错发育，在遥感图像上形成菱形构造区。

高家堡子—小佟家堡子金银矿体的分布严格受近东西向的Ⅰ、Ⅰ-1、Ⅱ、Ⅲ号含矿构造带的控制，矿体沿着含矿构造带断续分布，单矿体延长一般在 50～250 m，倾角较缓，一般在 10°～30°，厚度一般在 0.7～5.86 m，最厚矿体达 29.63 m。一般来说，贫矿体呈层状，受层位控制，连续性较好；富矿体呈脉状、扁豆状、囊状、羽毛状，与断裂关系密切。矿体在空间上从上至下分别为Ⅰ、Ⅰ-1、Ⅱ、Ⅲ号矿体；从西到东分别是银、银金、金矿体的展布规律。

高家堡子银多金属矿床赋于地下 200 m，为盲矿体，按氧化程度，皆为原生矿石。按金属矿物组合，银矿体矿石类型可划分为：石英—白云石—银矿石；黄铁矿—方铅矿—闪锌矿—银矿石。金矿体矿石类型可分为：石英—黄铁矿—毒砂—金矿石。按矿石构造特征，银矿体可分为石英网脉状银矿石，浸染状—块状硫化物银矿石。金矿体为微细粒浸染状含砷、碳少硫型金矿石。

高家堡子—小佟家堡子金银矿床矿石矿物组分比较复杂，主要金属矿物有：黄铁矿、闪锌矿、方铅矿，其次有毒砂、黄铜矿、辉铜矿、辉锑矿、白铁矿等。金银矿物种类多，有自然银、金银矿、银黝铜矿，深红银矿、螺状硫银矿、六方锑银矿、硫锑铜银矿，黝锑银矿、脆银矿、辉碲银矿等十余种。脉石矿物主要为石英、白云石，次为方解石、绢云母。不同类型矿体的矿物组合存在一定的差别。

银矿石结构有半自形—他形晶结构、他形晶结构、包含结构，其次为固溶体分解乳浊结构、浸蚀结构、压碎结构、揉皱结构。矿石构造为块状构造，浸染状构造、角砾状构造、晶洞状构造、脉状构造。

金矿石结构主要为自形—半自形晶结构、半自形—他形晶结构、镶边结构,其次为压碎结构、次生加大边结构、浸蚀结构、固溶体分解乳浊结构。矿石构造主要为星散浸染状构造、脉状构造,其次为条带状构造和角砾状构造。

与矿化有关的蚀变主要为硅化,其次为碳酸盐化。

通过对高家堡子银矿典型矿床的分析,认为化探和重砂是寻找高家堡子银矿具有明显的指示作用。其中化探重要为 Au、Ag、As、Pb、Zn,重砂矿物有金矿物、毒砂、银族、黄铁矿、闪锌矿、方铅矿。

十二、翁泉沟铁硼矿找矿模型

翁泉沟铁硼矿床属于华北陆块区胶东古陆块胶辽古裂谷的裂谷盆地相,海相火山沉积变质型翁泉沟式铁硼矿床。

翁泉沟铁(硼)典型矿床矿区主要出露古元古界辽河群里尔峪组、高家峪组、大石桥组和盖县组地层,其中里尔峪组最为发育,赋存铁、硼矿体。侏罗系地层零星不整合于辽河群变质岩系之上。第四系砂砾石堆积不发育,多沿沟谷带状展布,出露厚度 475～1 910 m。

矿区古元古界辽河群里尔峪岩组层位稳定,变质程度较高,以普遍含硼为特点,所以称为含硼建造。里尔峪岩组岩石组合以各类变粒岩为主,主要是角闪黑云变粒岩、黑云变粒岩、黑云电气变粒岩、电气变粒岩、角闪透辉变粒岩。

翁泉沟矿区由于受多期变质变形构造运动的影响,使本区构造形迹比较复杂。

(1) 褶皱构造

区域褶皱构造主要为东西向褶皱构造。以翁泉沟复背斜、教家屯—北艾家堡子背斜、南艾家堡子背斜、朱家堡子—蔡家堡背斜为代表。

翁泉沟典型矿床矿区内褶皱构造主要为翁泉沟向斜,是区域上翁泉沟复背斜的一部分。为一个南翼缓,北翼陡,东端仰起的向斜。褶皱轴向近东西,长约 4.5 km;向斜西端被大荒沟断裂带破坏,成为马蹄形。核部地层为里尔峪组二段。两翼为里尔峪组一段地层。该向斜控制了本区铁硼矿体的分布。

(2) 断裂构造

区内大部分断裂构造都发生在铁硼矿形成之后,故对矿体都有一定破坏作用。

翁泉沟铁硼典型矿床矿区出露岩浆岩主要为条痕状花岗岩(条痕状混合岩)及安山岩、辉绿玢岩、流纹岩、伟晶岩、花岗斑岩、石英正长斑岩、闪长岩、辉石闪长岩、煌斑岩和石英脉等脉岩。

条痕状花岗岩,岩石片麻理明显,分布于含硼岩系的底部,由于其年代久远,与辽河群地层同时发生了变质和变形,使其片麻理与地层产状基本一致。该花岗岩体主要出露于翁泉沟复背斜的核部,多与里尔峪组接触,与含硼岩系相互位置关系密切,有时也与高家峪组、大石桥组直接接触。该岩体虽然与含硼岩系位置关系密切,我们认为以其为直接产物的构造岩浆活动,为含硼岩系变质作用提供了热动力,岩浆热液和变质热液又为硼矿的局部进一步富集提供了介质。

另外,区内还有年代较新的岩浆岩大面积分布于本区南部,以酸性花岗岩为主,中酸性花岗闪长岩次之,此外还有安山岩、辉绿玢岩、流纹岩、伟晶岩、花岗斑岩、石英正长斑岩、闪长岩、辉石闪长岩、煌斑岩和石英脉等脉岩穿切在地层中，这些岩脉充填于成矿后断裂构造中，与铁硼矿无成因联系，有的破坏铁硼矿体。

本区硼铁矿体赋存于里尔峪组下部变粒岩段之中。矿体呈层状—扁豆状产出。矿体因受断层切割，造成重复和拉开。重复者，矿体突然加厚，重复出现；拉开者，造成无矿窗（业家沟矿段）。从而使矿体形态变得较复杂。

翁泉沟铁硼矿床中，铁、硼矿紧密共生，形成统一矿体。矿石中 TFe 和 B_2O_3 两种组分密切共生，有时呈正相关关系，有时则不同。根据原勘探报告的统计结果，二者的共生与矿石类型密切相关，矿石类型不同，共生情况也明显不同。翁泉沟硼铁矿找矿模型见图 5-11。

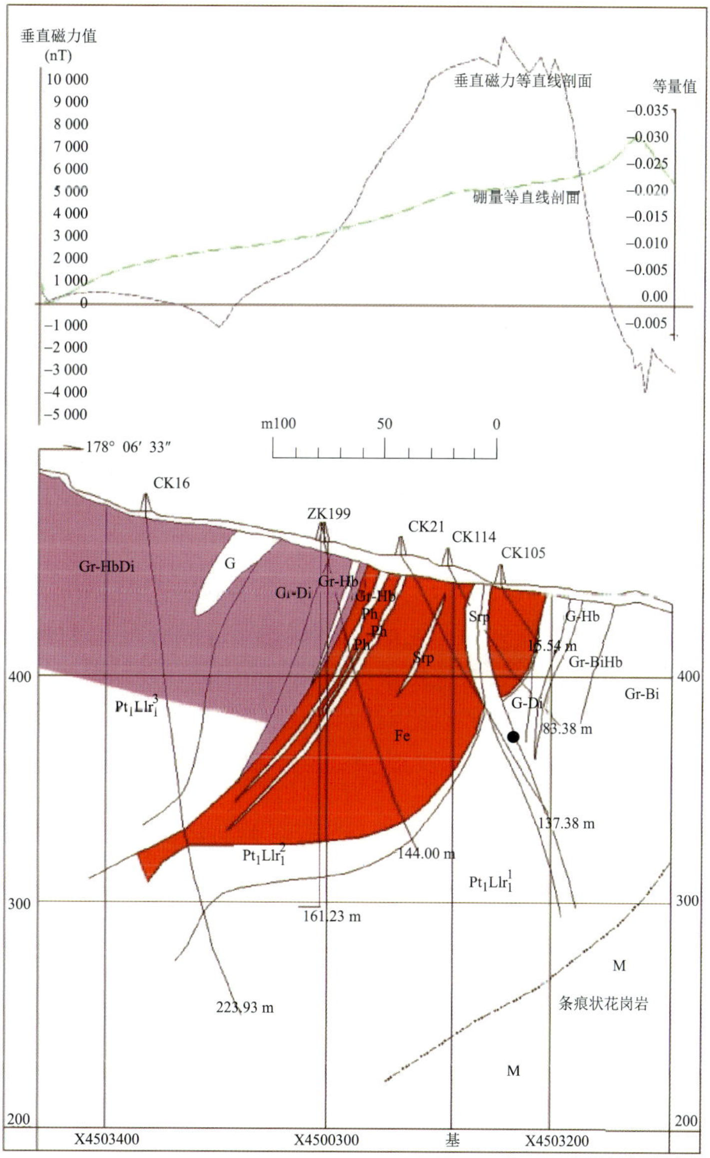

图 5-11　翁泉沟硼铁矿找矿模型图

由于矿石中含有较多的磁黄铁矿、黄铁矿、黄铜矿，因而硫的含量较高，可达0.79%。另外矿石中普遍含有少量的铀，其平均含量为0.004 8%。

矿床伴生有铀矿和磷矿，其中磷矿由于品位低，目前难以综合利用，且大部分位于矿区以外的蔡家沟矿段。而铀矿可以综合利用，本次核实提交矿区范围内，铁矿石中伴生铀矿储量6 346吨。

综上所述，本区矿石以铁、硼共生，普遍含铀、富镁贫钙和多硫为特点。

正是由于翁泉沟典型矿床具有相对丰富的硼镁铁矿、磁铁矿，可以引起区域及局部磁异常，使强磁性成为整个矿床的最重要物理特性，是重要的找矿标志。

铁硼共生是翁泉沟铁硼矿床的突出标志性特征，所以硼量化探异常对翁泉沟式铁矿定位指示和定量预测均具有重要意义，应视为预测的必要要素。

由于条痕状混合花岗岩既是控矿构造核部，又是古火山口的定位条件，并且是硼铁矿的间接底板，所以可定为重要要素甚至必要要素。

十三、铧子峪菱镁矿找矿模型

铧子峪菱镁矿区内出露地层为古元古界辽河群大石桥组二段上部和三段下部，矿体位于三段下部含矿层内。矿区内没有成规模的岩体出露，均为岩脉。

成矿前断裂：是成矿条件的最主要因素，由于笔架山向斜两翼同受花岗岩侵入，向斜承受来自南北方向的挤压力。其北翼(即矿区)又受到花岗岩形体和整个区域构造作用的影响，使矿区西部地层呈向南突出的弧形分布，即形成了与矿化保持密切关系的褶曲与层间剥离构造。在形成这一构造的同时，由于褶曲顶部及附近裂隙异常发育，常形成为矿体富集的有利场所。成矿期和成矿后断裂构造，对矿体的切割，破坏作用也比较显著。

含矿带全长5 100 m，东段(Ⅳ线以东)长2 200 m；西段(Ⅳ线以西)长2 900 m，比较主要的矿层有6层，其中第三层为主矿层。矿石矿物以菱镁矿为主，含有少量水镁石，脉石矿物有白云石、镁橄榄石—蛇纹石化镁橄榄石、金云母、滑石等。矿石结构为不等粒花岗变晶结构，块状构造及厚层、居厚层构造。蚀变以白云石化、千枚岩化、伟晶岩化、滑石化为主要特征。矿石类型主要为纯镁型、高硅型(硅镁型)，少量为高钙型(钙镁型)和高硅高钙型。

围岩蚀变：滑石、透闪石、蛇纹石、直闪石、斜绿泥石、绢云母、海泡石、褐铁矿等蚀变。

古元古界辽河群大石桥组三段具有较弱的磁异常：大理岩的岩(矿)石磁性参数变化范围0～110 K($\times 10^{-6}$CGSM)，几何平均值为1；但与其他时代的岩石相比，大石桥组三段的大理岩又具有较大密度，白云质方大理岩2.64$\times 10^{3}$ kg/m^{3}；同时MgO元素地球化学异常特达2.82$\times 10^{-2}$时，基本与大石桥组三段地层线性相关，具有明显的指导找矿的作用；而且也具有滑石、白云石、绿泥石、透闪石、绿帘石重砂异常，且与大石桥组三段和矿体具有良好的对应关系，具有一定找矿意义。在铧子峪菱镁矿0线剖面图上叠加MgO地球化学异常，从而形成铧子峪典型矿床预测模型图。铧子峪菱镁矿找矿模型见图5-12。

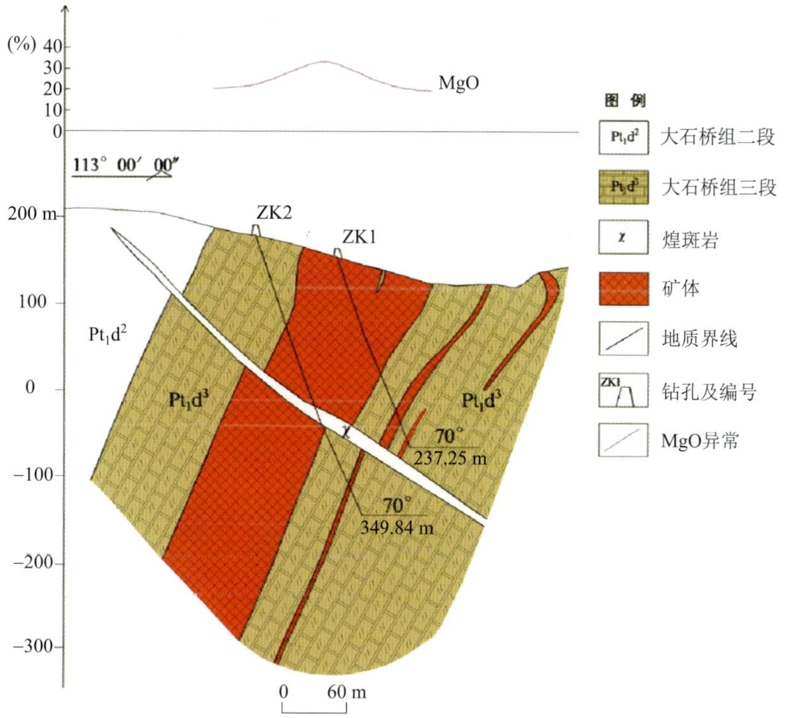

图 5-12 铧子峪菱镁矿找矿模型图

十四、云盘硫矿找矿模型

云盘黄铁矿位于华北陆块区胶辽古陆块、辽东裂谷次级隆起北缘，草河口复向斜的北翼。成矿作用主要为火山—沉积作用叠加后期变质作用。矿区内出露的地层有古元古界辽河群浪子山组、里尔峪组、高家峪组和大石桥组。云盘矿区黄铁矿的赋存层位是里尔峪组。

矿区褶皱、断裂构造发育。

褶皱构造：主要为云盘复式向斜。该复式向斜由一个背斜和两个向斜组成，褶皱轴线向西撒开，向东收敛，略呈向南东凸的弧形分布。西部轴向近北西，至收敛部位转为近东西向。复式向斜核部为高家峪组中下部地层，向下继续是里尔峪组及浪子山组地层。向斜南、北两翼均有断层切割，南部为 F1 断层，北翼有 F2 断层。使里尔峪组、高家峪组地层与浪子山组不同岩段直接接触。该复式向斜控制了本区黄铁矿矿体的分布。

断裂构造：区域内断层颇为复杂，主要有压性逆断层、压性冲断层、张扭性断层、平推逆断层等。均为成矿后断裂。其中北西西向断裂较大。

矿区内岩浆岩主要有辽河期晚期辉绿岩、伟晶岩。伟晶岩多顺层侵入，辉绿岩多沿北东向断裂侵入，并且穿切矿体。

云盘黄铁矿为隐伏矿体，地表为铁帽。有工业价值的矿体 4 个，主要赋存于里尔峪组三段底部，其顶板为含锰层(含锰阳起变粒岩、黑云阳起石岩偶夹含锰大理岩)，底板为里尔峪组二段的钠长浅粒岩或黑云变粒岩。顶、底界线均较明显。

云盘硫铁矿矿床成因类型属于变质火山—沉积型。云盘硫铁矿找矿模型见图 5-13。

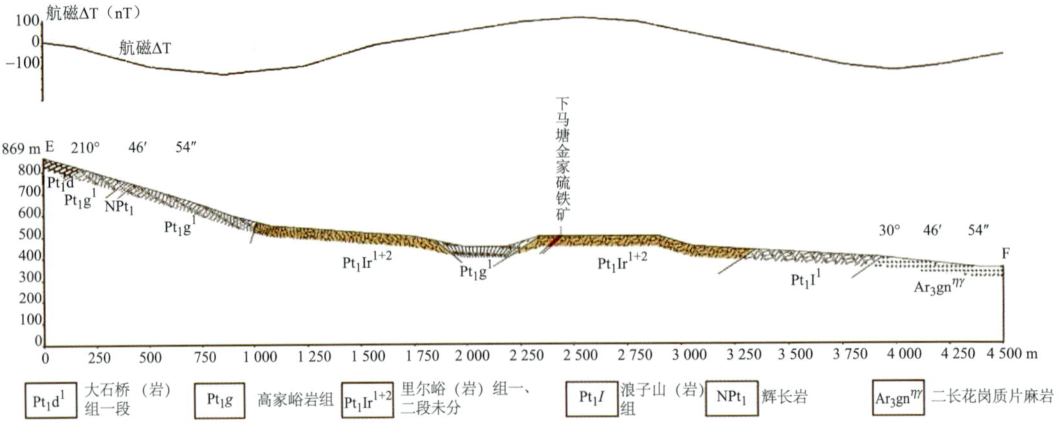

图 5-13 云盘硫铁矿找矿模型图

十五、吉林夹皮沟式金矿找矿模型

地质环境:位于吉黑造山带与华北陆块接合部位的华北东部陆块内,属新太古界龙岗复合陆块,成矿为多阶段成矿,始于太古宙晚期变质变形,终于燕山期,成因类型为火山沉积变质热液矿床,后期热液叠加。金矿受韧性剪切带控制,以阜平期的褶皱构造和韧性剪切带为基础构造,在韧性剪切带中有多次脆性构造叠加,这些脆性构造是主要的容矿构造。

矿床特征:矿床赋存于太古宇绿岩带之中,赋矿地层为三道沟群赋金铁层序,其原岩为镁铁质火山岩夹超镁铁质岩,主要变质岩为斜长角闪岩,底部夹少量超镁铁质变质岩,顶部夹黑云变粒岩和条带状磁铁石英岩,金矿床赋存于镁铁质火山岩之中。矿物成分主要有石英、绿泥石、黄铁矿、黄铜矿、方铅矿,次为磁黄铁矿、闪锌矿、磁铁矿、白铁矿、白钨矿、黑钨矿、辉铋矿、辉银矿、铜银铅铋矿、菱铁矿、孔雀石和兰铜矿;主要金矿物有自然金、银金矿、针碲金矿、碲金矿;脉石矿物有,少数晶隙金赋存于石英、黄铁矿、黄铜矿、方铅矿、磁铁矿、赤铁矿中。矿石结构以自形、半自形粒状,交代残余结构为主,尚有碎裂结构;矿石构造有条纹、条带状、浸染状、角砾状、网脉状、脉状等,条带状构造是构成矿体的主要类型。围岩蚀变主要有绿泥石化、绢云母化、黄铁矿化、硅化、方解石化、铁白云石化等,其中前三种与金矿化关系密切。矿石类型以硫化矿为主,具有 Au、Ag、Pb、Zn、Cu、Bi 等元素异常,矿体具有高阻、低激化异常特征。

十六、吉林金英式金矿找矿模型

地质环境:位于华北东部陆块—龙岗复合陆块、老岭拗陷盆地内,属古元古界裂谷盆地,主成矿期为燕山期,金矿受北东向断裂构造控制。

矿床特征:赋矿层位是古元古界老岭群珍珠门组和青白口系钓鱼台组,主要含矿岩性为珍珠门组角砾状白云石大理岩,靠近断裂面附近多受硅化蚀变,局部赋存有工业矿体;绝大部分矿体赋存于上伏的钓鱼台组石英砂岩中,钓鱼台组底部为赤铁石英砂岩(含赤铁矿层),沿断裂带形成厚大硅化构造角砾岩带,是金矿的主要赋矿层位。矿物成分主要为石英、玉髓、白云石、重晶石、自然金、含银自然金和极少量银金矿、毒砂、方铅矿、闪锌矿、黄铜矿、磁黄铁矿、金红石、褐铁矿、赤铁矿、方解石、绢云母、白云母、绿泥石等。矿石结构主要有自形结构、半自形结构、它形粒状结构、它形粒状变晶结构、填隙结构、镶边结构、重结晶交代结构等；矿石构造主要有角砾状构造、脉状构造、团块状构造、浸染状构造、致密块状构造、胶状构造。围岩蚀变以硅化、黄铁矿化较为发育，与矿化有关的蚀变主要是硅化、重晶石化、黄铁矿化和赤铁矿化，矿石中金矿化富集主要与硅化蚀变的强度关系密切，一般是在孔洞发育的、紫红色—紫灰色—深灰色的强硅化的构造角砾岩中，矿石含金品位较高。矿石类型主要为蚀变岩型，氧化带形成氧化矿，具 Au、Ag、As、Sb、Hg、V 地球化学异常，较规则带状的、柱状的高阻、高极化率激电异常。

十七、吉林板石沟式铁矿找矿模型

地质环境：位于华北东部陆块—龙岗复合陆块内，主成矿期为新太古界，矿体受褶皱构造控制，厚大矿体均为褶皱转折端，较薄矿体或厚度稳定矿体则为褶皱翼部。

矿床特征：矿床赋存于太古宇绿岩带之中，赋矿地层主要为三道沟群赋金铁层序，下部为黑云角闪斜长片麻岩、斜长角闪岩、黑云斜长片麻岩夹角闪片岩，黑云变粒岩夹似层状低品位磷矿，赋存似层状、透镜状磁铁矿体，原岩为拉斑玄武岩夹安山岩、英安岩、磁铁矿；上部为黑云斜长角闪片麻岩夹角闪黑云片岩、黑云斜长片麻岩与斜长角闪岩互层夹含铁角闪质岩石，原岩为安山岩夹拉斑玄武岩、磁铁矿。矿物成分主要为磁铁矿、石英和角闪石，少量磁赤铁矿、赤铁矿、黄铁矿、褐铁矿、石榴石、绿泥石等。矿石结构以中粒粒状变晶结构为主；矿石构造以条纹、条带状构造为主。矿石类型属沉积变质磁铁矿型，具有重力高异常和异常强度较大的十分明显的航磁异常反映。

十八、吉林二密式铜矿找矿模型

地质环境：位于华北东部陆块、柳河—二密火山—盆地内，属中生代火山沉积盆地，主成矿期为燕山晚期，燕山晚期石英闪长岩、花岗斑岩为控矿岩体，矿体受岩体内断裂、裂隙构造及岩体边部接触带构造控制。

矿床特征：矿床赋存于燕山晚期中酸性侵入岩体内及其边部，与石英闪长岩有关的矿脉受其接触带附近，大致平行接触带近东西向、北东向以及外接触带北西向陡倾斜断裂控制，与花岗斑岩有关的矿体受其与石英闪长岩接触带，尤其是石英闪长岩中发育的呈北西向缓倾斜的斑岩体控制；花岗斑岩内环形破碎体构造，控制着与斑岩有关的块状富矿。矿物成分主要有石英、方解石、黄铜矿、磁黄铁矿、白铁矿、毒砂、闪锌矿、褐铁矿、孔雀石、兰铜矿，次为绢云母、高岭土、绿泥石、黄铁矿、辉钼矿、方铅矿、磁铁矿，少量辉铋矿。矿石结构有自形—半自形结构、它形晶结构、斑状结构、包含结构、固溶体分解结构、交代结构；矿石构造有块状构造、条带状构造、浸染状构造、角砾状构造、脉状构造、网脉状构造、胶状构造等。蚀变主要发育在矿体上下盘近矿围岩中，蚀变矿物明显受围岩岩性控制，在石英闪长岩及花岗斑岩中，从矿体两侧发育有黄铜矿化、黄铁矿化、磁黄铁矿化、绢云母化、高岭土化、硅化、绿泥石化、绿帘石化等；在安山岩中矿体两侧以硅化、绿泥石化为主，其次为绢云母化、高岭土化；电气石化、硅化伴随少量铜钼矿化是矿化头晕，为重要的找矿标志；孔雀石化、褐铁矿化也是主要找矿标志。矿石类型主要为硫化物型，具有低阻、高极化的激电异常特征。

十九、吉林赤柏松式铜镍矿找矿模型

地质环境：位于华北东部陆块—龙岗复合陆块、二密—英额布中生代火山—岩浆盆地的南侧，属中生代火山沉积盆地。主成矿期为元古宙早期，区域北东向超岩石圈断裂为控制区域基性—超基性岩浆活动的导矿构造，基性岩体沿断裂古隆起一侧，分段（群）集中分布，基底穹隆核部断裂构造控制基性—超基性岩产状、形态等特征。

矿床特征：赋矿岩体是早元古宙基性—超基性岩，岩体类型主要有辉绿辉长岩—橄榄苏长辉长岩—二辉橄榄岩细粒苏长岩，含矿辉长玢岩型，复式岩体多形成大而富矿床，单式岩体分异完善，基性程度愈高，形成熔离型矿床越有利。与区域北东向超岩石圈断裂有成因联系的次级北东或北北东向断裂构造是主要的控岩、控矿构造。主要金属矿物有磁黄铁矿、镍黄铁矿、黄铜矿、黄铁矿、紫硫镍铁矿、辉镍矿、针镍矿、方黄铜矿、墨铜矿、白铁矿、毒砂、斑铜矿、方铅矿、辉钼矿、闪锌矿；磁铁矿、钛铁矿、铬尖晶石、赤铁矿、金红石、钙钛矿、锐钛矿、自然金、针铁矿、孔雀石、兰铜矿、铜兰等，以磁黄铁矿、镍黄铁矿、黄铜矿为主，三者紧密共生。含镍矿物主要为镍铁矿，其次为紫硫镍矿、辉镍矿、针镍矿。矿石结构主要为共结结构、显微文象状似共结结构、交代结构等；矿石构造主要有浸染状构造和斑点状构造，贯入型矿石中主要发育稠密浸染状、细脉状、角砾状和块状构造。矿石类型为铜镍硫化物型，具有磁异常及 Cu、Ni、Co、Ag 等地球化学异常。

二十、吉林大横路式铜钴矿找矿模型

地质环境：位于华北东部陆块—龙岗复合陆块、老岭拗陷盆地内，属古元古界裂谷盆地，主成矿期为古元古代晚期，北东向断裂构造与成矿关系密切。

矿床特征：赋矿层位是古元古界老岭群花山组，为一套富含碳质的千枚岩，矿体均成层状、似层状，严格受这一层位的控制，且矿石品位的变化明显与碳质含量变化有关。北东向断裂构造与成矿关系最为密切，这组断裂多属逆掩性质的层间断裂，断层两侧，尤其是下盘岩层发生强烈破碎和片理化，并伴随有强烈的矿化作用；矿床受复式向斜构造控制，次级褶皱（主要为第二期褶皱）的转折端控制了富矿体（厚大的鞍状矿体）的展布，变质作用是本区一次重要的矿化期次。矿物成分产要有绢云母、黑云母、白云母、石英、黄铁矿、磁黄铁矿、黄铜矿、方铅矿、闪锌矿、硫镍钴矿、辉铜矿、毒砂、银金矿、自然金、白铅矿、孔雀石、褐铁矿等，其次为绿泥石、绿帘石、石榴石、电气石、磷灰石、角闪石、锆石等。矿石类型属贫硫化物型。矿石结构有自形—半自形晶粒状结构、它形粒状结构、交代结构、固溶体分解结构、包含结构等；矿石构造有浸染状构造、细脉浸染状构造、网脉状构造、团块状构造等。围岩蚀变属中—低温热液蚀变，总体上蚀变较弱，主要蚀变类型有硅化、绢云母化、绿泥石化、钠长石化、碳酸岩化。地有氧化带常形成氧化矿，化探异常面积比较大，形成异常的元素种类较多，异常结构复杂，并且在异常中亲 Fe 元素族和亲 S 元素族的异常套合好。

二十一、吉林高台沟式硼矿找矿模型

地质环境：位于华北东部陆块、胶辽吉古元古界裂谷带、老岭隆起。主成矿期为古元古代，矿床受北东向断裂构造控制。

矿床特征：赋矿层位是古元古界集安群蚂蚁河组一套含硼岩系，为封闭海湾—火山沉积环境，硼矿与含镁质碳酸盐岩建造、火山岩建造有关，主要岩性为磁铁浅粒岩、黑云变粒岩、蛇纹石化大理岩、橄榄大理岩、斜长角闪岩，含硼蛇纹岩、菱镁蛇纹岩、镁质大理岩、电气石变粒岩等；矿床受北东向宽缓褶皱构造控制，大多数矿体赋存于两期褶皱叠加部位，在次一级褶皱核部，含矿层厚度大，矿体厚度亦大。矿物成分主要为硼镁石、蛇纹石、菱镁矿，次为硼镁铁矿、白云石、方解石、橄榄石、水镁石、水滑石、磁铁矿。围岩蚀变主要有金云母化、电气石化、镁橄榄石化、透闪石化、蛇纹石化、滑石化，局部见透辉石化。矿石结构常见有粒状变晶结构、包含变晶结构，热液交代结构表现为粒状、纤维状、鳞片状交代残余结构及火焰状结构；矿石构造有典型的条带状、条痕状变质构造，过渡类型的团块状、斑点状构造，典型热液交代的云朵状、块状、脉状、网脉状构造。矿石类型主要有硼镁石矿石和含磁铁矿硼镁石矿石，具有明显的 As、Sb、Hg、B 地球化学异常。

第三节　重要矿产找矿远景区及靶区

找矿远景区是指成矿作用基本相似，具有成因联系的矿产资源相对集中分布区，有国家急缺矿种存在，主要控矿因素清楚，预、估算资源量有一定规模，其范围大体相当于矿田或有多个矿田，是国家或地方重点部署开展基础地质调查、矿产勘查评价的首选地区。

找矿靶区必须位于成矿有利构造部位和具良好成矿前提；既要有容矿建造和含矿建造，又要有生矿建造和造矿建造，它们之间的组合关联较好。是在找矿远景区内，其成矿条件基本相似，矿床成因类型基本相同，有利的地、物、化、遥、重砂等成矿信息和矿化集中分布区。是在研究、总结已知矿床（体）成矿规律基础上，能在未知区（隐伏或工作程度低）寻找同类矿体，或者可扩大已知区同类矿床（体）规模，有进一步工作价值的区域。是产一种或一种以上国家急缺矿种或地方急需矿种，控矿地质因素有利，找矿标志或物化探、重砂异常反映明显，范围相当于矿田或矿床，经初步工作验证后可转入普查或开发的地块。总体原则是近期能够获得较大找矿突破和产生较好经济效益的地区。

找矿靶区类别确定的原则如下：

A 类——成矿地质条件优越，矿化显示良好，物、化、遥均显示为成矿有利区，工作程度较高，找矿前景好，有望找到大—超大型矿床，资源潜力大。

B 类——成矿地质条件良好，矿化显示较好，物、化、遥均显示为成矿有利区，但工作程度不高，有一定找矿前景和资源潜力，有可能找到中—大型矿床。

C 类——具有一定成矿地质条件，有矿化和化探异常显示，但工作程度低，资源潜力不明。

一、重要找矿远景区

按以上划分原则，在辽东—吉南成矿区内共圈定 36 个重要找矿远景区。各找矿远景区分布位置、相关项目、投入主要工作情况、调查与找矿进展情况分述如下。

1. 山城镇—安口镇 Au-Fe-Cu 找矿远景区

远景区位于辉发河—古洞河超岩石圈断裂以南，龙岗复合陆块的北缘柳河—清源地块，本区开展的面积性地质工作主要是完成 1∶5 万小四平、大阳、山城镇、小杨树河、柳河县、柳树河子、安口镇等7幅区调，此外矿业权人在区内开展了不同程度的矿产勘查工作。

区内探明梅河口市香炉碗子金矿、柳河县金厂沟金矿、东风和平铁矿、柳河县柳河铁矿等多个中小型矿床、矿点，查明金资源储量3.80吨、铁资源储量737.2万吨。

2. 辉南—抚民Au-Fe找矿远景区

远景区位于辉发河—古洞河超岩石圈断裂以南，龙岗复合陆块的北缘会全栈地块，本区开展的面积性地质工作主要是完成1∶5万辉南县、驮佛鳖、桦甸县、杨家店、楼街、辉南镇、样子哨镇、大坦平等8幅区调，此外矿业权人在区内开展了不同程度的矿产勘查工作。

区内探明辉南太平沟铁矿、辉南五分所铁矿等多个小型矿床、矿点，查明铁资源储量379.4万吨。

3. 王家店—那尔轰Au-Cu-Fe-Ni找矿远景区

远景区位于辉发河—古洞河超岩石圈断裂以南，龙岗复合陆块的北缘会全栈地块，本区开展的面积性地质工作主要是完成1∶5万中心街、大红石砬子、那尔轰、白山镇等4幅区调，此外矿业权人在区内开展了不同程度的矿产勘查工作。

区内探明靖宇县天合兴铜钼矿、靖宇县那尔轰铜矿、桦甸市桦南金矿、桦甸市五垧地金矿、桦甸市松树川铁矿、靖宇县青山铁矿等多个中小型矿床、矿点，查明金资源储量2.42吨、铜资源储量1.23万吨。

4. 夹皮沟Au-Fe-Ni找矿远景区

远景区位于辉发河—古洞河超岩石圈断裂以南，龙岗复合陆块的北缘夹皮沟地块，处于辉发河-古洞河深大断裂向北突出弧形顶部，呈北西向带状展布，本区开展的面积性地质工作主要是完成1∶5万二道甸子、东兴屯、夹皮沟镇、杨树河子、会全栈、金银别等6幅区调，此外矿业权人在区内开展了不同程度的矿产勘查工作。

区内探明桦甸市夹皮沟金矿、桦甸市六匹叶金矿、桦甸市板庙子金矿、老牛沟铁矿等多个大中小型矿床、矿点，查明金资源储量122.20吨、铁资源储量25 699.3万吨。

5. 两江—金城洞Au-Fe-Ag-Cu-Pb-Zn-Ni-Sb找矿远景区

远景区位于辉发河—古洞河超岩石圈断裂以南，龙岗复合陆块北缘的官地地块。本区开展的面积性地质工作主要是完成1∶5万白水滩林场、朝阳屯、两江、大沙河、古洞河、卧龙湖、和龙煤矿等7幅区调，正在开展1∶5万区调工作的有和龙县、朝阳村、高岭村、白金公社等4幅，此外矿业权人在区内开展了不同程度的矿产勘查工作。

区内探明和龙市金城洞金矿、和龙市兴隆银矿、抚松县西林河银矿、和龙市官地铁矿、和龙市鸡南铁矿等多个中小型矿床、矿点，查明金资源储量352.50千克、铁资源储量3 395.1万吨。

6. 百里坪Ag-Fe-Cu-Mo找矿远景区

远景区位于辉发河—古洞河超岩石圈断裂以南，龙岗复合陆块北缘的官地地块。本区开展的面积性地质工作主要是完成1∶5万白水滩林场、朝阳屯、两江、大沙河、古洞河、卧龙湖、和龙煤矿等7幅区调，正在开展1∶5万区调工作的有和龙县、朝阳村、高岭村、白金公社等4幅，此外矿业权人在区内开展了不同程度的矿产勘查工作。

区内探明和龙市百里坪银矿、和龙市石人沟钼矿、安图县小黄泥屯铁矿等多个小型矿床、矿点，查明银资源储量106.97吨。

7. 二密—赤柏松 Cu-Ni-Fe 找矿远景区

远景区位于龙岗复合陆块内，二密—英额布中生代火山—岩浆盆地及其南侧。本区开展的面积性地质工作主要是完成 1∶5 万五道沟、小荒沟等 2 幅区调，此外矿业权人在区内开展了不同程度的矿产勘查工作。

区内探明通化县二密铜矿、通化县赤柏松铜镍矿、通化县金斗Ⅶ-5 号岩体镍矿、通化县新安铜镍矿、通化县新华铁矿等多个中小型矿床、矿点，查明铜资源储量 10.52 万吨、镍资源储量 14.22 万吨。

8. 四方山—板石 Fe 找矿远景区

远景区位于华北东部陆块，龙岗古陆与浑江拗陷盆地的接壤地带，本区开展的面积性地质工作主要是完成 1∶5 万孤山子、平岗、大荒沟、五道沟、小荒沟、板石沟铁矿等 6 幅区调，此外矿业权人在区内开展了不同程度的矿产勘查工作。

区内探明白山市板石沟铁矿床、通化县四方山铁矿床、白山市江源区五道羊岔铁矿等多个大中小型矿床、矿点，查明铁资源储量 12 766.21 万吨。

9. 金厂—复兴 Au-B-Fe-Pb-Zn-Cu-Ag-S 找矿远景区

远景区位于华北东部陆块，龙岗古陆与浑江拗陷盆地的接壤地带南侧，本区开展的面积性地质工作主要是完成 1∶5 万通化市、大泉眼、头道崴子、霸王朝、清河等 5 幅区调，目前正在实施英戈布、响水河子、大泉眼、霸王朝、清河幅等 5 幅 1∶5 万矿调，此外矿业权人在区内开展了不同程度的矿产勘查工作。

区内探明通化市跃进金矿、集安市西岔金银矿、集安市金厂沟金矿、通化市爱国铅锌矿、集安市正岔铅锌矿、集安市砬子沟铁矿、集安市高台沟硼矿等多个中小型矿床、矿点，查明金资源储量 7.22 吨，铅锌资源储量 3.29 万吨，硼资源储量 45.52 万吨。

10. 大安 Au-Fe-Cu-P 找矿远景区

远景区位于华北东部陆块，龙岗古陆与浑江拗陷盆地的接壤地带，浑江拗陷盆地北部边缘，本区开展的面积性地质工作主要是完成 1∶5 万大荒沟、板石沟铁矿、小荒沟、四方山、二道江等 5 幅 1∶5 万区调，此外矿业权人在区内开展了不同程度的矿产勘查工作。

区内探明白山市金英金矿床、白山市刘家堡子—狼洞沟金银矿、通化市二道江铁矿、通化市水洞磷矿等多个大中小型矿床、矿点，查明金资源储量 33.57 吨。

11. 抚松 Pb-Zn 找矿远景区

远景区位于华北东部陆块，辽吉裂谷内浑江盆地北东端，本区开展的面积性地质工作主要是完成抽水洞、万良、仙人桥、抚松县等 4 幅 1∶5 万矿调，此外矿业权人在区内开展了不同程度的矿产勘查工作。

区内探明抚松县大营铅锌矿、抚松县大方铁矿、抚松县松山铁矿等多个小型矿床、矿点，查明铅锌资源储量 0.83 万吨。

12. 古马岭 Au-Pb-Zn 找矿远景区

远景区位于华北东部陆块、胶辽吉古元古界裂谷带、集安裂谷盆地内，本区开展的面积性地质工作主要是完成 1∶5 万复兴村、集安县、榆树林子、江口村等 4 幅 1∶5 万区调，此外矿业权人在区内开展了不同程度的矿产勘查工作。

区内探明集安市古马岭金矿、集安市下活龙金矿等多个中小型矿床、矿点，查明金资源储量 11.80 吨。

13. 南岔—荒沟山 Au-Ag-Fe-Cu-Pb-Zn-S 找矿远景区

远景区位于华北东部陆块，胶辽吉古元古界裂谷带中段，本区开展的面积性地质工作主要是完成 1∶5 万三岔子、湾沟镇、浑江市、石人镇、花山、红土崖、苇沙河、临江镇、七道沟镇、三道沟、老岭、青石镇幅等 12 幅 1∶5 万区调，松树镇和桦树等 2 幅 1∶5 万矿调，此外矿业权人在区内开展了不同程度的矿产勘查工作。

区内探明白山市大横路铜钴矿、临江市荒沟山金矿、通化市南岔金矿、临江市荒沟山铅锌矿、集安市郭家岭铅锌矿、浑江市大栗子铁矿、通化市七道沟铁矿等多个大中小型矿床、矿点，查明金资源储量 14.26 吨，铅锌资源储量 21.62 万吨，铁资源储量 4 880.20 万吨，钴资源储量 2.18 吨。

14. 六道沟 Au-Fe-Cu-Pb-Zn-W-Mo-Ni 找矿远景区

远景区位于华北东部陆块，胶辽吉古元古界裂谷带东段，长白火山盆地内，本区开展的面积性地质工作主要是完成 1∶5 万蚂蚁河、东北岔、六道沟公社、临江铜矿、五盘道、大蛤蟆川公社、十二道沟公社幅等 7 幅 1∶5 万矿调，此外矿业权人在区内开展了不同程度的矿产勘查工作。

区内探明临江市六道沟铜钼矿、浑江市乱泥塘铁矿、长白县马鞍山硅藻土矿、长白县西大坡硅藻土矿、临江六道沟硅藻土矿等多个大中小型矿床、矿点，查明硅藻土资源储量 28.76 亿吨，铁资源储量 807.59 万吨，铜资源储量 1.98 万吨。

15. 长白 Au-Cu-Fe-Mo-W 找矿远景区

远景区位于华北东部陆块，胶辽吉古元古界裂谷带东段，长白火山盆地内，本区开展的面积性地质工作主要是完成 1∶5 万桃泉里、二道岗、十四道沟公社、长白朝鲜族自治县幅等 4 幅 1∶5 万矿调，此外矿业权人在区内开展了不同程度的矿产勘查工作。

区内发现金矿点 2 处，铜矿点 2 处，铅锌矿点 1 处，多金属矿点 1 处。

16. 开原县关门山—抚顺县上年马洲铁锰铅锌银菱镁矿远景区

远景区位于Ⅲ-56-①铁岭—靖宇 Fe-Au-Cu-Pb-Zn-煤Ⅳ级成矿亚带，面积 1 603.5 km^2。区内开展的面积性地质工作有辽宁铁岭马家寨-松山堡地区铜锌矿调查评价项目，主要完成了 1∶5 万孟家寨幅、聂家沟幅、铁岭幅、大甸子幅和三岔子幅矿调及 1∶5 万山头堡幅、孟家寨幅、聂家沟幅、铁岭幅、大甸子幅、下肥地幅、三岔子幅和上年马洲幅等区调工作。区内先后开展了开原市樟木地沟铜矿、松山堡乡石屯沟铅锌矿、明石沟铜矿、靠山镇秦家堡子银矿、谢家沟铅锌矿、大寨子铅锌矿和铁岭县黑牛圈子—张楼子铁矿、业尔兴铅锌矿、熊官屯乡夏家沟一带铁矿、茨榆台锰矿等普查及铁岭市鸡冠山乡下峪铁矿详查工作。区内矿山主要有铁岭鸡冠山万坪铁矿、红印铁矿、开原铁矿、铁岭柴河丰源铅锌矿、开原黄旗寨西岔铅矿、抚顺东方镁业、志新镁矿、铁岭兴达轻烧镁厂及辽东美达公司菱镁矿等。

17. 清原县红透山—新宾县构乃甸乡铁铜金银硫远景区

远景区位于Ⅲ-56-①铁岭—靖宇 Fe-Au-Cu-Pb-Zn-煤Ⅳ级成矿亚带，行政区划包括辽宁省清原县西北部、开原东南部和铁岭东部，面积 1 380.5 km^2。区内开展的面积性地质工作有 1∶5 万夏家堡幅、猴石幅、清源县幅和北三家幅区域地质调查。区内开展了大量的铁矿、金矿、铜矿普查工作，主要有开原市黄旗寨上顶子铁矿，清原县英额门镇转湘湖铁矿、二道沟铁矿、构乃甸乡景家沟铁矿、南口前镇王家堡铁矿，铁岭白旗寨阿达铁矿，以及铁岭白旗寨妈妈伙洛金铜矿、山城金矿、三道林子岩金，清原县小西堡地区铜矿，北三家乡龙头沟、黑石木、李家堡金矿，南口前镇马家堡地区金矿、红石砬子铜镍多金属矿、大荒沟铜矿、下甸子金矿以及树基沟、六家子、西大林子、东庙岭、金鸡背、绢厂沟等地区铜、金矿。开展的详查工作有清原县拐磨沟金矿、大孤家子镇二道河子金矿、南口前镇吕家后沟金矿、红透山铜矿、平房金矿、枸乃甸中心屯金矿、夏家堡镇马家店铁铅多金属矿及枸乃甸乡二道沟桦子房金矿等。

18. 新宾县南口前镇—弯甸子镇铁金银钼镍磷远景区

远景区位于Ⅲ-56-①铁岭—靖宇 Fe-Au-Cu-Pb-Zn-煤Ⅳ级成矿亚带，行政区包括辽宁省清原满族自治县南部和新宾满族自治县北部，面积 1 552.8 km^2。该远景区内开展的面积性地质工作有 1∶5 万北三家幅、清源县幅、南口前幅、大苏河幅、湾甸子幅、木奇幅和永陵幅区域地质调查。区内开展的矿产勘查工作主要有：清原县下大堡金矿及其外围普查、清原县向阳金矿普查、抚顺市清原满族自治县海阳金矿普查、新宾县上夹河镇五龙村银矿普查、南口前镇张家堡村铁矿勘查、抚顺市抚顺东兴矿业有限公司大东沟铁矿、清原县敖家堡乡小莱河、大莱河铁矿等。

19. 抚顺县海浪乡磨地沟—新宾县玄羊砬子铁金银钼镍硫磷远景区

远景区位于Ⅲ-56-①铁岭—靖宇 Fe-Au-Cu-Pb-Zn-煤Ⅳ级成矿亚带，行政区有抚顺县南部及新宾县西部部分地区，面积 1 706.47 km^2。区内开展的 1∶5 万区域地质调查工作有张甸子幅、郑家堡子幅和英守堡子幅。该远景区内开展的矿产工作主要有：新宾县吕家堡子地区金矿普查、新宾县邵家堡子地区铜金矿普查、抚顺县西川—馒首地区金多金属矿普查、新宾县苇子峪镇大南沟金多金属矿普查、抚顺棋盘山地区金铜钼多金属矿普查、抚顺县黑炭沟金矿普查、抚顺县上马乡姚家村铅锌矿勘查、抚顺县上马乡南太阳村银矿普查、抚顺市罗卜坎铁矿普查、抚顺市碾盘乡北坎铁矿普查、抚顺市罕王上马铁矿、傲牛铁矿等勘查工作。

20. 本溪市歪头山—北台镇铁金银远景区

远景区位于Ⅲ-56-①铁岭—靖宇 Fe-Au-Cu-Pb-Zn-煤Ⅳ级成矿亚带，行政区包括沈阳市南部小部分地区、灯塔市东部地区、本溪市西北部地区和辽阳东北部，面积 1 219.33 km^2。区内开展的 1∶5 万区域地质调查工作有小屯幅和桥头幅。开展的矿产工作有沈阳市苏家屯莽公屯铁矿勘查、沈阳市苏家屯地区姚千户地区铁矿普查、本溪市溪湖区上庙子地区金多金属矿普查、本溪市歪头山大柳峪铁矿普查、灯塔市贾家堡子—果木园子一带铁矿详查、本溪市石桥子镇红旗沟—高程湖一带铁矿普查、灯塔市二大贝铁矿地质普查、灯塔市叶河沟铁矿普查、灯塔市桃金沟铁矿详查、辽阳县平顶山金矿普查、辽阳市东京陵地区石膏矿详查等工作。该远景区内主要矿山有歪头、马耳岭、红旗堡子、棉花堡子、大汪沟、大河沿、北台、贾家堡子、孟家堡子等大中型铁矿。

21. 本溪市大台沟—凤城市赛马镇铁金银铜铅锌钼铝土菱镁重晶石磷硫远景区

远景区位于Ⅲ-56-①铁岭—靖宇 Fe-Au-Cu-Pb-Zn-煤Ⅳ级成矿亚带，行政区主要是本溪市中部及凤城市西北部的小部分地区，面积 1 884.68 km^2。区内 1∶5 万区域地质调查工作全部覆盖，主要有本溪幅、本溪县幅、田师付幅、铁山街幅、草河掌幅和南孤山子幅。开展的 1∶5 万矿产调查有本溪县幅、田师付幅、草河掌幅和南孤山子幅。该远景区内开展了大量的矿产勘查工作，主要有本溪市牛心台镇大浓湖石灰石矿普查、本溪市三家子地区铁矿物探普查、本溪县白菜地沟铜矿普查、本溪市南芬区立新金矿普查、本溪市欢喜岭大阳铜矿普查、本溪市欢喜岭滴水台铜矿普查、本溪满族自治县陈英—马鹿沟锌多金属矿普查、本溪市南芬区思山岭铁矿普查、本溪县大错草沟多金属矿普查、本溪县化皮峪多金属矿普查、本溪满族自治县四道河子—大锉峪一带多金属矿地质普查、本溪县兰河峪钼铅锌矿普查、本溪县老虎山金多金属矿普查、本溪市甬子峪—太平村金多金属普查、本溪市黄柏峪铜金多金属矿普查、本溪市南芬区柳树底铜钼多金属普查、鞍山市吴家台—辽阳市孙家营一带铁矿普查、本溪县杠子石方解石矿普查、本溪县草河掌镇马驥村铅锌矿普查、本溪市草河掌镇苑家堡子金矿普查、本溪县草河掌镇台沟岭铁及多金属矿详查、本溪县草河掌头道沟矿区铁矿普查、本溪县草河掌镇南窑子一带铅锌矿普查、本溪满族自治县草河掌镇瓦房子村北沟铜矿普查、本溪县汞洞沟金矿普查、本溪市南芬区下马塘镇施家村方解石矿详查、凤城市赛马石灰石矿普查及凤城市赛马镇凉水铁矿普查等。区内矿山主要有大台沟、南芬超大型铁矿，思山岭、欢喜岭、连家沟、徐家堡等大中型铁矿，黄柏峪铜矿等。

22. 辽阳弓长岭铁远景区

远景区位于Ⅲ-56-①铁岭—靖宇 Fe-Au-Cu-Pb-Zn-煤Ⅳ级成矿亚带，行政区主要是辽阳县弓长岭区，面积 210.62 km^2。区内 1∶5 万区域地质调查工作全部覆盖，主要是弓长岭镇幅和南芬幅。区内矿产主要是弓长岭铁矿，包括多口峪矿区、二矿区、老矿区、一矿区、三矿区等。

23. 鞍山市齐大山—海城市驼龙寨铁铬远景区

远景区位于Ⅲ-56-①铁岭—靖宇 Fe-Au-Cu-Pb-Zn-煤Ⅳ级成矿亚带，行政区主要是鞍山市和海城市，以及辽阳县部分地区，面积 706.32 km^2。区内 1∶5 万区域地质调查工作有鞍山幅、大孤山幅、南台幅和隆昌洲幅。区内矿山主要有齐大山、胡家庙子、西鞍山、东鞍山等超大型铁矿，以及眼前山、黑石砬子、大孤山、小岭子、驼龙寨等大中型铁矿。

24. 宽甸县千石岭—振江镇铁铜铅锌银钼硼菱镁远景区

远景区位于Ⅲ-56-②营口—长白 Pb-Zn-Fe-Au-Ag-U-硼—菱镁矿—滑石矿成矿亚带，行政区主要包括桓仁南部地区及宽甸北部地区，面积 1 974.257 06.32 km^2。区内 1∶5 万区域地质调查工作有八河川幅、铁路子幅、沙尖子幅、步达远幅、太平哨幅和大耳岔子幅。1∶5 万矿产地质调查工作有铁路子幅、沙尖子幅、大二道阳岔村幅、太平哨幅、步达远幅、二棚甸子幅和桓仁县幅。区内开展的矿产勘查工作主要有桓仁县二棚甸子镇桓仁矿区铜铅锌矿普查、桓仁县铜锌矿松兰矿区深部补充勘探及外围找矿、桓仁县沙尖乡穷棒沟钼铜铅锌矿详查、桓仁满族自治县沙尖子一带多金属矿普查、桓仁县向阳乡闫王鼻子区铅锌矿详查、宽甸县八河川镇酒局子区铅锌多金属矿普查、宽甸县八河川老人沟铁铅锌金多金属地质普查、宽甸县八河川老人沟铁铅锌金多金属地质普查、宽甸县四平街二阳矿段铁钼多金属矿详查、宽甸县太平哨镇二龙渡铜多金属矿普查、宽甸万宝—桓仁一带金铜钼矿区东北沟—万宝矿段普查等。

25. 辽阳县河栏镇—凤城市青城子镇铁金银铜铅锌钨硫菱镁重晶石远景区

远景区位于Ⅲ-56-②营口—长白 Pb-Zn-Fe-Au-Ag-U-硼—菱镁矿—滑石矿成矿亚带，行政区主要包括辽阳、本溪、凤城和岫岩，面积 1 819.25 km^2。区内开展的 1∶5 万区域地质调查工作主要有上麻屯幅、甜水幅、草河口幅、双岭子幅、三家子幅、青城子幅和通远堡幅。1∶5 万矿产地质调查工作有石庙幅。区内开展的矿产勘查工作主要有辽阳县朱家堡子铜矿普查、辽阳县甜水上头铜矿地质普查、辽阳县水泉乡马黑砬子铁矿详查、辽阳县甜水乡杨木东山铅锌矿地质普查、辽阳县甜水乡方解石矿地质普查、辽阳县马沟区铅锌矿普查、辽阳县尖顶子铅锌矿地质详查、本溪县连山关镇金银铅锌普查、本溪县连山关镇石哈寨金矿普查、本溪市莺歌地区银铅多金属矿详查、本溪县草河口镇于家岭金矿普查、本溪满族自治县草河口东一带多金属矿普查、本溪县连山关镇石哈寨金矿普查、本溪县连山关矿区苏家沟及外围富银铅锌矿普查、本溪县连山关镇中河金矿普查、本溪县连山关镇中河金矿普查、本溪县草河口镇岗草甸子金矿普查、凤城市白云大三道沟—荒甸子 1/万地质普查、凤城市白云大三道沟金银矿详查、凤城市青城子镇石湖沟金银矿普查、辽阳县水泉乡四道沟金矿地质详查、凤城市青城子镇云山区段银金矿普查、凤城市青城子镇二道沟金矿普查、凤城市四门子镇马家堡子金矿详查、凤城市四门子镇蔡东沟金矿普查、凤城市四门子—方家隈子一带金银普查、凤城市四门子镇西荒沟金矿普查、凤城市青城子矿田林家三道沟区段金矿普查、岫岩县石庙子乡包家沟金矿详查、凤城市青城子镇前门沟铅锌矿详查、凤城市清城子镇于家上沟大理石矿详查、凤城市青城子镇勇胜金银矿普查、青城子镇小夹石沟一带铅锌矿普查、辽阳县伊家堡金矿及大理岩矿地质普查、辽阳县胡家岭大理石矿地质详查、岫岩县石庙子镇兰家沟铁矿详查等。

26. 营口老边—虎庄镇铁金银重晶石远景区

远景区位于Ⅲ-56-①铁岭—靖宇 Fe-Au-Cu-Pb-Zn-煤Ⅳ级成矿亚带，行政区主要包括海城市感王镇、大石桥市虎庄镇和营口市老边区，面积 337.24 km^2。区内开展的 1∶5 万区域地质调查工作只有虎庄屯幅。区内开展的矿产勘查工作主要有营口市赵平房矿区铁矿补充详查、赵平房矿区铁矿补充详查(北区)、大石桥市金桥道士屯铁矿普查及大石桥市官屯镇北山金矿详查。区内矿山主要有营口老边铁矿、赵平房王家堡子铁矿、赵平房陈家店铁矿、营口孙家堡子铁矿和大石桥虎庄铁矿。

27. 大石桥市王家堡子—辽阳县大安口镇铁金银铜铅锌镍菱镁硼远景区

远景区位于Ⅲ-56-②营口—长白 Pb-Zn-Fe-Au-Ag-U-硼—菱镁矿—滑石矿成矿亚带，行政区主要包括大石桥市徐家村以东到海城市牌楼镇，再到辽阳市吉洞峪的一个带状地区，面积 696.14 km^2。区内 1∶5 万区域地质调查工作基本全部覆盖，包括虎庄屯幅、营口县幅、析木公社幅、南台幅、隆昌洲幅和吉洞峪幅。区内开展的矿产勘查工作主要有海城市小女寨—朱葛岭硼矿详查、辽阳县陈家堡子—岫岩生铁岭硼普查(北区)、辽阳县隆昌镇于家西沟萤石矿地质普查、辽阳县大安滑石矿(菱镁矿、白云石矿)地质详查、辽阳县吉洞峪乡道边皂石矿地质普查、辽阳县吉洞峪乡白砂岗皂石及大理岩矿地质普查、辽阳县杨家皂石矿地质详查、辽阳县吉洞峪乡关家堡滑石矿地质详查、吉洞峪乡高家堡滑石矿地质详查、吉洞峪乡老虎洞沟滑石、菱镁及硅石矿地质普查、吉洞峪乡老光山大理岩矿地质普查、吉洞峪乡王家堡滑石矿地质详查、海城市析木镇羊角峪滑石矿普查、析木镇松树沟金矿详查、析木镇红土岭村扑鸽山滑石矿详查、牌楼镇常家沟—贾家沟—宁家沟铁矿普查、牌楼镇庙沟村永兴镁矿普查、英落镇马家沟滑石矿普查、大石桥市恒瑞金矿普查、大石桥市青山怀白云岩矿普查、大石桥市官屯镇罗圈沟白云石矿地质普查及大石桥市石硼峪—官屯金矿普查等。

28. 宽甸县毛甸子乡—杨木杆铁银铜铅镍铬硼菱镁硫远景区

远景区位于Ⅲ-56-②营口—长白 Pb-Zn-Fe-Au-Ag-U-硼—菱镁矿—滑石矿成矿亚带，行政区主要包括宽甸县毛甸子镇、红石镇大西岔镇及硼海镇，面积 1 359.4 km^2。区内 1∶5 万区域地质调查工作包括泡子沿幅、杨林幅、红石砬子幅、永甸城幅、毛甸子幅及边沟幅。区内开展的矿产勘查工作较多，主要有宽甸县高利堡子一带硼矿普查大人沟硼矿普查、阳沟—小夹皮沟一带硼矿普查、下甸子一带硼矿普查、南甸子硼矿普查、硼海镇常盛硼矿地质详查、寒葱崴子硼矿详查、太平镇小高粱地硼矿普查、南吊硼矿区普查、大西岔乡桶子沟地区铜矿普查、大西岔镇杨林一带铁矿详查、大西岔乡三道沟—穷沟硼矿普查、大西岔乡庙沟硼矿普查、红石镇杉松地区金多金属矿普查、红石镇红石滑石矿详查、台子沟地区铜钴多金属矿普查、红石镇腰岭堡一带铁矿普查、红石镇雁脖沟一带硼矿普查、红石镇杨木杆一带金多金属矿地质普查、红石镇三岔子多金属矿地质普查、永甸碑沟一带铅锌矿普查、永甸镇上汤子水镁石矿详查、红石镇小蒿子沟金矿普查、永甸镇牛皮闸硼矿地质详查、青椅山—牛皮闸绿泥石矿普查及杨木川镇车道沟理石矿普查等。

29. 凤城县翁泉沟—大梨树村铁铜铅锌硼菱镁硫重晶石远景区

远景区位于Ⅲ-56-②营口—长白 Pb-Zn-Fe-Au-Ag-U-硼—菱镁矿—滑石矿成矿亚带，行政区主要包括凤城市中部地区及岫岩县东部的小部分地区，面积 1 641.8 km^2。区内 1∶5 万区域地质调查工作主要有通远堡幅、陈家堡子幅和边沟幅，1∶5 万区域矿产调查工作有鸡冠山幅、四台子幅、荒地幅和石庙幅。区内开展的矿产勘查工作主要有凤城市弟兄山镇马坊子区铜铅锌多金属普查、大兴镇郜家堡铁矿普查、大兴镇安乐硅石矿普查、凤城市弟兄山镇大南沟—南天门硫铁矿普查、兴达铁矿普查、金家多金属矿地质普查、刘家河镇文化村兴达金矿详查、陡岭堡子金银多金属矿普查、刘家河镇刘家沟硫化铁矿普查、瓦房屯铁矿详查、黄口岭铜矿普查、四门子镇高家沟—小王沟铜钴多金属矿普查、庙南沟铁矿普查、陈小岭蛭石矿普查、鸡冠山镇西堡铁矿普查、付家沟水镁石矿详查、鸡冠山镇碾子沟铜矿详查、袁家沟铁矿普查、大堡镇武装地多金属矿普查、陡岭堡子金银多金属矿普查、凤凰城区中兴硼矿详查、凤凰城区大獾子岭硫铁矿普查、鸡冠山镇茨林铜矿普查、草河村多金属矿普查、凤城市西山一带硼矿普查、丹东市沙子岗—五道河大南沟矿段多金属矿普查、凤城市姜家堡子多金属矿普查、岫岩县郎家堡子铁矿、硅石矿详查、大营子镇沈家堡子铜铁矿普查及大营子乡中沟铜钴矿详查等工作。

30. 大石桥市后仙峪—牧牛乡铁金银铅锌钨硼菱镁硫磷远景区

远景区位于Ⅲ-56-②营口—长白 Pb-Zn-Fe-Au-Ag-U-硼—菱镁矿—滑石矿成矿亚带，行政区主要包括海城市孤山镇、大石桥市建一镇及岫岩县西北部地区，面积 1 379.6 km^2。区内 1∶5 万区域地质调查工作全部覆盖，主要有吉洞峪幅、板子屯幅、小偏岭幅、黄花甸幅、王家堡子幅和接官厅幅。区内开展的矿产勘查工作主要有辽阳县陈家堡子—岫岩生铁岭硼普查(南区)、岫岩县牧牛乡小堡钾长石硅石矿详查、牧牛钨矿普查、卢家堡子铁矿详查、方砖沟铅锌金矿详查、牧牛乡颜家堡子金矿详查、牧牛乡牛角沟金矿详查、香山菱镁矿普查、五垄沟岩金普查、香炉沟金矿详查、韭菜沟方解石矿详查、韭菜沟铅锌矿详查、太阳铅锌多金属矿地质普查、刀尖砬子方解石矿详查、乔家堡子石灰石矿普查、大房乡大甸子村老玉岭滑石(方解石)矿普查、偏岭子方解石矿详查、偏岭镇水镁石矿普查、偏岭镇梨树沟铅锌矿普查、张家堡—穆家岭铅锌金银多金属详查、偏岭镇杖杆沟理石矿地质、海城市苇子沟铅银多金属矿详查、孤山镇庙沟银矿普查、大石桥市建一镇玉隆玉石矿普查、建一镇黄安口玉石详查、石人岭矿区多金属矿普查、后仙峪硼矿区板长峪地段硼矿普查、后仙峪硼矿区东岔沟—二道沟矿段普查、后仙峪硼矿区鲁家南沟地段地质普查及黄土岭镇前仙峪铁矿普查。

31. 盖州市苇子峪—太平庄乡铁金银铅锌钨硫萤石远景区

远景区位于Ⅲ-56-②营口—长白 Pb-Zn-Fe-Au-Ag-U-硼—菱镁矿—滑石矿成矿亚带，行政区主要包括盖州市东部地区、岫岩县西部、大石桥市周家镇、苇子峪镇和黄土岭镇，面积

1 734.8 km²。区内 1∶5 万区域地质调查工作包括卧龙泉幅、李家堡子幅、汤池幅、接官厅幅、榜式堡幅等。该远景区内开展的矿产勘查工作主要有海城市英落镇石柱村沙家沟金矿详查、大石桥市猞猁沟区铅锌普查、黄土岭镇茶叶沟黄铁矿普查、黄土岭镇秀才沟金矿详查、黄土岭镇大木峪铅锌矿普查、大石桥市建一镇路公黄铁矿普查、虎山矿区金矿普查、黄土岭镇芹菜峪金矿普查、黄土岭镇西三道沟金矿普查、岫岩县哈达碑镇红石砬子铁矿普查、哈达碑南碾子沟硼矿普查、五道沟铁矿普查、大石桥市黄土岭镇鸡冠砬子金矿普查、岫岩县石灰窑乡盘道岭金矿详查、石灰窑镇赵家沟金矿普查、张家堡子地区金矿普查、石灰窑乡大闸沟金矿详查、洼塘岩金普查、样子沟金矿详查、盖州市赵家堡子金矿普查及猫岭金矿详查等。

32. 岫岩县岫岩镇—南隈子铁金银铅锌钨硼远景区

远景区位于Ⅲ-56-②营口—长白 Pb-Zn-Fe-Au-Ag-U-硼—菱镁矿—滑石矿成矿亚带，行政区主要包括岫岩县苏子沟镇、红旗营子乡及岫岩镇，面积 769.6 km²。区内 1∶5 万区域地质调查工作包括苏子河幅、岫岩幅、大营子幅、王家堡子幅和汤池幅。1∶5 万矿产地质调查有荒地幅。区内开展的矿产勘查工作有岫岩县苏子沟镇古龙蔡家隈子铜钴矿普查、岫岩县苏子沟镇上东沟铅锌矿普查、岫岩县大房身乡东沟铁矿勘查、岫岩县贾家堡子萤石矿详查、岫岩县苏子沟镇核桃沟铁矿详查、岫岩县兴隆小砬子沟铁矿勘查、岫岩县穆家岭硅石矿勘查、岫岩县娘娘沟铁矿详查、岫岩县红旗乡罗北村铅锌钼多金属矿普查、岫岩县闹沟铅锌银矿详查、岫岩县红旗营子乡塘坊沟铅锌矿普查、岫岩县红旗营子乡后道沟铅锌矿普查、岫岩县红旗营子乡小西沟铅锌矿详查、岫岩县岫岩镇西北营子地热普查、岫岩县何家沟铅锌矿普查、岫岩县罗家西沟铅锌矿普查、岫岩县雅河乡瞪眼岭铅锌矿普查和岫岩县杨家堡子镇邓西沟铅锌普查。

33. 丹东市五龙—古楼子乡金银菱镁独居石远景区

远景区位于Ⅲ-56-②营口—长白 Pb-Zn-Fe-Au-Ag-U-硼—菱镁矿—滑石矿成矿亚带，行政区主要包括宽甸县虎山镇、丹东市南部及东港市东北部等地区，面积 1 312.36 km²。区内 1∶5 万区域地质调查工作包括大楼房幅、汤山城幅、五龙背幅、丹东市幅、古楼子公社幅、桦树甸子幅和长甸公社幅。区内开展的矿产勘查工作有宽甸县杨木川镇小安平河金多金属矿普查、宽甸县长甸镇堡鑫金矿普查、宽甸县下河口金矿普查、宽甸县长甸镇王八坑金矿普查、宽甸县虎山镇北荒沟硫铁矿普查、宽甸县古楼子乡赵家沟金矿普查、古楼子乡蒲石河金、多金属矿物探普查、宽甸县大古岭金矿详查、丹东市振安区西民主一带金矿普查、丹东市振安区金山地区地热资源勘察、丹东市振兴区滚兔岭东沟金矿详查、丹东市市城区地热勘探、丹东市四道沟金矿区外围金、铜矿普查、东港市钟家沟金、铜矿普查、丹东市苇沙沟—城山金矿详查、东港市雪洼区金矿普查、丹东市耗金沟—里滚子金矿普查、丹东市元宝区于家堡地区金矿普查、东港市长安镇砬子沟北区金矿普查、东港市长安镇砬子沟南区金矿普查、东港市长安镇杨家金矿普、东港市油盘岭金矿普查、凤城市边门镇韩家堡子金矿详查、凤城市韩家区金矿普查、东港市杨家堡子金矿详查和东港市长安镇红石金矿普查。

34. 盖州市东双台乡瓦房峪—杨屯萤石远景区

远景区位于Ⅲ-56-③瓦房店 Cu-Pb-Zn-Fe-金刚石成矿亚带，行政隶属于盖州市，面积 288.5 km²。区内 1∶5 万区域地质调查工作有双台幅和安波幅。

35. 盖州市万家岭镇—华铜村铁银铜远景区

远景区位于Ⅲ-56-③瓦房店 Cu-Pb-Zn-Fe-金刚石成矿亚带，行政区包括盖州市南部及瓦房店市北部地区，面积 255.5 km^2。区内 1∶5 万区域地质调查工作包括华铜镇幅和万家岭幅。区内开展的矿产勘查工作有瓦房店市华铜矿区金矿普查、瓦房店市草道沟金、多金属矿地质普查、瓦房店市许家屯镇洪屯石英砂矿地质普查、瓦房店市许家屯镇石英砂矿详查和瓦房店市许屯铁矿普查。

36. 瓦房店市得利寺镇—望宝山铜铅锌银远景区

远景区位于Ⅲ-56-③瓦房店 Cu-Pb-Zn-Fe-金刚石成矿亚带，行政区包括瓦房店市中东部地区及普兰店市西部的小部分地区。区内 1∶5 万区域地质调查工作全覆盖，包括榆树房幅、松树镇幅、复县幅和前元台子幅。开展的矿产勘查工作有瓦房店市复州河、岚崮河流域金刚石砂矿普查。

二、找矿靶区

按找矿靶区的划分原则，在辽东—吉南成矿区 36 个重要找矿远景区内共划分 62 个找矿靶区，其中 A 类靶区 36 个、B 类靶区 16 个、C 类靶区 10 个。详见表 5-1。

表 5-1 辽东—吉南成矿区重要找矿远景区及找矿靶区一览表

序号	远景区名称	编号	靶区名称
1	山城镇—安口镇 Au-Fe-Cu 找矿远景区	19B	香炉碗子金找矿靶区
		20B	安口镇—柳树河子铁找矿靶区
2	辉南—抚民 Au-Fe 找矿远景区	21C	石棚沟—石门子金铁找矿靶区
3	王家店—那尔轰 Au-Cu-Fe-Ni 找矿远景区	22B	天合兴—松树川铜铁找矿靶区
4	夹皮沟 Au-Fe-Ni 找矿远景区	23A	夹皮沟—金银别金铁找矿靶区
5	两江—金城洞 Au-Fe-Ag-Cu-Pb-Zn-Ni-Sb 找矿远景区	36B	古洞河—官地金铁找矿靶区
		25C	西林河-湾沟银锑找矿靶区
6	百里坪 Ag-Fe-Cu-Mo 找矿远景区	37C	三道林场—百里坪银找矿靶区
7	二密—赤柏松 Cu-Ni-Fe 找矿远景区	38A	赤柏松—二密铜镍铁找矿靶区
8	四方山—板石 Fe 找矿远景区	39A	四方—板石铁找矿靶区
9	金厂—复兴 Au-B-Fe-Pb-Zn-Cu-Ag-S 找矿远景区	45A	西岔—高台沟金硼找矿靶区
		42C	通化—先锋金铁找矿靶区
10	大安 Au-Fe-Cu-P 找矿远景区	40A	刘家堡子—金英金找矿靶区
		43C	水洞—二道江金铁找矿靶区
11	抚松 Pb-Zn 找矿远景区	41C	大营—万良铅锌找矿靶区
12	古马岭 Au-Pb-Zn 找矿远景区	51C	古马岭—下活龙金找矿靶区
13	南岔—荒沟山 Au-Ag-Fe-Cu-Pb-Zn-S 找矿远景区	44A	大横路—荒沟山金及多金属找矿靶区
		46A	七道沟—南岔金铁找矿靶区
		47C	五道江—七道江铁找矿靶区
		48C	矿洞子—望江楼铅锌找矿靶区

续表

序号	远景区名称	编号	靶区名称
14	六道沟 Au-Fe-Cu-Pb-Zn-W-Mo-Ni 找矿远景区	49B	六道沟金铁及多金属找矿靶区
15	长白 Au-Cu-Fe-Mo-W 找矿远景区	50C	金华—沿江金及多金属找矿靶区
16	开原县关门山—抚顺县上年马洲铁锰铅锌银菱镁矿远景区	辽-1B	关门山铅锌矿找矿靶区
17	清原县红透山—新宾县枸乃甸乡铁铜金银硫远景区	辽-2A	清原王小堡—线金厂金矿找矿靶区
		辽-3A	清原县红透山铜矿找矿靶区
18	新宾县南口前镇—弯甸子镇铁金银钼镍磷远景区	辽-4A	清原县下大堡金矿找矿靶区
		辽-5B	清原县小莱河铁矿找矿靶区
19	本溪市歪头山—北台镇铁金银远景区	辽-6A	歪头山—大汪沟—梨树沟铁矿找矿靶区
		辽-7B	辽阳市西王伯岭铁矿找矿靶区
		辽-8B	灯塔市大路烟台村—大营城子村铁矿找矿靶区
		辽-9B	灯塔蓝旗村—张台子铁矿找矿靶区
		辽-10A	盘道沟—大河沿铁矿找矿靶区
		辽-11B	北台铁矿找矿靶区
		辽-12A	贾家堡子铁矿找矿靶区
20	本溪市大台沟—凤城市赛马镇铁金银铜铅锌钼铝土菱镁重晶石磷硫远景区	辽-13A	本溪市大台沟铁矿找矿靶区
		辽-14A	本溪思山岭铁矿找矿靶区
		辽-15A	本溪南芬(庙儿沟)铁矿找矿靶区
21	辽阳弓长岭铁远景区	辽-16A	弓长岭铁矿找矿靶区
22	鞍山市齐大山—海城市驼龙寨铁铬远景区	辽-17A	灵山—齐大山—千山铁矿找矿靶区
		辽-18A	西鞍山—东鞍山铁矿找矿靶区
		辽-19A	黑石砬子—大孤山铁矿找矿靶区
		辽-20A	鞍山小岭子—海城柳家沟铁矿找矿靶区
23	营口老边—虎庄镇铁金银重晶石远景区	辽-21B	营口老边铁矿找矿靶区
24	宽甸县千石岭—振江镇铁铜铅锌银钼硼菱镁远景区	辽-22A	桓仁二棚甸子铜铅锌矿找矿靶区
		辽-23A	宽甸万宝铜钼矿找矿靶区
25	辽阳县河栏镇—凤城市青城子镇铁金银铜铅锌钨硫菱镁重晶石远景区	辽-24A	凤城市白云金矿找矿靶区
		辽-25B	凤城县青城子铅锌矿小佟家堡子金矿找矿靶区

续表

序号	远景区名称	编号	靶区名称
26	大石桥市王家堡子—辽阳县大安口镇铁金银铜铅锌镍菱镁硼远景区	辽-26A	辽阳县大安口铁菱镁矿找矿靶区
		辽-27A	吉洞峪乡西崴子菱镁矿找矿靶区
		辽-28A	海城市祝家村菱镁矿找矿靶区
		辽-29A	王家堡子—麻尔峪菱镁矿找矿靶区
		辽-30A	铧子峪菱镁矿找矿靶区
		辽-31A	大石桥市青山怀菱镁矿找矿靶区
		辽-32A	大石桥市小圣水寺菱镁矿找矿靶区
27	后仙峪—牧牛铁金银铅锌钨硼菱镁硫磷远景区	辽-33B	岫岩县北瓦沟铅锌矿找矿靶区
28	盖州苇子峪—太平庄乡铁金银铅锌钨硫萤石远景区	辽-34A	盖县青石岭镇达子堡金矿找矿靶区
		辽-35A	猫岭金矿找矿靶区
29	丹东市五龙—古楼子乡金银菱镁独居石远景区	辽-36B	大古岭金矿找矿靶区
		辽-37A	五龙金矿找矿靶区
		辽-38A	四道沟金矿找矿靶区
30	盖州市万家岭镇—华铜村铁银铜远景区	辽-39B	复县华铜铜矿找矿靶区
31	翁泉沟—大梨树村铁铜铅锌硼菱镁硫重晶石远景区	辽-40A	翁泉沟硼镁铁矿找矿靶区

第四节　重要矿产资源潜力分析

一、找矿远景区成矿特征

1. 山城镇—安口镇 Au-Fe-Cu 找矿远景区

远景区位于龙岗复合陆块的北缘柳河—清源地块，区域出露地层有新太古界表壳岩（也称花岗—绿岩地体）和 TTG（英云闪长岩、奥长花岗岩、花岗闪长岩）；南华系细河群南芬组紫色、灰绿色页岩、粉砂质页岩夹泥灰岩；震旦系桥头组、万隆组，碎屑灰岩、藻屑灰岩、泥晶灰岩，八道江组浅色碎屑和灰岩、叠层石灰岩、藻屑灰岩夹硅质岩；下寒武统碱厂组、馒头组，中寒武统张夏组，上塞武统崮山组、炒米店组碎屑岩—碳酸盐岩建造；下奥陶统冶里组、亮甲山组海相碳酸盐岩建造；中侏罗统小东沟组、上侏罗统鹰咀砬子及下白垩统石人组、小南沟组碎屑岩建造。在香炉琬子一带，有沿断裂带分布的超浅层侵入岩，称香炉琬子酸性火山岩，产有香炉琬子式火山型金矿床。燕山期构造主要为东西、南北、北东、北西及北北西、北北东向脆性断裂构造。尤其东西、南北构造是区域上的主要控岩和控矿断裂构造。区内侵入岩不发育，仅见有古元古界辉长岩、二辉橄榄岩，巨斑状花岗岩；下白垩统碱长花岗岩。脉岩仅见有闪长玢岩出露。

找矿潜力分析：区内具有较好的金、铁资源潜力。探明香炉碗子中型金矿 1 处，查明金资源储量6 045.75千克，已发现小型金矿3处，小型砂金矿2处，金矿点3处，小型铁矿7处，探明铁资源储量737.2万吨。潜力评价预测金资源量14.29吨，铁资源量287.20万吨。

2. 辉南—抚民Au-Fe找矿远景区

远景区位于龙岗复合陆块的北缘会全栈地块，呈带状展布。出露地层为新太古界，其由表壳岩(也称花岗—绿岩地体)和TTG(英云闪长岩、奥长花岗岩、花岗闪长岩)组成，表壳岩岩性主要有斜长角闪岩、黑云变粒岩、角闪磁铁石英岩及少量超镁铁质变质岩，其原岩为镁铁质火山岩、长英质火山岩及硅铁质和碎屑沉积，并有少量超镁铁质侵入岩。南华系钓鱼台组灰白色石英砂岩、含海绿石石英砂岩、含赤铁矿石英砂岩。侏罗系长安组紫色、黄色砾岩杂色砂岩、页岩、粉砂岩夹煤；白垩系安民组灰色安山岩；新近系船底山组深灰色玄武岩、气孔状玄武岩等。燕山期构造主要为东西、南北、北东、北西及北北西、北北东向脆性断裂构造；尤其东西、南北构造是区域上的主要控岩和控矿断裂构造。区内侵入岩不发育，主要为中侏罗统灰白色石英闪长岩、下白垩统肉红色碱长花岗岩，构成大致近北东向展布的敦—密构造岩浆岩带。

找矿潜力分析：区内具有较好的金、铁资源潜力。探明太平沟、五分所小型铁矿2处，查明铁资源储量379.4万吨，并发现金矿点12处，铁矿点6处，磷矿点1处。潜力评价预测金资源量9.86吨，铁资源量964.50万吨。

3. 王家店—那尔轰Au-Cu-Fe-Ni找矿远景区

远景区出露地层有中太古界四道砬子河岩组的斜长角闪岩、黑云变粒岩、石榴二云片岩夹磁铁石英岩。上侏罗统—下白垩统石人组的砾岩、砂岩、凝灰质砂岩、碳灰页岩夹煤，下白垩统那尔轰组的灰白色流纹岩夹流纹质凝灰角砾岩，新近系上新统军舰山组的橄榄玄武岩、致密块状玄武岩。区域侵入岩有上侏罗统花岗闪长岩、下白垩统花岗斑岩。下白垩统花岗斑岩，分布于天合兴—刺秋岭村一带，以岩株产出，总体走向近南北延伸，长16千米，平均宽800～100 m。天合兴铜矿产于其中，下白垩统花岗斑岩的侵入，可以带来含Cu的有益组分，亦可活化集中Cu的有益组分而成矿。矿区内的那尔轰—天合兴韧性剪切带糜棱岩化普遍发育，沿片里面有大量的同构造期的岩浆脉体贯入。基底的断裂构造是在早期深层次的塑性变形基础上逐渐演化为浅层次的脆性变形，其是在地质历史演化中继承和发展起来的复杂构造。燕山期构造主要为东西、南北、北东、北西及北北西、北北东向脆性断裂构造。尤其东西、南北构造是区域上的主要控岩和控矿断裂构造。

找矿潜力分析：区内具有较好的铜、钼、铁资源潜力。探明天合兴、那尔轰小型铜矿2处，查明铜资源储量1.23万吨；探明桦南、五垧地小型金矿2处，查明金资源储量2.42吨，并发现铜矿点2处，铁矿点3处，金矿点2处，砂金矿点2处。潜力评价预测铜资源量14.60吨，铁资源量7 095.56万吨。本区未作金资源潜力预测。

4. 夹皮沟Au-Fe-Ni找矿远景区

远景区位于龙岗复合陆块的北缘的夹皮沟地块，处于辉发河—古洞河深大断裂向北突出弧形顶部，呈北西向带状展布。出露地层为新太古界，其由表壳岩(也称花岗—绿岩地体)和TTG(英云闪长岩、奥长花岗岩、花岗闪长岩)组成；表壳岩主要有斜长角闪岩、黑云变粒岩、角闪磁铁石英岩及少量超镁铁质变质岩。其原岩为镁铁质火山岩、长英质火山岩及硅铁质和碎屑沉积，并有少量超镁铁质侵入岩。区内构造主要以韧性变质变形构造为主，构成夹皮沟大型韧性走滑型剪切带，总体呈北西向、局部呈近东西向展布。其次为脆性断裂构造，按照断裂构造在区内总体展布方向划分，主要有北东向和北西向。其次为近东西向。区域韧性变质变形构造对含矿层起到控制作用。侵入岩较为发育，并且具有多期多阶段性特点。由老至新分别为新太古界变质英云闪长岩，下侏罗统石英闪长岩、花岗闪长岩、二长花岗岩，中侏罗统花岗闪长岩、二长花岗岩，下白垩统二长花岗岩。区域上构成大致呈近北东向展布的构造岩浆岩带。

找矿潜力分析：区内具有较好的金、铁资源潜力。探明夹皮沟、六匹叶、板庙子等大中型金矿 6 处，查明金资源储量 122.20 吨；探明老牛沟大型铁矿 1 处，查明铁资源储量 25 699.3 万吨；并发现小型金矿 10 处，金矿点 5 处，镍矿点 1 处，银矿点 1 处，铅锌矿点 1 处。潜力评价预测金资源量 149.35 吨，铁资源量 6 375.09 万吨。

5. 两江—金城洞 Au-Fe-Ag-Cu-Pb-Zn-Ni-Sb 找矿远景区

远景区位于龙岗复合陆块北缘的官地地块。出露地层为新太古界主要为表壳岩(也称花岗—绿岩地体)和 TTG(英云闪长岩、奥长花岗岩、花岗闪长岩)组成。表壳岩岩性主要为斜长角闪岩、黑云变粒岩、角闪磁铁石英岩及少量超镁铁质变质岩，其原岩为镁铁质火山岩、长英质火山岩及硅铁质和碎屑沉积，并有少量超镁铁质侵入岩。侵入岩有新太古界变质英云闪长岩，下二叠统英云闪长岩，下侏罗统花岗闪长岩、二长花岗岩、世花岗斑岩，下白垩统石英二长岩。区内的脉岩比较发育，其中有闪长岩脉，闪长玢岩、花岗斑岩、煌斑岩、石英脉等，上述脉岩多形成于燕山期，与金的成矿有比较密切的关系，燕山期岩浆活动，带来含 Au 元素的岩浆，同时淬取围岩中的 Au 而成矿。区内的断裂有区内脆性断裂比较发育，主要有北东向、北西向和南北向。局部发育韧性剪切带。

找矿潜力分析：区内具有较好的金、铁资源潜力。探明金城洞等小型金矿 9 处，查明金资源储量 352.50 千克；探明官地、鸡南等中小型铁矿 4 处，查明铁资源储量 3 395.1 万吨；并发现金矿点 18 处，小型砂金矿 1 处，铁矿点 7 处，镍矿点 1 处，银矿点 4 处，铅锌矿点 1 处。潜力评价预测金资源量 18.63 吨，银资源量 350.95 吨，铜资源量 2.87 万吨，镍资源量 1.14 万吨，铁资源量 8 223.97 万吨。

6. 百里坪 Ag-Fe-Cu-Mo 找矿远景区

远景区位于华北东部陆块北缘，二叠系岩浆弧与中生代火山盆地群改造叠合部位。出露的地层主要有新太古界鸡南岩组黑云角闪变粒岩夹角闪岩及磁铁石英岩变质建造，属中温中压区域变质角闪岩相，原岩建造为中、基性火山岩—沉积岩含硅铁建造；官地岩组黑云变粒岩与浅粒岩夹磁铁石英岩变质建造，原岩建造为中酸性火山岩—沉积岩含硅铁建造。中生界上侏罗统屯田营组蚀变安山岩、气孔杏仁状安山岩；早白垩世金沟岭组安山岩、角闪安山岩；上白垩统龙井组粗砂岩细砂岩夹泥岩、泥灰岩；新近系船底山组橄榄玄武岩、块状玄武岩，军舰山组橄榄玄武岩、玄武岩，南坪组块状、气孔状玄武岩，拉斑玄武岩。区域断裂构造主要有近东向和北东向，近东西构造为主要的导岩导矿构造，控制了多期的构造岩浆活动。区内的侵入岩比较发育，主要有大面积晋宁期二长花岗岩、似斑状二长花岗岩；华力西早期超基性岩—基性岩群及华力西晚期、燕山期中酸性花岗岩。脉岩比较发育，其中有闪长(玢)岩、花岗斑岩等。矿床主要赋存于百里坪复式岩体内，主要受北东向的韧性剪切带控制。

找矿潜力分析：区内具有较好的银、铁资源潜力。探明百里坪小型银矿 1 处，查明银资源储量 106.97 吨，探明小黄泥屯小型铁矿 1 处，查明铁资源储量 21.48 万吨；并发现小型钼矿 1 处，金矿点 1 处，银矿点 1 处，萤石矿点 1 处。潜力评价预测银资源量 73.12 吨，铁资源量 751.71 万吨。

7. 二密—赤柏松 Cu-Ni-Fe 找矿远景区

远景区位于二密—英额布中生界火山—岩浆盆地及其南侧。区内地层主要以太古宇表壳岩为主，主要岩性为黑云斜长片麻岩、斜长角闪岩夹浅粒岩、透闪石岩及麻粒岩，变质程度较深，属高级角闪岩相与麻粒岩相，多被太古宇云英闪长岩侵入，仅以包体存在于云英闪长岩中。出露的火山岩有早期上三叠统长白组流纹岩—英安岩建造，中期中上侏罗统果松组安山岩及其碎屑岩建造，晚期下白垩统三棵榆树组安粗岩—碱性流纹岩建造。沉积建造有细河群钓鱼台组铁质石英岩建造和石英砂岩建造，南芬组页岩夹泥灰岩建造，浑江群万隆组灰岩建造，中晚中生界小东沟组砂砾岩夹泥灰岩建造，鹰咀砬子组钙质粉砂岩夹泥灰岩建造，林子头组凝灰质砂岩、凝灰质页岩互层夹砾岩建造，石人组砂岩夹煤建造。区域上北西向、北东或北北东向断裂构造十分发育，它不但控制了区域的构造岩浆活动，而且控制了含矿流体的区域分布和就位空间。二密地区侵入岩在空间上可划分为南、北、中三个带，北部柳南—曙光北西向花岗斑岩小侵入体群，南部的快大茂—干沟北西向花岗斑岩小侵入体群和中部的松顶山复合岩体，岩石类型有石英闪长岩、石英二长闪长岩和花岗斑岩体，均呈小岩珠或小岩滴状产出的浅层或超浅成(次火山岩)侵出体，燕山晚期松顶山复合岩体石英闪长岩、花岗斑岩岩体控矿，二密铜矿产于其中。赤柏松基性—超基性构造岩浆带北西成带，北东成脉，长 21 km，宽 11 km，有 11 个(条)基性—超基性岩体，还有众多的辉绿玢岩、闪长玢岩、部分辉长岩、橄榄辉长岩及碱性岩脉，分布在穹状背形的核部，多被古元古代以来的基性岩、超基性岩充填，显多期活动特点。

找矿潜力分析：区内具有较好的铜、镍资源潜力。探明二密中型铜矿 1 处，查明铜资源储量 10.52 万吨；探明赤柏松、金斗、新安等中小型铜镍矿 3 处，查明镍资源储量 14.22 万吨；并发现小型铁矿 2 处，铁矿点 4 处。潜力评价预测铜资源量 28.15 万吨，镍资源量 27.62 万吨，共伴生硫铁矿资源量 183.22 万吨。

8. 四方山—板石 Fe 找矿远景区

远景区位于辽—吉古陆块、龙岗古陆与浑江拗陷盆地的接壤地带。区域出露地层主要为中太古界杨家店岩组黑云片麻岩夹斜长角闪岩及磁铁石英岩，呈残块保存于变质英云闪长质片麻岩之中，是沉积变质铁矿的重要载体。四道砬子河岩组斜长角闪岩与黑云变粒岩互层夹磁铁石英岩。区内火山活动发生于晚中生代和新生代。前者见于白山市和江源县一带，呈北东向分布，有上侏统世果松组、林子头组，属安山岩及其碎屑岩建造和流纹岩及其碎屑岩建造。后者分布于三岔子镇以北，呈岩背状分布，有新近系船底山玄武岩、军舰山玄武岩和全新世金龙顶子玄武岩。

区内侵入岩主要为新太古界(阜平期)的基性—超基性角闪石岩及角闪岩脉、辉长岩脉，为近几年新发现的白山市江源区五道羊岔铁矿(钒钛磁铁矿型)的主要赋矿岩体。中生代—新生代只有六道江镇北西分布的花岗斑岩类，在桥头组与万隆组之间呈脉状(似层状)产出，长约 4 km，其同位素测年资料为 31.6±13/SHRIMP 锆石 U-Pb。区内区域应力作用下形成具有一定规模的多种变形构造。以脆性变形构造发育为特点，有韧性剪切带，断层(逆冲、走滑、正滑)、褶皱等构造。

找矿潜力分析：区内具有较好的金、铁资源潜力。探明板石沟、四方山、五道羊岔等大中型铁矿 3 处，查明铁资源储量 12 766.21 万吨；并发现小型铁矿 5 处，铁矿点 5 处，金矿点 1 处，铜矿点 1 处。潜力评价预测金资源量 517.34 千克，铁资源量 6 820.61 万吨。

9. 金厂—复兴 Au-B-Fe-Pb-Zn-Cu-Ag-S 找矿远景区

远景区区内出露的地层主要有古元古界集安岩群蚂蚁河组、荒岔沟组、大东岔组，老岭岩群林家沟组、珍珠门组、花山组；蚂蚁河组为一套黑云变粒岩—浅粒岩夹大理岩、斜长角闪岩变质建造，以含硼为特征，为变质型硼矿的主要赋矿层位，其原岩为中酸性火山碎屑岩—基性火山岩建造、镁质碳盐岩—砂泥质岩建造；荒岔沟组为一套变粒岩—斜长角闪岩夹含石墨大理岩变质建造，以含石墨为特征，其原岩为基性火山岩—碳酸盐岩—类复理石建造，其中含碳质较高的岩石对金等成矿有益元素有强烈的吸附作用，致使沿该岩层有金属元素的初步富集，形成初始的矿源层；珍珠门组为一套厚层大理岩变质建造，原岩为白云岩—碳酸盐岩建造，为金、多金属矿产的赋矿层位；花山岩组为一套二云母片岩夹大理岩变质建造，原岩为泥质粉砂岩—碳酸盐岩建造。中侏罗统果松组安山质火山角砾岩、安山质岩屑晶屑凝灰岩、玄武安山岩、安山岩；小东沟组紫灰色粉砂岩，局部夹劣质煤、杂色砂岩、粉砂岩、砾岩砂岩。区内侵入岩较发育，具有多期多阶段性，分别为古元古界辉长岩、二辉橄榄岩、正长花岗岩、石英正长岩、花岗闪长岩、角闪正长岩、巨斑花岗岩；上三叠统闪长岩、二长花岗岩；早白垩世花岗斑岩，还有较发育的钠长斑岩、闪长斑岩、闪长玢岩等脉岩。区内北东—北北东向断裂和断裂破碎带是区内的主要控矿断裂和容矿断裂，北北东向断裂与北西向断裂及东西向断裂的交汇部位是成矿的有利部位；区内已知的矿床、矿点、矿化点等均与断裂构造有关。

找矿潜力分析：区内具有较好的金、银、铅锌、硼资源潜力。探明金厂沟、西岔等中小型金矿 11 处，查明金资源储量 7.22 吨；探明爱国、正岔小型铅锌矿 2 处，查明铅锌资源储量 3.29 万吨，探明高台沟中型硼矿 1 处，查明硼资源储量 45.52 万吨；并发现小型砂金矿 1 处，小型硼矿 5 处，小型铁矿 4 处，小型硫铁矿 2 处，金矿点 16 处，硼矿点 17 处。潜力评价预测金资源量 7.45 吨，银资源量 411.75 吨，铜资源量 7.18 万吨，铅资源量 8.41 万吨，锌资源量 11.30 万吨，硫铁矿(矿石量)资源量 28.50 万吨，硼资源量 67.06 万吨。

10. 大安 Au-Fe-Cu-P 找矿远景区

远景区位于浑江拗陷盆地北部边缘。出露的地层有珍珠门组厚层大理岩，大栗子组千枚岩夹大理岩，南华系钓鱼台组石英角砾岩、石英砂岩夹赤铁矿，为金主要含矿层位，南华系南芬组页岩夹硅泥质灰岩和桥头组石英砂岩与页岩互层，震旦系万隆组灰岩建造，震旦系八道江组藻礁灰岩和青沟子组黑色页岩。区内侵入岩只有六道江镇北西分布的花岗斑岩类，在桥头组与万隆组之间呈脉状(似层状)产出，长约 4 km，其同位素测年资料为 31.6±13/SHRIMP 锆石 U-Pb；区内火山活动发生于晚中生代和新生代。区内断层众多，主要有北东向，同褶皱轴向断层，北西向横切褶皱轴向的断层。前者多属逆冲断层，后者属走滑或斜冲断层。

找矿潜力分析：区内具有较好的金、铁、磷资源潜力。探明金英大型金矿床、刘家堡子—狼洞沟小型金银矿各 1 处，查明金资源储量 33.57 吨；探明二道江等小型铁矿 4 处，查明铁资源储量 76.20 万吨；探明水洞中型磷矿 1 处，查明磷资源储量 236.99 万吨；并发现金矿点 2 处，铁矿点 2 处、磷矿点 5 处。潜力评价预测金资源量 122.22 吨，银资源量 920.06 吨，铁资源量 6 238.81 万吨，磷资源量 567.77 万吨。

11. 抚松 Pb-Zn 找矿远景区

远景区位于辽吉裂谷内浑江盆地北东端，与长白山火山构造隆起带接壤部位。出露的地层有中太古界四道砬子河岩组斜长角闪岩与黑云变粒岩互层夹磁铁石英岩，原岩为中基性—酸性火山岩—火山碎屑岩及硅铁质沉积岩建造，为沉积变质型铁矿的主要赋矿层位。新元古界南华系钓鱼台组石英角砾岩、石英砂岩夹赤铁矿，是重要的铁、金含矿层位，南芬组页岩夹泥灰岩，局部有膏岩透镜体和铜矿化，桥头组石英砂岩与页岩互层；震旦系万隆组灰岩夹页岩建造，八道江组灰岩建造。古生界寒武—奥陶系海相碎屑岩—碳酸盐岩建造，其中水洞组赋存沉积型磷矿；石炭—二叠系碎屑岩、铝土质岩夹煤建造。中生界三叠系长白组安山质火山碎屑岩建造；侏罗系义和组砂岩、砾岩夹煤建造，鹰嘴砬子组砂岩、砾岩夹煤建造，果松组砂砾岩、安山岩建造，林子头组流纹质火山碎屑岩夹流纹岩建造，石人组砂岩、砾岩夹煤建造。区内断裂构造主要有北东、北西两组；北西向断裂常被石英斑岩脉充填，多为高角度正断层，该组断裂成矿后仍有活动，切割矿体及北东向断裂；北东向断裂带常有岩脉侵入，并见有黄铁绢英岩化，具多期活动特点，北东向主断裂控制矿带展布，次级平行主断裂的层间断裂为容矿断裂。区内燕山期中酸性侵入岩较发育，主要有中、晚侏罗世大青山复合岩体，由二长花岗岩与闪长岩组成，岩体内部和北部外接触带有数处铅矿点；晚侏罗世抚松东二长花岗岩体和大营林场岩体，大营林场二长花岗岩体形态不规则，局部呈岩枝状侵入晚中生代火山岩和寒武系碳酸盐岩中，并在内外接触带形成一系列的热液型铅矿床，岩体内部和外接触带有多处铅矿床和矿点；区内有闪长岩脉，局部还有细晶岩脉。

区内矿床的围岩为不同时期(震旦系—奥陶系)的碳酸盐岩建造、中生代钙碱性火山岩建造，成矿与燕山期中—酸性(钙碱性)侵入岩有关，特别是岩体的岩枝、岩体的突出部位利于成矿；矿体受层间构造和不同方向的容矿构造控制。

找矿潜力分析：区内具有较好的铅锌资源潜力。探明大营小型铅锌矿 1 处，查明铅锌资源储量 0.83 万吨，发现小型铁矿 4 处。潜力评价预测铅资源量 1.98 万吨，锌资源量 9.96 万吨，铜资源量 1.25 万吨。本区未作铁资源潜力预测。

12. 古马岭 Au-Pb-Zn 找矿远景区

远景区位于胶辽吉古元古界裂谷带、集安裂谷盆地内。出露的地层有古元古界集安群蚂蚁河岩组为一套黑云变粒岩—浅粒岩夹大理岩、斜长角闪岩变质建造，以含硼为特征，为变质型硼矿的主要赋矿层位；荒岔沟组为一套变粒岩—斜长角闪岩夹含石墨大理岩变质建造，以含石墨为特征，其中含碳质较高的岩石对金等成矿有益元素有强烈的吸附作用，致使沿该岩层有金属元素的初步富集，形成初始的矿源层；大东岔岩组含矽线石榴黑云斜长片麻岩。新元古界南华系钓鱼台组石英角砾岩、石英砂岩夹赤铁矿，是重要的铁、金含矿层位。早古生界寒武系水洞组含磷粉砂岩，含海绿石和胶磷矿砾石细砂岩；碱厂组灰岩、石英砂岩、沥青质灰岩；馒头组含铁泥质白云岩、含石膏泥质白云岩、粉砂岩夹石膏；张夏组灰岩建造；崮山组页岩、粉砂岩夹灰岩建造；炒米店组灰岩夹页岩；奥陶系冶里组灰岩夹页岩和竹叶状灰岩建造。中生界晚侏罗纪果松组果松组砂砾岩、安山岩建造。区内构造主要以脆性断裂构造为主，其次为韧性变形构造；脆性断裂构造主要有北东向和北西向，其次为近南北向；区域韧性变质变形构造对含矿层起到控制作用，韧性变形构造方向为北西向，发育在古元古界变质岩中。区内侵入岩较为发育，并且具有多期多阶段性特点，主要有古元古界正长花岗岩、片麻状中细粒黑云母二长花岗岩、巨斑状花岗岩，中生界上三叠统中粒二长花岗岩、早白垩纪二长花岗岩、花岗斑岩，大致呈近北西向展布。区内与矿产有关的构造主要为北东向断裂和北西向断裂，以及北西向带状展布的变质变形构造带。

区内与成矿有关的建造主要是古元古界集安群，特别是荒岔沟岩组，是主要的含矿建造，也即是区内主要的含矿目的层，在经过后期构造和岩浆热液活动，以及区域变质变形作用的影响和改造，使矿源层中的有用矿物成分发生迁移、在有利的构造部位沉淀、富集成矿。

找矿潜力分析：区内具有较好的金资源潜力。探明古马岭、下活龙等小型金矿 2 处，查明金资源储量 11.80 吨，并发现铅锌矿点 1 处。潜力评价预测金资源量 9.38 吨。

13. 南岔—荒沟山 Au-Ag-Fe-Cu-Pb-Zn-S 找矿远景区

远景区位于辽吉裂谷的中段，成矿地质构造背景复杂。出露的地层主要有古元古界老岭群，分布于老岭背斜两翼，主要出露于南岔、大横路、荒沟山、临江、大粟子一带，大粟子以东被新古近纪玄武岩所覆盖，为一套碳酸盐岩—碎屑岩建造，其原岩是镁质碳酸盐、浊积岩及富铁铝沉积岩类。区域上著名的控矿断裂是南岔—荒沟山—小四平“S”型构造带，总体上沿珍珠门组与大粟子组接触带发生、发展和演化，长度大于 80 km，宽 0.1～0.5 km。沿该带发生显著的岩溶作用，形成较大规模的岩溶角砾岩带。区域变质岩系经历 3 期变质变形，第 1 期褶皱变形控制“检德”式铅锌矿，第 2 期变形控制大横路钴矿的矿体形态。区内侵入岩不甚发育，并具有多期多阶段性。主要为中生界侏罗系中粒二长花岗岩、中细粒闪长岩、中细粒石英闪长岩；白垩纪中细粒碱性花岗岩、花岗斑岩等。

找矿潜力分析：区内具有较好的金、锑、铅锌、铜、钴、铁、磷资源潜力。探明荒沟山、南岔中型金矿床 2 处，查明金资源储量 14.26 吨；探明大横路大型铜钴矿 1 处，查明钴资源储量 2.18 吨；探明荒沟山、郭家岭中小型铅锌矿 2 处，查明铅锌资源储量 21.62 万吨；探明大粟子、七道沟中型铁矿 2 处，查明铁资源储量 4 880.20 万吨；探明青沟子中型锑矿床 1 处，查明锑资源量 1.94 万吨。并发现小型金矿床 7 处，小型砂金矿床 4 处，小型铁矿床 3 处，小型铜钴矿床 1 处，小型硫铁矿床 3 处，金矿点 22 处，铅锌矿点 4 处，硼矿点 1 处，金矿化点 1 处，铅锌矿化点 2 处。潜力评价预测金资源量 115.46 吨，银资源量 2 579.61 吨，铜资源量 13.02 万吨，铅资源量 57.93 万吨，锌资源量 141.63 万吨，镍资源量 5.63 万吨，锑资源量 4.88 万吨，铁资源量 3 855.29 万吨，磷资源量 88.63 万吨。

14. 六道沟 Au-Fe-Cu-Pb-Zn-W-Mo-Ni 找矿远景区

远景区位于胶辽吉古元古界裂谷带，长白火山盆地内。出露的地层主要有古元古界老岭岩群大粟子岩组千枚岩夹大理岩、石英岩及铁矿层，为大粟子式铁矿的主要赋矿层位；新元古界新南华系钓鱼台组石英角砾岩、石英砂岩夹赤铁矿，是重要的铁、金含矿层位，南芬组页岩夹泥灰岩，局部有膏岩透镜体和铜矿化，桥头组石英砂岩与页岩互层；震旦系万隆组灰岩夹页岩建造，八道江组灰岩建造。古生界寒武系馒头组含铁泥质白云岩、含石膏泥质白云岩、粉砂岩夹石膏；张夏组灰岩建造；崮山组页岩、粉砂岩夹灰岩建造；炒米店组灰岩夹页岩；奥陶系冶里组、亮甲山组、马家沟组一套海相碎屑岩—碳酸盐岩建造；中生界上三叠统长白组及上侏罗统果松组、林子头组火山岩；新近系军舰山组玄武岩。区内侵入岩较发育，主要有古元古界花岗岩，上侏罗统闪长岩、二长花岗岩；下白垩统花岗斑岩，其中侏罗系中—酸性侵入岩与成矿关系密切；脉岩不发育，仅见有闪长玢岩。区内断裂构造较发育，主要有北东向、北北东向和北西向断裂，区内与矿产有关的构造主要为北东向断裂和北西向断裂。

找矿潜力分析：区内具有较好的铁、钼、硅藻土资源潜力。探明六道沟小型铜钼矿 1 处，查明铜资源储量 1.98 万吨；探明乱泥塘等小型铁矿 2 处，查明铁资源储量 807.59 万吨；探明西大坡、六道沟等大中型硅藻土矿 33 处，查明硅藻土资源储量 28.76 亿吨。另有铜钼矿点 4 处，金矿点 1 处。潜力评价预测金资源量 3.44 吨，钼资源量 4.38 万吨，铁资源量 183.06 万吨。本区未作铜、硅藻土资源潜力预测。

15. 长白 Au-Cu-Fe-Mo-W 找矿远景区

远景区位于胶辽吉古元古界裂谷带东段，长白火山盆地内。出露的地层有古元古界老岭岩群大栗子岩组千枚岩夹大理岩、石英岩及铁矿层，为大栗子式铁矿的主要赋矿层位；新元古界新南华系钓鱼台组石英角砾岩、石英砂岩夹赤铁矿，是重要的铁、金含矿层位，南芬组页岩夹泥灰岩，局部有膏岩透镜体和铜矿化，桥头组石英砂岩与页岩互层；震旦系万隆组灰岩夹页岩建造，八道江组灰岩建造。古生界寒武系水洞组含磷粉砂岩，含海绿石和胶磷矿砾石细砂岩；碱厂组灰岩、石英砂岩、沥青质灰岩；馒头组含铁泥质白云岩、含石膏泥质白云岩、粉砂岩夹石膏；张夏组灰岩建造；崮山组页岩、粉砂岩夹灰岩建造；炒米店组灰岩夹页岩；奥陶系冶里组、亮甲山组、马家沟组一套海相碎屑岩—碳酸盐岩建造；古生界石炭—二叠系本溪组、山西组煤系地层；中生界上三叠统长白组火山岩建造；新近系土门子组碎屑岩夹有玄武岩及硅藻土，军舰山组玄武岩。区内侵入岩不发育，零星见有燕山期花岗岩、闪长岩、闪长玢岩。区内断裂构造较发育，主要有北东向、北北东向和北西向断裂，区内与矿产有关的构造主要为北东向断裂和北西向断裂。

找矿潜力分析：区内具有较好的金、多金属资源潜力，发现金矿点 2 处，铜矿点 2 处，铅锌矿点 1 处，多金属矿点 1 处。潜力评价预测金资源量 2.47 吨。

16. 开原县关门山—抚顺县上年马洲铁锰铅锌银菱镁矿远景区

该远景内分布有关门山式沉积变质型铅锌(伴生银)矿、老官台沉积变质型锰矿、上年马式沉积变质型菱镁矿、鞍山式沉积变质型铁矿及柴河式沉积型砂金矿等。其中，铅锌银矿、菱镁矿与锰矿均赋存于中元古界长城系三岔子群关门山组地层中，铁矿含矿建造是中—新太古界清原群石棚了组沉积变质岩系。区内成矿地质条件较好，关门山铅锌矿、老官台锰矿及上年马菱镁矿均产于此预测区内。铅锌矿矿床规模较大，锰矿、菱镁矿规模一般。

找矿潜力分析：区内发现铅锌矿 1 处，砂金矿 1 处，铁矿 1 处，锰矿 2 处，菱镁矿 4 处。资源潜力预测菱镁矿：113 319.281 千吨；铁矿：116 724.897 千吨；铅矿：24 206.55 吨；锌矿：69 048.82 吨；银矿：236.397 吨；锰矿：520.178 千吨；铬矿：0.043 3 千吨。

17. 清原县红透山—新宾县构乃甸乡铁铜金银硫远景区

区内分布有红透山式海相火山岩型铜(伴生银)矿、金厂沟梁式热液型金(伴生银)矿、鞍山式沉积变质型铁矿、大荒沟式火山沉积变质型硫矿、沙海式岩浆熔离型铬矿、赤柏松式岩浆熔离型铜镍矿及柴河式河相冲积型砂金矿。铜、金、银、硫等矿种的含矿建造为新太古界清原群红透山组地层；铬、镍矿主要与古元古界、新元古界的基性—超基性岩有关；砂金矿则产于第四系当中。红透山铜矿即分布于区内，成矿地质条件好，规模大。

找矿潜力分析：区内发现大型铜矿 1 处，铁矿 7 处，金矿 4 处，砂金矿 1 处，硫矿 2 处，镍矿 3 处。资源潜力预测铁矿：143 177.698 千吨；铜矿：714 491.978 吨；金矿：34 675.513 千克；银矿：68.817 吨；硫：34 831.38 千吨；伴生硫 2 975 288.75 吨。

18. 新宾县南口前镇—弯甸子镇铁金银钼镍磷远景区

区内主要有鞍山式沉积变质型铁矿、勿兰乌苏式变质型磷矿、金厂沟梁式热液型金(伴生银)矿、万宝式矽卡岩型钼矿及赤柏松式岩浆熔离型镍矿。铁、金(银)、磷矿含矿建造为新太古界变质表壳岩与深成岩;钼矿含矿建造为新太古界变质深成岩中,与燕山期酸性侵入岩关系密切;镍矿主要与新太古界或古元古界基性—超基性岩有关。区内成矿地质条件较好,规模较大。

找矿潜力分析:区内发现金矿 4 处,铁矿 7 处,磷矿 1 处,镍矿 3 处。资源潜力预测铁矿:152 978.1 千吨;金矿:7 439.854 千克;银矿:57.250 吨;磷矿:173 739.480 千吨;钼矿:985.293 吨。

19. 抚顺县海浪乡磨地沟—新宾县玄羊砬子铁金银钼镍硫磷远景区

区内主要有鞍山式沉积变质型铁矿、金厂沟梁式热液型金(伴生银)矿、勿兰乌苏式变质型磷矿、万宝式矽卡岩型钼矿、达子营式裂隙充填型硫矿及赤柏松式岩浆熔离型镍矿等。铁、硫、金(银)、磷矿含矿建造为新太古界变质表壳岩与深成岩、燕山期酸性侵入岩;钼矿含矿建造为矿体赋存新太古界石棚子组中,与燕山期酸性侵入岩关系密切;镍矿主要与新太古界或古元古界基性—超基性岩有关。成矿地质条件一般,规模一般。

找矿潜力分析:区内发现铁矿 9 处,镍矿 1 处。预测铁矿:443 090.705 千吨;金矿:9 671.79 千克;银矿:59.812 吨;硫:1 322.816 千吨;磷矿:77 309.847 千吨;钼矿:5 411.42 吨;镍矿:105.714 吨。

20. 本溪市歪头山—北台镇铁金银远景区

该远景区内矿产主要是鞍山式沉积变质型铁矿,含矿建造太古宇茨沟组斜长角闪岩夹磁铁石英岩,典型矿床歪头山铁矿即在该综合预测区内。其次还有金厂沟梁式热液型金(伴生银)矿,成矿物质来源于新太古界变质深成岩与表壳岩。成矿地质条件好,规模大,前景好。

找矿潜力分析:区内发现铁矿 20 余处。预测铁矿:2 915 259.31 千吨;金矿:619.821 千克;银矿:25.656 吨。

21. 本溪市大台沟—凤城市赛马镇铁金银铜铅锌钼铝土菱镁重晶石磷硫远景区

本区内矿产主要有鞍山式沉积变质型铁矿、桓仁式接触交代型铅锌(伴生银)矿、万宝式矽卡岩型铜钼(伴生银)矿、红阳式沉积型铝土矿、赛马式碱性岩型稀土矿、凤城式变质热液型重晶石矿、海城式沉积变质型菱镁矿、小佟家堡子式热液改造型金(伴生银)矿及白云式沉积变质型金(伴生银)矿。菱镁矿含矿建造为古元古界辽河群大石桥组碳酸盐岩;铁矿含矿建造为太古宇茨沟组斜长角闪岩夹磁铁石;铜、钼、铅锌矿主要与寒武、奥陶系地层、印支—燕山期侵入的酸性岩有关;铝土矿赋存于古生界二叠系石盒子组、石炭系本溪组地层中;稀土矿主要与霓霞正长岩有关;而硫铁矿则与古元古界辽河群里尔峪组有关。区内成矿地质条件好、矿床规模巨大、资源前景很好。本溪南芬、大台沟、思山岭等大型超大型铁矿及牛心台铝土矿、小市铝土矿、赛马稀土矿等典型矿床均产于本区。

区内发现铁矿 9 处,铝土矿 1 处,铜矿 2 处,金矿 1 处。资源潜力预测菱镁矿:144 931.84 千吨;铁矿:7 917 543.383 千吨;铜矿:120 990.45 吨;铅矿:30 959.69 吨;锌矿:56 612.41 吨;钼矿:4 288.93 吨;金矿:115 千克;金矿:43 402.794 千克;银矿:1 048.543 吨;重晶石矿:13.123 千吨;磷矿:612 千吨;硫矿:587.359 千吨。

22. 辽阳弓长岭铁远景区

区内矿产主要是鞍山式沉积变质型铁矿,含矿建造是太古宇茨沟组斜长角闪岩夹磁铁石英岩,弓长岭铁矿即在该区内。成矿地质条件好,规模大。

区内铁矿 7 处,预测铁矿资源 1 825 993.246 千吨。

23. 鞍山市齐大山—海城市驼龙寨铁铬远景区

区内矿产主要是鞍山式沉积变质型铁矿，含矿建造是太古宇樱桃园组千枚岩、片岩夹磁铁石英岩，东鞍山、西鞍山、齐大山等超大型铁矿即产于此区。铁矿成矿地质条件很好、规模巨大、前景好。其次还有少量沙海式岩浆熔离型铬矿，含矿建造为古元古界、新太古界基性—超基性岩。铬矿规模小、前景不大。

找矿潜力分析：该远景区内发现铁矿 20 余处，铬矿 1 处。预测资源铁矿：16 053 828 千吨；铬矿：0.005 58 千吨。

24. 宽甸县千石岭—振江镇铁铜铅锌银钼硼菱镁远景区

该远景区内矿产主要包括桓仁式矽卡岩型铜铅锌矿、万宝式矽卡岩型铜钼矿、杨木杆子式火山沉积变质型硼矿、海城式沉积变质型菱镁矿及千石岭式矽卡岩型铁矿。铜、铅锌（伴生银）、钼矿含矿建造为寒武系、奥陶系地层与印支—燕山期侵入岩有关；硼矿与里尔峪组含硼岩系有关；菱镁矿则赋存于大石桥三段地层中。该远景区内成矿地质条件较好、资源前景较大，二棚甸子铅锌矿、万宝铜钼矿、四平街铁矿等典型矿床产于其中。

找矿潜力分析：区内发现铅锌矿 4 处，铜矿 2 处，铁矿 6 处，钼矿 3 处，金矿 1 处。预测铜矿：38 420.97 吨；铅矿：29 134.80 吨；锌矿：55 233.18 吨；银：348.86 吨；钼矿：69 661 吨；硼矿：17.82 千吨；菱镁矿：158 122.28 千吨；铁矿：3 892.7 千吨。

25. 辽阳县河栏镇—凤城市青城子镇铁金银铜铅锌钨硫菱镁重晶石远景区

本区内主要矿产有白云式沉积变质型金（伴生银）矿、小佟家堡子式热液改造型金（伴生银）矿、青城子式沉积改造型铅锌矿、大横路式海相火山—沉积型铜矿、二道河式基性—超基性岩型铁矿、云盘式变质火山沉积型硫矿、甜水式沉积变质型磷矿、海城式沉积变质型菱镁矿、错草沟式热液充填石英脉型钨矿及凤城式变质型重晶石矿等。金（伴生银）、铅锌矿主要含矿建造为辽河群大石桥组、盖县组、印支—燕山期酸性侵入岩、第四系堆积物；铁矿和硫矿与硼矿的含矿建造分为元古宇辉绿岩与里尔峪组；菱镁矿含矿建造为大石桥组。该综合预测区成矿地质条件良好、矿产规模较大、资源前景较好。青城子铅锌矿、亮甲二道河铁矿、甜水磷矿、云盘硫矿、小佟家堡子金矿及白云金矿等典型矿床均产于本区。

找矿潜力分析：区内发现金矿 8 处，砂金矿 6 处，银矿 1 处，铅锌矿 9 处，铁矿 3 处，硫矿 4 处，镍矿 1 处。区内预测金矿：292 041.5 千克；银矿：103.05 吨，铅矿：749 518.2 吨，锌矿：597 883.2 吨；铁矿：34 786.3 千吨；硫矿：5 717.064 千吨；菱镁矿：718 761.4 千吨；钨矿：6 791.439；铜矿：13 547.3 吨；镍矿：959.24 吨；重晶石矿：9.33 千吨。

26. 营口老边—虎庄镇铁金银重晶石远景区

区内矿产主要是鞍山式沉积变质型铁矿，含矿建造是太古宇樱桃园组千枚岩、片岩夹磁铁石英岩，主要矿床是老边铁矿，成矿地质条件较好，规模较大。其次区内还有金厂沟梁式热液型金（伴生银）矿，产于新太古界变质深成岩、表壳岩中。成矿地质条件一般、前景一般。

找矿潜力分析：区内发现铁矿 4 处，金矿 1 处。预测铁矿：211 937.897 千吨；金矿：271 千克；银矿：1.168 吨；重晶石矿：0.373 8 千吨。

27. 大石桥市王家堡子—辽阳县大安口镇铁金银铜铅锌镍菱镁硼远景区

本区是辽宁省主要的菱镁矿成矿带，矿化带长 50 多公里，宽约 5 公里，矿体呈层状、似层状，规模大，矿石多为Ⅰ、Ⅱ级品优质菱镁矿，MgO 含量在 46%以上，SiO_2、CaO、含量低微。共生矿物有白云石、滑石、蛇纹石等可供综合利用，该类型矿床规模大、质量优，举世闻名。锌子峪、青山怀、小圣水寺、王家堡子、下房身等超大型大型菱镁矿即产于此区。此外，该区还有大安口式沉积变质型铁矿、白云式沉积变质型金(伴生银)矿、小佟家堡子式热液改造型金(伴生银)矿及青城子式沉积改造型铅锌矿等，成矿地质条件一般，矿产规模一般。

找矿潜力分析：区内发现菱镁矿 20 余处，镍矿 2 处，硼矿 1 处，金矿 1 处。预测菱镁矿：8 041 921.53 千吨；铁矿：133 948 千吨；金矿：5 882.876 千克；银矿：3.157 吨；铜矿：3 503.08 吨；铅矿：26 366.08 吨；锌矿：18 380.49 吨；镍矿：1 668.606 吨；硼矿：59.331 千吨。

28. 宽甸县毛甸子乡—杨木杆铁银铜铅镍铬硼菱镁硫远景区

区内主要矿产有杨木杆式沉积变质型硼矿、杨林式沉积变质型铁矿、桓仁式矽卡岩型铜铅锌矿、大横路式海相火山—沉积型铜矿、云盘式变质火山沉积型硫矿、海城式沉积变质型菱镁矿、沙海式岩浆熔离型铬矿及赤柏松式铜镍硫化物型镍矿等。菱镁矿产于大石桥组三段；硼矿产于里尔峪含硼岩系；铜铅锌等矿种的形成则与寒武系、奥陶系灰岩、印支—燕山期酸性侵入岩；铬镍矿与古元古界、新太古界基性—超基性岩有关。区内典型矿床有杨木杆硼矿，成矿地质条件好，前景大。

找矿潜力分析：区内发现硼矿 20 余处，铁矿 4 处，菱镁矿 1 处，重晶石矿 2 处，硫矿 1 处，金矿 2 处，镍矿 1 处。预测铁矿：149 181.2 千吨；菱镁矿：279 906.6 千吨；硼矿：12 670.83 千吨；铜矿：3 761.39 吨；铅矿：3 644.44 吨；镍矿：996.65 吨；铬矿：0.134 4 千吨；银矿：35.906 吨；硫矿：950.301 千吨。

29. 凤城县翁泉沟—大梨树村铁铜铅锌硼菱镁硫重晶石远景区

本区内矿产主要有翁泉沟式沉积变质型硼镁铁矿、海城式沉积变质型菱镁矿、甜水式沉积变质型磷矿、大横路式海相火山—沉积型铜矿、青城子式沉积改造型铅锌矿、云盘式变质火山沉积型硫铁矿及凤城式变质型重晶石矿等。硼矿、铁矿和铜矿含矿建造为古元古界里尔峪组；菱镁矿含矿建造为大石桥组。远景区成矿条件较好，资源潜力较大，翁泉沟硼镁铁矿、王家大沟重晶石矿产于该预测区内。

找矿潜力分析：区内发现硼矿 6 处，铁矿 8 处，菱镁矿 2 处，重晶石矿 2 处，硫铁矿 2 处。预测铁矿：243 620.93 千吨；硼矿：18 135.35 千吨；菱镁矿：143 156.475 千吨；磷矿：4 053.117 千吨；铜矿：1 644.68 吨；铅矿：6 901.68 吨；锌矿：5 541.16 吨；硫矿：4 132.83 千吨；重晶石矿：12.5 千吨。

30. 大石桥市后仙峪—牧牛乡铁金银铅锌钨硼菱镁硫磷远景区

区内主要矿产有海城式沉积变质型菱镁矿、白云式沉积变质型金(伴生银)矿、小佟家堡子式热液改造型金(伴生银)矿、三家式砂金矿、东胜式热液型铅锌矿、青城子式沉积改造型铅锌矿、云盘式变质火山沉积型硫矿、翁泉沟式沉积变质型硼矿、甜水式沉积变质型磷矿、错草沟式热液充填石英脉型钨矿及生铁岭式火山沉积变质独居石矿等。金(伴生银矿)含矿建造为辽河群大石桥组、盖县组，砂金矿则产于第四系中。钨矿的形成主要与三叠纪黑云母花岗岩，成矿构造北西向韧—脆性剪切断裂有关。铅锌矿的形成主要与辽河群地层、印支—燕山期酸性侵入岩关系密切。菱镁矿的含矿建造为大石桥组而硼矿则是里尔峪组地层。铬矿的含矿建造为古元古界基性—超基性岩。该远景区成矿地质条件较好，资源潜力较好，典型矿床东胜铅锌矿、小牧古峪钨矿及生铁岭独居石矿出自该区。

找矿潜力分析：区内发现硼矿 6 处，菱镁矿 7 处，铁矿 2 处，铅锌矿 3 处，钨矿 3 处，硫铁矿 2 处，砂金矿 2 处，稀土矿 1 处。预测金矿：41 670.075 千克；钨矿：64 919.51 吨；铅矿：

57 822.29 吨;锌矿:238 742.5 吨;菱镁矿:826 704.2 千吨;硼矿:1 690.054 千吨;铁矿:91 千吨;铬矿:0.032 千吨;银矿:4.015 吨;硫矿:689.77 千吨;磷矿:1 057.529 千吨。

31. 盖州市苇子峪—太平庄乡铁金银铅锌钨硫萤石远景区

本区内矿产有猫岭式热液型金矿、错草沟式热液充填石英脉型钨矿、杨林式沉积变质型、三宝屯式岩浆热液充填型萤石矿及东胜式热液型铅锌矿等。金(伴生银)矿含矿建造为大石桥岩组和盖县岩组;铅锌矿含矿建造为大石桥组、高家峪组、燕山期酸性侵入岩;铁矿含矿建造为里尔峪组;钨矿主要与三叠纪黑云母花岗岩有关。区内典型矿床有猫岭金矿、于家堡子铁矿,成矿条件较好、有一定的资源潜力。

找矿潜力分析:区内发现金矿 7 处,铁矿 4 处,萤石矿 1 处,硼矿 1 处,铜矿 1 处,砂金矿 1 处。预测金矿:522 439.2 千克;银矿:10 251.54 吨;铅矿:10 537.3 吨;锌矿:42 149.21 吨;铁矿:6 919.1 千吨;钨矿:25 232.92 吨;萤石矿:1 923.13 千吨;硫矿:747.386 千吨。

32. 岫岩县岫岩镇—南隈子铁金银铅锌钨硼远景区

该区内矿产有东胜式热液型铅锌矿、猫岭式热液型金矿、错草沟式热液充填石英脉型钨矿、翁泉沟式沉积变质型硼矿及杨林式沉积变质型铁矿等。铅锌矿含矿建造为辽河群大石桥、高家峪组地层、印支—燕山期酸性侵入岩;铁矿含矿建造为里尔峪组;金(伴生银)矿含矿建造为盖县组及猫岭岩体。成矿地质条件一般,资源潜力一般。

找矿潜力分析:区内发现铁矿 2 处,铅锌矿 1 处,钨矿 1 处。预测铅矿:37 061.28 吨;锌矿:37 088.28 吨;铁矿:75.7 千吨;金矿:8 766.405 千克;银矿:0.561 吨;钨矿:5 540.901 吨;硼矿:4.045 千吨。

33. 丹东市五龙—古楼子乡金银菱镁独居石远景区

区内矿产主要有五龙式热液型金(伴生银)矿、凤城式冲积砂矿型独居石矿。金矿体产于辽河群各组地层中,且与印支—燕山期酸性侵入岩有关;独居石矿产于第四系中。金矿成矿地质条件良好,矿床规模较大,前景较好。

找矿潜力分析:区内发现金矿 4 处,稀土矿 4 处,铁矿 1 处,硫矿 1 处。预测金矿:32 526.55 千克;银矿:162.632 8 吨;独居石:1 506.725 千吨;菱镁矿:52 359.707 千吨。

34. 盖州市东双台乡瓦房峪—杨屯萤石远景区

区内主要矿产是三宝屯式岩浆热液充填型萤石矿,含矿建造古元古界辽河群大石桥组地层。区内成矿地质条件较好,有一定的资源潜力。

找矿潜力分析:区内发现萤石矿 1 处,预测萤石矿资源 722.53 千吨。

35. 盖州市万家岭镇—华铜村铁银铜远景区

区内主要矿产有华铜式矽卡岩型铜(伴生银)矿和仰山式沉积变质型铁矿。铜银矿的含矿建造是辽河群大石桥组二段与印支—燕山期酸性侵入岩,铁矿含矿建造是中元古界榆树砬子组。该综合预测区成矿地质条件较好,资源潜力较大,典型矿床华铜铜矿与仰山铁矿均出自该区域。

找矿潜力分析:区内发现铜矿 1 处,铁矿 2 处,磷矿 2 处。预测铜矿:188 016.04 吨;银矿:178.712 吨;铁矿:1 170.8 千吨。

36. 瓦房店市得利寺镇—望宝山铜铅锌银远景区

区内主要矿产有望宝山式陆相火山岩型铅锌(伴生银)矿和华铜式矽卡岩型铜(伴生银)矿,铜矿产于大石桥组与印支—燕山侵入岩的接触部位,铅锌矿则产于火山角砾岩筒内。区内成矿地质条件一般，有一定资源潜力。

找矿潜力分析：区内发现铜矿1处，预测铜矿：40 431.9吨；铅矿：41 791.17吨；锌矿：98 880.938吨；银矿：241.825吨。

二、找矿靶区特征

各找矿靶区特征见对应的找矿远景区部分，各靶区分布位置、主攻矿种、矿床类型、找矿进展及预期目标见表5-2。

表5-2 辽东—吉南成矿区找矿靶区一览表

编号	靶区名称	分布位置	主攻矿种及矿床类型	找矿进展及预期目标
19B	香炉碗子金找矿靶区	柳河县水道镇	金，陆相火山岩型	探明中型金矿床1处，发现小型金矿床、矿点多处 新发现矿产地1～2处
20B	安口镇—柳树河子铁找矿靶区	柳河县安口镇	铁，沉积变质型	发现小型铁矿床、矿点多处 新发现矿产地1～2处
21C	石棚沟—石门子金铁找矿靶区	辉南县辉南镇	铁，沉积变质型	发现小型铁矿床2处，金、铁矿点多处 新发现矿产地1～2处
22B	天合兴—松树川铜铁找矿靶区	靖宇县那尔轰镇	铜，斑岩型； 铁，沉积变质型	发现铜、铁、金小型矿床、矿点多处 新发现矿产地2～3处
23A	夹皮沟—金银别金铁找矿靶区	桦甸市夹皮沟镇	金，绿岩型； 铁，沉积变质型	探明大中型金、铁矿床7处，发现金、铁小型矿床、矿点多处 新发现矿产地3～5处
36B	古洞河—官地金铁找矿靶区	和龙县金城洞	金，绿岩型； 铁，沉积变质型	发现小型铁矿床2处，金、铁矿点多处 新发现矿产地2～3处
25C	西林河—湾沟银锑找矿靶区	抚松县西林河	银，岩浆热液型	发现银、金小型矿床、矿点多处 新发现矿产地1～2处
37C	三道林场—百里坪银找矿靶区	和龙县百里坪	银，岩浆热液型	发现银、铁小型矿床各1处，金、银矿点多处 新发现矿产地1～2处
38A	赤柏松—二密铜镍铁找矿靶区	通化县赤柏松—二密镇	铜，斑岩型 镍，基性—超基性岩浆熔离—贯入型	探明中型铜、镍矿床各1处，发现铜、镍、铁小型矿床、矿点多处 新发现矿产地3～5处
39A	四方—板石铁找矿靶区	通化市光华镇—白山市板石镇	铁，沉积变质型、岩浆型	探明大型铁矿床3处，发现金、铁小型矿床、矿点多处 新发现矿产地3～5处
45A	西岔—高台沟金硼找矿靶区	集安市财源镇—台上镇	金，岩浆热液改造型 硼，沉积变质型	探明中型金、硼矿床3处，发现金、铅锌、硼小型矿床、矿点多处 新发现矿产地3～5处
42C	通化—先锋金铁找矿靶区	通化市金厂镇	金，岩浆热液型 铁，沉积变质型	发现金、铁小型矿床、矿点多处 新发现矿产地2～3处

续表

编号	靶区名称	分布位置	主攻矿种及矿床类型	找矿进展及预期目标
40A	刘家堡子—金英金找矿靶区	白山市六道江镇	金，热液型	探明大型金矿床1处，发现金、铁、磷小型矿床、矿点多处 新发现矿产地2～3处
43C	水洞—二道江金铁找矿靶区	通化市鸭园镇	金，热液型 铁，沉积型	发现金、铁小型矿床、矿点多处 新发现矿产地1～2处
41C	大营—万良铅锌找矿靶区	抚松县仙人桥镇—万良镇	铅锌，矽卡岩型	发现铅锌、铁小型矿床、矿点多处 新发现矿产地1～2处
51C	古马岭—下活龙金找矿靶区	集安市大路镇	金，岩浆热液型	发现小型矿床、矿点多处 新发现矿产地1～2处
44A	大横路—荒沟山金及多金属找矿靶区	白山市三道沟镇—花山镇	金，岩浆热液型 铅锌，岩浆热液型 铜钴，沉积变质型	探明大型铜钴矿床1处、中型金、锑、铅锌、铁矿床各1处，发现小型矿床、矿点多处 新发现矿产地3～5处
46A	七道沟—南岔金铁找矿靶区	通化市七道沟镇	金，岩浆热液型 铁，沉积变质型	探明中型金、铁矿床各1处，发现金、铁小型矿床、矿点多处 新发现矿产地1～2处
47C	五道江—七道江铁找矿靶区	通化市五道江镇	铁，沉积型	发现金、铁小型矿床、矿点多处 新发现矿产地1～2处
48C	矿洞子—望江楼铅锌找矿靶区	集安市阳岔镇	铅锌，矽卡岩型	探明中型铅锌矿床2处，发现金、铅锌矿点多处 新发现矿产地1～2处
49B	六道沟金铁及多金属找矿靶区	临江市六道沟镇	铜钼，矽卡岩型 铁，沉积变质型	探明中型铜钼、铁矿床各1处，发现金、铜钼、铁矿点多处 新发现矿产地1～2处
50C	金华—沿江金及多金属找矿靶区	长白县金华乡	金及多金属	发现金、铜、铅锌矿点多处 新发现矿产地1～2处
辽-1B	关门山铅锌矿找矿靶区	开原市关门山	铅锌，沉积变质型	发现铅锌矿1处
辽-2A	清原王小堡—线金厂金矿找矿靶区	清原县枸乃甸乡	金，热液改造型 铁，沉积变质型	发现金矿2处，铁矿1处
辽-3A	清原县红透山铜矿找矿靶区	清原县红透山镇	铜，海相火山岩型	发现铜矿1处
辽-4A	清原县下大堡金矿找矿靶区	清原县下大堡	金，热液改造型	发现金矿1处
辽-5B	清原县小莱河铁矿找矿靶区	清原县大莱河村	铁，沉积变质型	发现铁矿3处
辽-6A	歪头山—大汪沟—梨树沟铁矿找矿靶区	本溪歪头山—灯塔大汪沟—本溪梨树沟	铁，沉积变质型	发现铁矿14处
辽-7B	辽阳市西王伯岭铁矿找矿靶区	灯塔市荣官屯—二台子村	铁，沉积变质型	新发现铁矿产地1处

续表

编号	靶区名称	分布位置	主攻矿种及矿床类型	找矿进展及预期目标
辽-8B	灯塔市大路烟台村—大营城子村铁矿找矿靶区	灯塔市大营城子	铁,沉积变质型	新发现铁矿产地1处
辽-9B	灯塔蓝旗村—张台子铁矿找矿靶区	灯塔市井泉村	铁,沉积变质型	新发现铁矿产地1处
辽-10A	盘道沟—大河沿铁矿找矿靶区	灯塔市鸡冠山村—辽阳市双河村	铁,沉积变质型	发现铁矿3处
辽-11B	北台铁矿找矿靶区	本溪市北台镇	铁,沉积变质型	发现铁矿1处
辽-12A	贾家堡子铁矿找矿靶区	本溪市孟家堡子—辽阳县前牌坊村	铁,沉积变质型	发现铁矿3处
辽-13A	本溪市大台沟铁矿找矿靶区	本溪市台沟村	铁,沉积变质型	发现铁矿1处
辽-14A	本溪思山岭铁矿找矿靶区	本溪市思山岭乡	铁,沉积变质型	发现铁矿1处
辽-15A	本溪南芬(庙儿沟)铁矿找矿靶区	本溪市永安村	铁,沉积变质型	发现铁矿1处
辽-16A	弓长岭铁矿找矿靶区	辽阳市弓长岭	铁,沉积变质型	发现铁矿7处
辽-17A	灵山—齐大山—千山铁矿找矿靶区	辽阳县大赵台村—鞍山市小牛岭	铁,沉积变质型	发现铁矿10处
辽-18A	西鞍山—东鞍山铁矿找矿靶区	鞍山市鞍山城村	铁,沉积变质型	发现铁矿3处
辽-19A	黑石砬子—大孤山铁矿找矿靶区	鞍山市大孤山镇	铁,沉积变质型	发现铁矿2处
辽-20A	鞍山小岭子—海城柳家沟铁矿找矿靶区	鞍山市小岭子—海城柳家沟	铁,沉积变质型	发现铁矿2处
辽-21B	营口老边铁矿找矿靶区	营口赵平村	铁,沉积变质型	发现铁矿1处
辽-22A	桓仁二棚甸子铜铅锌矿找矿靶区	桓仁二棚甸子镇	铜,铅锌,接触交代型	发现铜铅锌矿1处
辽-23A	宽甸万宝铜钼矿找矿靶区	宽甸万宝村	铜、钼,接触交代型	发现铜钼矿1处
辽-24A	凤城市白云金矿找矿靶区	凤城市白云村	金,沉积变质热液改造型	发现金矿2处
辽-25B	凤城县青城子铅锌矿小佟家堡子金矿找矿靶区	凤城市青城子镇—小佟家堡子	铅锌,沉积—改造型 金,沉积变质热液改造型	发现铅锌矿4处,金矿4处,银矿1处
辽-26A	辽阳县大安口铁菱镁矿找矿靶区	辽阳县吉洞峪乡	铁,沉积变质型 菱镁矿,沉积变质型	发现铁矿1处,菱镁矿1处

续表

编号	靶区名称	分布位置	主攻矿种及矿床类型	找矿进展及预期目标
辽-27A	吉洞峪乡西崴子菱镁矿找矿靶区	吉洞峪乡西崴子村	菱镁矿，沉积变质型	发现菱镁矿 4 处
辽-28A	海城市祝家村菱镁矿找矿靶区	海城市祝家村	菱镁矿，沉积变质型	发现菱镁矿 2 处
辽-29A	王家堡子—麻尔峪菱镁矿找矿靶区	海城市牌楼镇	菱镁矿，沉积变质型	发现菱镁矿 5 处
辽-30A	铧子峪菱镁矿找矿靶区	海城市水泉西堡子—宋家村	菱镁矿，沉积变质型	发现菱镁矿 5 处
辽-31A	大石桥市青山怀菱镁矿找矿靶区	大石桥市青山怀	菱镁矿，沉积变质型	发现菱镁矿 2 处
辽-32A	大石桥市小圣水寺菱镁矿找矿靶区	大石桥市徐家村—平二房	菱镁矿，沉积变质型	发现菱镁矿 2 处
辽-33B	岫岩县北瓦沟铅锌矿找矿靶区	岫岩县北瓦沟	铅锌矿，热液型	发现铅锌矿 1 处
辽-34A	盖县青石岭镇达子堡金矿找矿靶区	盖县青石岭镇	金矿	发现金矿 1 处
辽-35A	猫岭金矿找矿靶区	盖州市太平庄	金，热液型	发现金矿 1 处
辽-36B	大古岭金矿找矿靶区	宽甸古楼子乡	金	发现金矿 1 处
辽-37A	五龙金矿找矿靶区	丹东市五龙	金，热液型	发现金矿 1 处
辽-38A	四道沟金矿找矿靶区	丹东市四道沟	金，铁，硫，稀土	发现金矿 1 处，铁矿 1 处，硫矿 1 处，稀土矿 1 处
辽-39B	复县华铜铜矿找矿靶区	瓦房店华铜村	铜矿	发现铜矿 1 处
辽-40A	翁泉沟硼镁铁矿找矿靶区	凤城市翁泉沟	硼，铁，菱镁，沉积变质型	发现硼镁铁矿 1 处

三、重要矿产资源远景预测

该成矿区带涉及吉林省和辽宁省，矿种包括金、镍、铁、铜、钼、菱镁、铬、磷、锑、硼、硫铁、银、铅、锌、萤石和重晶石等。该区带内共有找矿远景区 36 个，其中 A 类找矿远景区 17 个，B 类找矿远景区 10 个，C 类找矿远景区 9 个。对各类资源远景区内预测资源量进行统计，见表 5-3。

表 5-3　辽东—吉南成矿带找矿远景区预测资源量统计表

编号	找矿远景区名称	面积/km^2	找矿远景区类别	主要矿种	主要矿种查明资源储量	预测资源量
1	山城镇—安口镇	2 048	B类	金、铁	金 6 045 千克	金 14 291 千克;铁 2 871.99 千吨;铜 11 942.38 吨
2	辉南—抚民	1 790	C类	金、铁		金 9 860.44 千克;铁 9 645.023 千吨
3	王家店—那尔轰	2 057	B类	金、铜、钼、铁	钼 1 007.64 吨;铜 101 995.36 吨	钼 4 617.28 吨;铁 70 955.62 千吨;铜 146 035.56 吨
4	夹皮沟	1 500	A类	金、铁、铜	金 46 987 千克;铁 176 506 千吨;铜 4 592 吨	金 149 350.74 千克;镍 33 564.70 吨;铁 63 750.88 千吨;铜 21 366.55 吨
5	两江—金城洞	2 458	B类	金、银、铁	银 57 吨;铁 51 271.5 千吨	金 18 625.7 千克;银 112.36 吨;镍 11 381.94 吨;铁 82 239.69 千吨;铜 28 714.19 吨
6	百里坪	2 430	C类	银、钼、铁	银 9.0 吨	铁 7 517.07 千吨;银 73.12 吨
7	二密—赤柏松	718	A类	铜、镍、铁	铜 145 573 吨;镍 142 160 吨	铜 281 484.08 吨;镍 276 219.09 吨;硫铁矿 1 832.26 千吨
8	四方山—板石	1 220	A类	铁、金	铁 220 433 千吨	金 517.34 千克;铁 68 206.08 千吨
9	金厂—复兴	1 703	A类	金、银、铜、铅、锌、硼	金 4 650 千克;铅 22 150 吨;锌 29 768 吨;银 53 吨;硼 445.20 千吨	金 7 446.65 千克;铅 84 079 吨;锌 112 983 吨;银 411.75 吨;铜 71 804.08 吨;硼 670.57 千吨;硫铁矿 284.99 千吨
10	大安	1 092	A类	金、铁、磷	金 26 304 千克;铁 18 821 千吨;银 206 吨;磷 1 204 千吨	金 122 218.67 千克;银 920.06 吨;铅 10 312 吨;锌 360 246 吨;铁 62 388.15 千吨;磷 5 677.68 千吨;
11	抚松	1 823	C类	铅、锌、铜	铅 8 033 吨;锌 40 324 吨	铅 19 837 吨;锌 99 602 吨;铜 12 512.12 吨
12	古马岭	869	C类	金、铅、锌	金 3 053 千克	金 9 375.81 千克
13	南岔—荒沟山	4 068	A类	金、银、铅、锌、钴、铁、硫	金 17 117 千克;铅 79 574 吨;锌 133 725 吨;铜 59 716 吨;锑 19 428 吨;镍 9 284 吨;铁 45 376.4 千吨;硫铁矿 222.34 千吨	金 115 455.4 千克;铁 38 552.9 千吨;磷 886.34 千吨;铅 579 288 吨;锌 1 416 349 吨;硫铁 2 161.639 9 千吨;镍 56 339.46 吨;锑 48 783.09 吨;铜 130 181.24 吨;银 2 579.61 吨
14	六道沟	750	B类	铜、钼、铁、金、硅藻土	钼 1 599 吨;铁 7 279.9 千吨	金 34 419.12 千克;钼 43 838.56 吨;铁 1 830.62 千吨
15	长白	526	C类	金、铜、铅、锌		金 2 465.82 千克

续表

编号	找矿远景区名称	面积/km²	找矿远景区类别	主要矿种	主要矿种查明资源储量	预测资源量
16	开原县关门山—抚顺县上年马洲	1 604	B类	菱镁矿、铁矿、铅锌矿、银矿、金矿、锰矿、铬矿	菱镁矿：27 033.196 千吨；铁矿：7 573.6 千吨；铅矿：130 964 吨；锌矿：145 360 吨；银矿：373.8 吨；金矿：1 084 千克；锰矿：322 千吨	菱镁矿：113 319.28 千吨；铁矿：116 724.89 千吨；铅矿：24 206.55 吨；锌矿：69 048.82 吨；银矿：236.40 吨；锰矿：520.17 千吨；铬矿：0.04 千吨
17	清原县红透山—新宾县栒乃甸乡	1 381	A类	铁矿、铜矿、金矿、银矿、硫矿、镍矿、铬矿	铁矿：17 966.1 千吨；铜矿：604 660 吨；金矿：2 708.756 千克；硫：4 889 千吨；伴生硫 8 290 000 吨；	铁矿：143 177.68 千吨；铜矿：714 491.98 吨；金矿：34 675.51 千克；银矿：68.817 吨；硫：34 831.38 千吨；伴生硫 2 975 288.75 吨；镍矿：572.68 吨；铬矿：0.02 千吨
18	新宾县南口前镇—弯甸子镇	1 553	B类	铁、金矿、银矿、磷矿、镍矿、钼矿	铁矿：49 119.4 千吨；金矿：6 446.64 千克；银矿：13.74 吨；	铁矿：152 978.1 千吨；金矿：7 439.85 千克；银矿：57.25 吨；磷矿：173 739.48 千吨；镍矿：439.31 吨；钼矿：985.29 吨
19	抚顺县海浪乡磨地沟—新宾县玄羊砬子	1 709	C类	铁矿、金(伴生银)矿；硫矿、磷矿、钼矿、镍矿	铁矿：41 711.1 千吨；金矿：3 706.678 千克；硫：779.2 千吨；钼矿：3 571 吨	铁矿：443 090.71 千吨；金矿：9 671.79 千克；银矿：59.81 吨；硫：1 322.82 千吨；磷矿：77 309.84 千吨；钼矿：5 411.42 吨；镍矿：105.71 吨；
20	本溪市歪头山—北台镇	1 222	A类	铁矿、金（伴生银)矿	铁矿：1 229 617.115 千吨	铁矿：2 915 259.31 千吨；金矿：619.82 千克；银矿：25.66 吨
21	本溪市大台沟—凤城市赛马镇	1 750	A类	菱镁矿、铁矿、铜矿、铅锌矿、铝土矿、钼矿、金矿、银矿、重晶石矿、稀土矿、硫矿	菱镁矿：119.23 千吨；铁矿：1 335 364.85 千吨；铜矿：13 922 吨；铝土矿：4 625 千吨；金矿：115 千克	菱镁矿：144 931.84 千吨；铁矿：12 739 883.77 千吨；铜矿：120 990.45 吨；铅矿：30 959.69 吨；锌矿：56 612.41 吨；铝土矿：17 553.89 千吨；钼矿：4 288.93 吨；金矿：115 千克；金矿：43 402.79 千克；银矿：1 048.54 吨；重晶石矿：13.12 千吨；磷矿：612 千吨；硫矿：587.36 千吨
22	辽阳弓长岭	211	A类	铁矿	铁矿：2 940 392.5 千吨	铁矿：1 825 993.246 千吨
23	鞍山市齐大山—海城市驼龙寨	709	A类	铁矿、铬矿	铁矿：7 525 720.303 千吨	铁矿：16 053 828 千吨；铬矿：0.005 58 千吨

续表

编号	找矿远景区名称	面积/km²	找矿远景区类别	主要矿种	主要矿种查明资源储量	预测资源量
24	宽甸县千石岭—振江镇	1 981	B类	铜、铅锌(伴生银)矿、钼矿、硼矿、菱镁矿、铁矿	铜矿:115 869.901 吨;铅矿:134 896 吨;锌矿:481 870 吨;银矿:89.81 吨;钼矿:39 569.628 吨;铁:4 710.9 千吨	铜矿:38 420.97 吨;铅矿:29 134.80 吨;锌矿:55 233.18 吨;银:348.86 吨;钼矿:69 661 吨;硼矿:17.82 千吨;菱镁矿:158 122.28 千吨;铁矿:3 892.7 千吨
25	辽阳县河栏镇—凤城市青城子镇	1 827	A类	金(伴生银)矿、铅锌矿、铁矿、硫矿、菱镁矿、钨矿、铜矿、镍矿、磷矿、重晶石	金矿:53 530.23 千克;银矿:13.8 吨;铅矿:500 369 吨;锌矿:486 523 吨;铁矿:8 126 千吨;硫矿:12 962 千吨;菱镁矿:5 916.46 千吨;磷矿:6 540 千吨	金矿:292 041.5 千克;银矿:103.05 吨;铅矿:749 518.2 吨;锌矿:597 883.2 吨;铁矿:34 786.3 千吨;硫矿:7 218.91 千吨;菱镁矿:718 761.4 千吨;钨矿:6 791.439;铜矿:13 547.3 吨;镍矿:959.24 吨;重晶石矿:9.33 千吨
26	营口老边—虎庄镇	339	B类	铁矿、金(伴生银)矿、重晶石矿	铁矿:70 964.9 千吨	铁矿:211 937.90 千吨;金矿:271 千克;银矿:1.17 吨;重晶石矿:0.37 千吨
27	大石桥市王家堡子—辽阳县大安口镇	699	A类	菱镁矿、铁矿、金(伴生银矿)矿、硫矿、铜矿、铅锌矿、镍矿、硼矿	菱镁矿:3 363 492 千吨;硫矿:30 599 千吨;镍矿:4 384.45 吨;硼矿:302.22 千吨	菱镁矿:8 041 921.53 千吨;铁矿:133 948 千吨;金矿:5 882.88 千克;银矿:3.16 吨;铜矿:3 503.08 吨;铅矿:26 366.08 吨;锌矿:18 380.49 吨;镍矿:1 668.61 吨;硼矿:59.33 千吨;
28	宽甸县毛甸子乡—杨木杆	1 366	A类	铁矿、菱镁矿、硼矿、铜矿、铅锌矿(伴生银)、镍矿、铬矿、硫	菱镁矿:2 183.77 千吨;硼矿:13 539.938 千吨;硫:170 千吨	铁矿:149 181.2 千吨;菱镁矿:279 906.6 千吨;硼矿:12 670.83 千吨;铜矿:3 761.39 吨;铅矿:3 644.44 吨;镍矿:996.65 吨;铬矿:0.134 4 千吨;银矿:35.906 吨;硫矿:950.301 千吨
29	凤城县翁泉沟—大梨树村	1 650	A类	铁矿、硼矿、菱镁矿、磷矿、铜矿、铅锌矿、硫矿、重晶石矿	铁矿:318 373.2 千吨;硼矿:317 925.25 千吨;菱镁矿:4 866.19 千吨;硫矿:312.2 千吨;重晶石矿:25 千吨	铁矿:243 620.93 千吨;硼矿:18 135.35 千吨;菱镁矿:143 156.48 千吨;磷矿:4 053.12 千吨;铜矿:1 644.68 吨;铅矿:6 901.68 吨;锌矿:5 541.16 吨;硫矿:4 132.83 千吨;重晶石矿:12.5 千吨

续表

编号	找矿远景区名称	面积/km²	找矿远景区类别	主要矿种	主要矿种查明资源储量	预测资源量
30	大石桥市后仙峪—牧牛乡	1 387	B类	金(伴生银)矿、钨矿、铅锌矿、菱镁矿、硼矿、硫矿、铬矿、稀土矿、硫矿、磷矿	金矿:2 197 千克;钨矿:6 079.04 吨;铅矿:20 753.6 吨;锌矿:78 621 吨;菱镁矿:98 435.46 千吨;硼矿:1 657.2 千吨;铁矿:8 236.3 千吨;稀土矿:4.79 吨;硫矿:19 939.6 千吨	金矿:41 670.08 千克;钨矿:64 919.51 吨;铅矿:57 822.29 吨;锌矿:238 742.5 吨;菱镁矿:826 704.2 千吨;硼矿:1 690.054 千吨;铁矿:91 千吨;铬矿:0.032 千吨;银矿:4.015 吨;硫矿:689.77 千吨;磷矿:1 057.529
31	盖州市苇子峪—太平庄乡	1 745	A类	金(伴生银)矿、铅锌矿、铁矿、钨矿、萤石矿、硫矿	金矿:4 608.73 千克;银矿:13.75 吨;铁矿:131 597.1 千吨	金矿:522 439.2 千克;银矿:10 251.54 吨;铅矿:10 537.3 吨;锌矿:42 149.21 吨;铁矿:6 919.1 千吨;钨矿:25 232.92 吨;萤石矿:1 923.13 千吨;硫矿:747.386 千吨
32	岫岩县岫岩镇—南限子	774	C类	铅锌矿、铁矿、金(伴生银)矿、钨矿、硼矿	铅矿:21 754.4 吨;锌矿:50 556 吨;铁矿:2 623.6 千吨;	铅矿:37 061.28 吨;锌矿:37 088.28 吨;铁矿:75.7 千吨;金矿:8 766.41 千克;银矿:0.56 吨;钨矿:5 540.90 吨;硼矿:4.045 千吨
33	丹东市五龙—古楼子乡	1 321	A类	金(伴生银)矿、稀土矿、菱镁矿	金矿:10 440.11 千克	金矿:32 526.55 千克;银矿:162.63 吨;独居石:1 506.73 千吨;菱镁矿:52 359.71 千吨
34	盖州市东双台乡瓦房峪—杨屯	290	C类	萤石矿		萤石矿:722.53 千吨
35	盖州市万家岭镇—华铜村	257	B类	铜矿、银矿、铁矿	铜矿:76 478 吨	铜矿:188 016.04 吨;银矿:178.72 吨;;铁矿:1 170.8 千吨
36	瓦房店市得利寺镇—望宝山	615	C类	铜矿、铅锌矿、银矿	铅矿:44 634 吨;锌矿:105 598 吨;银矿:143 吨	铜矿:40 431.9 吨;铅矿:41 791.17 吨;锌矿:98 880.94 吨;银矿:241.83 吨

第六章　重点选区与部署建议

第一节　选区原则

一、指导思想及选区原则

指导思想：以科学发展观为统领，认真贯彻《找矿突破战略行动纲要（2011—2020 年）》精神，全面推进“公益先行，商业跟进，基金衔接，整装勘查，快速突破”地质找矿新机制，科学部署基础性、公益性和商业性地质勘查找矿工作，努力实现区内新一轮找矿重大突破，切实增强我国铁、金、铜、铅锌、硼、菱镁矿等重要矿种的保障能力。选区原则如下：

1. 统筹规划，突出重点的原则

以成矿区重要矿种的产出分布、成矿条件及资源潜力分析为基础，与找矿突破战略行动和“358”找矿目标相结合的基础上，优选近期可实现找矿突破的重点地区、重要找矿远景区进一步加强统筹部署地质工作。一是对找矿靶区明确、资源潜力明朗、找矿潜力大的重要矿种矿集区，进一步部署开展整装勘查工作；二是对成矿地质条件有利、有较大找矿潜力的重要成矿地段，部署开展勘查师范工作；三是对重要成矿远景区，特别是近年来有重大找矿突破的找矿远景区，部署开展 1∶5 万矿产地质调查工作和重要矿产调查评价工作。

2. 坚持以寻找“大、富、贵（紧缺）”矿产为地质找矿目标的原则

坚持以铁、金、铜、铅锌、硼、菱镁矿等主攻矿种具备大型以上、品位富成矿条件的靶区部署地质找矿目标。

3. 坚持调查研究与科技攻关相结合的原则

地质工作区选区部署注重以往资料的收集分析与研究，依靠科技支撑，与找矿工作紧密结合开展科技攻关，解决成矿认识、成矿理论、找矿模式、找矿技术方法等方面存在的疑难问题，以促进快速取得找矿突破。

4. 突出公益性地质工作的原则

按国土资源部“公益先行、商业跟进、基金衔接、整装勘查、快速突破”的地质找矿新机制，在成矿远景区重点加强部署 1∶5 万基础地质、矿产地质、综合研究等基础性、公益性地质调查工作，突出“公益先行”在地质找矿过程中重要的引领和带动作用。

二、总体工作目标

通过基础性公益性地质工作和综合研究，促进和带动整装勘查及重点勘查取得找矿突破，至 2020 年，实现成矿区新增矿产地：铁矿 22 处（辽宁 11 处，吉林 11 处），金矿 15 处（辽

宁5处,吉林10处),铜矿8处(辽宁3处,吉林5处),铅锌矿9处(辽宁5处,吉林4处),菱镁矿10处(辽宁),硼矿9处(辽宁7处,吉林2处),钼矿2处(辽宁1处,吉林1处),磷矿1处(吉林),萤石矿1处(辽宁)。

三、主攻矿种及主攻矿床类型

1. 海相火山岩型铜矿—热液改造型金矿(花岗—绿岩型金矿)

主要产于太古宇花岗岩—绿岩中的金矿。分布于抚顺清原地区,绿岩中红透山式铜矿。

2. 沉积热液改造型金矿—层控型铅锌矿

主要与燕山期花岗热有关,产于辽河群中的金矿、银矿、铅锌矿等。

3. 热液型金矿

主要产于古元古界花岗岩中,分布于丹东—古楼子一带。

4. 斑岩—矽卡岩型铜铅锌矿

主要产于本溪—桓仁地区,于燕山花岗岩和碳酸岩围岩关系密切。

5. 沉积变质型铁矿

主要产于太古宇樱桃园组千枚岩、片岩夹磁铁石英岩及太古宇茨沟组斜长角闪岩夹磁铁石英岩中。

6. 沉积变质型菱镁矿

含矿建造是古元古界大石桥组三段白云质大理岩。

7. 沉积变质型硼镁铁矿

主要产于古元古界里尔峪组中。

第二节 选区部署建议

一、重要找矿远景区工作部署建议

(一)找矿远景区分布范围

共划分找矿远景区36个,其中吉林省15个,分别是:山城镇—安口镇Au-Fe-Cu找矿远景区、辉南—抚民Au-Fe找矿远景区、王家店—那尔轰Au-Cu-Fe-Ni找矿远景区、夹皮沟Au-Fe-Ni找矿远景区、两江—金城洞Au-Fe-Ag-Cu-Pb-Zn-Ni-Sb找矿远景区、百里坪Ag-Fe-Cu-Mo找矿远景区、二密—赤柏松Cu-Ni-Fe找矿远景区、四方山—板石Fe找矿远景区、金厂—复兴Au-B-Fe-Pb-Zn-Cu-Ag-S找矿远景区、大安Au-Fe-Cu-P找矿远景区、抚松Pb-Zn找矿远景区、古马岭Au-Pb-Zn找矿远景区、南岔—荒沟山Au-Ag-Fe-Cu-Pb-Zn-S找矿远景区、六道沟Au-Fe-Cu-Pb-Zn-W-Mo-Ni找矿远景区、长白Au-Cu-Fe-Mo-W找矿远景区。辽宁省21个,分别是:开原县关门山—抚顺县上年马洲Fe-Mn-Pb-Zn-Ag-Mg矿远景区、清原县红透山—新宾县榆乃甸乡Fe-Cu-Ag-Au-S远景区、新宾县南口前镇—弯甸子镇Fe-Au-Ag-Mo-Ni-P远景区、抚顺县海浪乡磨地沟—新宾县玄羊砬子Fe-Au-Ag-Mo-Ni-S-P远景区、本溪市歪头山—北台镇Fe-Au-Ag远景区、本溪市大台沟—凤城市赛马镇Fe-Au-

Ag-Au-Pb-Zn-Mo-铝土-Mg-重晶石-P-S远景区、辽阳弓长岭铁远景区、鞍山市齐大山—海城市驼龙寨Fe-Cr远景区、宽甸县千石岭—振江镇Fe-Cu-Pb-Zn-Ag-Mo-B-Mg远景区、辽阳县河栏镇—凤城市青城子镇铁金银铜铅锌钨硫菱镁重晶石远景区、营口老边—虎庄镇铁金银重晶石远景区、大石桥市王家堡子—辽阳县大安口镇铁金银铜铅锌镍菱镁硼远景区、宽甸县毛甸子乡—杨木杆铁银铜铅镍铬硼菱镁硫远景区、凤城县翁泉沟—大梨树村铁铜铅锌硼菱镁硫重晶石远景区、大石桥市后仙峪—牧牛乡铁金银铅锌钨硼菱镁硫磷远景区、盖州市苇子峪—太平庄乡铁金银铅锌钨硫萤石远景区、岫岩县岫岩镇—南限子铁金银铅锌钨硼远景区、丹东市五龙—古楼子乡金银菱镁独居石远景区、盖州市东双台乡瓦房峪—杨屯萤石远景区、盖州市万家岭镇—华铜村铁银铜远景区、瓦房店市得利寺镇—望宝山铜铅锌银远景区。各找矿远景区分布范围及相关特征见第五章第三节。

重要找矿远景区19个，其中吉林省8个，分别是王家店—那尔轰Au-Cu-Fe-Ni找矿远景区、夹皮沟Au-Fe-Ni找矿远景区、两江—金城洞Au-Fe-Ag-Cu-Pb-Zn-Ni-Sb找矿远景区、二密—赤柏松Cu-Ni-Fe找矿远景区、四方山—板石Fe找矿远景区、金厂—复兴Au-B-Fe-Pb-Zn-Cu-Ag-S找矿远景区、大安Au-Fe-Cu-P找矿远景区、南岔—荒沟山Au-Ag-Fe-Cu-Pb-Zn-S找矿远景区。辽宁省11个，分别是清原县红透山—新宾县构乃甸乡铁铜金银硫远景区、本溪市歪头山—北台镇铁金银远景区、本溪市歪头山—北台镇铁金银远景区、辽阳弓长岭铁远景区、鞍山市齐大山—海城市驼龙寨铁铬远景区、辽阳县河栏镇—凤城市青城子镇铁金银铜铅锌钨硫菱镁重晶石远景区、大石桥市王家堡子—辽阳县大安口镇铁金银铜铅锌镍菱镁硼远景区、凤城县翁泉沟—大梨树村铁铜铅锌硼菱镁硫重晶石远景区、盖州市苇子峪—太平庄乡铁金银铅锌钨硫萤石远景区、丹东市五龙—古楼子乡金银菱镁独居石远景区、宽甸县毛甸子乡—杨木杆铁银铜铅镍铬硼菱镁硫远景区。

（二）工作部署重点与建议

1. 1∶5万基础地质调查

在以往工作基础上部署7片1∶5万区域地质调查工作，见表6-1。

表6-1　1∶5万区域地质调查工作部署表

序号	项目名称	实施意义	工作阶段	面积/km²
1	海龙县(K51E009023)、海龙镇(K51E009024)、六八石(K51E010023)、亨通山子(K51E010024)4幅区域地质调查	补充1∶5万区域地质调查空白区，解决基础地质问题	2016—2020	1 600
2	先锋村(K52E015001)、热闹(K52E016001)、阳岔村(K52E017001)、黄柏村(K52E017002)4幅区域地质调查	补充1∶5万区域地质调查空白区，解决基础地质问题	2016—2020	1 600
3	泉阳镇(K52E010007)、错草顶子(K52E010008)、二道白河(K52E010008)、韩大坡(K52E010010)、大牛沟(K52E011007)、大碱厂(K52E011008)、和平营子(K52E011009)、二道江(K52E011010)、长山岭(K52E011011)、百里坪(K52E011012)、芦果(K52E011013)、赤峰(K52E012010)、十三号岛(K52E012011)、广坪(K52E012012)14幅区域地质调查	补充1∶5万区域地质调查空白区，解决基础地质问题	2016—2020	5 000

续表

序号	项　目　名　称	实施意义	工作阶段	面积/km²
4	红旗寨幅(K51E012018)、南杂木幅(K51E013018)、下章党幅(K51E013017)3幅区域地质调查	补充1∶5万区域地质调查空白区，解决基础地质问题	2016—2020	1 200
5	苏家屯幅(K51E015014)、姚千户屯幅(K51E015015)、石桥子幅(K51E016015)、铧子镇幅(K51E016014)4幅区域地质调查	补充1∶5万区域地质调查空白区，解决基础地质问题	2016—2020	1 600
6	五龙幅(K51E015017)、马圈子幅(K51E015018)、西山大堡幅(K51E015019)、清河城幅(K51E016017)、北甸幅(K51E016018)、苇子峪幅(K51E016019)、大四平幅(K51E017019)、四平街幅(K51E018019)、灌水幅(K51E019019)、青椅子幅(K51E020019)、宽甸幅(K51E020020)11幅区域地质调查	补充1∶5万区域地质调查空白区，解决基础地质问题	2016—2020	4 400
7	大堡幅(K51E021017)、石城幅(K51E021018)、凤城县幅(K51E022017)、民生幅(K51E022018)4幅区域地质调查	补充1∶5万区域地质调查空白区，解决基础地质问题	2016—2020	1 600

2. 1∶5万矿产地质调查

在36个找矿远景区的有利成矿地段部署5片1∶5万矿产地质调查工作，见表6-2。

表6-2　1∶5万矿产地质调查工作部署表

涉及的远景区名称	部署项目名称
山城镇—安口镇Au-Fe-Cu找矿远景区、王家店—那尔轰Au-Cu-Fe-Ni找矿远景区、二密—赤柏松Cu-Ni-Fe找矿远景区、四方山—板石Fe找矿远景区、大安Au-Fe-Cu-P找矿远景区	吉林通化—白山地区矿产地质调查
辉南—抚民Au-Fe找矿远景区、王家店—那尔轰Au-Cu-Fe-Ni找矿远景区、夹皮沟Au-Fe-Ni找矿远景区	吉林那尔轰—夹皮沟地区矿产地质调查
两江—金城洞Au-Fe-Ag-Cu-Pb-Zn-Ni-Sb找矿远景区、百里坪Ag-Fe-Cu-Mo找矿远景区	吉林两江—和龙地区矿产地质调查
清原县红透山—新宾县枸乃甸乡铁铜金银硫远景区、新宾县南口前镇—弯甸子镇铁金银钼镍磷远景区	辽宁清原夏家堡—新宾永陵地区矿产地质调查
本溪市歪头山—北台镇铁金银远景区、本溪市大台沟—凤城市赛马镇铁金银铜铅锌钼铝十菱镁重晶石磷硫远景区、辽阳弓长岭铁远景区、鞍山市齐大山—海城市驼龙寨铁铬远景区、辽阳县河栏镇—凤城市青城子镇铁金银铜铅锌钨硫菱镁重晶石远景区、营口老边—虎庄镇铁金银重晶石远景区、大石桥市王家堡子—辽阳县大安口镇铁金银铜铅锌镍菱镁硼远景区、大石桥市后仙峪—牧牛乡铁金银铅锌钨硼菱镁硫磷远景区、盖州市苇子峪—太平庄乡铁金银铅锌钨硫萤石远景区	辽宁本溪石桥子—盖州卧龙泉地区矿产地质调查

（1）吉林通化—白山地区矿产地质调查

地理位置：工作区位于吉林省南部，行政区划包括通化地区北部、白山地区北部，西与辽宁省相连，地理坐标：东经125°15′00″～127°00′00″，北纬41°40′00″～42°30′00″；涉及21个1∶5万国际标准图幅，面积约8 000 km^2。

部署依据：工作区位于华北陆块北缘东段，龙岗复合地块边缘新太古界裂陷区及辽吉裂谷区，属古亚洲构造成矿域、濒西太平洋构造成矿域的结合部位，成矿地质条件优越，找矿潜力巨大。区内出露有太古宇地层呈北东向带状分布，为火山—沉积建造，是金、铁的主要赋矿层位。古元古界集安群以海相陆源碎屑岩建造为主，老岭群为海相碎屑—碳酸盐建造，是金及多金属矿产的主要赋矿层位。新元古界青白口系、震旦系为地台型浅海相沉积建造，是金、铁等矿产的主要赋矿层位。区内岩浆侵入活动十分频繁，以华力西期和燕山期中酸性岩浆侵入活动最为发育，主要受区域北东向的断裂构造控制，断裂构造十分发育，工作区位于辉发河—古洞河断裂与集安—松江断裂之间，二者具有长期多次活动的特点，控制着区内地层、岩浆岩及矿产的分布。

区内先后发现了多处黑色金属、贵金属、有色金属矿产地，主要的矿床类型有绿岩型金矿、沉积变质型铁矿、沉积型铁矿、斑岩型铜矿、基性—超基性岩浆熔离—贯入型铜镍矿、热液型金、银及多金属矿，共有矿床、矿点40余处，代表性的矿床有白山市金英金矿、通化县赤柏松铜镍矿、白山市板石沟铁矿、通化县四方山铁矿、通化县二密铜矿。

工作部署：以铁、金、铜、镍等为主攻矿种；以沉积变质型铁矿、斑岩型铜矿、岩浆型铜镍矿、绿岩型金矿、岩浆热液型金、银及多金属矿为主攻矿床类型，重点开展通化四方山—白山板石沉积变质型铁矿集中连片区矿产地质调查；通化赤柏松地区岩浆型铜镍矿、岩浆热液型金多金属矿，通化二密地区斑岩型铜矿；白山板庙子地区热液型金矿的矿产地质调查；开展找矿预测，圈定普查靶区。

主要实物工作量：1∶5万矿产地质调查8 000 km^2，1∶5万地球化学测量8 000 km^2，1∶5万地面高精度磁测4 000 km^2，1∶5万重力测量4 000 km^2，1∶5万电法测量2 000 km^2，物探剖面测量200 km，钻探10 000 m。

预期成果：提交普查靶区10处。

工作起止年限：2016—2020年。

（2）吉林那尔轰—夹皮沟地区矿产地质调查

地理位置：工作区位于吉林省南部，行政区划包括辉南县、磐石市、桦甸市、靖宇县、抚松县，地理坐标：东经126°30′00″～128°00′00″，北纬42°30′00″～43°00′00″；涉及17个1∶5万国际标准图幅，面积约6 500 km^2。

部署依据：工作区位于华北陆块北缘东段，龙岗复合地块边缘新太古界裂陷区，属古亚洲构造成矿域、濒西太平洋构造成矿域的结合部位，成矿地质条件优越，找矿潜力巨大。区内出露有太古宇地层呈北东向带状分布，为火山—沉积建造，是金、铁的主要赋矿层位，新元古界青白口系、震旦系为地台型浅海相沉积建造，是金、铁等矿产的主要赋矿层位。区内岩浆侵入活动十分频繁，并且具有多期多阶段性特点，以华力西期和燕山期中酸性岩浆侵入活动最为发育，主要受区域北东向的断裂构造控制，区域上构成大致呈近北东向展布的构造岩浆岩带。区内断裂构造十分发育，东西、南北、北东、北西及北北西、北北东向脆性断裂构造，尤其东西、南北构造是区域上的主要控岩和控矿断裂构造；区内的糜棱岩化普遍发育，韧性变质变形构造主要有那尔轰—天合兴韧性剪切带、夹皮沟韧性走滑型剪切带，对含矿层起到控制作用。

区内先后发现了多处黑色金属、贵金属、有色金属矿产地，主要的矿床类型有绿岩型金矿、沉积变质型铁矿、斑岩型铜钼矿、岩浆热液型银及多金属矿，共有矿床、矿点70余处，代表性的矿床有桦甸市夹皮沟金矿、桦甸市六匹叶金矿、桦甸市板庙子金矿、桦甸市老牛沟铁矿、靖宇县天合兴铜钼矿、那尔轰铜矿。

工作部署：以铁、金、铜等为主攻矿种；以沉积变质型铁矿、斑岩型铜矿、绿岩型金矿、岩浆热液型金、银及多金属矿为主攻矿床类型，重点开展辉南县辉南镇—桦甸夹皮沟沉积变质型铁矿、绿岩型金矿集中连片区矿产地质调查；靖宇县天合兴—那尔轰地区斑岩型铜钼矿的矿产地质调查；开展找矿预测，圈定普查靶区。

主要实物工作量：1∶5万矿产地质调查6 500 km^2，1∶5万地球化学测量6 500 km^2，1∶5万地面高精度磁测4 000 km^2，1∶5万重力测量4 000 km^2，1∶5万电法测量2 000 km^2，物探剖面测量200 km，钻探10 000 m。

预期成果：提交普查靶区10处。

工作起止年限：2016—2020年。

(3) 吉林两江—和龙地区矿产地质调查

地理位置：工作区位于吉林省东南部，行政区划包括安图县、和龙市，地理坐标：东经128°00′00″～129°15′00″，北纬42°20′00″～42°50′00″；涉及12个1∶5万国际标准图幅，面积约4 500 km^2。

部署依据：工作区位于华北陆块北缘东段，龙岗复合地块边缘新太古界裂陷区，属古亚洲构造成矿域、濒西太平洋构造成矿域的结合部位，成矿地质条件优越，找矿潜力巨大。区内出露有太古宇地层呈北西向带状分布，为火山—沉积建造，是金、铁的主要赋矿层位；区内岩浆侵入活动十分频繁，自上太古代—中生代均有活动，具有多期多阶段性特点，以华力西期和燕山期中酸性岩浆侵入活动最为发育，区内断裂构造十分发育，主要有北东向、北西向和南北向，局部发育韧性剪切带，对含矿层起到控制作用。

区内先后发现了多处黑色金属、贵金属、有色金属矿产地，主要的矿床类型有绿岩型金矿、沉积变质型铁矿、岩浆热液型金银及多金属矿，共有矿床、矿点20余处，代表性的矿床有探明和龙市金城洞金矿、和龙市官地铁矿、和龙市鸡南铁矿。

工作部署：以铁、金为主攻矿种；以沉积变质型铁矿、绿岩型金矿、岩浆热液型金、银及多金属矿为主攻矿床类型，重点开展安图两江镇—和龙金城洞沉积变质型铁矿、绿岩型金矿集中区矿产地质调查，开展找矿预测，圈定普查靶区。

主要实物工作量：1∶5万矿产地质调查4 500 km^2，1∶5万地球化学测量4 500 km^2，1∶5万地面高精度磁测2 000 km^2，1∶5万重力测量2 000 km^2，1∶5万电法测量1 000 km^2，物探剖面测量100 km，钻探5 000 m。

预期成果：提交普查靶区5处。

工作起止年限:2016—2020年。

(4) 辽宁清原夏家堡—新宾永陵地区矿产地质调查

地理位置:工作区位于辽宁省东北部,行政区划包括辽宁省清原县中西部地区和新宾县北部地区,地理坐标:东经124°30′00″～125°00′00″,北纬41°40′00″～42°20′00″;涉及8个1∶5万国际标准图幅,面积约3 200 km²。

部署依据:区内分布有红透山式海相火山岩型铜(伴生银)矿、金厂沟梁式热液型金(伴生银)矿、鞍山式沉积变质型铁矿、大荒沟式火山沉积变质型硫矿、沙海式岩浆熔离型铬矿、赤柏松式岩浆熔离型铜镍矿、柴河式河相冲积型砂金、勿兰乌苏式变质型磷矿及万宝式矽卡岩型钼矿。铜、金、银、硫等矿种的含矿建造为新太古界清原群红透山组地层;铬、镍矿主要与古元古界、新元古界的基性—超基性有关;砂金矿则产于第四系当中。钼矿含矿建造为新太古界变质深成岩中,与燕山期酸性侵入岩关系密切。

工作部署:以铁、金、铜、钼为主攻矿种;以沉积变质型铁矿、热液型金矿、海相火山岩型铜矿及矽卡岩型钼矿为主攻矿床类型,重点开展清原王小堡—线金厂热液型金矿、清原红透山铜矿、下大堡金矿及小莱河铁矿等矿集区的矿产地质调查,开展找矿预测,圈定普查靶区。

主要实物工作量:1∶5万矿产地质调查3 200 km²,1∶5万地球化学测量3 200 km²,1∶5万地面高精度磁测2 400 km²,1∶5万重力测量2 400 km²,1∶5万电法测量2 000 km,钻探5 000 m。

预期成果:提交普查靶区4处。

工作起止年限:2016—2020年。

(5) 辽宁本溪石桥子—盖州卧龙泉地区矿产地质调查

地理位置:工作区位于辽宁省中东部,行政区划包括辽宁省灯塔市、本溪市、辽阳市、鞍山市、海城市、大石桥市、盖州市、岫岩县及凤城市。地理坐标:东经122°15′00″～124°30′00″,北纬40°10′00″～41°30′00″;涉及37个1∶5万国际标准图幅,面积约14 800 km²。

部署依据:区内矿产主要有鞍山式沉积变质型铁矿、海城式沉积变质型菱镁矿、翁泉沟式沉积变质型硼镁铁、青城子式沉积改造型铅锌矿、猫岭式热液型金矿等。鞍山式铁矿的含矿建造主要是太古宇樱桃园组千枚岩、片岩夹磁铁石英岩及太古宇茨沟组斜长角闪岩夹磁铁石英岩;菱镁矿则赋存于大石桥三段地层中;硼矿与里尔峪组含硼岩系有关;铜铅锌的形成则与辽河群大石桥组、高家峪组及寒武系、奥陶系灰岩、印支—燕山期酸性侵入岩有关;金矿含矿建造为大石桥岩组和盖县岩组。

工作部署:以铁、金、铅锌、硼、菱镁矿为主攻矿种;以沉积变质型铁矿、热液型金矿、沉积改造型铅锌矿、沉积变质型菱镁矿及沉积变质型硼镁铁矿为主攻矿床类型,重点开展歪头山—梨树沟铁矿、大台沟铁矿、弓长岭铁矿、灵山—齐大山—千山铁矿、大石桥小圣水寺—辽阳大安口菱镁矿、凤城县青城子铅锌矿小佟家堡子金矿、翁泉沟硼镁铁矿及猫岭金矿等矿集区的矿产地质调查,开展找矿预测,圈定普查靶区。

主要实物工作量:1∶5万矿产地质调查14 800 km²,1∶5万地球化学测量14 800 km²,1∶5万地面高精度磁测6 000 km²,1∶5万重力测量6 000 km²,1∶5万电法测量4 000 km²,钻探10 000 m。

预期成果：提交普查靶区10处。

工作起止年限：2016—2020年。

二、勘查区工作部署建议

（一）重点勘查区工作部署建议

共划分重点勘查区14个：夹皮沟—金银别金铁重点勘查区、赤柏松—板石金铁铜镍重点勘查区、大横路—荒沟山金铁铅锌锑重点勘查区、西岔—高台沟金铅锌硼重点勘查区、清原县红透山—新宾县栒乃甸乡铁铜金银硫重点勘查区、本溪市歪头山—北台镇铁金银重点勘查区、本溪市大台沟—凤城市赛马镇铁金银铜铅锌钼铝土菱镁重晶石磷硫重点勘查区、辽阳弓长岭铁重点勘查区、鞍山市齐大山—海城市驼龙寨铁铬重点勘查区、辽阳县河栏镇—凤城市青城子镇铁金银铜铅锌钨硫菱镁重晶石重点勘查区、凤城县翁泉沟—大梨树村铁铜铅锌硼菱镁硫重晶石重点勘查区、大石桥市王家堡子—辽阳县大安口镇铁金银铜铅锌镍菱镁硼重点勘查区、盖州市苇子峪—太平庄乡铁金银铅锌钨硫萤石重点勘查区、丹东市五龙—古楼子乡金银菱镁独居石重点勘查区，见表6 3。

（二）一般勘查区工作部署建议

共划分重点勘查区18个：抚民—那尔轰金铁铜勘查区、香炉碗子—安口金铁勘查区、大营—万良铅锌铜勘查区、两江—百里坪金银铁勘查区、金城洞—和龙金铁勘查区、五道江—七道江金铁磷勘查区、六道沟铁铜钼勘查区、开原县关门山—抚顺县上年马洲铁锰铅锌银菱镁矿勘查区、新宾县南口前镇—弯甸子镇铁金银钼镍磷勘查区、抚顺县海浪乡磨地沟—新宾县玄羊砬子铁金银钼镍硫磷勘查区、宽甸县千石岭—振江镇铁铜铅锌银钼硼菱镁勘查区、宽甸县毛甸子乡—杨木杆铁银铜铅镍铬硼菱镁硫勘查区、营口老边—虎庄镇铁金银重晶石勘查区、大石桥市后仙峪—牧牛乡铁金银铅锌钨硼菱镁硫磷勘查区、岫岩县岫岩镇—南限子铁金银铅锌钨硼勘查区、盖州市东双台乡瓦房峪—杨屯萤石勘查区、盖州市万家岭镇—华铜村铁银铜勘查区、瓦房店市得利寺镇—望宝山铜铅锌银勘查区，见表6-4。

三、重要矿产勘查找矿靶区工作部署建议

据成矿带重要矿产找矿靶区共计55个，见表5-3-1。各找矿靶区分布位置、找矿新进展及预期找矿成果见表5-4-1。建议通过基础性公益性的面积性地质工作，以及重要矿产勘查工作的实施，带动商业性勘查投入，对本次圈定的55个找矿靶区，按靶区分类，分步投入勘查工作，可望在找矿靶区实现新发现矿产地和新增资源量目标。

表 6-3　重点勘查区工作部署建议表

序号	勘查区名称	面积/km^2	主攻矿床类型	主攻矿种	找矿工作部署建议	主要实物工作量	经费预算/万元	预期成果
1	夹皮沟—金银别金铁重点勘查区	1 200	夹皮沟式绿岩型金矿、鞍山式沉积变质型铁矿	金、铁	开展大比例尺地质调查、物化探测量及异常查证、矿点检查	1∶1万地质测量300 km^2；1∶1万磁法测量300 km^2；1∶1万土壤测量300 km^2；槽探10 000 m^3；钻探5 000 m	1 200	提交金、铁中型矿产地2～3处
2	赤柏松—板石金铁铜镍重点勘查区	2 300	金英式热液型金矿、鞍山式沉积变质型铁矿、赤柏松式基性—超基性岩浆熔离—贯入型铜镍矿	金、铁、铜、镍	开展大比例尺地质调查、物化探测量及异常查证、矿点检查	1∶1万地质测量500 km^2；1∶1万磁法测量500 km^2；1∶1万土壤测量500 km^2；激电中梯剖面测量200 km；槽探20 000 m^3；钻探10 000 m	2 000	提交金、铁、铜镍中型矿产地3～5处
3	大横路—荒沟山金铁铅锌重点勘查区	2 200	大栗子式沉积变质型铁矿、大横路式沉积变质型铜钴矿、荒沟山式岩浆热液改造型金、铅锌矿	金、铁、铅、锌、铜、钴、锑	开展大比例尺地质调查、物化探测量及异常查证、矿点检查	1∶1万地质测量500 km^2；1∶1万磁法测量500 km^2；1∶1万土壤测量500 km^2；激电中梯剖面测量200 km；槽探20 000 m^3；钻探10 000 m	2 000	提交金、铁、铅锌中型矿产地3～5处
4	西岔—高台沟金铅锌硼重点勘查区	800	西岔式岩浆热液改造型金矿、高台沟式沉积变质型硼矿	金、铅、锌、硼	开展大比例尺地质调查、物化探测量及异常查证、矿点检查	1∶1万地质测量200 km^2；1∶1万磁法测量100 km^2；1∶1万土壤测量200 km^2；激电中梯剖面测量100 km；槽探10 000 m^3；钻探3 000 m	800	提交金、硼中型矿产地2～3处
5	清原县红透山—新宾县枸乃甸乡铁铜金银硫重点勘查区	1 426	海相火山岩型铜矿、热液型金矿、火山沉积变质型硫矿	铜矿、金矿、硫矿	开展大比例尺地质调查、物化探测量及异常查证、矿点检查	1∶2千地质填图；高精度地面磁测、电法测量；Cu、Pb、Zn、Ag、F元素地球化学测量；遥感推断解释地质构造、遥感羟基异常提取、遥感铁染异常提取；探槽、钻探	1 000	可望找到铜矿产地1处

续表

序号	勘查区名称	面积/km^2	主攻矿床类型	主攻矿种	找矿工作部署建议	主要实物工作量	经费预算/万元	预期成果
6	本溪市歪头山—北台镇铁金银重点勘查区	1 337	沉积变质型铁矿	铁矿	开展大比例尺地质调查、物化探测量及异常查证、矿点检查	1∶1万地质填图；高精度地面磁测、电法测量；遥感推断解释地质构造、遥感铁染异常提取；探槽	1 000	提交铁矿产地1处，矿石量170 000千吨
7	本溪市大台沟—凤城市赛马镇铁金银铜铅锌钼铝土菱镁重晶石磷硫重点勘查区	3 027	沉积变质型铁矿、接触交代（矽卡岩）型铜矿、碱性岩型稀土矿	铁矿、铜矿、稀土矿	开展大比例尺地质调查、物化探测量及异常查证、矿点检查	1∶2千地质填图；高精度地面磁测、电法测量；Cu、Mo、Pb、Zn、稀土元素地球化学测量；遥感推断解释地质构造、遥感羟基异常提取、遥感铁染异常提取；探槽、钻探	2 000	提交铁矿产地3处，矿石量1 000 000千吨
8	辽阳弓长岭铁重点勘查区	265	沉积变质型铁矿	铁矿	开展大比例尺地质调查、物化探测量及异常查证、矿点检查	1∶2千地质填图；高精度地面磁测；遥感推断解释地质构造、遥感铁染异常提取；探槽、钻探	200	提交铁矿产地2处，矿石量170 000千吨
9	鞍山市齐大山—海城市驼龙寨铁铬重点勘查区	960	沉积变质型铁矿	铁矿	开展大比例尺地质调查、物化探测量及异常查证、矿点检查	1∶2千地质填图；高精度地面磁测；遥感推断解释地质构造、遥感铁梁异常提取；探槽、钻探	500	提交铁矿产地4处，矿石量1 500 000千吨
10	辽阳县河栏镇—凤城市青城子镇铁金银铜铅锌钨硫菱镁重晶石重点勘查区	2 091	沉积—改造型铅锌、金（伴生银）矿，沉积变质型金、银矿，变质火山—沉积型硫铁矿	铅锌矿、金矿、银矿、硫矿	开展大比例尺地质调查、物化探测量及异常查证、矿点检查	1∶2千地质填图；高精度地面磁测、电法测量；Cu、Pb、Zn、Ag、Au、Sb、As、Co、Cd元素地球化学测量；遥感推断解释地质构造、遥感羟基异常提取、遥感铁染异常提取；探槽、钻探	1 000	提交铅锌矿产地1处、铅金属量50 000吨、锌金属量40 000吨；提交金矿产地1处，金属量15 000千克

续表

序号	勘查区名称	面积/km²	主攻矿床类型	主攻矿种	找矿工作部署建议	主要实物工作量	经费预算/万元	预期成果
11	凤城县翁泉沟—大梨树村铁铜铅锌硼菱镁硫重晶石重点勘查区	2 270	火山沉积变质型铁硼矿、沉积变质型铁矿、变质型重晶石矿	硼矿、铁矿、重晶石矿	开展大比例尺地质调查、物化探测量及异常查证、矿点检查	1∶2千地质填图；高精度地面磁测、电法测量；Ba、Cu、B地球化学测量；遥感推断解释地质构造、遥感羟基异常提取、遥感铁染异常提取；探槽、钻探	1 500	提交硼矿产地5处，B_2O_3量20 000千吨
12	大石桥市王家堡子—辽阳县大安口镇铁金银铜铅锌镍菱镁硼重点勘查区	967	沉积变质型菱镁矿	菱镁矿	开展大比例尺地质调查、物化探测量及异常查证、矿点检查	1∶2千地质填图；MgO、Fe_2O_3、CaO、Cu、Pb、Zn元素地球化学测量；遥感推断解释地质构造、遥感羟基异常提取；探槽、钻探	500	提交菱镁矿产地7处，矿石量800 000千吨
13	盖州市苇子峪—太平庄乡铁金银铅锌钨硫萤石重点勘查区	2 332	热液型金矿、充填交代热液型萤石矿	金矿、萤石矿	开展大比例尺地质调查、物化探测量及异常查证、矿点检查	1∶2千地质填图；高精度地面磁测、电法测量；Au、As、Cu、Ag、Pb、Zn元素地球化学测量；遥感推断解释地质构造、遥感羟基异常提取；探槽、钻探	1 500	可望找到金矿产地1处
14	丹东市五龙—古楼子乡金银菱镁独居石重点勘查区	1 994	岩浆热液型金矿、冲积砂矿型独居石矿	金矿、稀土矿	开展大比例尺地质调查、物化探测量及异常查证、矿点检查	高精度地面磁测、电法测量；u、As、Cu、Ag、Pb、Zn、P、La元素地球化学测量；遥感推断解释地质构造、遥感羟基异常提取；探槽、钻探	1 000	可望找到金矿产地1处

表 6-4 一般勘查区工作部署建议表

序号	勘查区名称	面积/km²	主攻矿床类型	主攻矿种	找矿工作部署建议	主要实物工作量	经费预算/万元	预期成果
1	抚民—那尔轰金铁铜勘查区	2 800	夹皮沟式绿岩型金矿、鞍山式沉积变质型铁矿	金、铁	开展大比例尺地质调查、物化探测量及异常查证、矿点检查	1∶1万地质测量 300 km²；1∶1万磁法测量 300 km²；1∶1万土壤测量 300 km²；槽探 10 000 m³；钻探 3 000 m	1 000	提交金、铁矿产地 2～3 处
2	香炉碗子—安口金铁勘查区	1 000	香炉碗子式火山热液型金矿、鞍山式沉积变质型铁矿	金、铁、铜	开展大比例尺地质调查、物化探测量及异常查证、矿点检查	1∶1万地质测量 200 km²；1∶1万磁法测量 200 km²；1∶1万土壤测量 200 km²；激电中梯剖面测量 100 km；槽探 10 000 m³；钻探 2 000 m	600	提交金、铁、铜矿产地 1～2 处
3	大营—万良铅锌铜勘查区	750	万宝式矽卡岩型铅锌矿、鞍山式沉积变质型铁矿	铁、铅、锌、铜	开展大比例尺地质调查、物化探测量及异常查证、矿点检查	1∶1万地质测量 200 km²；1∶1万磁法测量 100 km²；1∶1万土壤测量 100 km²；激电中梯剖面测量 100 km；槽探 10 000 m³；钻探 2 000 m	500	提交铁、铅锌铜矿产地 1～2 处
4	两江—百里坪金银铁勘查区	2 000	夹皮沟式绿岩型金矿、百里坪式岩浆热液型银矿、鞍山式沉积变质型铁矿	金、银、铁	开展大比例尺地质调查、物化探测量及异常查证、矿点检查	1∶1万地质测量 200 km²；1∶1万磁法测量 100 km²；1∶1万土壤测量 100 km²；激电中梯剖面测量 100 km；槽探 10 000 m³；钻探 2 000 m	500	提交金、银、铁矿产地 1～2 处
5	金城洞—和龙金铁勘查区	1 300	夹皮沟式绿岩型金矿、鞍山式沉积变质型铁矿	金、铁	开展大比例尺地质调查、物化探测量及异常查证、矿点检查	1∶1万地质测量 200 km²；1∶1万磁法测量 200 km²；1∶1万土壤测量 200 km²；激电中梯剖面测量 100 km；槽探 10 000 m³；钻探 2 000 m	600	提交金、铁矿产地 2～3 处
6	五道江—七道江金铁磷勘查区	1 200	西岔式岩浆热液改造型金矿、浑江式沉积型铁矿、水洞式沉积型磷矿	金、铁、磷	开展大比例尺地质调查、物化探测量及异常查证、矿点检查	1∶1万地质测量 200 km²；1∶1万磁法测量 100 km²；1∶1万土壤测量 100 km²；激电中梯剖面测量 100 km；槽探 10 000 m³；钻探 2 000 m	500	提交金、铁、磷矿产地 2～3 处

续表

序号	勘查区名称	面积/km^2	主攻矿床类型	主攻矿种	找矿工作部署建议	主要实物工作量	经费预算/万元	预期成果
7	六道沟铁铜钼勘查区	250	六道沟式矽卡岩型铜钼矿、荒沟山式岩浆热液改造型金矿、大栗子式沉积变质型铁矿	金、铁、铜钼	开展大比例尺地质调查、物化探测量及异常查证、矿点检查	1∶1万地质测量100 km^2；1∶1万磁法测量50 km^2；1∶1万土壤测量50 km^2；激电中梯剖面测量50 km；槽探5 000 m^3；钻探1 000 m	300	提交金、铁、铜钼矿产地1～2处
8	开原县关门山—抚顺县上年马洲铁锰铅锌银菱镁矿勘查区	1 699	沉积变质型铅锌矿、菱镁矿	铅锌矿、菱镁矿	开展大比例尺地质调查、物化探测量及异常查证、矿点检查	1∶2千地质填图；高精度地面磁测、电法测量；Pb、Zn、MgO、CaO元素地球化学测量；遥感推断解释地质构造、遥感羟基异常提取；探槽、钻探	1 000	可望找到铅锌矿产地1处
9	新宾县南口前镇—弯甸子镇铁金银钼镍磷勘查区	1 642	热液型金矿、沉积变质型铁矿	金矿、铁矿	开展大比例尺地质调查、物化探测量及异常查证、矿点检查	1∶1万地质填图；高精度地面磁测、电法测量；Au、As、Cu、Ag、Pb、Zn元素地球化学测量；遥感推断解释地质构造、遥感羟基异常提取、遥感铁染异常提取；探槽、钻探	1 000	可望发现金矿产地1处
10	抚顺县海浪乡磨地沟—新宾县玄羊砬子铁金银钼镍硫磷勘查区	3 672	沉积变质型铁矿、热液型金矿	铁矿、金矿	开展大比例尺地质调查、物化探测量及异常查证、矿点检查	1∶1万地质填图；高精度地面磁测、电法测量；Au、As、Cu、Ag、Pb、Zn元素地球化学测量；遥感推断解释地质构造、遥感羟基异常提取、遥感铁染异常提取；探槽、钻探	2 000	可望发现铁矿产地1处

续表

序号	勘查区名称	面积/km^2	主攻矿床类型	主攻矿种	找矿工作部署建议	主要实物工作量	经费预算/万元	预期成果
11	宽甸县千石岭—振江镇铁铜铅锌银钼硼菱镁勘查区	2 847	接触交代(矽卡岩)型铅锌、铜矿，矽卡岩型—斑岩型钼矿	铅锌矿、铜矿、钼矿	开展大比例尺地质调查、物化探测量及异常查证、矿点检查	高精度地面磁测、电法测量；Cu、Mo、Au、Ag、Pb、Zn、As；遥感推断解释地质构造；探槽、钻探	1 500	可望找到铅锌矿产地、铜钼矿产地各1处
12	宽甸县毛甸子乡—杨木杆铁银铜铅镍铬硼菱镁硫勘查区	2 539	火山沉积变质型硼矿	硼矿	开展大比例尺地质调查、物化探测量及异常查证、矿点检查	高精度地面磁测；B地球化学测量；遥感铁染异常提取；探槽、钻探	1 500	提交硼矿产地3处，B_2O_3量10 000千吨
13	营口老边—虎庄镇铁金银重晶石勘查区	542	沉积变质型铁矿、热液型金矿	铁矿、金矿	开展大比例尺地质调查、物化探测量及异常查证、矿点检查	1∶1万地质填图；高精度地面磁测、电法测量；Au、As、Cu、Ag、Pb、Zn元素地球化学测量；遥感推断解释地质构造、遥感羟基异常提取、遥感铁染异常提取；探槽、钻探	300	可望发现金矿产地1处
14	大石桥市后仙峪—牧牛乡铁金银铅锌钨硼菱镁硫磷勘查区	1 475	沉积变质型硼、菱镁矿，沉积—改造型铅锌矿	硼矿、菱镁矿、铅锌矿	开展大比例尺地质调查、物化探测量及异常查证、矿点检查	1∶1万地质填图；高精度地面磁测、电法测量；B、MgO、CaO、Cu、Pb、Zn元素地球化学测量；遥感推断解释地质构造、遥感羟基异常提取；探槽、钻探	1 000	提交菱镁矿产地3处，矿石量70 000千吨

续表

序号	勘查区名称	面积/km²	主攻矿床类型	主攻矿种	找矿工作部署建议	主要实物工作量	经费预算/万元	预期成果
15	岫岩县岫岩镇—南限子铁金银铅锌钨硼勘查区	990	热液型铅锌矿	铅锌矿	开展大比例尺地质调查、物化探测量及异常查证、矿点检查	1∶1万地质填图；高精度地面磁测、电法测量；Pb、Zn、Ag、Bi、Sb、Hg元素地球化学测量；遥感推断解释地质构造、遥感羟基异常提取；探槽、钻探	500	可望发现铅锌矿产地1处
16	盖州市东双台乡瓦房峪—杨屯萤石勘查区	345	充填交代热液型萤石矿	萤石矿	开展大比例尺地质调查、物化探测量及异常查证、矿点检查	1∶1万地质填图；高精度地面磁测、电法测量；CaO、F地球化学测量；遥感推断解释地质构造、遥感羟基异常提取、遥感铁染异常提取；探槽	200	可望发现萤石矿产地1处
17	盖州市万家岭镇—华铜村铁银铜勘查区	424	矽卡岩型铜矿、沉积变质型铁磷矿	铜矿、铁矿	开展大比例尺地质调查、物化探测量及异常查证、矿点检查	1∶1万地质填图；高精度地面磁测、电法测量；Cu、Pb、Zn元素地球化学测量；遥感推断解释地质构造、遥感羟基异常提取、遥感铁染异常提取；探槽、钻探	200	可望发现铜矿产地1处
18	瓦房店市得利寺镇—望宝山铜铅锌银勘查区	825	陆相火山岩型铅锌银矿	铅锌矿、银矿	开展大比例尺地质调查、物化探测量及异常查证、矿点检查	1∶1万地质填图；高精度地面磁测、电法测量；Cu、Pb、Zn、Ag地球化学测量；遥感推断解释地质构造、遥感羟基异常提取；探槽、钻探	500	可望提交铅锌(伴生银)矿产地1处